식품저장학

학술연구총서·71

식품저장학

박현진·변명우·강일준·김준태
한재준·김명곤·이철호

KOREA
UNIVERSITY
PRESS
고려대학교
출판문화원

이 책은 고려대학교출판부가 아남그룹으로부터
학술도서간행연구비 지원을 받아 출판한 것입니다.

2012년판 머리말

30년 전 학부 때 은사이신 이철호 교수에게 저장학 강의를 듣고 다시 모교에 돌아온 지 15년이 경과되었고, 2008년 8월 식품저장학(박현진 · 이철호 공저)을 발간하고 이 책으로 강의한 지도 벌써 만 3년 이상이 흘렀다.

식품저장학은 4학년 과목으로 3학년 때 식품공학, 식품미생물, 식품화학 등의 식품공학과의 필수 과목을 이수하고, 이를 기본으로 식품공학과 전 과목을 모두 묶어 총체적으로 공부하는 과목이다. 식품회사에 취업하고자 하는 학생들에게 그동안 배운 식품공학 전체를 처음부터 끝까지 점검하는 매우 필수적이 과목이 된 것이다. 모든 학문이 그렇듯이 식품저장학은 시대가 변화하면서 다루는 영역이 확대되어 간다. 본인이 박사과정일 때 수강했던 원예학과 과목 중 수확 후 관리기술(postharvest technology)과 축산학과 과목 중 유가공학(dairy processing)의 유제품 저장, 초고압처리와 같은 비열처리공정 등이 현재는 식품저장학에서 함께 다루는 학문 분야가 되었다.

인류는 원시시대부터 식품저장기술의 필요성을 빨리 직관적으로 인식한 것 같다. 수확기에 많은 식량을 저장할 수 있어야만 비수확기에 굶지 않고 생존할 수 있었을 것이다. 현재에도 수확된 식량이 소비자들에게 전달될 때까지 후진국의 경우 20~50%, 선진국의 경우 5~25%가량이 손실되고 있는 실정이다. 따라서 많은 양의 식량을 생산하는 것도 중요하지만 수확 후 식량이 손실되지 않으며 품질이 잘 유지되도록 저장 및 보관하는 기술 역시 매우 중요하다. 또한 제조된 가공식품들도 유통기간 중 식품의 품질이 잘 유지되도록 적절한 저장 및 포장기술이 도입되어야 한다.

역사적으로 보면 과학이 발달되기 전 세대에서는 식품저장기술이 우연히 발견된 경우도 많았고, 식품저장기술이 국가의 흥망성쇠와 직결된 경우도 많았다. 역사적으로 식품저장기술이 군용 및 전투식량의 확보 차원에서 개발되기도 하였으며, 현재 우주시대에도 우주인을 위한 식품저장기술은 우주여행에 필수적인 기술이 되었다. 원나라 칭기즈칸이 전투식량으로 사용했던 육고기 건조기술과 나폴레옹이 군사이동을 신속히 하기 위한 휴대용 식량개발 등이 대표적인 사례이다. 현대에도 식품저장 분야에 새로운 개념과 신기술들이 많이 도입되고 있다. 예로서 비열처리 기술의 대표주자인 방사선 조사 기술, 초고압처리 기술, 포장 신기술 등을 들 수 있다.

2012년 2월 각 분야의 식품전문가들을 추가로 초빙하여 식품저장학 개정판을 펴내게 되었다. 이철호 교수가 서론(제1장), 식품의 변질과 유해성(제2장), 발효에 의한 저장기술(제5장), 김준태 교수가 식품의 저장수명(제3장), 식품의 냉동저장 기술(제7장), 강일준 교수가 화학적 저장방법(제6장), 한재준 교수가 액상식품의 농축기술(제9장), 변명우 교수가 방사선 조사(제11장), 김명곤 교수가 식품저장의 신기술(제12장), 본인은 신선식품의 저장(제4장), 열처리에 의한 저장방법(제8장), 건조기술(제10장), 식품저장을 위한 포장기술(제13장)을 집필하였다. 이 책이 식품 관련 학과 대학생, 대학원생 및 기업체에 있는 분들에게 많은 도움이 되기를 바라며 또한 식품학의 발전에 크게 기여하길 바란다.

2012년 2월

고려대 생명과학관 서관에서 박현진 씀

2008년판 머리말

1960년대 초 내가 대학에서 농화학을 공부하던 시절은 우리나라가 극심한 식량부족으로 힘든 보릿고개를 넘던 때였다. 정부는 단보당 칼로리 생산이 가장 높은 고구마 경작을 권장했다. 그러나 농민들이 피땀 흘려 생산한 고구마가 마땅한 저장시설이나 유통망이 갖추어져 있지 않아 철도변에서 가마니에 쌓인 채 썩어 버리기 일쑤였다. 이러한 현실을 보면서 식품저장학의 필요성을 절감하였고 청년시절의 이 생각이 나의 일생의 과제가 되었다.

1970년대 초 덴마크 정부 장학생으로 선발되어 덴마크왕립 농과대학 대학원 식품저장학교실에서 공부하게 되었는데 지도교수인 모언스 율Mogens Jul 교수가 쓴 3권으로 된 식품저장학 교재(Levnedsmiddelkonservering, Bind I.II.III)를 보고 크게 감명을 받았다. 식품저장기술의 원리와 산업적 응용을 자세히 서술한 이 책은 왕립농대 시절 나의 바이블 같은 길잡이였고, 이 책은 지금도 내 책장에 귀하게 꽂혀 있다. 미국 MIT 식품영양학과에서 박사 후 연구원으로 있다가 70년대 말에 모교의 부름을 받아 강단에 서게 되었고 식품공학(Food Engineering)과 식품공업품질관리론(Quality Control for the Food Industry)을 강의하였다. 1982년 산업체 중견 간부들에게 하계강좌를 하던 내용을 모아 《식품공업품질관리론》(유림문화사)을 출판했고, 1984년에는 한국식품과학회 주관으로 국내에서 식품공학 강의를 하던 교수님들과 어울려 《식품공학》(형설출판사) 교재를 저술하였다.

식품저장학(Food Preservation) 강의는 1980년대 후반부터 지금까지 20여 년간 계속하고 있다. 그러나 아직 마땅한 교재가 없다. 국내에서 출판된 여러 권의 교재를 검토하였으나 선택할 수가 없었다. 그동안 미국의 Karel, Fennema, Lund 교수가 공저한 *Physical Principles of Food Preservation*(Marcel Dekker Inc.)를 교재로 사용했다. 모언스 율 교수의 식품저장학 수준에 버금가는 우리의 소재와 우리 저장기술을 포함한 교재를 저술하는 일은 그리 쉽게 해 낼 수 있는 일이 아니었다. 다행히도 제자이자 동료 교수인 박현진 박사와 2000년대 초부터 식품저장학 팀티칭을 하면서 식품저장학 교재 저술의 오랜 꿈을 실현할 수 있게 되었다.

내가 맡은 부분은 서론과 식품의 변질과 유해성, 식품의 저장수명, 신선식품의 저장, 발효에 의한 저장기술, 화학적 저장방법, 냉동기술, 방사선 조사기술이었고, 박현진 교수가 열처리에 의한 저장방법, 액상식품의 농축기술, 건조기술, 비가열 살균공정을 포함한 식품저장의 신기술, 식품포장기술에 대한 초안을 작성하였다. 각 장마다 꼭 읽어 보기를 바라는 관련 참고문헌의 목록을 수록하였다. 박현진 교수와 교재 초안을 서로 교환하여 읽으면서 수정 보완했다.

이 책은 2007학년도 고려대학교출판부 도서간행 지원 연구비로 출판되었다. 연구와 출판에 지원을 아끼지 않은 고려대학교에 무한한 감사를 드리며 출판부 여러분의 노고에 감사를 드린다.
식품저장학은 식품화학, 식품미생물학, 식품공학을 아우르는 식품과학기술의 꽃이다. 이 책이 우리나라 식품학의 발전에 크게 기여하기를 바라며 많은 후학들이 개선 발전시켜 나갈 밑바탕이 되기를 바란다.

2008년 8월

고려대 녹지캠퍼스에서 이철호 씀

차 례

제1장

서 론

1.1. 식품 저장산업의 사회 경제적 필요성

인류사회가 발전하여 감에 따라 주로 자급자족에 의존하던 농경 유목사회에서 분업화된 산업사회로 변천하여 왔고 이에 따라 소수의 생산자가 다수의 소비자를 위하여 식량을 대량으로 생산하게 되었다. 또한 도시화에 의하여 식량의 소비지가 생산지에서 멀리 떨어지게 되므로 식량을 수확한 후 장기간 저장하거나 수송하는 것이 불가피하게 되었다. 이와 같이 식량의 생산과 소비 사이에 생겨난 공간적 및 시간적 격차를 해소하기 위하여 식품저장기술이 발전되었고 식품저장공업은 현대사회의 필수 불가결한 산업으로 등장하고 있다.

전반적인 산업기술의 발달에 힘입어 지난 1세기 동안 농업과 수산업에 의한 식량생산 능력은 크게 향상되었으며 그 발달 양상은 지역과 문화권에 따라 큰 격차를 나타내고 있다. 북미, 유럽, 호주 등의 기술 선진국에서는 인구의 증가율보다 식량 생산성의 증가가 더 큼으로 인하여 식량과잉의 상태에 있는 반면 아시아, 아프리카, 남미 등의 개발도상국에서는 식량생산의 증가가 인구증가율을 따라잡지 못하여 날로 기아와 영양실조에 허덕이는 인구수가 많아지고 있다. 이러한 식량수급의 불균형이 세계무역 구조에 악영향을 미치고 있으며 무역자유화 세계경제 체제에서 지역 간 분쟁과 갈등을 야기하고 있다. 이러한 지역 간 식량수급의 차이를 해소하기 위하여 식량의 대륙 간 수송이 필요해졌고 따라서 식량의 장거리 장기간 수송을 위한 저장기술이 요구된다. 더 나아가 1960년대 이후에 시작된 우주시대로의 발돋움으로 말미암아 식품을 우주공간에까지 수송 저장해야 하는 필요성이 대두되고 있다.

현대사회가 경험하고 있는 생활양식의 변화는 식품저장기술의 발전에 커다란 영향을 주고 있다. 제2차 세계대전 이후 많은 산업국가에서 여성의 사회 진출이 크게 신장되었으며 종래의 주부에 의한 가내 조리를 대체할 즉석식품, 편이식품에 대한 요구가 급증하게 되었다. 이들 조리된 식품들이 소비자의 입에 들어가기까지는 유통과정을 거쳐야 하며 이 기간 동안 식품을 안전하게 저장할 수 있는 방법이 필요하다. 외식과 단체급식의 보편화로 식품의 대량생산, 대량소비가 이루어지면서 식중독 사고가 자주 일어나고 있으며 식품 가공 및 저장 중의 위생 상태와 안전관리가 강조되고 있다. 이러한 시대적 요구에 맞추어 식품저장기술은 다양하게 발전하고 있으며 앞으로 예견되는 생활양식의 변화와 새로운 식량자원의 개발에 대비하여 끊임없이 연구 개발되고 있다. 그러므로 현대의 식품저장학은 단순한 식품의 저장성 연장에 대한 기술적인 관점뿐만 아니라 생산, 가공, 수송, 유통, 분배, 소비 전반에 관한 사회경제적 측면도 고려하여야 한다.

1.2. 세계의 식량수급 현황과 전망

맬서스Malthus는 그의 《인구론》에서 지구상의 인구 증가율은 필요물자의 공급능력 증가율보다 항상 크다고 전제하고 공급 부족으로 인한 경제파국을 경고하였으나 20세기의 비약적인 기술혁신과 산아제한의 성공적인 보급으로 인하여 그의 예언은 다소 빗나간 것으로 평가되고 있다. 그러나 식량의 경우에는 현재까지 다른 소비 물자처럼 그 공급을 대량으로 늘릴 수 없고 생물체 이외의 대체자원을 사용할 수 없으므로 맬서스 이론이 아직 유효하다. 세계의 인구 증가율은 기하급수적으로 증가하여 1800년에서 1900년 사이에 1.8배 증가하여 인구가 16억이 되었으며 그 후 60년 동안에 다시 2배로 증가하였고 서기 1999년에는 60억을 돌파하였다. 2050년 세계 인구는 90억에 도달할 것으로 예상하고 있다.

지구상의 육지 면적은 133억 9천 2백만 헥타르로 이 중 34%에 해당하는 45억 헥타르가 농경지로 이용되고 있다. 세계 총 농지면적의 약 1/3이 경작지로 이용되고 있으며 나머지 2/3가 방목지로 쓰이고 있다. 유럽, 북미, 아시아 지역은 경작지가 많으며 아프리카, 남미, 대양주는 방목지가 많다. 지리적 기후조건과 토지의 이용형태에 따라 생산되는 식량자원의 종류와 양이 달라지는데 특히 방목지와 경작지의 식량생산 능력은 크게 차이를 나타낸다. 1㎏의 쇠고기 생산을 위하여 6㎏의 보리가 사료로 사용되며 쇠고기 생산을 위한 사료단백질 전환율은 4.6%밖에 안 된다. 사료단백질 전환율은 돼지고기의 경우 12.5%, 닭고기 17.7%, 계란 23.5%, 우유 22.9%로 보고되고 있다. 한 사람이 1년 동안 필요로 하는 섭취에너지는 약 1백만 ㎉로 산정되며

표 1-1. 1인 1년분 식량(100만 kcal)을 생산하는 데 필요한 면적

식품의 종류	필요한 면적(ha)
고구마	0.04
설탕	0.05
쌀	0.07
보리	0.11
밀	0.13
대두	0.21
우유	1.10
계란	2.80
닭고기	3.70
쇠고기	6.80

이 양을 생산하는 데 필요한 면적을 식품의 종류에 따라 추산하면 〈표 1-1〉과 같다.

일정 면적에서 고구마나 쌀을 경작할 경우 우유나 육류를 생산할 때보다 20배-200배의 식량에너지를 얻을 수 있다. 작물생산보다 엄청나게 많은 토지와 비용을 들여 동물성 식품을 생산하는 것은 영양농도가 높고 맛이 있는 식품을 생산하기 위해 주로 서양에서 이용된 전통적인 식량생산 방법이다. 반면 동양에서는 곡물이나 어패류의 발효를 통하여 맛을 창조하는 장류발효, 젓갈발효 등이 전통적으로 사용되었다. 이들 발효식품은 맛의 창조와 더불어 저장에 목적을 두고 있으므로 식량경제적인 측면에서 대단히 우수한 식량생산 방법이다.

한정된 면적을 가진 지구상에서 기하급수적으로 증가하는 인구에 공급하는 식량을 재래의 방법으로 확보하는 것은 곧 그 한계에 도달하게 된다. 그러므로 새로운 형태의 식량 생산 공급체계가 요구되고 있다. 비경제적인 동물성 식량생산 방식을 개선하기 위하여 버터 대신 마아가린을 만들거나 콩으로부터 인조육meat analog이나 치즈를 만드는 조립식품(fabricated foods 또는 engineered foods), 미생물을 이용하여 전천후 단백질이나 지방질 생산을 목적으로 하는 단세포단백single cell protein, 단세포지질single cell lipid의 개발 등이 연구되고 있다. 최근에는 생물공학의 발달로 분자육종에 의한 유전자재조합생명체(GMO)의 생산이 인류의 식량 생산에 새로운 전기를 마련하고 있다.

1996년에 시작된 유전자재조합작물 생산이 매년 증가하여 2007년에는 23개국에서 1억 1430만 헥타르에서 재배되고 있다. 특히 개발도상국의 GM작물재배가 최근 증가하고 있다. 미국, 아르헨티나, 캐나다, 브라질, 인도, 중국 등이 주요 GM작물 생산국이다(그림 1-1). 미국의 경우 생산되는 콩의 90%, 옥수수의 75%가 GM작물이며 앞으로 수년 내에 100%에 도달할

것으로 예측된다. 특히 미국은 이들 작물에 대하여 GM원료 표시 없이 식용으로 사용하고 있다.

현재에는 제초제 저항성 콩, 해충 저항성 옥수수 등 주로 농업 생산성을 향상시키기 위하여 개발된 제1세대 GM농산물이 생산 유통되고 있으나, 앞으로는 지방산 조성이 변화된 대두 및 유채, 아미노산 조성이 변화된 쌀 등 영양소가 강화되거나 저장성이 향상된 제2세대 GM식물, 또는 식품백신food vaccine과 같은 면역증진식품 및 건강기능식품으로 사용될 수 있는 제3세대 GM식물들이 개발되어 상품화될 전망이다.

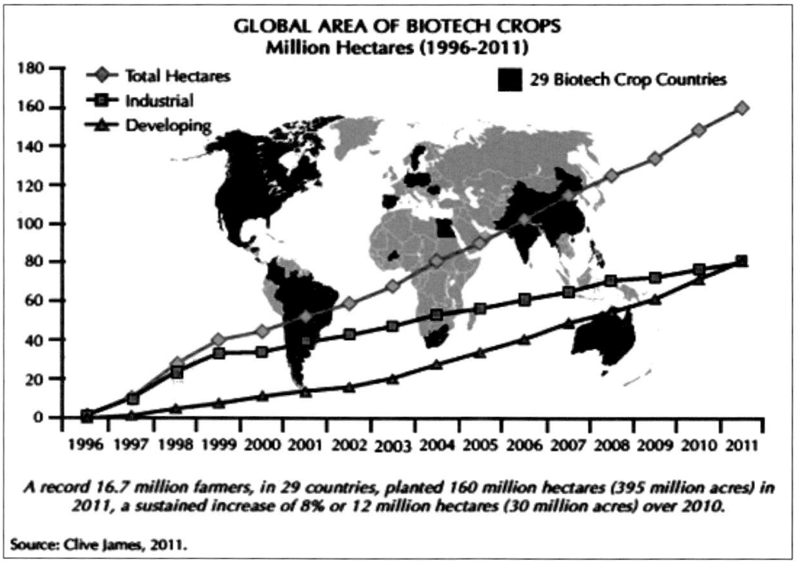

그림 1-1. 상업화된 생명공학/유전자재조합 작물 세계현황 : 2011

1.3. 식품 저장기술의 발전역사

인류가 사용한 가장 오래된 저장기술은 아마도 건조기술일 것으로 추정된다. 과실류나 먹다 남은 동물의 사체는 자연건조sun drying에 의하여 장기 보존될 수 있다. 불을 사용하여 굽거나 익히는 과정에서 수분증발이 일어나며 동시에 연기에 포함되어 있는 화학물질에 의하여 훈연smoking효과가 일어나 미생물에 의한 부패를 막을 수 있다. 한반도를 중심으로 한 동북아지역에서는 기원전 8000년경부터 원시토기문화시대Primitive Pottery Age가 시작되었으며 토기의 사용은 필연적으로 발효기술을 탄생시켰을 것으로 보인다. 기원전 6000년경에는 누룩에 의한 곡류

양조기술을 비롯하여, 바닷물이 든 항아리에 채소를 담가 발효시키는 침채沈菜가 김치의 원시형으로 만들어지고, 산발효된 침채에 생선을 넣어 발효시킨 젓갈과 식해食醢의 원시형 등이 만들어졌을 것으로 판단된다. 중국 문헌에 요주천종堯酒千種이라 하였으니 기원전 3000년대의 요순시대에 이미 수많은 종류의 술이 만들어진 것을 보면 그 시작은 원시토기문화시대 중기에 한반도를 중심으로 동북아에서 일어난 발효문화에서 유래되었다고 볼 수 있다. 따라서 콩을 사용하기 시작한 기원전 2000년대에는 장류문화醬類文化를 시작할 수 있는 발효기술이 충분히 성숙되었음을 알 수 있다.

서기 15-16세기에는 항해기술이 발전하여 장기간의 대륙 간 항해가 시도되었다. 이때 장기간 항해에서 사람들은 건조 저장한 음식에 주로 의존하게 되었는데 이로 인해 비타민 C 부족에 의한 괴혈병을 비롯하여 각종 영양결핍증으로 수많은 선원들이 사망하고 항해를 중단하는 경우가 자주 발생하였다. 이 문제를 해결하기 위하여 건조기술에 대한 연구가 크게 진전되었으며, 그 결과 과채류를 건조하기 전에 살짝 데침blanching으로써 조직 속의 효소를 파괴하여 건조과정 중에 일어나는 비타민의 손실을 최소화할 수 있었다. 물론 이때까지 비타민은 알려져 있지 않았으나 사람들은 장거리 항해에서 데친 후 건조한 식품을 먹으면 괴혈병과 같은 영양결핍증이 많이 경감된다는 것을 알게 됐다.

1810년 파리의 식품제조업자 니콜라 아페르(Nicholas Appert, 1752-1841)는 나폴레옹의 교지에 따라 식품을 장기 보존할 수 있는 병조림법을 제안하여 12,000프랑의 상금을 받아 통조림법canning의 공식적인 창시자가 되었다. 이런 연유로 가열 살균에 의한 통조림법을 아페리제이션appertization이라고도 한다. 이때 아페르의 병조림을 검사한 사람은 게이 뤼삭(Joseph Louis Gay-Lussac, 1778-1850)인데 그는 병조림 속에 공기가 없는 것을 발견하고 식품의 변질은 공기에 의한 것이라고 주장하였다. 그러나 1861년 파스퇴르(Louis Pasteur, 1822-1895)가 미생물을 발견한 후 발효와 부패는 미생물에 의한 것임이 밝혀진다.

통조림시대가 시작되면서 사람들은 통조림과 소시지에서 발생하는 보툴리넘 독소로 인하여 많은 희생을 치르게 된다. 이 독소를 생산하는 클로스트리디움 보툴리넘*Clostridium botulinum*은 포자spore 형성균으로 100℃ 이상으로 가열하여도 살아남을 수 있는 내열성 세균이며 혐기성 세균으로 통조림에서 생육하기 좋은 조건을 가지고 있다. 이 균은 육제품이나 유제품 같은 저산성 식품 통조림에서 잘 자라며 생성된 독소는 대단히 맹독성으로 섭취 후 1일 이내에 중추신경의 마비로 급사하게 된다. 통조림 제조기술은 주로 이 세균을 방제하기 위한 기술로 발전하였으며 내열성 세균이 초기균수의 10^{-12}로 감소하는 가열조건을 충족하도록 하고 있다.

18세기에서 19세기 초까지 유럽에는 폐결핵이 국가병으로 간주될 정도로 만연하였으며 이것은 주로 우유를 통해 감염되었다. 소의 결핵이 생우유를 마신 사람에게 전염된 것이다. 파스퇴르의 미생물 발견 이후 이 사실을 알게 되었으며 우유를 68℃ 이상으로 가열하여 이 균을 사멸하도록 한 것이 저온살균pasteurization 기술이다. 그러나 이 방법이 소개되자 소비자들은 우유제조업자들이 팔다 남은 변질된 우유를 다시 가공하여 판매하는 것이라고 의심하여 저온살균우유에 대한 불매운동이 일어났다. 유럽에서 이 오해가 풀리는 데 50여 년간의 교육 홍보가 필요하였다고 한다.

인간은 태곳적부터 냉장의 효과를 알고 있었으며 얼음을 이용한 냉장기술은 우리나라 서울의 서빙고, 동빙고 등에서 볼 수 있다. 그러나 인공 냉동기의 시작은 1790년 영국의 해리스Thomas Harris와 롱John Long이 최초의 냉동기 특허를 받은 것에서 비롯된다. 그러나 그 내용은 정확히 알 수 없으며 1834년 야콥 퍼킨스Jacob Perkins가 에테르ether를 냉매로 사용한 수동식 압축식 냉동기 특허가 알려져 있다. 오늘날 많이 사용하는 암모니아 냉매를 이용한 냉동기는 1875년 린드Linde 박사에 의하여 만들어졌으며 1930년대에야 비로소 프레온Freon을 냉매로 사용하는 가정용 냉장고가 미국에서 보급되기 시작하였다. 미국에서 1주택에 한 개 이상의 냉장고가 보급된 것은 1960년대이며 우리나라는 1980년대에 가정마다 냉장고가 보급되는 콜드체인cold chain의 완성이 이루어졌다. 이로써 원양어업에서 잡은 생선을 어선에 설치된 냉동창고에서 얼리고 이것을 항구의 냉동창고에 하역하고 여기에서 가공공장이나 수퍼마켓의 냉동 진열대에 냉동차로 수송하고 소비자들은 이것을 구입하여 자기 집 냉동기에 보관하면서 먹게 되는 소위 말하는 콜드체인cold chain이 이루어진 것이다. 그러므로 오늘날은 냉동식품시대라 말할 수 있으며 소비자들은 신선한 식품을 사철 먹을 수 있게 되었고 TV를 보면서 냉동기에 보관된 한 끼 식사를 전자레인지에 녹여 먹는 'TV Food' 시대가 된 것이다.

그러나 콜드체인에 의한 냉장식품은 대단히 많은 에너지를 소모하는 저장 방법이므로 고유가 시대에는 부담스러운 방법이다. 이를 해결하기 위한 차세대 식품 저장방법으로 대두되는 것이 방사선 조사照査 기술irradiation technology이다. 방사선 조사 기술은 지금까지 알려진 가장 깨끗하고 경제적인 저장방법이다. 방사선 조사 식품의 안전성은 그동안 많은 논란이 있었고 세계적인 연구가 진행되었다. 1980년 FAO/WHO 공동 연구발표로 10kGray 이하의 모든 식품 방사선 조사는 인체에 아무런 영향을 주지 않는다고 공인하였다. 1997년에는 FAO/WHO 합동전문가회의에서 70kGray 수준까지 조사하여도 식품의 관능적 품질을 떨어뜨릴 뿐 인체에 유해한 물질이 발생하지 않는다는 결론에 도달하였다. 아직은 소비자들의 선입견 때문에 방사선 조사 식품이 잘 받아들여지지 않고 있으나 21세기는 방사선 조사 식품의 시대가 될 것으로 기대되고 있다.

1.4. 식품 저장방법의 종류와 분류

식품의 저장방법은 그 작용기전에 따라 화학적 방법chemical methods, 생물학적 방법biological methods, 물리적 방법physical methods로 구분할 수 있다.

화학적 방법은 당절임, 산절임, 염장, 훈연, 보존료, 항산화제의 사용 등으로 변질되기 쉬운 식품 재료에 설탕, 유기산, 식염, 연기, 화학 항균제 및 항산화제 등을 첨가하여 보존성을 높이는 방법이다. 당절임에는 잼jam, 젤리jelly, 당고 등이 있으며 설탕의 강력한 수분결합력에 의하여 수분활성도를 낮춤으로 미생물의 생육을 억제한다. 산절임은 오이피클pickle과 같이 과채류를 식초에 담가 두어 미생물의 생육을 막는 방법이다. 염장은 동양사회에서 가장 보편적으로 사용되어 온 전통 저장방법으로 생선절임, 젓갈, 식해食醢, 간장, 된장, 청국장, 고추장, 김치, 채소절임 등 다양하며 식염의 강력한 수분결합력으로 수분활성도를 낮추어 미생물의 생육을 억제하거나 사멸시키는 방법이다. 흔히 장기간의 염장과정에서 발효가 일어나 발효식품을 만든다.

생물학적 저장방법은 미생물의 작용에 의하여 식품 내에 알코올, 유기산, 기타 항균물질을 생산함으로써 저장성을 향상시키는 방법이다. 우유에 젖산균을 배양하여 요구르트를 만드는 것과 같이 순수 발효방법이 있고, 염장 발효과정에서 맛과 저장성이 동시에 향상되는 젓갈, 식해, 간장, 된장, 청국장, 고추장, 김치, 치즈, 발효소시지, 사우어크라우트sauerkraut 등의 제조방법이 있다. 최근에는 발효과정에서 일부 미생물들이 생산하는 항균물질인 박테리오신 bacteriocin의 역할도 알려지고 있다.

현대의 산업화 저장 기술의 대부분이 물리적 저장방법에 속한다. 열처리, 방사선 조사 irradiation와 같이 에너지 수준을 일시적으로 높여 미생물을 사멸하는 방법, 냉장 냉동과 같이 온도저하에 의한 방법, 농축, 건조와 같이 수분의 제거에 의한 저장방법, 포장재를 사용하여 산소, 습도, 광선을 차단하거나 조절하여 저장성을 높이는 방법 등이 있다.

표 1-2. 식품 저장방법의 종류와 분류

저장종류	저장방법
화학적 저장	당절임, 염장, 산절임, 훈연, 보존료 사용
생물학적 저장	발효(유기산발효, 알코올발효, 박테리오신 생산)
물리적 저장	건조, 농축, 냉장, 냉동, 가열살균, 방사선 조사, 포장

식품의 저장에서 가장 중요한 것은 미생물의 통제이므로 미생물학적인 관점에서 저장방법을 두 가지로 나누어 볼 수 있다. 첫째로 미생물을 파괴하여 식품에서 제거하는 살균법 또는 제균법 bacterial destruction method으로 통조림과 같은 열처리 공법, 방사선 조사 방법, 여과막을 써서 미생물을 제거하는 방법microfiltration, 과산화수소나 염소와 같은 화학물질을 첨가하여 균을 사멸하는 방법 등이 있다.

둘째로 미생물의 생육을 억제하는 정균법bacteriostatic method이다. 여기에는 식품중의 수분 활성도를 낮추어 미생물의 생육을 억제하는 건조, 농축, 염장, 당절임 등이 있으며, 식품의 pH를 낮추어 미생물을 자라지 못하게 하는 산절임pickling 등이 있고, 산소를 제거하여 식물성 신선 식품의 호흡률을 낮추는 controlled atmosphere(CA) 또는 modified atmosphere(MA) 저장과 탄산가스의 농도를 높이는 CO_2저장 등이 있다. 또한 보존료나 유기산, 알코올, 아질산염 등 항균성 화학물질을 첨가하는 것도 미생물 생육 억제법에 속한다.

대부분의 물리적 저장방법은 원료식품의 품질을 저하시킨다. 예를 들어 통조림과 같은 가열살균은 조직을 지나치게 무르게 연화하며, 클로로필chlorophyll이나 안토시아닌anthocyanin 같은 식품 중의 천연색소를 파괴하며, 식품의 향미flavor를 변화시키고 비타민과 같은 영양성분을 파괴한다. 건조방법 역시 조직을 단단하게 경화시키며 물을 다시 흡수 복원하기 어렵게 만들며 색깔의 변화와 향미의 변화를 수반한다.

대개의 저장방법은 저장 중에 일어나는 물리화학적인 변화를 막지 못한다. 예로서 -18°C에서 저장하는 냉동과정에서도 변화의 속도는 늦지만 지방의 산화lipid oxidation, 비타민 C의 함량 감소, 단백질의 불용성화 등이 계속 일어난다. 따라서 어떠한 저장방법도 원료의 신선도를 향상시킬 수 없다. 그러므로 신선한 원료를 사용하는 것이 고품질의 저장식품을 만드는 선결조건이다.

물리적 저장방법과는 달리 발효에 의한 생물학적 저장방법은 원료와는 다른 품질의 식품을 만든다. 발효과정에서 미생물의 작용에 의하여 각종 비타민이 합성되며. 새로운 향미성분과 생리활성물질들이 생성된다. 또한 발효과정에서 생성되는 유기산, 알코올, 탄산가스 및 박테리오신과 같은 물질들은 강력한 항균물질로써 발효식품 자체의 저장성을 향상시킨다. 따라서 미생물의 오염을 방지하는 밀폐포장이 필요하지 않다.

통조림, 냉동, 방사선 조사와 같이 주로 서양사회에서 발전시킨 물리적 저장방법은 에너지 수요가 크고 철저한 포장을 해야 하므로 자원의 낭비가 크며 먹고 남은 포장재 폐기물은 환경오염을 일으키는 주범이 되고 있다. 이러한 문제를 해결하기 위하여 우리가 전통적으로 사용해 온발효에 의한 생물학적 저장기술을 연구 발전시킬 필요가 있다. 최근의 생명공학 기술의 발전은 생물학적 식품저장기술의 획기적인 발전을 가능하게 하고 있다.

참고문헌

이철호, 권태완; 한국식품학입문, 고려대학교출판부 (2003).

Cherl-Ho Lee; Country paper-Republic of Korea, in International Trade and Food Security in Asia, Asian Productivity Organization, Tokyo (2000).

Cherl-Ho Lee; Fermentation Technology in Korea, Korea University Press (2001).

Clive James; Global Status of Commercialized Biotech/GM Crops: 2007, ISAAA Brief No.37, International Service for the Acquisition Agri-biotech Application, Ithaca, NY (2007).

Erner Andersen, Mogens Jul, Hans Riemann and Jorgen E. Pedersen; Industriel Levnedsmiddelkonsevering, Bind 1 General del, Teknisk Forlag, København (1965).

Marcus Karel, Fennema, O.R., and Lund, D.; Physical Principles of Food Preservation, Marcel Dekker Inc., New York (1975).

제2장

식품의 변질과 유해성

2.1. 부패와 발효

식품은 인간의 영양원인 동시에 다른 동물, 곤충, 미생물의 먹잇감이기도 하므로 식품이 수확되는 순간부터 이로부터 영양소를 얻기 위한 치열한 경쟁이 벌어진다. 작물의 수확기에는 새, 메뚜기에 의한 손실, 수확 이후 저장과정에서는 쥐, 해충에 의한 손실 또는 미생물에 의한 부패 등 여러 가지 형태로 인간은 식품을 다른 경쟁자에게 빼앗기게 된다. 이 외에도 식품은 생물체이므로 그 자체 내에 단백질분해효소protease, 펙틴분해효소pectinase 등 화학적으로 반응하기 쉬운 물질들을 함유하고 있으며 이들이 수확 후 시간의 경과에 따라 반응하여 식품을 분해 변질시키다. 이러한 현상을 자기소화autolysis 또는 자기변질autodegradation이라 한다. 또한 식육과 같이 지방을 많이 함유하고 있는 식품은 주변의 산소와 반응하여 지질산화lipid oxidation를 일으켜 산패rancidity가 일어나며 당질 식품은 갈색화 마이얄반응Maillard reaction과 같은 화학적 변질을 일으킬 수 있다. 식품의 탈수나 동해冬害는 조직의 변화를 일으켜 물리적 부패 변질을 초래하기도 한다.

일반적으로 부패putrefaction란 미생물에 의하여 음식물이 먹을 수 없게 되는 것을 말한다. 부패와 발효fermentation는 모두 미생물의 작용에 의하여 나타나는 현상이나 먹을 수 있느냐 없느냐 하는 주관적인 판단에 의하여 나뉘게 된다. 발효는 특정 균주를 접종하거나 몇 가지 유익한 미생물이 우세하게 성장하여 다른 유해 미생물들이 자라지 못하게 되는 상태이나 부패는 잡다한 미생물이 생육하므로 사람이 섭취할 경우 식중독이나 식원전염병food born disease에 걸릴 위험이 크다.

부패의 종류를 결정짓는 요소는 식품의 성분(단백질, 전분, 지방), 구조(액체, 고체), 증식미생물의 종류와 저장조건(온도, 습도, 저장기간 등)을 들 수 있다. 부패의 정도는 수분함량, 저장온도, 산소의 유무, 영양소의 유무, 미생물의 오염 정도, 생장저해물질의 유무 등에 의하여 결정된다. 특히 미생물의 최초 오염 정도가 부패속도를 결정하는 요인이므로 식품을 취급하는 과정에서 청결을 유지하는 것이 부패방지를 위한 일차적인 수단이 된다. 또한 생물체의 세균에 대한 저항력은 조직이 파괴되거나 죽으면 급격히 저하되고 곧 자기분해 과정에 들어가므로 생체나 조직을 건전하고 살아 있는 상태로 유지하는 것이 부패를 방지하는 또 하나의 방법이다. 특히 곡물이나 과채류의 수확 후 보존 과정에서 필요한 산소를 공급하거나 온도를 조절하여 생명력을 유지하게 하는 것이 저장을 위한 일차적 수단이다.

2.2. 식품저장에 관여하는 생물체

식품은 수확하고 저장하는 과정에서 쥐나 새에 의하여 손실되며 해충에 의하여 손상되고 미생물에 의하여 부패 변질된다.

(1) 해충류

식품저장에 흔히 나타나는 해충류는 바구미grain weevil, 딱정벌레beetles, 나방moth 등이 있다. 이들은 공통적으로 알egg - 유충larva - 번데기pupa - 성충adult의 생존주기life cycle를 가진다.

바구미는 곡물창고바구미granary weevil, *Sitophilus granarius*, 쌀바구미rice weevil, *S. oryzae*, 옥수수바구미maize weevil, *S. Zeamais* 등이 있으며 체장 2~3mm, 코뿔, 안테나를 가지고 있다(그림 2-1). 쌀이나 곡물에 구멍을 뚫고 한 알씩 배란하며 일생 동안 100~450개의 알을 낳는다. 유충과 번데기가 낱알 속에 존재하며 생존주기는 온도, 곡물의 종류, 수분함량, 바구미의 종류에 따라 달라진다. 온도 30℃, 상대습도 70%에서 생존주기가 26일이던 것이 온도 15℃, 상대습도 50%에서 182일로 증가되며 13℃에서는 증식이 중단되며 수분함량 9.5% 이하에서는 곡물에 대한 침해가 중단된다.

딱정벌레에는 곡물딱정벌레flat grain beetles(*Cucujidae*과 *Cryptolestes*속)와 밀가루딱정벌레flour beetles(*Tenebrionides*과 *Tribilium*속)가 있다. 곡물딱정벌레는 몸길이 1.5~2.5mm, 6개의 다리, 굵은 안테나를 가지고 있으며 200~400개의 알을 낳고 성충의 생존주기는 6~9개월이다. 그러나 온도 35℃, 습도 90%에서는 생존주기가 27일로 단축된다. 상대습도 55% 이하에서는 생육이 중단된다. 밀가루딱정벌레는 몸길이 3~4mm, 다리 6개이며 대개 손상된 곡물을 침해하며 하루에 20개의 알을 낳고 일생 중 1,000개 이상의 알을 생산한다. 알은 18~40℃에서 부화하며 최적온도는 35~37℃이다. 온도 32.5℃, 습도 70%에서 15.5일이던 유충기가 22.5℃, 30% 습도에서 98.3일로 연장된다.

나방이는 *Pyralidae*과 *Phycitinae*아과에 속하며 열대창고나방tropical warehouse moth, *Epestia cautella*, 지중해밀가루나방Mediterranean flour moth, *E. kuehniella*, 인도가루나방Indian meal moth, *Plodia interpunctella* 등이 있다. 곡물의 표면에 배란하며 일생 중 약 200개의 알을 낳는다. 유충의 형태로 곡물에 침입하며 거미줄을 생산한다. 번데기는 실로 엉킨 덩어리 속에 존재하며 성충이 되면 식품에 침해하지 않는다. 생존주기는 4~5주이다.

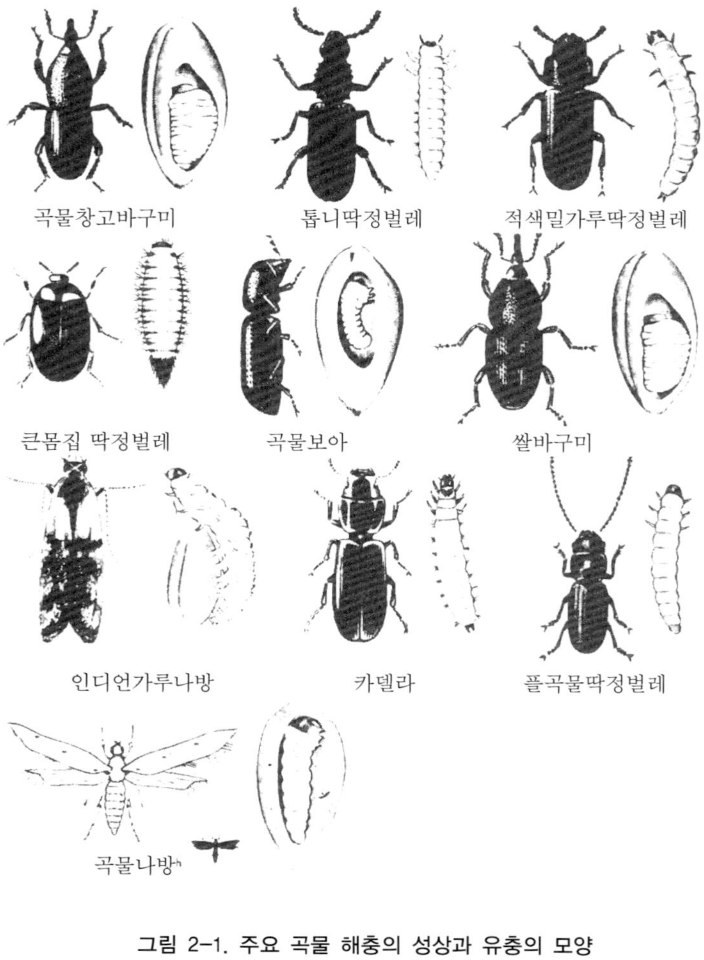

그림 2-1. 주요 곡물 해충의 성상과 유충의 모양

Grain borer는 *Bostrychidae*과 *Rhizopertha*속의 해충으로 몸길이 2.5~3.0mm로 곡류, 콩, 타피오카 등에 침입하며 마대, 폴리에틸렌필름, 기름종이 등을 뚫고 들어간다. 곡물의 표면에 배란하며 일생 동안 500여 개의 알을 생산한다. 수분함량 8% 이하에서도 부화가 가능하다. 주로 상한 곡물에 유충이 구멍을 뚫고 들어가 번데기 상태로 곡물 내부에 존재한다. 생존주기는 70% 상대습도에서 34℃일 때 25일이던 것이 22℃에서는 84일로 연장된다. 〈그림 2-1〉은 주요 곡물 해충의 성상과 유충의 모양을 모은 것이다.

이상에서 보는 바와 같이 식품 저장 중에 침입하는 대부분의 해충은 식품의 수분함량이 낮고(13% 이하) 저온(15℃ 이하)과 낮은 습도(상대습도 70% 이하)에서 저장하면 그 피해를 크게 줄일 수 있다. 수입 농산물에 오염된 해충은 농업 환경에 커다란 피해를 줄 수 있으므로 검역과정에서 철저히 조사한다. 해충에 오염되었을 경우에는 훈증제fumigant를 사용하여 해충을 박멸하여야 한다. 흔히 사용되는 훈증제는 메틸브로마이드methyl bromide와 포스핀phospine이다. 에틸렌옥사이드ethylene oxide는 훈증제로 많이 사용되었으나 최근에는 발암성이 인정되어 사용 금지되었다. 메틸브로마이드는 할로겐류 화합물로 대기의 오존층을 파괴하는 물질로 알려져 있으며 1997년 몬트리올협약에 따라 앞으로 그 사용이 억제된다. 이에 대한 대체기술로 방사선 조사irradiation 기술이 사용되고 있다. 식품공장에서 이용할 수 있는 방제기술로는 냉동방법, 성호르몬 유인방법 등이 있다.

(2) 미생물

식품저장학에서 다루는 미생물을 분류하면 발효미생물fermentative microorganisms, 부패미생물putrefactive MO, 병원미생물infectious MO, 독소미생물food poisoning MO로 나눈다. 미생물은 형태와 생리적 특성에 따라 바이러스virus, 리켓치아rickettia, 세균bacteria, 곰팡이mold, 효모yeast, 프로토조아protozoa, 조류algae로 나눌 수 있다(표 2-1).

표 2-1. 미생물의 형태 및 생리학적 분류

명칭	크기(μm)	생존방식	인체 영향
바이러스	1/100-1/5	세포 내 기생	인플루엔자, 간염
리켓치아	1/10-2	세포 내 기생	발진티프스
세균	1/2-10	세포 외 기생	부패균, 식중독균
곰팡이	2-	비생명체 유기물	발효균, 버섯
효모	1-10	비생명체 유기물	빵효모, 알코올 발효
프로토조아	2-30	비생명체 유기물	이질균
알지	〉1	비생명체 유기물	어류먹이, 단세포식물

미생물은 식품 중에 들어 있는 수분함량과 수소이온농도pH, 그리고 온도 조건에 따라 그 생육이 크게 영향을 받는다. 식품에 들어 있는 수분 중에는 분자구조에 단단히 붙어 있는 결합수bound water와 자유롭게 반응할 수 있는 자유수free water가 있는데 이 자유수의 함유 정도를 나타내는 것을 수분활성도water activity, a_w라 한다. 수분활성도는 식품 중에 들어 있는 수분 중 미생물이 사용할 수 있는 물의 양을 나타내는 지표로 순수한 물의 증기압에 대비한 식품의 수증기 분압 즉, a_w = 식품의 평형상대습도/100 으로 표시되는 값이다. 수분 활성도에 대한 미생물의 반응은 〈그림 2-2〉와 같다. 대부분의 세균은 a_w 0.9 이하에서 생육이 억제되며 장기 저장되는 건조식품은 a_w 0.6 부근에 도달하여야 한다.

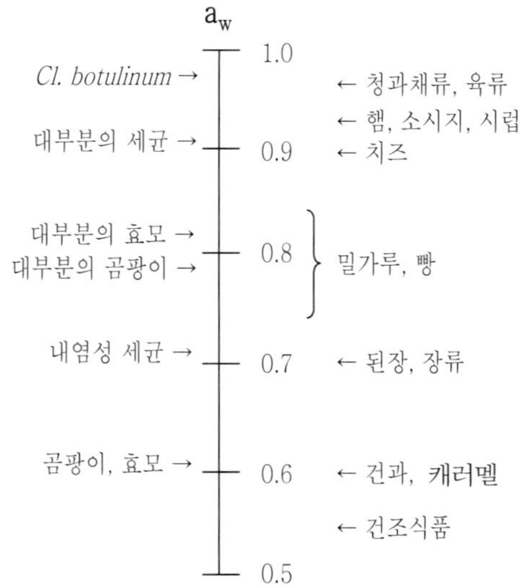

그림 2-2. 식품의 수분 활성도와 미생물 생육한계

미생물 생육은 pH에 따라 크게 영향을 받는다. 〈그림 2-3〉은 식품의 pH와 미생물의 생육한계를 나타내고 있다. 특히 중요한 것은 맹독성 독소를 생산하는 *Clostridium botulinum*이 pH 4.5 이하의 산성 식품에서는 생육이 저해되고 독소를 생산하지 못한다. 따라서 산성 식품의 통조림을 위한 가열살균 정도는 저산성 식품보다 낮게 설정하여도 된다.

세균의 영양세포는 대부분 60℃ 부근에서 사멸한다. 이것은 단백질이 이 온도에서 변성되므로 효소의 활성이 없어지고 세포는 사멸하게 된다. 그러나 일부 세균이 만들어 내는 포자spore는 100℃ 이상에서도 살아남는 것이 있다. 내열성 세균thermophilic bacteria은 35~55℃ 사이에서 생육하는 세균으로 일상 조건에서는 생육하지 않으나 식품을 높은 온도에 오래 보관하면 나타날 수 있다. 중온성 세균mesophilic bacteria은 사람의 체온 부근에서 잘 자라는 균으로 생육온도 범위는 10~40℃이며 각종 부패균, 병원균, 발효균들이 주로 여기에 속한다. 냉장고 온도에서도 생육할 수 있는 세균을 저온성 세균psychrotropic bacteria이라 하며 -5~35℃에서 생육한다. 이와 같이 세균은 온도에 따라 여러 가지 다른 균이 생육하며 식품의 부패 변질도 온도에 따라 다르게 나타난다.

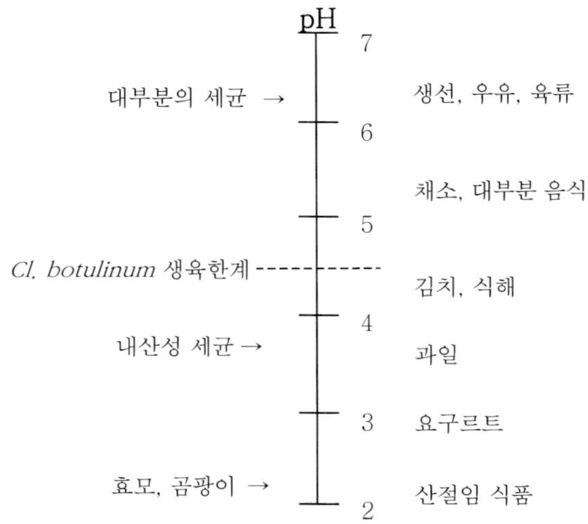

그림 2-3. 식품의 pH와 미생물의 생육한계

〈표 2-2〉는 주요 식중독미생물의 생육조건에서 증식이나 독소생성을 방지할 수 있는 저장온도, pH, 수분활성도와 식염농도를 모은 것이다. 대개 6~7℃ 이하의 낮은 온도, pH 4.5 이하,

표 2-2. 주요 식중독균의 생장 억제를 위한 최저 온도, pH, 수분활성도(a_w) 및 최고 식염농도

세균명	생장 및 독소생산을 위한 조건			
	최저 온도(°C)	pH	a_w	최고 식염농도(%)
바실러스 세레우스	7	4.4-5.0	0.93-0.95	7.5
클로스트리듐 보툴리넘				
타입 A 및 B	10-12	4.8	0.94-0.95	10
타입 E	3.3	5.0	0.97	5
클로스트리듐 퍼프린젠스	15-20	5.0	0.95-0.96	4-6
살모넬라	5.2	4.1-5.5	0.95	8
스타필로코커스 오레우스				
성장: 비혐기성	6.7	4.3	0.86	16-18
혐기성	6.7	4.7	0.90	14-16
독소생성: 비혐기성	10	4.3	0.90-0.93	12-13
혐기성	10	6.5	0.90-0.93	12-13
비브리오 파라헤몰리티커스	3-13	4.8	0.94	8-10

식염농도 10% 이상에서 저장하면 일정 기간 동안 안심하고 먹을 수 있다.

2.3. 식품 중의 유해 미생물

우리가 섭취하는 음식물은 대부분의 미생물에게도 좋은 먹이가 되므로 자연에 존재하는 여러 가지 미생물들이 생육할 수 있다. 이 중에는 사람에게 질병을 유발시키거나 독성을 일으키는 미생물들도 포함된다. 식품을 통하여 인체에 들어와서 생육함으로써 질병을 일으키는 미생물들을 식품전염병균food infective microorganisms라 한다. 한편 식품을 저장하는 동안 오염된 미생물이 생육하면서 독성 대사 분비물을 식품에 남김으로써 식중독을 일으키게 하는 미생물을 식중독성 미생물food poisoning microorganisms이라고 한다. 주요 식품 전염성 병원균과 식중독성 미생물을 예로 들면 다음과 같다.

(1) 식품전염병균

① 장티프스균*Salmonella typhi*

살모넬라로 일반적으로 불리우는 살모넬라 타이피균*Salmonella typhi*은 인체에 급성 장염을 일으키는 장티프스의 원인균이다. 이 균은 사람만이 병원소이며, 길이가 2~3㎛, 직경이 0.6㎛ 정도의 그람음성 간균이다. 살모넬라가 생존할 수 있는 시간은 대변에서는 60시간 내외, 물에서는 5~15일, 얼음에서는 3개월 내외이며, 아이스크림에서는 2년, 고여 있는 물에서는 6개월, 우유에서는 2~3일, 육류에서는 8주, 과일에서는 6일 등으로 되어 있으며 생존기간이 비교적 길고 추위에도 강하여서 위생상태가 나쁜 지역에서 유행이 계속되는 원인이 되고 있다. 환자나 보균자의 소변, 대변에 오염된 음식이나 물을 먹으면 감염된다. 균수가 1백만~10억 개 정도면 감염을 일으킨다. 더러운 물이 섞인 해저에서 자란 갑각류나 어패류(특히 굴), 배설물이 묻은 과일 등도 감염원이 된다. 또 보균자가 부주의하게 다룬 우유나 유제품이나 오염된 계란도 원인이 되며 파리가 오염물로부터 다른 음식물에 세균을 전파하기도 한다. 잠복기간은 보통 1~3주이나, 균의 수에 따라서 다르다. 발열, 두통, 권태감, 식욕부진, 건성 기침 등이 주요한 증상 및 징후이다. 일반적으로 설사보다 변비가 많다. 백혈구, 특히 호산구의 감소가 특징적이고 경증이 흔하나 중증의 비전형적 증상도 일어난다. 치료하지 않을 경우 회장의 파이어판에 궤양이 생겨서 간헐적인 하혈이나 천공이 생기기도 한다. 중증에서는 중추신경계 증상도 생긴다. 지속적인 발열,

무표정한 얼굴, 경도의 난청, 이하선염도 일어날 수 있다. 외과적 합병증으로는 장천공, 장폐색, 관절염, 골수염, 급성 담낭염, 농흉 등이 있다. 사망률은 10%이지만 조기에 항생제로 치료하면 1% 이하로 감소시킬 수 있다.

② **파상열균***Brucella abortus*

브루셀라속의 아보르투스*B. abortus*, 멜리텐시스*B. melitensis*, 수이스*B. suis*, 캐니스*B. canis* 등이 파상열을 일으키는 원인균이다. 경피감염 또는 식품매개(유제품 등)로 감염된다. 즉, 감염된 동물 혹은 동물의 혈액, 대소변, 태반 등에 있던 병원균이 상처 난 피부나 결막을 통해 전파되기도 하고, 멸균처리 안 된 유제품을 섭취함으로써 사람으로 전파된다. 감염된 동물과 접하는 기회가 있는 직업에 종사하는 사람이나 수의사 등의 직업병으로 유행 지역의 수의사는 거의 100%가 항체를 가지고 있다. 잠복기는 5~60일, 통상은 1~2개월이다. 급성으로 혹은 서서히 발병하며, 지속적 혹은 간헐적으로 일정하지 않은 기간 계속되는 발열이 특징이다. 두통, 허탈, 다량의 발한, 오한, 관절통, 체중 감소, 전신통을 동반한다. 간비종대나 다른 장기에 화농성 병변을 형성하는 일이 있다. 증상은 수주부터 수개월까지 계속되며 치료하지 않으면 몇 년씩 계속되거나 재발한다. 치료하지 않을 경우 사망률은 2% 이하이고, 대개는 브루셀라 멜리텐시스에 의한 심내막염으로 사망한다.

③ **세균성 이질균Shigellosis species**

쉬겔라는 세균성 이질의 대표적인 원인균으로 운동성이 없고 협막도 없으며 포자spore도 만들지 않는 그람음성의 비교적 작은 간균이다. 이 균은 대변으로 배설되지만 실온에서 24시간 방치되면 현저하게 균수가 감소되어 배양되기 어렵다. 이들은 체외독소도 만들며, 항균제에 대한 내성이 잘 생기는 특징이 있다. 쉬겔라가 자연계에서 살 수 있는 기간은 물에서 2~6주, 우유나 버터에서 10~12일, 과일이나 야채에서 10일, 의복에서 1~3주, 습기가 있는 흙에서 수개월, 위액에서는 2분, 60℃에서 10분, 5% 석탄산수에서는 수 분 동안이다. 다른 세균성이질균은 이보다 저항력이 약간 강하다. 사람만이 병원소이나 원숭이 집단의 유행도 보고된 적이 있다. 환자나 보균자에 의한 직접 혹은 간접적인 대변-경구 전파이다. 매우 적은 양(g당 10~100개)의 세균도 감염을 일으킨다. 전파를 시키는 사람들은 배변 후 손톱 밑이나 손을 깨끗이 씻지 않은 때문이다. 이들은 음식을 오염시켜 간접적으로 전파하거나, 직접적인 신체적 접촉에 의해 다른 사람에게 전파시킨다. 식수, 우유, 바퀴벌레, 파리에 의한 전파도 있다. 잠복기는 1~7일로 보통 1~3일이며, 전염기는 급성감염기로부터 대변에서 균이 발견되지 않는 기간, 즉 발병 후 4주 이내이다. 드물지만 보균상태가 수개월 이상 지속될 수도 있다. 이유기의 소아 등에서 감수성이 높고 중증화되기 쉽다. 가구 내 2차 발병률은 높아서 10~40%에 달하며, 집단발생은 위생상태가 불량하고 밀집되어 거주하는 고아원 등 사회복지시설, 정신병원, 교도소, 캠프, 선박 등에서 많이 발생한다. 고열과 구역질, 때로는 구토, 경련성 복통, 후중기tenesmus를 동반한 설사가 주요 증상이며 대개의 경우에는 대변에 혈액이나 고름이 섞여 나온다. 이는 세균의 침입으로 인해 미세농양이 생기기 때문이다. 환자의 1/3은 수양성 설사의 양상을 보인다. 소아의 경우 경련을 보이기도 한다. 균종이나 환자의 감수성에 따라 경하거나 증상 없이 지나기도 한다. 증상은 보통 4-7일이 지나면 회복된다.

④ 콜레라균*Vibrio cholerae*

콜레라균은 1.0~5.0×0.3~0.6㎛의 그람음성 간균으로, 한 개의 편모가 있어서 운동성이 활발하며 포자나 협막은 없다. 현재 분리된 콜레라균의 생물학적형biotype에는 인도지방 등에서 유래한 진성콜레라균Classical과 이의 생물학적 변이형인 엘토르El Tor형이 있다. pH 6.0 이하나 56℃에서 15분간 가열하면 균이 죽는다. 끓는 물에서는 순간적으로 죽으며, 실온에서는 약 2주, 물에서는 수일간, 그리고 하천과 해수에서는 더 오래 생존한다. 냉장이나 냉동상태에서는 증식되지는 않으나 균이 죽지 않는다. 콜레라균은 주로 오염된 식수나 음식물, 과일, 채소 특히 연안에서 잡히는 어패류를 먹어 감염되며, 장례식 등 많은 사람이 모이는 경우 오염된 음식물을 통해 집단발생이 일어날 수 있다. 환자의 구토물이나 분변 속에 배설된 콜레라균에 의해 경구감염도 가능하다. 환자의 균 배출기간은 약 2~3일 정도로 짧고, 감염에는 1억~1,000억 개에 이르는 많은 수의 균이 필요하므로 직접 접촉전파는 유행에 큰 구실을 하지 못한다. 잠복기는 6시간에서 길게는 5일 정도이며, 대개 24시간 내외에 발생한다. 전형적인 증상은 잠복기가 지난 후 과다한 물설사가 갑자기 시작되고, 구토가 동반될 수 있으며, 설사로 인한 순환기계 허탈 증세와 쇼크를 나타낼 수 있다. 보통 복통은 없다. 심한 경우 쌀뜨물 같은 설사와 함께 구토, 발열, 복부통증이 있을 수 있고, 극심한 설사로 인해 심한 탈수현상을 초래하여 적절한 치료를 하지 않으면 사망할 수도 있다. 무증상 감염자나 만성보균자가 존재할 수 있으며, 엘토르형은 무증상 또는 경미한 감염의 빈도가 높다. 치료하지 않는 경우 전형적인 환자의 25-50%에서 치명적일 수 있으나, 최근 엘토르형의 경우에는 적절한 치료를 하는 경우 사망률은 1% 미만이다.

⑤ 아메바성 이질균*Entamoeba histolytica*

인체에 기생하는 아메바는 7종이 있으나 질병을 일으키는 것은 아메바 기생충 *Entamoeba*

*histolytica*의 한 종류이며, 아메바성 이질은 이 미생물에 의한 대장 감염증이다. 여기에는 영양형 trophozoite과 낭포형cyst이 있는데 낭포형은 습도가 적절하면 4주일에서 수개월 동안 살 수 있으며, 이 시기에 입을 통해 인체 내로 들어가면 영양형과는 달리 위에서 파괴되지 않고 회장에 도달하면 핵은 다시 한 번 분열한 다음에 탈낭하여 8개의 영양형 아메바가 되어 감염증을 일으키게 된다. 만성적 환자나 무증상으로 포낭(균이 들어 있는 낭포)을 배출하는 사람들을 통해 전염이 되는데, 전파양식을 보면 집단적인 발생은 아메바 포낭을 가진 대변에 오염된 물을 마실 때 발생한다. 토착성 발생(산발적)은 대변의 손-입 경로, 오염된 생채소, 파리, 식품 취급자의 대변 묻은 손, 오염된 물을 통해서 전파된다. 또 입, 항문 접촉을 통한 성적 전파도 있다. 급성 아메바성 이질을 앓고 있는 환자는 다른 사람들에게로의 전파위험은 적다. 그 이유는 대변에 포낭은 없고 영양형 아메바는 매우 허약하기 때문이다. 잠복기는 다양하여 수일에서 수개월 내지 수년인데, 보통 2~4주이다. 전염기는 포낭을 배출하는 기간인데 수년간 계속될 수도 있다. 이질아메바가 대장에 감염되면 배가 아프고, 피 섞인 설사를 하며, 대변을 보고 나서도 시원치 않아 자꾸 화장실을 들락거리게 되는 등의 증상이 나타난다. 아메바성 이질은 대개 1개월 이내에 증상이 좋아지지만, 드물게 심한 급성 장염으로 사망하거나 또는 설사가 수년 동안 지속될 수도 있다.

⑥ 트리키노시스 선충*Trichinella epidemica*

쌍기충류에 속하며, 숙주는 돼지, 쥐, 고양이, 사람 등 다숙주성 기생충이다. 성충의 몸길이는 수컷 1.4~1.6㎜, 암컷 3~4㎜이며, 유충의 몸길이는 약 0.1㎜이다. 발육주기가 특이하며 성충과 유충이 동일 숙주 내에 기생한다. 인체감염은 근육에 유충이 들어 있는 돼지고기를 날것으로 먹어서 일어나고 돼지는 쥐를 통해 감염되며 쥐는 동류생식에 의해 감염된다. 유충은 위에서 탈낭하여 소장 하부 또는 대장 상부에서 기생하며 주로 가로무늬근 섬유에서 발육하여 소낭小囊에 싸여서 그 속에서 웅크린 채로 수년 동안 생존한다. 이 근육트리키나가 새로운 숙주에게 먹히면 그 소장 내에서 성충이 된다. 성충은 숙주의 소장 내에서 교미한 후 수컷은 곧 죽고, 암컷은 소장의 점막 심부에 침입하여 알이 부화한 유충을 낳는다. 유충은 림프와 혈관을 타고 온몸으로 운반된다. 날고기나 가열이 불충분한 수육요리, 건조수육, 염장수육 등을 먹거나 특히 돼지고기를 먹음으로써 감염된다. 증세는 다음과 같이 3기로 나눌 수 있다. ① 점막침입기: 감염 직후부터 1주 사이에 성충이 배출한 유충이 장점막을 자극하여 질병을 일으키는 시기이다. 이때에는 구역질, 구토, 복부경련, 복통, 설사 등이 나타난다. ② 유충이행기: 감염 후 2~6주에 유충이 근육으로 침투하면서 증세가 나타난다. 발열과 근육통, 호산구다증, 유충에 대한 항원으로 인한 독작용 및 과민반응이 나타난다. 이때 심근, 폐, 중추신경계의 염증과 함께 합병증이 일어날 수 있으며, 이 시기에 사망할 확률이 높다. ③ 유충피포기: 근육통과 근위축, 심근염, 전신부종, 쇼크, 발한, 불면증, 신경장애 및 호흡기장애가 나타날 수 있다. 적합한 치료법은 없다. 인체감염을 예방하기 위해서는 쥐를 구제하고 돼지고기를 날것으로 먹지 말아야 한다. 돼지고기를 -37℃ 이하로 냉동하거나 돼지사료를 100℃에서 30분간 가열하면 없어진다. 한국에서는 감염발병의 예가 거의 없으며 유럽, 북아메리카 등지에서는 주요 기생충병에 포함시킨다.

⑦ **간염***Hepatitis epidemica*

바이러스성 간염의 하나로 A형 간염바이러스가 주로 경구적 경로로 감염되어 발열, 권태감, 구토, 설사, 황달 등 급성간염의 증세를 나타낸다. 유행적으로 발병하기도 하여 유행성간염이라고도 한다. 대부분 공중위생 상태가 나쁜 경우에 잘 생기며, 감염자와의 직접적인 신체 접촉을 통하여 올 수도 있다. 감염을 예방하기 위해서는 환자의 배설물을 잘 관리하여 이에 오염되지 않도록 반드시 손을 청결하게 씻어야 한다. 또 A형 간염바이러스는 85℃에서 1분간 끓이거나 물을 염소처리하면 제거되므로 음식을 완전히 익혀서 먹도록 하는 것이 중요하다. 감염 후 약 4주의 잠복기가 경과하면 식욕부진, 오심, 구토, 소화불량, 설사 등의 증세와 피로감, 무력감, 발열, 두통 등의 전구 증세가 나타나고, 이어 황달이 나타난 뒤 서서히 임상 증세가 호전되어 황달이 소실되면서 회복된다. B형, C형, D형 간염과 달리 만성으로 이행하지 않으며, 일단 A형간염에서 회복되면 후유증이 남지 않고 평생 면역을 얻게 된다. 사망률은 0.12~2%로 낮다. 특별한 치료법은 없다. 백신은 2세 이상부터 접종할 수 있으며, 초기 접종 후 4주가 지나면 항체가 형성되어 효과를 나타낸다. 총 2회 접종해야 하며, 1회 접종 후 6~12개월이 지나면 1회 더 접종한다. 면역은 20년 이상 지속된다.

B형 간염바이러스는 만성간염, 간경변, 간암 등과도 관계가 있다. 혈액을 통하여 감염되며, HB바이러스를 가진 어머니에게서 태어난 아이는 70~80%가 감염된다고 한다. 이러한 모자감염을 예방하기 위해 백신 접종을 한다. 서양인에게는 적고, 아시아, 아프리카인에게 많다. 주로 혈액을 통해 전염된다. 급성과 만성으로 나뉘고, 급성의 경우 증상은 A형이나 B형 간염과 거의 비슷하다. 대부분 아무런 증상 없이 지나가고 독감과 같은 증상이 나타나기도 한다. 달리 치료를 하지 않아도 호전되며, 일부 환자의 경우에는 피부와 눈이 노랗게 되거나 소변이 진해지고 피로, 구토 등의 증상이 나타나기도 한다. 만성의 증상은 쉽게 피곤하거나 열이 나며, 오른쪽 갈비뼈 아래에 약간의 통증을 느끼거나 입맛이 없고, 구역질이 나거나 토하며 근육통 또는 관절통 증상이 나타난다. 증세가 장기간 지속되면 간경화증이나 간암으로 발전할 가능성이 높으므로 1년에 한두 번 정기검진을 받아야 한다. 헌혈, 장기기증 등을 하면 안 되며, 면도기, 칫솔과 같이 혈액이

묻을 가능성이 있는 것을 다른 사람과 함께 사용해도 안 된다.

⑧ **페결핵균***Mycobacterium tuberculosis*

결핵균은 운동성이 없으며 막대 모양의 균(간균)이다. 건조한 환경에서도 잘 견디고 알코올, 알칼리, 산이나 살균제 및 일반 항균제에도 저항성을 나타내며 열과 빛에 대해서는 약하다. 사람의 결핵균에는 A형, I형, B형, C형 4가지 형이 있다. 결핵균은 독소를 생산하지 않지만, 균이 숙주의 방어기전을 이기고 조직 내에서 증식할 수 있으므로 병원성을 보인다. 폐결핵 및 후두결핵 환자에서 나오는 비말핵을 흡입하여 감염되며, 후두결핵은 감염성이 매우 높다. 점막과 상처 난 피부를 통해 직접감염이 일어날 수 있다. 소결핵이 사람에게도 전염되는데 저온살균하지 않은 우유나 유제품을 섭취할 때 생기고, 농민이나 가축을 다루는 사람이 공기를 통해 감염되기도 한다. 두통이나 권태감, 기침 등의 증상이 있다가 기관지염, 폐렴으로 진행이 된다. 수일 내지 1개월 이상 지속하며 대체로 예후는 좋다. 드물게 범발성 혈관내응고병증(DIC)이나 성인 호흡부전증후군(ARDS)으로 사망하기도 한다. 다형홍반, 발진 등의 피부증상이 있을 수 있으며, 위장염이나 체중감소 등도 있다. 이 밖에 귀, 중추신경계 등을 침범하고 용혈성빈혈이 나타나는 등 전신장기가 이환되기도 한다.

⑨ **디프테리아균***Corynebacterium diphtheriae*

디프테리아는 감염에 의한 호흡기 점막과 피부의 국소 질환이다. 디프테리아균은 길이 1~8㎛, 폭 0.3~0.8㎛인 그람양성 간균이지만, 염색성은 일정하지 않다. 아포는 없고, 협막과 운동성도 없는 형태가 다양한 세균이다. 환자나 보균자와 직접접촉에 의해 감염된다. 드물게 분비물을 통한 간접감염도 있고, 생우유가 원인이 되기도 한다. 인두, 후두, 코, 때로는 다른 점막과 피부, 극히 드물게는 결막, 음부를 침범하는 급성질환이다. 특이적 세포독소에 의한 회백색의 위막이 감염된 인두와 피부에 형성, 부착되는 것이 주요 징후이다. 인두 편도 디프테리아에서는 가벼운 인두통과 림프절 종창, 동통이 있으며, 중증환자에서는 경부 종창이 뚜렷하다. 후두 디프테리아는 호흡곤란을 동반하여 중증이 된다. 심근염은 비교적 빠른 1~2주 후에 생기고, 종종 중증이 되어 돌연사 한다. 피부 디프테리아 이외의 사망률은 5~10%이다.

⑩ **리스테리아균***Listeria monocytogenes*

인축공통 병원균으로 야생동물 및 가금류, 오물 그리고 폐수에서 많이 분리 보고되고 있다. 이 균은 그람양성의 통성혐기성균으로서 균체 표면에 분포되어 있는 다발성편모를 이용하여 움직이며 20~25℃에서 그 운동성이 가장 크고 37℃에서 운동성을 상실한다. 중성 혹은 약알칼리성 pH에서 생육이 가장 왕성하지만 pH 9.8에서 자라기도 하지만 pH 5.5 미만에서는 자랄 수 없다. 이 균은 양의 유산이나 수막염의 원인균으로 자연계에 상재하고 있고 인체 내의 감염은 오염된 식품 특히 유제품을 통해 이루어지나 감염된 동물과의 직접적인 접촉에 의해서도 가능하다. 특히 임산부, 신생아 및 노인 등 면역능력이 저하된 사람들에게 발생하여 패혈증, 수막염 및 유산 등의 질병listeriosis을 일으킨다. 그러나 건강한 사람들이 이 균에 감염되었을 경우에는 증상이 없거나 오염식품 섭취 약 12시간 후 감기와 같은 증상을 나타내며 드물게는 설사, 복통을 일으킨다. 임산부에게 나타나는 증세로는 발열, 두통, 척추통, 소변의 변색 등이 있으며 설사나 복부통증은 드물다. 자연유산 및 사산을 일으키거나 혹은 태반이나 분만과정 중 태아에게 감염될 수 있다. 북미와 유럽에서 주로 발생하는 식중독으로 사망률은 약 20~30%로 매우 높다. 우리나라에서는 1993년 뉴질랜드산 수입 홍합에서 최초로 검출되었고 국내 식품을 검사한 결과 원유, 우유 등에서 검출되었다. 특히 1997년에는 시판 중인 냉동만두 및 시판 피자 등 냉동식품에서 이 균이 발견되었고 미국에서 수입한 아이스크림에서 검출되어 사회적으로 문제가 된 적이 있다.

⑪ 캠필로박터균*Campylobacter jejuni*

주로 수의학자들에 의해 동물의 병원균으로만 연구되어 왔으나 1975년 인간의 질병과 밀접한 관련이 있고 사람의 세균성 설사증을 유발하는 원인균임이 밝혀졌다. 그람음성 간균이며 그 형태가 만곡형의 S자 또는 나선형을 나타내고 있다. 세포의 크기는 길이 0.5~8㎛, 넓이 0.2~0.5㎛로 다양하며 만곡형의 원형 세포로부터 나온 극성편모를 갖고 있어 특유의 스크류screw상 운동성을 갖고 있다. 미호기성이기 때문에 5~10% 산소 존재하에서 증식하고, 또한 5% O_2, 10% CO_2, 85% N_2의 혼합가스 중에서 잘 분리된다. 이 균은 37℃에서도 잘 자라고, 42℃에서도 활발하게 증식하는 성질을 갖고 있다. 소, 염소, 돼지, 개, 닭, 고양이 등이 보균하고 있으며, 대부분 처리하지 않은 우유나 오염된 음용수가 감염원이고 또한 가금류를 비위생적으로 처리하여 요리한 음식이 원인이 되기도 한다. 잠복기는 2~7일이며 다른 식중독보다 긴 것이 특징이다. 또한 열에 의해 쉽게 파괴되며, 식품가공 공장에서 주로 많이 사용하는 염소용액에 매우 민감하다. 냉장온도에서는 성장은 못하지만 생존할 수는 있다. 미국 식품의약국(FDA)에서는 매개가 되는 식품으로 버섯, 날 생선 혹은 덜 익힌 생선, 조개 및 굴류 등을 들고 있다. 미국에서 가장 빈도가 높은 식중독 원인균 중 하나로, 매년 2백만 명이 감염되며 그중 약 200~800명이 목숨을 잃고 있다. 주로 유아, 어린이 및 면역이 저하된 사람들에게 감염률이 높으며 주된 증상은 설사가 가장 보편적이나 열, 메스꺼움, 복통 및 구토 등도 나타나고 아주 심한 경우 사망에까지 이를 수 있다. 감염량은 낮아서 약 500균체만으로도 질병을 일으킬 수 있다.

⑫ 병원성 대장균*E. coli* O-157

전염성이 매우 강한 이 균이 일단 인체에 침입하면 복통, 설사, 혈변을 일으키고, 독소가 몸에 퍼져 적혈구를 파괴하며, 신장을 집중 공격하여 용혈성 요독증尿毒症을 일으킨다. 요독증이 생기면 2차적으로 신경계, 호흡기계, 순환계 등에 장애가 와 사망하게 된다. 잠복기간이 4~5일 정도로 길어 식중독의 원인을 알아낼 수 없고 그 만큼 예방하기도 어렵다. 치사율은 1,000명당 6~7명 정도로 낮은 편이나 전염성이 강해 짧은 시간에 번진다. 환자의 대변을 통해 배출된 균주가 주로 음식과 손을 통하여 입으로 전염된다.

⑬ 노로바이러스Norovirus

인체에 감염되어 장염과 구토 설사를 일으키는 식중독 바이러스가 처음 세상에 알려진 것은 불과 30여 년 전인 1972년의 일이다. 미국의 카피키안Kapikian 등이 1968년에 일어난 식중독 사건의 원인을 연구하던 중 직경 27~32나노미터 정도이고 컵 모양의 함몰이 구형의 표면을 고루 덮고 있는 입자를 전자현미경으로 관찰하고 이것을 노워크Norwalk 바이러스라고 명명하였다. 그 이후 돼지, 토끼, 인간의 분변에서 이와 유사한 장염 바이러스들이 속속 밝혀지게 되었다. 이들 중 인체에서 주로 증식하는 노워크 바이러스 및 유사한 바이러스를 총칭하여 노로바이러스Norovirus라고 한다. 노로바이러스 검출법으로는 PCR을 이용한 바이러스 유전자 증폭법, 효소-면역 분석법, 전자현미경 관찰법 등이 활용될 수 있다. 자연환경 상태에서도 매우 견고한 구조 특성을 지니며 노워크 바이러스의 경우, 산도가 매우 높은 위산에도 수 시간 이상 견딜 뿐 아니라 20%의 에테르나 60℃ 이상의 열처리에도 감염력을 잃지 않으며 폴리오바이러스나 로타바이러스를 불활성화시키는 수준의 염소농도에도 저항력을 갖는 것으로 알려져 있다. 대부분의 환경바이러스들과 같이 전형적인 분변-구강 전파경로를 따라 이동하며 사람의 장에서 증식하여 분변을 통해 배출된다. 따라서 급성 및 불현성 감염을 일으킨 환자의 분변에 직접적으로 접촉함으로써 감염되거나 혹은 환자의 분변이 적절히 처리되지 못한 상태로 하천에 오염되어 식수나 음식물을 통해 전염되는 두 가지 경로가 대표적이다. 전자의 경우 탁아소, 노인요양원, 군부대, 학교 등 단체 활동이 이루어지는 장소들에서 집단발병이 일어나며 후자의 경우에는 오염된 식수 및 얼음, 오염된 물이 접촉된 모든 음식물 중 가열과정을 거치지 않은 샐러드 재료, 냉동·냉장 식품, 어패류 등이 주원인이다. 실제 미국에서는 매년 2천 3백만 건의 노로바이러스 식중독 사고가 일어나는 것으로 추산되며 이들 중 약 40%는 오염된 식품이 원인인 것으로 추정되고 있다. 특히 익히지 않은 어패류에 의한 위장염의 대부분은 노로바이러스 감염으로 보고되어 있다. 노로바이러스에 의한 위장염은 감염 후 평균 24~48시간에 발병하며 멀미, 구토, 설사, 복통 등의 공통 증상과 함께 발열, 오한, 무기력 및 인후통 등이 따르기도 한다. 감염증상은 비교적 경미한 편이고 자연스럽게 회복되지만 의료처치가 필요한 경우도 빈번하며 때로 심각한 합병증을 초래할 수도 있다. 발병기간은 평균 12~60시간 정도이지만 환자의 15% 정도는 3일 이상 앓기도 하며 급성 및 불현성 감염환자의 분변과 토사물을 통해 수 일~수 주 이상 바이러스가 방출된다. 노로바이러스는 선진국이나 개발도상국을 막론하고 전 세계적으로 퍼져 있으며 유아에서 노인까지 모든 연령층이 성별에 관계없이 감염되는 것으로 밝혀졌다. 식중독 증상에 대한 일반적인 대증요법 이외에 바이러스에 대한 치료법은 아직 없으며 예방백신도 연구단계에 있다. 실제로 전 세계적으로 발생하는 식중독 사건의 70% 정도(지역에 따라서는 80~90%)가 원인을 규명하지 못하고 있으며 그 대부분이 노로바이러스에 의한 것으로 추정하고 있다. 최근 빈번히 일어나는 우리나라 단체급식 식중독 사건도 대부분 노로바이러스에 의한 것으로 밝혀지고 있다. 노로바이러스는 우리가 흔히 겪는 2~3일의 비교적 경미한 장염을 일으키므로 면역억제자나 노약자가 아니면 생명에 큰 영향을 주지 않는다. 다만 불결한 식품 생산환경과 부주의한 식품가공 조리 행위로 인하여 많은 사람들이 한꺼번에 식중독을 일으켜 사회적 불안과 경제적 비용 부담을 크게 일으킨다는 것이다.

(2) 식중독성 미생물

① 클로스트리디움 보툴리눔*Clostridium botulinum*

이 균은 오염된 식품이 통조림과 같은 혐기상태에 있을 때 증식하여 독소를 생산하는 독소형 식중독균이며 치명적인 독소로 인하여 세균성 식중독 가운데 가장 치사율이 높다. 이 식중독은 18~19세기에 유럽, 특히 독일에서 소시지에 의한 식중독 사례가 많았기 때문에 일명 소시지중독이라고도 한다. 1800년경부터 소시지중독에 보툴리즘botulism이라는 용어를 사용하게 되었다. 이 균은 길이가 3~8㎛이며 그람양성의 편성혐기성 간균이고, 내열성 포자를 형성하며 주모성 편모가 있어 활발한 운동성을 나타낸다. 포자의 내열성이 강하여 100℃ 가열에도 살아남을 수 있으며 pH 4.5 이하에서는 생육에 저해를 받는다. 보툴리눔 독소는 항원형에 따라 A, B의 2형으로 구분되었으나 그 후 항원성이 다른 독소 생산균도 다수 발견되어 현재 A, B, C, D, E, F, G의 7형으로 나누어지며, 사람에게서 식중독을 일으키는 것은 주로 A, B, E 및 F형이다. A형 균은 야채, 과일, 육류와 관련이 깊고, B형 균은 육류, 사료 등과, E형 균은 주로 어패류,

F형 균은 특히 육류와 각각 관련이 깊다. 대부분의 균은 중온성 세균인데 비하여 E형 균은 5℃인 저온에서도 발육하는 특성을 갖고 있으며, 아포 자체는 내열성 및 내구성이 강하다. 이 식중독은 잠복기가 보통 12~36시간이나 2~4시간 이내에 신경증상이 나타나기도 하며 72시간 후에 발병한 경우도 있다. 잠복기는 짧을수록 중증이며 E형의 경우 잠복기는 A형, B형보다 짧아서 30시간 이후에 발병하는 경우는 거의 없다. 발열은 없으나 메스꺼움, 구토, 복통, 설사 등의 소화기증상과 시력장애, 복시, 두통, 근력 감퇴, 변비, 신경장애, 말을 잘 못하는 등의 신경증상이 나타나며 결국, 호흡부전에 의하여 사망한다.

미국 FDA는 1999년 1월 로스앤젤레스의 한 회사가 클로스트리디움 보툴리눔에 오염된 한국산 진공포장 염장굴비를 회수한다고 발표하면서 염장굴비가 상한 것으로 보이지 않거나 상한 냄새가 나지 않더라도 섭취하지 말라고 경고하였다. 이 염장굴비는 18개월 동안 미국 내 8개 주 26개의 슈퍼마켓에서 판매되고 있었다. 보툴리눔 식중독의 원인식품은 식생활 습관의 차이에 따라서 나라마다 다르다. 미국에서는 야채나 과일의 병-통조림 식품류가 많은데 이들은 특히 가열이 불충분한 상태로 집에서 만든 자가 제품이 대부분이다. 일본의 경우는 각종 어류의 소금절임 식품이 원인이었고 E형 식중독이 많다.

② 스타필로코커스 오레우스*Staphylococcus aureus*

식품 중에 증식하여 그 대사산물로 생산한 독소enterotoxin를 음식과 함께 섭취하여 일어나는 독소형 식중독이다. 자연계에는 여러 종류의 포도상구균이 있으나 원인독소를 생산하는 균종은 황색포도상구균에 한정된다. 오레우스는 전형적인 원형균으로 불규칙적인 포도송이 모양의 배열을 형성하는 비포자형성 그람양성 0.5~1.5㎛ 균이고 때로는 외층에 협막 모양의 점액층을 갖는 호기성 또는 통성혐기성균이다. 사람과 동물의 피부, 비인강 점막, 장관 내 등 거의 모든 조직이나 기관에 침투하며 특히 사람에게 감염하여 괴사 또는 농양을 형성하는 화농성 염증을 유발한다. 공기, 토양 등에 널리 분포하여 단백질, 탄수화물이 많은 식품에 오염될 가능성은 매우 높다. 발육온도 범위는 4~46℃로 비교적 광범위하며 발육최적온도는 35~38℃이고 색소는 20℃에서 가장 잘 만들어지며, 특히 식중독의 원인이 되는 독소 생산은 발육최적온도인 35~38℃에서 가장 잘 만들어진다. 최적 pH는 7.0~7.5이며 pH 4.3 이하에서는 사멸한다. 식중독의 증상은 구토, 설사와 심한 복통을 유발하는 급성위장염을 일으키며 구토는 독소가 장의 신경수용체에 작용한 다음 구토중추를 자극하기 때문이다. 이 독소의 잠복기는 2~6시간으로 급성적으로 나타나며 이러한 임상증상은 독소 섭취량과 개체 감수성에 따라 다르게 나타나지만 치사율은 낮아 사망하는 경우는 거의 없이 24~48시간 내에 회복된다. 식중독의 원인식품으로는 우유, 크림, 치즈 등의 유가공품과 식육, 햄 등의 식육가공품, 어육가공품 등의 단백질 식품 등과 김밥, 도시락, 크림빵, 떡 등의 탄수화물 식품이 원인이 된다. 우리나라의 경우 황색포도상구균은 살모넬라, 장염비브리오와 더불어 발생빈도가 높다. 1977년 서울에서 5,575명의 환자를 낸 학교 급식 빵 식중독 사건도 황색포도상구균이 원인이었다. 사계절을 통하여 발생하는 경향이 있지만 기온이 높은 5~9월에 집중 발생된다.

③ **바실러스 세레우스*Bacillus cereus***

자연계의 중요한 부패 원인균으로 널리 분포되어 있다. 135℃에서 4시간의 가열에도 견디는 내열성 포자를 형성하는 그람양성 간균이며 주모성 편모에 의한 운동성을 갖는 통성혐기성균으로서 적정발육온도는 28~35℃이다. pH 5.7과 7% NaCl에서 생육할 수 있다 세레우스에 의한 식중독은 황색포도상구균이나 클로스트리디움 퍼프린젠스의 증상과 유사하여 잘못 판단되는 경우도 많다. 설사형은 향신료를 사용한 요리, 육류 및 채소의 수프나 푸딩 등이 대표적 감염원이고, 구토형은 주로 쌀밥이나 그 요리음식인 볶음밥 등이 원인식품이며 주로 소시지, 푸딩, 수프, 샐러드 같은 복합식품에서 자주 발생한다.

④ **클로스트리디움 퍼프린젠스*Clostridium perfringens***

상처감염증에서 가스괴저의 원인균으로 식품에 오염되어 증식되면 장관 내에서 포자를 형성할 때 일종의 독소를 생산하는 것으로 알려져 있다. 사람과 동물의 장관 내에 산재하는 균으로서 분변에 1백~1만cell/g 정도가 존재하며 포자를 형성하는 그램양성 간균이고 편모가 없어 운동성을 갖지 않는 편성혐기성균이다. 발육최적 온도는 37~45℃이고 당을 발효하여 산과 가스를 형성한다. 독소는 그 생산능력의 차이에 따라 현재 A~F형까지 6형으로 분류되고, 이 균에 의한 식중독중 99%가 내열성 A형에 의한 것이다. 1947~1949년 독일에서 발생한 장괴저라고 부르는 출혈성장염은 사망률이 40%나 되었으며 이것은 F형에 의한 것이었다. A형은 100℃에서 1~4시간 가열해도 포자가 파괴되지 않고 B, C, D 및 E형은 90℃에서 30분 또는 100℃에서 5분이면 사멸한다. A형과 F형 식중독은 현저하게 그 증상이 다르다. A형 식중독은 잠복기가 8~20시간, 평균 12시간이며, 반드시 일어나는 증상은 설사와 복통이며, 구토와 발열은 거의 볼 수 없다. 설사는 하루에 수회 정도 나타나며, 1~2일 만에 정상으로 회복된다. F형 식중독은 수 시간의 잠복기가 지난 후 구역질, 구토를 일으키며 시간이 어느 정도 경과되면 점혈이 섞인 심한 설사와 복통을 주 증상으로 하여 발병된다. 설사가 심하면 탈수증상도 일어난다. 이 식중독은 일 년 내내 발생하므로 계절적인 편중현상은 거의 찾기 어렵다. 또 다른 식중독에 비해 대규모의 집단발생을 특징으로 하고 있다. 식중독의 원인으로 되었던 식품은 육류와 그 가공품을 위시하여 기름에 튀긴 식품 등이다. 그 밖에 특수한 식품으로서 면류 등도 있을 수 있으나 이 식중독의 주된 특징은 동·식물성 단백질 성분이 원인이 된다는 것이며, 가열조리 식품이 원인식품이 된다는 것이다. 이 경우는 대량의 식품을 한 번에 가열 조리하여 그대로 실온에서 자연적으로 냉각 시킬 경우에 특히 심하다. 레스토랑, 케이터링 및 뷔페식당 등 대규모로 음식을 준비하는 업체에서는 주의해야 하는 세균이다.

⑤ 비브리오 파라헤몰리티커스 *Vibrio parahaemolyticus*

장염비브리오 식중독은 호염성 세균인 이 균에 오염된 식품을 섭취하여 일어나는 감염형 식중독이다. 해수 세균의 일종으로 3~5%의 식염농도에서 잘 발육하고, 10% 이상의 식염농도에서는 성장이 정지되나, 보통배지에서는 거의 발육하지 않는 호염성 세균이다. 그람음성 무포자의 간균이고 크기는 0.5~0.8×2.0~5.0㎛이며 편모가 있으며 운동성이 있다. 발육최적온도는 37℃로 비병원성 비브리오의 25~30℃와는 극히 대조적이고, 발육 pH 5.3~10.0, 최적 pH 7.4~8.2이다. 이 균은 최적조건에서 약 10분에 1번 분열하므로 일반 세균의 약 20분에 비해 증식속도가 빨라 2~3시간에 발병균량에 도달할 수 있다. 이 균은 혈청학적으로 현재 12개의 O(somatic) 항원과 60여 개의 K(capsule) 항원형으로 분류되어 있고, K항원형은 매년 신형이 추가되고 있으며 E(flagella) 항원은 공통이다. 이 식중독은 임상적으로 복통, 설사, 구토를 주 증상으로 하는 전형적인 급성위장염을 일으킨다. 잠복기는 8~20시간으로 평균 12시간이다. 이러한 증상을 나타내다가 뒤늦게 발열이 나는 수가 있으며 보통 37.5~38.5℃ 정도이나 고열이 나는 경우도 있다. 그러나 거의 열이 없는 상태로 경과하는 수도 있으며, 보통 2~3일 내에 회복되고 수 일이 걸릴 때도 있다. 발생시기는 대체적으로 5월에서 11월에 걸쳐 해안을 따라 발생하며, 특히 7~9월의 3개월간에 집중적으로 발생한다. 1969년 6월 안동지방에서 물치라는 바닷물고기를 먹고 273명의 식중독 환자가 발생한 사건이 있었는데 원인식품, 환자의 분변, 구토물로부터 이 균이 검출되었다. 같은 해 9월에 군산, 옥구, 서천 지방에서도 이 식중독이 발생하였다. 1971년 8월 인천 덕적도 서포리 해수욕장에서 피서객들이 소라, 굴 등을 먹고 120명의 식중독 환자가 발생한 사건이 있었는데 22명의 환자의 분변, 소라, 굴, 해토 등에서 이 균이 검출되었다. 1989년 7월에 울산시 현대자동차 소형2공장에서 점심식사 때 이 균에 오염된 문어회를 먹은 근로자 854명이 집단식중독을 일으켰다. 1997년 우리나라에서 보고된 장염비브리오에 의한 식중독은 총17건으로 6월 1건에 환자수 16명, 7월 2건에 212명, 8월 11건에 292명, 9월 2건에 88명, 10월 1건에 10명으로 전형적인 하절기 식중독임을 알 수 있다. 식중독 환자의 섭취식품을 보면 수산식품인 게장, 생선회, 오징어무침, 꼬막무침 등이나 도시락 섭취에 의해 191명이 집단식중독을 일으킨 사례가 있다. 또한 1998년 우리나라 식중독 발생건수로는 장염비브리오균에 의한 식중독이 전체 119건 중 34건(28.6%)이 발생되어 가장 높은 비중을 차지하였다. 특히 98년 9월에는 예년과 달리 엘니뇨현상으로 기온이 높아 장염비브리오균에 의한 식중독이 많이 발생했다.

⑥ 아스퍼질러스 플래브스*Aspergillus flavus*

곰팡이가 생산하는 독소mycotoxin의 대표적인 물질인 아플라톡신aflatoxin을 생산하는 곰팡이이다. 이 곰팡이는 토양, 곡류, 배합사료 등에 증식하면서 일정한 조건하에서 비교적 많은 양의 아플라톡신을 만들어 낸다. 온도와 습도가 높은 여름철에 많이 증식하기 때문에 아플라톡신 중독증도 여름철에 많이 발생한다. 아플라톡신은 매우 독성이 강한 발암물질이며 열에도 안정하다. 동물사료에서 자주 발생하며 오리, 칠면조, 꿩 등이 특히 취약하다. 오염된 사료를 먹으면 처음엔 식욕이 줄고 약 14일까지 정상적으로 자라지 못한다. 또한 울음소리가 비정상적으로 변하고 깃털을 쪼며 다리와 발의 빛깔이 변하고 산란율이 감소한다. 그 외에도 곡류에 기생하는 후사리움 곰팡이가 생산하는 제랄레논 등 여러 가지 곰팡이 독소가 알려져 있다. 장기간 수송이나 저장을 거친 수입 곡물을 원료로 사용하는 경우에는 이들 원료 중에 마이코톡신의 오염 여부를 확인해 볼 필요가 있다. 곡물을 주식으로 하고 이들을 발효 가공하여 먹는 우리의 식습관에서는 특히 곰팡이 독소 오염을 경계해야 한다.

2.4. 식품성분의 저장 안정성

식품의 성분은 크게 나누어 수분moisture, 탄수화물carbohydrate, 단백질protein, 지방lipid, 비타민vitamin, 무기질mineral로 구분하며 이 중 비타민과 무기질은 미량성분으로 식품의 저장 안정성storage stability에 크게 영향을 미치지 않는다.

(1) 수분

수분은 모든 생명체의 생리활동에 필수적인 성분으로 영양성분의 전달매체이며, 체내 대사를 일으키는 반응매체이며, 효소의 활성 인자이고 세포 내에 팽압을 줌으로써 생물체의 형태를 유지하게 하는 물질이다. 따라서 수분의 존재는 식품을 손상시키는 해충이나 미생물의 번식과 활동에도 필수적인 요소이다. 생물체를 구성하는 성분 중에서 수분이 가장 많은 양 들어 있으며 이 수분함량에 의하여 식품의 저장성이 일차적으로 결정된다. 과채류에는 수분이 80~90% 들어 있고 육류에는 50~80% 들어 있다. 그러므로 이러한 신선 식품은 부패 변질이 쉽게 일어난다. 그러나 곡류와 두류, 견과류는 수분함량이 10~20% 수준으로 낮기 때문에 저장성이 비교적 높다.

식품 중의 수분은 미생물의 사용 가능성에 따라 두 가지로 나누는데, 구조 속에 단단히 붙어 있는 결합수bound water와 자유롭게 움직일 수 있는 자유수free water로 구분한다. 미생물은 자유수만을 사용할 수 있으므로 이 자유수의 함량을 나타내기 위하여 수분활성도water activity, a_w라는 지표를 쓴다. 수분활성도는 0~1 사이의 값으로 순수한 물의 수분활성도는 1이며 아주 건조한 식품은 0.6 정도이다. 수분활성도는 미생물의 성장뿐만 아니라 생체 내에서 일어나는 효소적 반응이나 식품의 변질에 심대한 영향을 미친다. 자세한 내용은 제10장 건조기술에서 다룬다.

〈그림 2-4〉는 압력과 온도에 따른 물의 상태변화를 나타내고 있다. 1기압 0℃는 물이 기체(수증기), 액체, 고체(얼음)로 나뉘는 삼중점triple point이며, 0℃ 이상으로 가열하면 얼음이 녹아서 물이 되고 물은 다시 수증기로 기화된다. 증발 농축이나 건조는 이 과정을 거치는 것이다. 0℃ 이하로 냉각하면 물은 얼음이 되고 0℃ 이하 저압에서는 얼음이 직접 승화되며 이것을 이용하는 것이 동결건조이다. 식품을 동결, 농축, 건조하면 수분활성도가 저하되어 미생물에 의한 변질을 막을 수 있다.

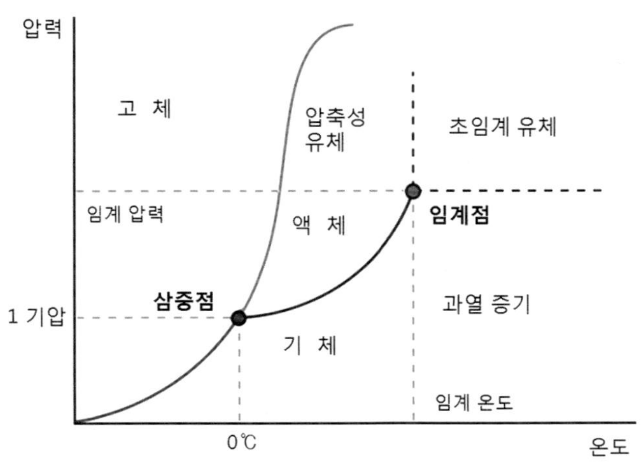

그림 2-4. 물의 상태변화

(2) 탄수화물

탄수화물은 미생물에 의하여 분해되어 당sugar, 알코올, 산acid, 탄산가스(CO_2)를 생성한다. 그러므로 전분질 식품이 미생물에 의하여 부패되면 신 냄새와 가스를 내게 된다. 탄수화물은 가열에 의하여 흑갈색으로 변색하게 되는데 이것을 캐러멜화caramelization라 한다. 전분은 물과 반응하여 팽윤swelling되고 가열하면 호화gelatinization된다. 또한 산, 알칼리에 의하여 분해되어 당화dextrinization를 일으킨다.

(3) 단백질

단백질은 미생물에 의하여 분해되어 펩타이드peptide, 아미노산amino acid, 아민amin, 암모니아(NH_3)를 생성한다. 또한 메치오닌, 시스틴과 같은 함황 아미노산은 유화가스(H_2S)를 생성한다. 그러므로 단백질 식품이 부패하면 악취를 내게 된다. 단백질은 가열에 의하여 분자의 삼차구조 변화가 일어나 변성denaturation된다. 변성된 단백질은 생리활성을 잃게 되며 수용성solubility, 수분흡수율 등이 변한다. 단백질은 산이나 알칼리에 의하여 분해되어 펩타이드와 아미노산을 생성하며, 아미노산은 당과 결합하여 갈색화 마이얄반응Maillard reaction을 하게 된다. 콩을 발효하여 흑갈색의 간장을 만드는 것은 마이얄반응의 대표적인 예이다. 분유를 장기간 저장하면 노란색을 띠게 되는데 이것은 우유 단백질의 아미노산이 마이얄반응을 일으켜 갈색화 고분자 물질이 되고 이로 인해 아미노산의 체내 이용률availability이 감소하게 된다.

(4) 지방질

지방질은 미생물에 의하여 분해되어 지방산, 탄화수소 및 탄산가스를 생성한다. 또한 공기 중에서 산화되어 산패rancid를 일으킨다. 따라서 라면, 기름기 많은 육류 등은 오래 저장하면 산패취를 내며, 이런 산패과정에서 생성되는 물질 중에는 인체에 독성을 나타나는 것도 있다. 지방fat and oil은 알칼리용액에서 이성화isomerization가 일어나 리놀렌산(18:2), 아라키돈산(18:4) 등 필수 지방산이 손실된다. 또한 가열 냉각에 의하여 상phase의 변화를 일으켜 저온에서는 고체, 고온에서는 액체가 된다. 지방질의 종류에 따라 상변화가 일어나는 용융점, 응고점이 다르게 나타난다.

(5) 비타민의 안정성

비타민은 종류에 따라 저장 안정성이 크게 달라진다. 비타민의 저장 안정성에 영향을 미치는 물리적 요소는 열, 산 알칼리, 공기, 광선, 금속이온 등이다.

① 비타민 A retinol, carotene: 지용성 비타민으로 불활성 기체 속에서 안정하며 산소 존재 시 열처리에 의하여 급속히 분해된다. 산화, 탈수소에 의하여 완전히 파괴된다. 자외선 ultraviolet light에도 불안정하다.

② 비타민 C ascorbic acid: 수용성 비타민으로 산성용액에서는 안정하나 광선에 의하여 분해되며 알칼리, 산소, 구리, 철의 존재 시 분해가 촉진된다. 가열공정이나 저장식품에서 영양소 파괴 정도를 나타내는 지표로 쓰인다.

③ 비타민 B_1 thiamine: 수용성 비타민인 B그룹에 속하며 산성용액에서는 끓는 온도에서도 안정하나 알칼리에서는 불안정하여 pH 9에서 20분간 끓임으로 완전 파괴된다. 높은 pH에서는 공기 중에서도 불안정하며 압력솥가열autoclaving, 아황산sulfite, 알칼리에 의하여 파괴된다.

④ 비타민 B_2 riboflavin: 광선에 매우 약하며 pH나 열이 증가할수록 더욱 불안정하다. 우유에 들어 있는 리보플라빈riboflavin은 광선에 의하여 루미플라빈lumiflavin으로 변하며 이것은 다시 우유 속의 비타민 C를 파괴하게 된다. 건조상태나 산성용액에서는 열에 안정하다.

⑤ 비타민 B_6 pyridoxine, pyridoxal, pyridoxamine: Pyridoxine은 열, 강산, 알칼리에 안정하나 광선 특히 자외선UV에 불안정하다. Pyridoxal과 pyridoxamine은 열, 공기, 광선에 불안정하다. 세 가지 모두 중성이나 알칼리성용액에서 자외선에 불안정하다.

⑥ 나이아신niacin: 비교적 안정한 성분으로 산이나 알칼리에서 부분적으로 분해되나 분해물도 같은 역가를 가진다.

⑦ 바이오틴biotin: 비교적 안정한 성분으로 6시간 끓임으로 50% 정도 파괴된다. 강산, 알칼리, 유황산화제에 불안정하다.

⑧ 엽산folic acid: pH 8에서 30분간 끓여도 안정하나 산, 알칼리에서 고압가열하면 파괴된다. 산소, 광선에 의하여 파괴가 촉진된다.

⑨ 판토텐산pantothenic acid: pH 5.5~7.0에서 가장 안정하나 강산, 알칼리에서 급격히 파괴된다. 건열dry heat, 뜨거운 산이나 알칼리에 불안정하다.

⑩ 비타민 D ergocalcipherol: 용액의 성질에 따라 안정성이 결정된다. 알칼리, 공기, 광선이 합쳐지면 급격히 파괴된다.

⑪ 비타민 K quinone류: 열과 환원제에 안정하나 산화제, 강산, 광선에 불안정하다.

⑫ 비타민 E tocopherol: 지용성 비타민으로 산소가 없으면 산성용액에서 끓여도 안정하며

가시광선에도 안정하다. 그러나 산소, 알칼리, 3가철염이 존재하거나 자외선 아래에서는 실온에서도 불안정하다. 지방산화나 기름 튀김 중에 크게 손실된다.

이상의 내용을 종합해 보면 비타민류의 안정성을 결정하는 외적 요인은 열, 산 알칼리, 공기 특히 O_2, 광선 특히 UV, 금속이온 등임을 알 수 있다. 〈표 2-3〉은 상업적 통조림 제조공정에서 일어나는 채소류의 비타민 파괴 정도를 예시한 것이다. 〈표 2-4〉는 비타민을 비롯한 주요 영양성분의 안정성과 일반적인 조리 손실을 도표화한 것이다.

표 2-3. 상업적 통조림 제조공정에서 채소류의 영양소 파괴 정도

영양소	% 손실
Vitamin C	33-90
Thiamin	16-83
Riboflavin	25-67
Niacin	0-75
Folacin	35-84
Pantothenic acid	30-85
Vitamin B_6	0-91
Biotin	0-78
Vitamin A	0-84

표 2-4. 주요 영양성분의 물리화학적 안정성

S = stable(안정하여 파괴되지 않음)
U = unstable(파괴가 많이 됨)

영양성분	중성 pH7	산성 〈pH7	알카리 〉pH7	공기 또는 산소	광선	열	조리손실
Vitamins							%
Vitamin A	S	U	S	U	U	U	0-40
Vitamain C	U	S	U	U	U	U	0-100
Biotin	S	S	S	S	S	U	0-60
Carotene	S	U	S	U	U	U	0-30
Choline	S	S	S	U	S	S	0-5
Vitamin B_{12}	S	S	S	U	U	S	0-10
Vitamin D	S		U	U	U	U	0-40
Ess. fatty acids	S	S	U	U	U	S	0-10
Folic acid	U	U	S	U	U	U	0-100
Inositol	S	S	S	S	S	U	0-95
Vitamin K	S	U	U	S	U	S	0-5
Niacin	S	S	S	S	S	S	0-75
Pantothenic acid	S	U	U	S	S	U	0-50
p-Amino benzoic acid	S	S	S	U	S	S	0-5
Vitamin B_6	S	S	S	S	U	U	0-40
Riboflavin(B_2)	S	S	U	S	U	U	0-75
Thiamin (B_1)	U	S	U	U	S	U	0-80
Tocopherol(E)	S	S	S	U	U	U	0-55
Essential amino acids							%
Isoleucine	S	S	S	S	S	S	0-10
Leucine	S	S	S	S	S	S	0-10
Lysine	S	S	S	S	S	U	0-40
Methionine	S	S	S	S	S	S	0-10
Phenylalanine	S	S	S	S	S	S	0-5
Threonine	S	U	U	S	S	U	0-20
Tryptophan	S	U	S	S	U	S	0-15
Valine	S	S	S	S	S	S	0-10
Mineral salts	S	S	S	S	S	S	0-3

참고문헌

김동훈; 식품화학, 탐구당 (2005).

이철호; 식품위생사건백서II, 고려대학교출판부 (2005).

전문진, 권석태, 이철호, 임번삼; 현대의 생물공학과 생물산업, 아카데미서적 (2003).

Erner Andersen, Mogens Jul, Hans Riemann and Jorgen E. Pedersen; Industriel Levnedsmiddel-konsevering, Bind 1 General del, Teknisk Forlag, København (1965).

Norman W. Desroiser and Desroiser, J.N.; The Technology of Food Preservation, AVI, Connecticut (1977).

Paul Freeman; Common Insect Pests of Stored Products, British Musium Economic Series No. 15 (1980).

Rosetta L. Newsome; Effects of food processing on nutritive values, Food Technol., 40(12) 109-116 (1986).

Shafiur Rahman, M. and Labuza, T.P., Water activity and food preservation, in Handbook of Food Preservation, ed. M. Shafiur Rahman, Marcel Dekker Inc., New York (1999).

제3장

식품의 저장수명

식품의 저장기간을 예측하고 결정하는 것은 식품 유통에서 대단히 필요한 사항이며 상품으로서의 가치가 유지되는 기간을 저장수명shelf-life이라 한다. 즉 판매대shelf에서 소비자가 구입하여 만족하게 먹을 수 있는 기간을 말한다. 저장수명은 식품의 저장성keeping quality과는 의미가 다르며 상품으로서 식품의 품질이 보존되는 기간stability time 또는 소비자가 받아들일 수 있는 상미기간acceptability time이라고 할 수 있다. 우리나라 식품법에서는 모든 가공 포장식품에 유통기한을 표시하도록 의무화하고 있으며, 일부 식품에는 제조년월일을 명기하도록 하고 있다. 이 유통기한은 실험적으로 산출한 저장수명에 근거하여 설정하게 된다.

식품의 저장수명은 정의에 따라 다음과 같이 구분한다.

① **차이식별저장수명**Just noticeable difference, JND shelf-life : 저장하지 않은 신선한 대조구와 비교하여 처음으로 관능적 품질 차이를 느끼게 되는 점까지의 저장기간

② **상용저장수명**Practical storage time, PSL : 일반적으로 소비자가 먹을 수 있는 수준이라고 판단되는 범위까지의 저장기간

③ **고품질저장수명**High quality life, HQL : 삼점비교시험에서 70% 이상의 검사원이 신선한 대조구와 저장품 사이에 차이를 식별하게 되는 점을 종점으로 하는 저장기간

여러 가지 저장수명 중에서 어떤 기준을 선택할 것인가는 식품을 유통하는 사람이 추구하는 품질수준에 의하여 결정된다. 대단히 높은 품질을 보장하려면 JND수명이나 HQL수명을 적용할 것이며 보통의 품질로 유통시키려면 PSL수명을 적용한다. 고품질을 요구할 때에는 저장수명이

짧아지며 보통품질에 만족하면 저장수명을 길게 잡아 유통기한이 길어진다. 일반적으로 과채류의 경우 PSL은 HQL보다 약 3배 길다.

식품제조 유통 업체는 제품의 유통기한을 표시하기 위하여 저장수명을 정확하게 산출하여야 한다. 식품의 저장수명을 결정하기 위하여는 먼저 지표성분을 정해야 한다. 지표성분은 식품 중의 일정 성분(예를 들면, 비타민 C 함량), 식품의 외관이나 맛, 냄새, 조직감에 근거한 관능적 특성치, 미생물 수 등을 들 수 있다. 저장수명을 결정하는 지표성분이 결정되면 이들 성분이 온도와 시간 등 저장조건에 따라 어떻게 변하는지를 파악하여야 한다. 지표성분의 변화 정도는 화학반응속도론chemical reaction kinetics에 근거하여 예측할 수 있다.

3.1. 화학반응속도론

식품의 저장 가공공정에서 일어나는 맛, 색, 조직감의 변화와 미생물의 사멸, 효소의 불활성화, 독성물질의 불활성화 등은 화학적 반응의 결과로 볼 수 있으며 이들은 반응 시간에 따른 변화 속도를 정량화함으로써 그 변화를 정확하게 예측할 수 있다. 이 정량화 이론을 반응속도론 reaction kinetics이라 하며 화학적 변화와 관련지어 화학반응속도론이라 한다. 반응속도는 많은 환경적 인자에 대해 의존적이며 수분함량, pH, 온도, 촉매, 산소압, 다른 화학물질의 존재 여부 등에 영향을 받는다.

(1) 반응속도론의 기초

화학반응은 질량작용의 법칙에 따른다. 즉, 속도는 반응물의 농도에 비례한다.

단일분자반응 $A \underset{k_{-1}}{\overset{k_1}{\rightleftharpoons}} P$에서 반응속도식은 다음과 같다.

$$\frac{d[P]}{dt} = k_1[A] - k_{-1}[P] \tag{1}$$

또한 $A + B \underset{k_{-2}}{\overset{k_2}{\rightleftharpoons}} P$ 의 식에 대한 반응속도식은 다음과 같다.

$$\frac{d[P]}{dt} = k_2[A][B] - k_{-2}[P] \tag{2}$$

대부분의 반응은 가역적이며, 정반응과 역반응의 속도의 비는 평형상수를 나타낸다.

$$K = \frac{k_1}{k_{-1}} \text{ or } \frac{k_2}{k_{-2}} \tag{3}$$

많은 경우 역반응의 속도가 정반응에 비해 매우 작기 때문에 반응초기에 생산물의 농도 $[P]$는 0이다. 따라서 위의 반응속도식들은 각각 다음과 같이 쓰여진다.

$$\frac{d[P]}{dt} = k_1[A] \tag{4}$$

$$\frac{d[P]}{dt} = k_2[A][B] \tag{5}$$

식품의 저장이나 가공 공정에서 반응 생산물이 형성되는 속도보다는 특정성분이 없어지거나 손실되는 것에 더 관심을 가지게 된다. 예를 들면 저장 중 비타민의 손실 속도라던가 열처리 공정에서 미생물의 사멸 속도 같은 것이다. 따라서 식 (1),(2)를 반응물 A에 대해 나타내면 각각 다음과 같다.

$$\frac{d[A]}{dt} = -k_1[A] \tag{6}$$

$$\frac{d[A]}{dt} = -k_2[A][B] \tag{7}$$

A는 시간에 따라 감소하므로 음수(-)로 표시한다.

반응에 참여하는 반응물의 분자 수를 반응차수라고 한다. 전체 반응차수는 각 반응하는 화학종의 차수들의 합과 같다. 식 (4),(6),(5),(7)과 같은 속도론적 표현에서 반응차수를 빠르게 결정할 수 있는 쉬운 방법은 반응물 화학종의 지수를 더하는 것이다.

식품에서 일어나는 많은 반응들은 구조적으로 1차 반응이 아닐지라도 수학적으로 1차 반응일 수 있다. 이런 반응은 의사1차반응pseudo first-order이라고 한다. 예를 든다면, $A+B \leftrightarrows P$에서 B의 농도가 A에 비해 매우 클 경우, 그리고 그 농도가 반응 중간에 별 변화가 없을 경우이다.

$$\frac{d[A]}{dt} = -k_2[A][B] = -k_3[A],\ k_3 = k_2[B] \tag{8}$$

식품계에서는 이런 예가 많이 있으며, 이들을 pseudo 1차로 기술하는 것은 반응을 정량화하는 데 쉬운 방법이다. 물이 반응물로서 다른 종에 비해 높은 농도로 존재하는 가수분해 반응과 산소가 반응물인 산화반응이 그 예이다. 예를 들면 아스코브산이 산화되어 dehydroascorbic acid와 물이 될 때 산소가 충분히 존재하면 1차 반응으로 나타난다.

반응속도를 나타내는 일반식은 아래와 같다.

$$-dA/dt = KA^{n} \tag{9}$$

A: 측정한 품질특성, t: 시간, K: 반응속도상수, n: 반응차수를 나타내는 지수

(2) 영차 반응

품질특성치의 손실속도가 시간의 경과에 관계없이 일정하면 반응차수는 0이며 이를 영차 반응 zero-order reaction이라 한다. 따라서 영차 반응의 반응속도식은 식 (10)과 같다.

$$-dA/dt = K \tag{10}$$

$$-\int_{A_0}^{A_e} dA = \int_{0}^{t_s} Kdt \tag{11}$$

A_e : 종점에서의 특성값
A_0 : 초기 특성값
t_s : 저장시간,
A_t : 시간 t 이후의 특성값

$$A_e - A_0 = -Kt_s, \quad A_e = A_0 - Kt_s, \quad A_t = A_0 - Kt,$$
$$t_s = (A_0 - A_e)/K \tag{12}$$

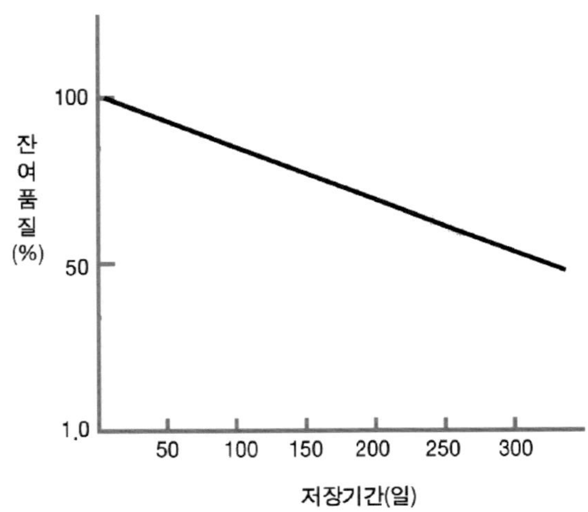

그림 3-1. 영차반응곡선

이것을 그래프로 나타내면 〈그림 3-1〉과 같다.

예를 들어 100일간 품질의 50%가 영차 반응으로 손실된다면

$$K = (A_0 - A_t)/t = (100-50)\%/100일 = 0.5\%/일$$

영차 반응으로 품질 손상이 일어나는 경우는 (1) 신선한 과일, 채소, 냉동반죽 등의 효소적 품질 손실, (2) 건조 유제품이나 건조 시리얼의 비효소적 갈변반응, (3) 냉동식품, 건조식품, 스낵류의 지방산화 등이 알려져 있다.

(3) 1차 반응first-order reaction

식 (6)과 (8)은 모두 1차 반응속도이지만, (6)은 실제 반응에서 일어나는 분자적 사건을 나타내는 데 반해 (8)은 실제 분자적 사건을 수적 기술로서 나타낼 수 없기 때문에 내세운 모델이다. 식품의 저장이나 가공공정에서 일어나는 변화에 관한 속도상수들은 모델에 관한 것이지, 분자적 현상을 정확히 기술하지는 않는다.

식 (6)과 (8)은 일반적인 미분법으로 쉽게 풀린다.

$$\frac{d[A]}{dt} = -k_1[A] \qquad \frac{d[A]}{[A]} = -k_1 dt \tag{13}$$

$$\frac{d[A]}{[A]} = -\int_0^t k_1 dt \tag{14}$$

$$\ln\frac{d[A]}{[A]} = -k_1 t \text{ or } \ln[A] = \ln[A]_0 - k_1 t \tag{15}$$

시간에 대한 $\ln[A]$의 그래프는 k_1을 기울기로 갖는 음의 직선이다(그림 3-2).

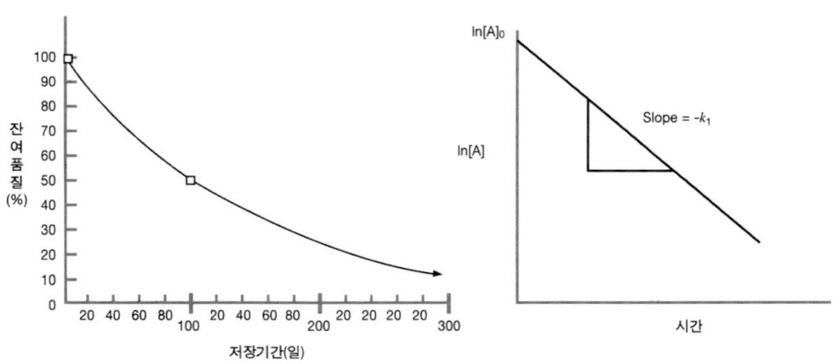

그림 3-2. 1차 반응속도곡선

반응이 1차 속도반응인지를 결정하기 위한 간단한 방법은 시간에 대한 ln 농도 값이 직선형인지 보는 것이다. 만약 이 관계식이 직선으로 나타난다면, 반응은 1차 또는 pseudo 1차 반응이다.

이 그래프로부터 화학반응에서 중요한 두 가지 변수, 반감기half-life, ($t_{1/2}$)와 decimal reduction time(D)를 정의할 수 있다. 반응 또는 화학종의 반감기는 농도가 50%로 줄어드는 데 걸리는 시간이다.

$$[A] = [A]_0/2 \text{ and } t = t_{1/2}$$

$$\ln\frac{[A]}{[A]_0} = \ln\frac{[A]}{2[A]} = \ln\frac{1}{2} = -\ln 2 = -k_1 t_{1/2} \quad (16)$$

$$t_1 = \frac{\ln 2}{k_1} = \frac{0.693}{k_1} \quad (17)$$

첫째 반감기는 최초 값의 50%로 감소시키고 두 번째 반감기는 그 50%의 값을 다시 50%로 감소시키므로, 농도가 0이 되거나 반응이 완전히 끝날 수 없다. 다만 끝에 무한대로 가까워질 뿐이다.

또 다른 중요한 변수는 decimal reduction time 즉, D값이다. D-value는 농도가 초기 값의 10%로 감소하는 데 걸리는 시간이다. 식 (15)에서, $\ln[A]/[A]_0=-k_1t$이고, $[A]=0.1[A]_0$라고 하면,

$$\ln\frac{0.1[A_0]}{[A]_0} = \ln(0.1) = \ln\frac{1}{10} = -\ln 10 = -k_1 t_1/10 = -k_1 D\text{q} \quad (18)$$

$$\ln 10 = k_1 D \Rightarrow D = \frac{\ln 10}{k_1} = \frac{2.303}{k_1} \quad (19)$$

식 (18)은 식 (15)에 D-value를 넣어 다시 표시한 것이다.

$$\ln\frac{[A]}{[A]_0} = -k_1 t = \frac{-2.303t}{D}$$

$$\frac{1}{2.303}\ln\frac{[A]}{[A]_0} = \log\frac{[A]}{[A]_0} = -\frac{t}{D}$$

$$\log[A] = \log[A]_0 - \frac{t}{D} \quad (20)$$

〈그림 3-3〉은 식 (20)을 나타내며, D-value가 반응 농도의 90%로 감소되기까지 걸리는 시간이라는 것을 설명해 준다.

Decimal reduction time의 개념은 열공정의 설계뿐 아니라 1차 반응이 진행되는 속도를 정량적으로 나타낸다. 예를 들어 D-value가 10분일 때, 반응 시간이 50분 즉, 5D라고 환산하면, 최초의 100unit이 10^{-3}unit으로 감소한 것을 의미한다.

위에서 말한 바에 따르면, 1차 반응의 두 가지 중요한 성질을 알 수 있다. 첫째는 단위시간당 상대적 변화는 일정하다는 것이다. 예를 들어 *D*-value가 9분이라면, 상대적 변화는 10%/min으로 일정하다. 두 번째 성질은 1차(또는 pseudo 1차) 반응의 절대 속도는 초기 농도에 의존적이라는 것이다. 즉, 10에서 1로 또는 1에서 0.1로 가는 것은 같은 시간이 들지만, 절대적 변화는 각각 9와 0.9이다.

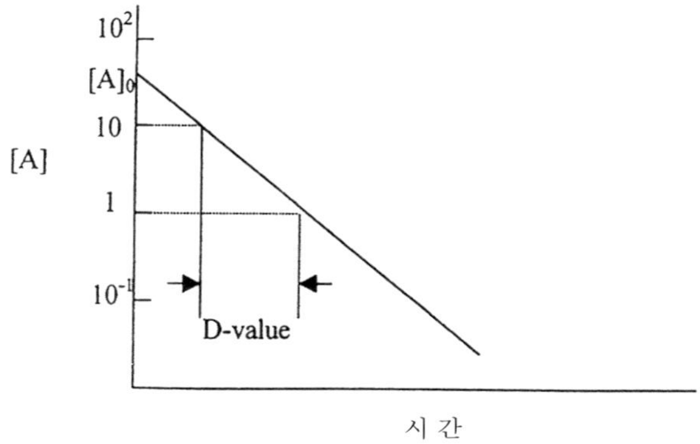

그림 3-3. Decimal reduction time 곡선

1차 반응은 초기농도(A_0)에 의존하는 반응으로, 1차 반응으로 품질손실이 일어나는 경우는 (1) 유지식품의 산패, (2) 신선한 고기나 생선의 미생물 발육, (3) 가열 살균에 의한 미생물 파괴, (4) 육류의 미생물에 의한 이미, 이취의 발생, (5) 통조림이나 건조식품의 비타민 손실, (6) 건조식품의 단백질 손실 등이 알려져 있다.

3.2. 온도에 의한 반응속도의 변화

식품에서 일어나는 변화현상은 pH, 온도, 수분함량, 산화-환원력, 구성 성분, 조직의 상태 등과 같은 환경적 인자에 영향을 받는다. 또한 식품은 그 조직이 균일homogeneous하지 않으므로 식품 자체의 반응속도를 연구하는 것이 필수적이며 모델화시키는 것이 중요하다. 반응속도에 영향을 미치는 환경적 인자 중 가장 중요한 것이 온도이다. 온도에 의한 반응속도의 변화를 나타내는 기본식은 아레니우스식Arrhenius equation으로 열역학에 기본을 둔 이론적 모델이며 열사멸모델이나 Q_{10}값과 같은 경험식과 구분된다.

열역학에 기본을 둔 아레니우스 모델은 1898년 아레니우스가 제시한 절대온도와 속도상수의 관계식을 사용한다.

$$k = se^{-E_a/RT} = s \cdot \exp\frac{-E_a}{RT} \tag{21}$$

여기에서 s는 frequency factor(k와 같은 단위), Ea는 활성화 에너지(kJ/mol), R은 기체상수 (8.3144 kJ/mol K), T는 절대온도(K), k는 속도상수이다. 식 (27)을 log로 변환하면,

$$\log k = \log s - \frac{E_a}{2.303RT} \tag{22}$$

이 식에 따르면, 다양한 온도에서 속도상수를 측정하면, $1/T$ 대한 log k의 그래프는 직선이다. 이때 기울기는 Ea/R이 된다. 이것을 그래프로 나타내면 〈그림 3-4〉와 같다.

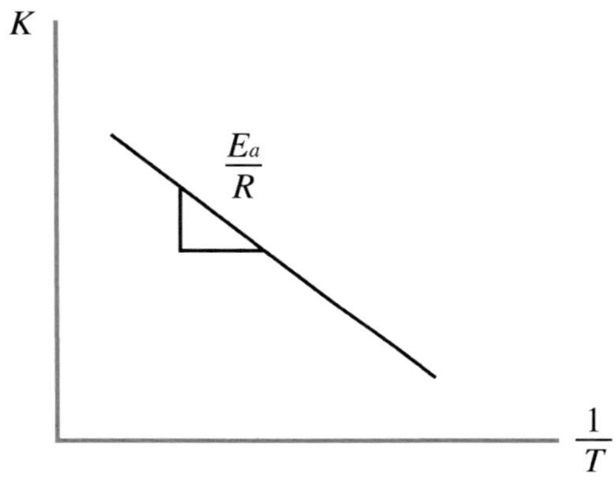

그림 3-4. 아레니우스식에 의한 온도 변화에 따른 반응속도상수의 변화

이 그래프에서 활성화 에너지를 구할 수 있으며 다양한 온도에서의 속도상수를 구할 수 있다. 또한 한 온도에서 속도상수를 알고 활성화 에너지를 안다면, 다른 온도에서의 속도상수를 계산해 낼 수 있다.

$$\log\frac{k}{k_1} = \frac{-E_a}{2.303R}\left(\frac{1}{T} - \frac{1}{T_1}\right) \tag{23}$$

즉 어떤 반응에 필요한 활성화 에너지activation energy를 알면 다른 온도에서의 반응속도를 구할 수 있다. 반대로, 한 온도에서 속도상수를 알고 활성화 에너지를 안다면, 다른 온도에서의 속도상수를 산출해 낼 수 있다.

Ea가 크면 반응속도는 온도에 매우 민감하며, Ea가 작으면 그 반응속도는 온도에 그다지

민감하지 않다는 것을 뜻한다. 식품가공 및 저장에 관여하는 주요 물리적 현상과 화학반응의 활성화 에너지는 〈표 3-1〉과 같다.

표 3-1. 식품과학에 관여하는 주요 물리 화학적 변화의 활성화에너지

물리화학적 반응	*Ea*(kJ/mol)
물리적 성질	
수증기압	2- 40
수분확산계수	40
열전달계수	8- 40
건조, 결정화 등 물리공정속도	17- 60
효소촉매반응	17- 60
화학반응	
가수분해	6-210
티아민 파괴	60-110
클로로필 파괴	30- 80
마이얄반응	100-200
단백질 변성	350-700
미생물 사멸	200-700

예제 3-1

과일 중의 비타민 C 파괴는 1차 반응에 의하며 활성화 에너지(Ea)가 9.786×10^4(kJ/mol)일 때 온도가 80℃에서 100℃로 변함에 따라 반응속도(k)는 어떻게 변하는가?

풀이

$$k = s \cdot \exp\frac{-Ea}{RT}$$

$Ea = 9.786 \times 10^4$(kJ/mol)

$R = 8.3144$(kJ/mol K)

$T_1 = 80$℃

$T_2 = 100$℃

$$k_1 = s \cdot \exp\frac{-(9.786 \times 10^4)}{(8.3144 \times 353)} = 3.31 \times 10^{-15} s$$

$$k_2 = s \cdot \exp\frac{-(9.786 \times 10^4)}{(8.3144 \times 373)} = 19.77 \times 10^{-15} s$$

$$\frac{k_2}{k_1} = \frac{19.77 \times 10^{-15} s}{3.31 \times 10^{-15} s} = 5.97$$

온도가 80℃에서 100℃로 증가함에 따라 반응속도 k는 5.97배가 빨라진다.

3.3. 저장수명의 계산

저장수명을 결정하는 품질지표의 잔존량은 저장시간과 온도의 함수이다. 〈그림 3-5〉는 저장시간과 온도의 변화에 따라 품질지표의 잔존량이 변하는 현상을 나타내고 있다.

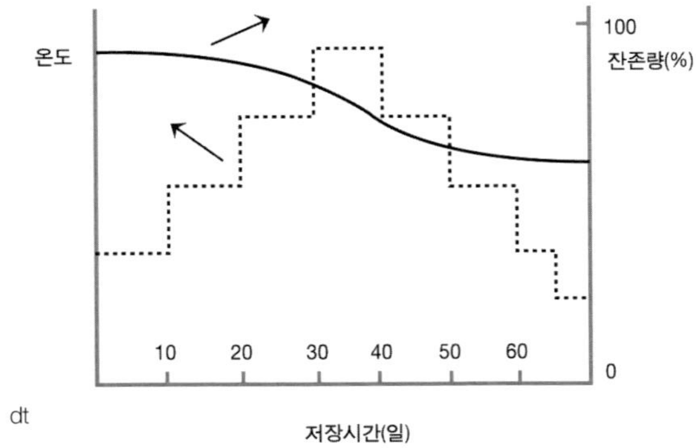

그림 3-5. 저장온도와 시간에 따른 품질지표의 잔존량 곡선

저장식품의 온도-시간 이력temperature-time history을 알면 잔존 저장기간을 계산할 수 있다. 〈그림 3-6〉은 T.T.T계산법temperature-time-tolerance method에 적용되는 저장식품의 온도-시간 이력곡선이다. 저장수명의 예측은 온도 변화에 대한 품질 변화의 누적 계산으로 평가할 수 있다.

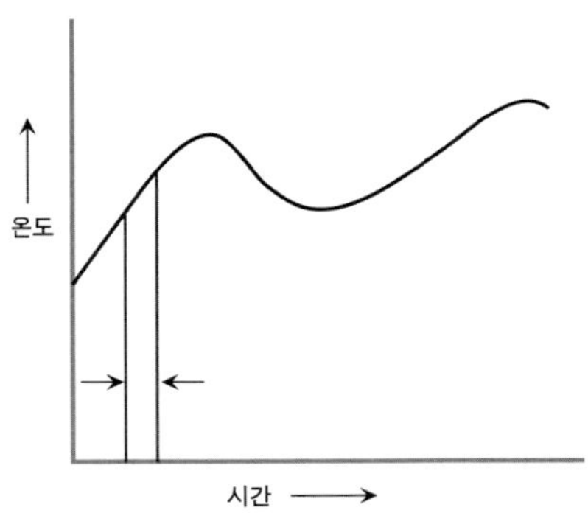

그림 3-6. 저장식품의 온도-시간 이력곡선

어떤 품질지표(A)의 반응속도가 0차 반응으로 감소할 때

$$A = A_0 - \sum_{i=0}^{i=n} (k_i t_i) \tag{24}$$

저장온도(Ts)에 대한 저장수명의 소모분율(fc)은 아래와 같이 계산된다.

$$f_c = \sum(\frac{t_i}{t_s})_{T_i} \tag{25}$$

T.T.T.계산법에 의하여 저장온도 Ts에서의 앞으로 남은 저장기간은 아래와 같다.

$$(1-f_c)\ t_s = \text{잔여수명} \tag{26}$$

품질지표가 1차 반응으로 감소할 때에는 아래와 같이 계산된다.

$$A = A_0 \exp\left[-\sum k_i t_i\right] \tag{27}$$

$$\ln\frac{A}{A_0} = -\sum k_i t_i \tag{28}$$

$$k_i = \frac{\ln A_e / A_o}{t_s} \tag{29}$$

온도 t_i에서 소모된 저장수명 = $\ln A/A_0$

온도 t_s일 때 저장수명 = $\ln A_e/A_0$

f_R = 잔존 저장수명

$$\therefore f_R = 1 - \frac{\ln A_0/A}{\ln A_0/A_e} = 1 - \sum\left(\frac{t_i}{t_s}\right)_{t_i} \tag{30}$$

온도에 의한 물질의 변색반응을 이용한 Temerature-Time Integrator(TTI)가 널리 사용되고 있다. TTI에는 여러 가지 형태가 있는데 효소반을 이용한 Engymatic TTI, 미생물 작용을 이용한 Microbial TTI, Diffusion TTI, Polymer TTI, Photochemical TTI, Metal etching TTI 등이 있다.

3.4. 가속화 저장실험에 의한 유통기한 설정

유통기한을 설정하기 위한 실험은 흔히 가혹실험 또는 가속화실험acceleration test으로 수행한다. 시료를 40~50℃까지 여러 수준의 온도에서 일정 기간 저장하면서 품질지표의 변화속도를 측정하여 속도상수(k)를 구하고 이것으로부터 아레니우스 도표를 작성하여 임의의 온도에서의 속도상수를 구한다. 실제 저장조건에서 나타나는 온도-시간 커브로부터 적분법으로 일정 품질지표값에 도달하는 기간을 산출하게 된다. 가속화 저장실험을 통해 살균포장 약주의 유통기한을 설정한 예를 들면 아래와 같다.

(1) 가속화 저장실험 설계

종이팩에 살균 포장된 약주를 4℃, 20℃, 30℃, 35℃에 각각 20주간 저장하면서 2주 간격으로 품질지표들을 검사하였다. 본 실험에 사용한 지표로는 pH, 산도, 환원당, 세균 수, 산생성 균 수, 효모 수, 곰팡이 수 및 관능검사였다. 여러 가지 시험지표 중에서 관능검사에 의한 전반적 기호도의 변화가 저장기간 중 직선적인 감소추세를 나타내었으므로 이를 품질지표로 선택하였다.

(2) 활성화 에너지를 이용한 살균포장 약주의 저장수명 예측

관능검사에서 얻은 기호도의 변화를 약주 저장실험의 품질지표로 선정하여 약주의 품질변화 속도상수(k)를 구하고 이로부터 활성화 에너지(E_a)를 구하였다. 자세한 방법은 다음과 같다. 척도 시험에서 제시한 기준 점수 50을 초기 품질 Q_0로 정하고 t시간에 해당되는 전반적 기호도의 점수를 Q_t라고 한다면

$$\frac{dQ_0}{dt} = k(Q_t) \tag{31}$$

$$\frac{dQ_0}{Q_t} = k\,dt \qquad\qquad -kt = \ln\left(\frac{Q_t}{Q_0}\right) \tag{32}$$

저장 기간에 따른 $\ln(Q_t/Q_0)$의 변화를 도표로 나타내고 이 도표의 기울기로부터 살균포장 약주의 품질변화 속도상수를 구하였다(그림 3-7). 20℃, 30℃, 35℃의 상관 계수는 각각 0.9331, 0.7777, 0.5395로서 35℃를 제외하고는 모두 유의 수준이었다.

여기에서 구한 속도상수들의 대수를 취하여 y축으로, 절대온도의 역수 1/T를 x축으로 하여 반대수(semi-log) 좌표인 아레니우스 도표를 작성한 결과 직선에 가까운 관계를 얻었으며(그림 3-8) 이로부터 얻은 활성화 에너지값 E_a는 24.785kJ/mol이었다.

E_a를 이용하여 아래 식으로 임의온도에서의 활성화 에너지를 구하였다.

$$\frac{d(\ln k)}{dt} = -\frac{E_a}{RT} \qquad\qquad \ln k = \frac{E_a}{RT} + \ln A \tag{33}$$

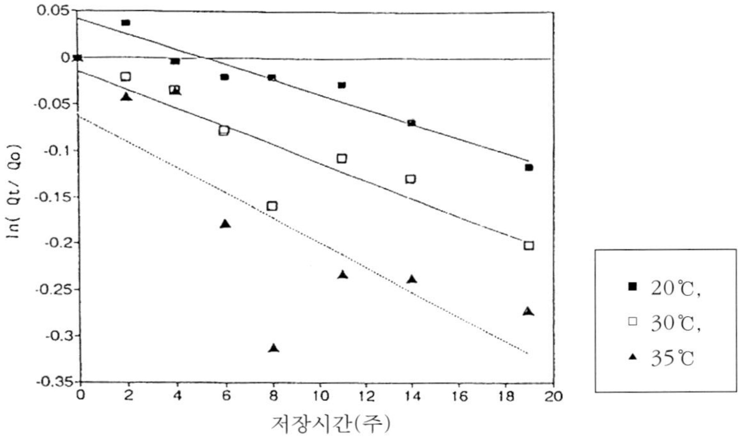

그림 3-7. 저장온도에 따른 약주의 기호도 변화 곡선

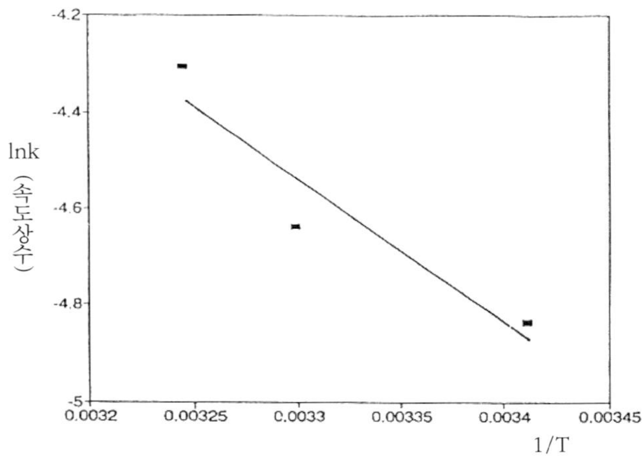

그림 3-8. 약주의 품질변화 속도상수에 대한 아레니우스 곡선

임의온도에서의 저장수명을 계산한 값은 〈표 3-2〉와 같으며 우리나라 서울의 연평균 기온 12.5℃를 기준으로 했을 때 저장 한계 수명인 전반적 기호도 30점에 도달하는 기간은 1.6년이었다. 서울의 월별 온도변화를 감안하여 월별 평균기온에 따른 품질지표의 변화 양상을 추정한 값은 〈표 3-3〉과 같으며 그 저장수명을 1년 8개월로 결론지을 수 있다.

표 3-2. 임의 저장온도에서 구한 살균포장 약주의 저장수명

	저장온도				
	4℃	10℃	12.5℃	20℃	25℃
저장수명	2.5 년	2 년	1.6 년	1.3 년	1.1 년

표 3-3. 서울의 월별 평균기온에 따른 품질지표의 변화 양상 추정치

월 별	평균 온도	추정 잔여 품질지표(관능검사치)	
		1차 년도	2차 년도
1월	-0.2	49.28	36.74
2월	0.7	48.54	36.19
3월	7.6	47.61	35.49
4월	12.0	46.52	34.49
5월	16.4	45.28	33.76
6월	20.9	43.87	32.71
7월	24.8	42.31	31.54
8월	24.8	40.81	30.42
9월	20.9	39.53	
10월	14.0	38.56	
11월	6.2	37.86	
12월	1.5	37.28	

참고문헌

이철호, 김기명; 가열 살균 후 무균포장한 한국 전통 청주의 저장성에 관한 연구, 한국식품과학회지, 27(2) 156-168 (1995).

Ignacio Tinoco, Kenneth Sauer, James C. Wang, Joseph D. Pulglishi; Physical Chemistry, Prentice Hall, New Jersey (2002).

Marcus Karel and Daryl B. Lund; Physical Principles of Food Preservation, Marcel Dekker Inc., New York (2003).

Theodore P. Labuza; Shelf-life Dating of Foods, Food and Nutrition Press Inc., Westport, USA (1982).

제4장

신선식품의 저장

신선식품fresh food이란 농수산물을 수확한 후 특별한 저장이나 가공 공정을 거치지 않은 식품으로 과채류, 곡류, 신선 육류, 우유, 계란, 생선 등을 말한다. 신선식품의 저장기간을 결정짓는 요소는 식품의 성분조성, 미생물침해에 대한 저항력, 저장온도 및 주위 기체의 조성을 들 수 있다.

식품의 생산과 소비의 전 과정에서 손실은 불가피하게 일어난다. 이들 손실을 최소화하는 것이 저장 기술이다. 수확 후 관리 손실에 영향을 미치는 요인은 수확현장에서 일어나는 손실, 저장 창고에서 일어나는 손실, 수송 중에 일어나는 손실, 가공 중에 일어나는 손실로 구분하여 생각할 수 있다.

밭이나 수확현장에서 일어나는 손실요인

① 작물의 종류와 품종(species)
② 숙성 정도(maturity)
③ 수확 당시의 날씨(weather at harvesting)
④ 수확물의 온도(product temperature)
⑤ 야적기간(holding time in the field)

저장창고에서 일어나는 손실요인

① 저장용기 및 저장고의 종류(type of storage room & container)

② 습도(humidity)

③ 온도(temperature)

④ 통풍(ventilation)

⑤ 수분함량(moisture content)

⑥ 저장기간(storage time)

운송과정에서 일어나는 손실요인

① 용기와 포장상태(container & packaging)

② 운송거리(distance)

③ 도로의 상태(road condition)

④ 운송 도중의 작업 내용(intermediate operations)

가공공정에서 일어나는 손실요인

① 원료의 품질(quality of raw material)

② 가공방법(processing method)

③ 가공시설(facilities)

4.1. 과채류 저장 생리

과일과 채소는 생육, 수확, 저장을 통해 5단계의 과정을 겪는다.

① 성장development - 조직의 구조가 형태적 화학적으로 완성되는 시기

② 미숙premature - 성숙 시작 전의 성장기간

③ 성숙maturation - 성장과 가식부의 완성단계(수확 이전)

④ 숙성ripening - 심미적으로 식용 가치가 최대가 되는 시기

⑤ 노숙senescence - 생산물의 가치를 잃고 먹을 수 없는 단계

각 단계의 기간과 속도는 생산물의 종류에 따라 다양하다.

과채류는 수확 시의 수분함량이 80~90% 수준이므로 저장 중 부패 변질을 포함한 여러 가지 품질 열화현상이 일어난다. 특히 식물성 식품은 수확 후에도 생명현상을 유지하므로 호흡

respiration에 의한 생리적 변질physiological deterioration이 계속적으로 일어난다. 식물조직의 호흡은 주로 호기성호흡aerobic respiration이며 포도당이 산소와 결합하여 탄산가스와 물과 열heat을 발생한다. 따라서 공기 중의 산소를 흡입하고 탄산가스를 배출한다. 과실은 저장 중 호흡작용을 하면서 숙성ripening 과정을 거치게 되는데 이 과정에서 효소의 작용에 의해 단백질이나 탄수화물과 같은 고분자물질의 분해depolymerization, 세포벽의 파괴cell wall degradation, 색소의 파괴pigment destruction 등 생분해반응biodegradation이 일어난다. 숙성과정에는 생합성biosynthesis도 일어나는데 일부 단백질이나 핵산의 합성, 카로티노이드carotenoids나 안토시아닌anthocyanins과 같은 색소물질의 합성, 인산화에 의한 에스테르ester 향기성분의 합성과 에틸렌ethylene의 합성 등이 일어난다. 과채류에 존재하는 주요 효소들과 그들의 작용을 정리하면 〈표 4-1〉과 같다.

식물조직의 탄수화물은 저장 중 포도당으로 분해되며 pentose phosphate pathway를 거쳐 피루브산pyruvic acid으로 전환되어 TCA 사이클(Kreb's cycle)에 들어가 탄산가스와 에너지를 생산한다. 식물조직의 지방은 글리세롤glycerol과 지방산fatty acid으로 분해되어 피루브산이나 아세틸코엔자임에이acetyl CoA로 분해되어 TCA 사이클로 들어가며 단백질은 아미노산으로 분해된 뒤 TCA 사이클로 들어간다. 이 모든 생분해 과정에서 탄산가스와 물과 열이 발생한다(그림 4-1).

표 4-1. 식물성 생체식품에 존재하는 중요한 효소와 작용

효소	작용	결과
polyphenol oxidase	페놀의 산화를 촉진	갈색의 폴리머가 형성됨
polygalacturonase	갈락투로사이드 결합의 분해를 촉진	조직 연화
pectinesterase	galacturonans의 분해 촉진	조직 경화
lipoxygenase	지방의 산화 촉진	좋지 않은 풍미가 생성됨
ascorbate oxidase	ascorbic acid의 산화 촉진	영양 손실
chlorophyllase	클로로필로부터 phytol ring제거 촉진	녹색의 파괴
amylolytic enzymes	아밀로오스와 아밀로펙틴의 분해	전분의 점성 저하
cellulases and hemicellulases	세포벽 구성성분의 분해	섬유소의 분해
proteases	단백질 분해	peptide bonds의 깨짐
lipases and esterases	지방과 phospholipids의 분해	ester bond의 깨짐
phytase	phytate에 작용	인산기의 유리화
glucose oxidase	글루코오스의 산화	과산화수소의 생성

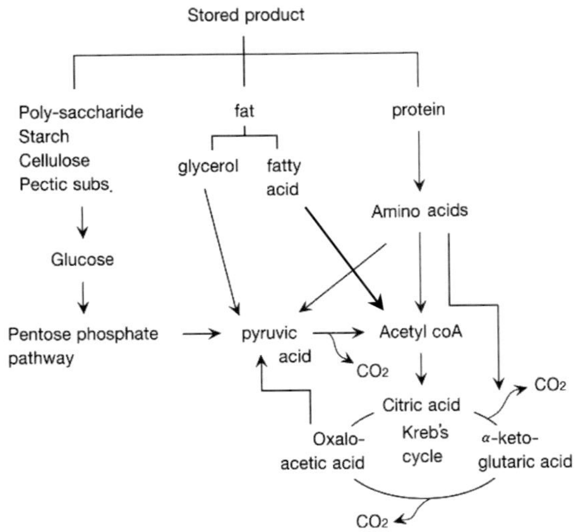

그림 4-1. 식품조직에서 일어나는 생분해 반응

(1) 과채류의 호흡률

과채류의 호흡률respiration rate은 과채류의 종류에 따라 다르며 과실의 숙성 정도, 저장온도 및 주위 공기의 산소와 탄산가스의 농도와 밀접한 관계가 있다. 과채류의 종류에 따라 호흡률이 저장 중에 급격히 증가하였다가 감소하는 전환성 과실climacteric fruit과 그렇지 않은 비전환성 non-climacteric 과실로 구분한다. 전환성 과실은 호흡률이 최고에 달하는 전환점climacteric maximum을 가지는데 이 지점에서 과실의 숙성이 최대가 되고 그 이후부터는 변패가 시작되어 급격한 노숙현상senescent이 일어난다(그림 4-2). 전환성 과실에는 사과, 배, 복숭아, 자두, 오렌지, 토마토 등이 있으며 비전환성 과채는 딸기, 포도, 체리, 오이, 참외, 파인애플 등이다. 대부분의 채소는 비전환성이다.

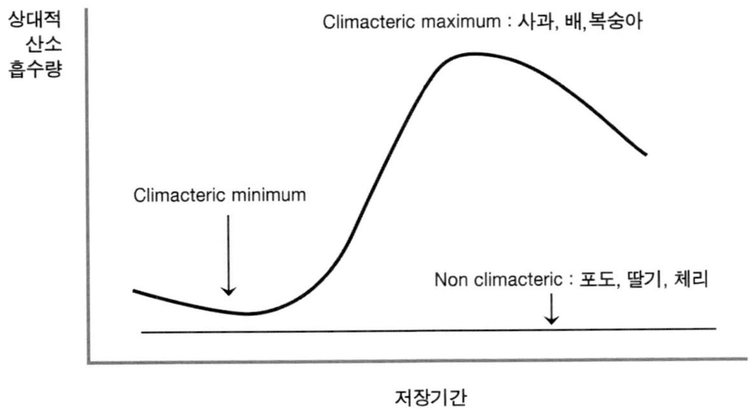

그림 4-2. 과채류 저장기간 중 호흡률의 변화 현상

〈표 4-2〉는 호흡률의 크기에 따라 과채류를 분류한 것이다. 과채류의 호흡률은 저장온도가 높아질수록 높아진다. 냉장온도 부근에서는 비교적 낮다가 15~20℃가 되면 호흡률이 3~5배로 증가한다. 일반적으로 배추, 시금치 같은 엽채류와 당근, 고구마 등의 호흡률이 높으나 온도 증가에 대한 증가폭은 과실보다 작다.

표 4-2. 호흡률을 기초로 한 과채류의 분류

구 분	호흡률(mg CO_2/kg hr)		종 류
	10℃	20℃	
매우 낮음	〈10	〈40	넛트, 대추야자, 건조된 과실
낮음	10	40	감자, 양파, 오이, 사과, 배, 키위, 석류, 대추
중간	10-20	40-80	후추, 당근, 토마토, 가지, 감귤류, 바나나, 체리, 복숭아 등
높음	20-40	80-120	완두, 무, 살구, 무화과, 아보카도, 파파야 등
매우 높음	〉40	〉120	버섯, 컬리플라워, 파슬리, 멜론, 딸기 등

표 4-3. 에틸렌 생산율에 따른 과실과 채소의 분류

구 분	속도 (ml C_2H_4/kg hr)	종 류
매우 낮음	〈0.1	아티초크, 아스파라거스, 컬리플라워, 체리, 딸기, 감자
낮음	0.1-1.0	블루베리, 오이, 가지, 올리브, 후추
중간	1.0-10.0	바나나, 무화과, 구아바, 멜론, 망고, 질경이, 토마토
높음	10.0-100.0	사과, 살구, 아보카도, 키위, 파파야, 복숭아, 배
매우 높음	〉100.0	사과

과채류는 저장 중 호흡작용을 계속하면서 주위 공기 중 산소를 흡입 소모하고 탄산가스와 에틸렌을 방출한다. 〈표 4-3〉은 에틸렌의 생산율에 따라 과채류를 분류한 것이다. 사과, 배, 복숭아 등 과실류의 에틸렌 생산능력이 특히 크다.

산소의 농도를 낮추고 탄산가스의 농도를 높이면 호흡률을 낮출 수 있다. 이것이 CA controlled atmosphere 또는 MA modified atmosphere 저장의 원리이다. 에틸렌은 압시신abscisin과 함께 강력한 숙성촉진제ripening stimuli이다. 식물 생장조절제로 쓰이는 옥신auxin, 지베렐린gibberellin, 사이토킨cytokine 등은 숙성억제제ripening repressor로 사용된다.

과채류 저장 중 숙성과 관련하여 일어나는 주요 품질변화는 아래와 같다.

① 황색화 반응yellowing reaction - 클로로필chlorophyll 농도 저하

② 텍스처texture의 변화 - 펄프가 많은 과실은 조직 연화

- 두류나 아스파라거스는 조직 경화

③ 미생물에 대한 저항성 감퇴

④ 괴열decay - 왁스를 표면에 바르거나 훈증fumigation으로 방지

(2) 호흡률의 계산방법

〈그림 4-3〉은 식물 세포 속에서 일어나는 포도당 대사과정을 보여 주고 있다. 1몰(mole)의 포도당 180g이 산화되어 264g의 탄산가스와 108g의 수분이 발생한다.

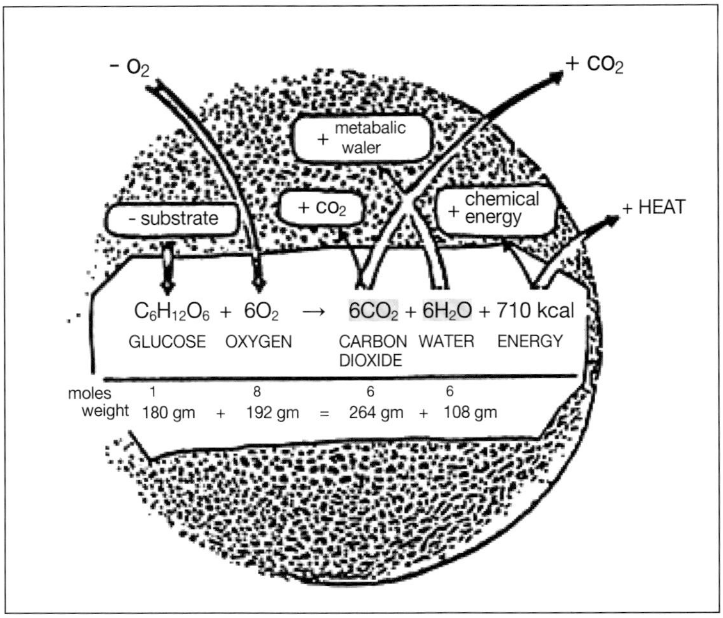

그림 4-3. 식물 세포 속에서 일어나는 포도당 대사과정

호흡률을 측정하기 위해서는 밀폐 공간에서 일어나는 폐쇄체계closed system의 경우와 공기가 소통하는 연속흐름체계continuous flow system로 나누어 생각하여야 한다.

① 밀폐 공간의 closed system

〈그림 4-4〉는 폐쇄체계에서 일어나는 호흡현상을 도식화한 것이다. 탄산가스와 산소의 농도는 시간(t)의 함수로 변한다.

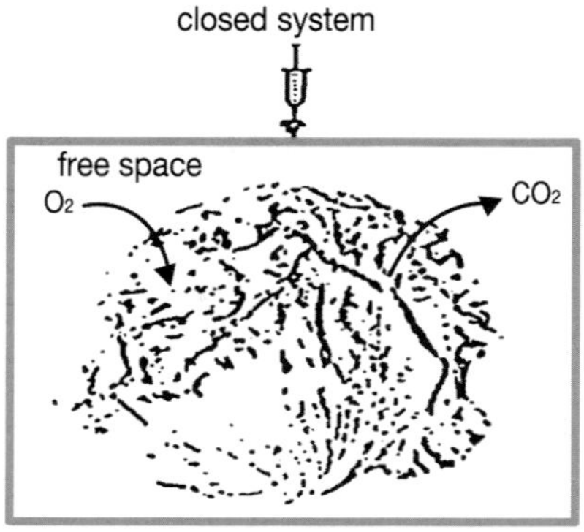

그림 4-4. 밀폐공간에서 일어나는 호흡현상

CO_2 농도차 = $[CO_2]$ at t=2 - $[CO_2]$ at t=1

O_2 농도차 = $[O_2]$ at t=2 - $[O_2]$ at t=1

$$\text{호흡률} = \frac{\text{용기부피}(\ell) \times (\%\ \text{농도}/100) \times 1000\text{ml}/\ell}{\text{과채류의 무게(kg)} \times \text{시간 (hr)}} = \text{생성된 } CO_2 \text{ 또는 소모된 } O_2 \text{ ml/kg} \cdot \text{hr}$$

② **개방형 continuous flow system**

〈그림 4-5〉는 개방형 연속흐름 체계에서 일어나는 호흡현상을 도식화한 것이다.

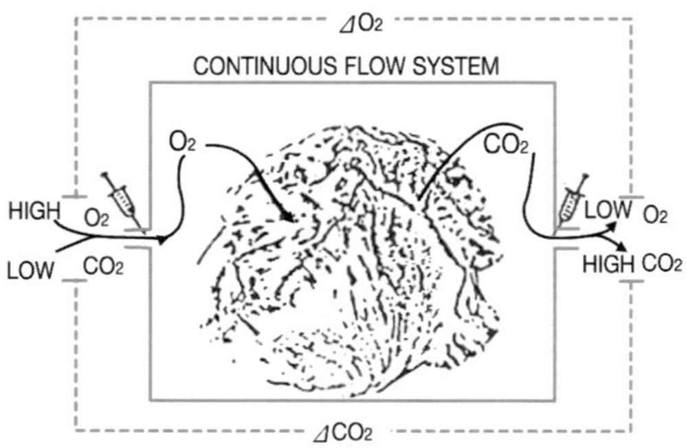

그림 4-5. 개방형 연속흐름 체계에서 일어나는 호흡현상

CO_2 농도차 = $[CO_2]$ out - $[CO_2]$ in

O_2 농도차 = $[O_2]$ out - $[O_2]$ in

$$\text{호흡률} = \frac{(\%\ \text{농도}/100) \times \text{유속}\ \{(\text{ml/min}) \times 60\ \text{min/hr}\}}{\text{과채류의 무게(kg)}} = \text{생성된 } CO_2 \text{ 또는 소모된 } O_2 \text{ ml/kg} \cdot \text{hr}$$

가스의 부피(ml)는 온도의 영향을 배제하기 위해 가스의 무게(mg)로 변환해야 한다. 1몰의 가스가 0℃, 1기압에서 차지하는 부피는 22.4ℓ이다. 가스의 부피와 온도의 관계는 다음과 같다.

$$V = 22.4\ (1 + \frac{온도(℃)}{273\ K})$$

예로서 1몰의 이산화탄소의 25℃에서의 부피는 22.4 (1+25/273) = 24.45ℓ이다. 가스의 부피는 가스의 분자량으로 나누어서 계산할 수 있다. 예로 이산화탄소의 분자량은 44g, 산소는 32g이다. 따라서 이산화탄소의 경우 분자량으로 나누면 24.45/44 = 0.556 ℓ CO_2/g CO_2 또는 556ml/g CO_2이다. 따라서 샘플에서의 가스의 무게는 다음과 같이 계산된다.

$$\frac{556\ ml\ CO_2}{1{,}000\ mg\ CO_2} = \frac{측정된\ 샘플의\ 이산화탄소\ 부피(ml)}{X\ (측정된\ 샘플의\ CO_2\ 무게,\ mg)}$$

따라서 각 온도에서의 *kg*당 가스 용적은 〈표 4-4〉와 같다.

표 4-4. 각 온도에서의 g당 가스 용적

Temperature	CO_2	O_2
0℃	509ml CO_2/ 1000mg	700ml O_2/1000mg
5℃	518ml CO_2/ 1000mg	712ml O_2/1000mg
10℃	528ml CO_2/ 1000mg	726ml O_2/1000mg
15℃	537ml CO_2/ 1000mg	738ml O_2/1000mg
20℃	546ml CO_2/ 1000mg	751ml O_2/1000mg
25℃	556ml CO_2/ 1000mg	764ml O_2/1000mg
30℃	565ml CO_2/ 1000mg	777ml O_2/1000mg

예제 4-1

사과 3*kg*을 90% 상대습도, 10℃, 20℃에서 2ℓ의 용기에 저장하면서 10시간 후에 이산화탄소의 농도를 GC로 측정한 결과 2%, 4%로 나타났다.

$$C_6H_{12}O_6 + 6O_2 \rightarrow 6CO_2 + 6H_2O + Q$$

위의 식에서 Q = 2 Kcal이다.

a. 호흡률(10℃, 20℃), Q_{10} 값
b. 무게 감소(100kg을 1개월간 20℃에 저장했을 때)
c. 발생되는 열(100kg을 1개월간 20℃에 저장했을 때)
d. 생성되는 수증기량(100kg을 1개월간 20℃에 저장했을 때)

풀이

(a) 호흡률

① 10℃에서 호흡률

$$\frac{2\ell \times 0.02 \times 1{,}000\text{ml}/\ell}{3\text{kg} \times 10\text{hr}} = 1.33\text{ml } CO_2/\text{kg} \cdot \text{hr}$$

$$\frac{528\text{ml } CO_2}{1000\text{mg } CO_2} = \frac{1.33\text{ml}}{X\text{mg}}$$

$X = 2.44\text{mg } CO_2/\text{kg} \cdot \text{hr}$

② 20℃에서 호흡률

$$\frac{2\ell \times 0.04 \times 1{,}000\text{ml}/\ell}{3\text{kg} \times 10\text{hr}} = 2.66\text{ ml } CO_2/\text{kg} \cdot \text{hr}$$

$$\frac{546\text{ml } CO_2}{1000\text{mg } CO_2} = \frac{2.66\text{ml}}{X\text{mg}}$$

$X = 4.87\text{mg } CO_2/\text{kg} \cdot \text{hr}$

$Q_{10} = 4.87/2.44 = 2$

(b) 무게 감소 (100kg을 1개월간 20℃에 저장했을 때)

$4.87\text{mg } CO_2/\text{kg} \cdot \text{hr} \times (180\text{ mg glucose}/264\text{mg } CO_2) \times 24\text{hrs} \times 30\text{days} \times 100\text{kg} = 239.1\text{g}$

(c) 발생되는 열 (100kg을 1개월간 20℃에 저장했을 때)

$$\frac{2\text{Kcal}}{6\text{mole} \times (44\text{g/mole})} \times \frac{1{,}000\text{cal}/1\text{Kcal}}{1{,}000\text{mg}/1\text{g}} = 0.0076\text{cal/mg } CO_2$$

따라서

$4.87mg\ CO_2/kg \cdot hr \times (0.0076cal/mg\ CO_2) \times 24hrs/day \times 30days \times 100kg = 2.66Kcal$

(d) 생성되는 수증기량(100kg을 1개월간 20℃에 저장했을 때)

$4.87mg\ CO_2/kg \cdot hr \times (108mg\ H_2O/264mg\ CO_2) \times 24hrs/day \times 30days \times 100kg = 143.4g\ H_2O$

4.2. 곡류의 저장

곡류grains는 수확 당시 15~20% 수준의 수분을 함유하므로 부패 변질이 쉽게 일어나지 않으나 오래 저장하면 해충이 번식하고 곰팡이가 증식하여 먹을 수 없게 된다. 따라서 곡류의 저장에는 수확 후 즉시 수분함량을 일정 수준(13%) 이하로 낮추는 것이 중요하다. 곡류의 품질 요소에는 곡물의 종류species, 건전성 즉 병충해 흔적의 유무, 협잡물(돌, 지푸라기, 다른 씨앗)의 혼입 정도와 함께 수분함량이 포함된다. 〈표 4-5〉는 미국 대두의 품질등급을 정하는 기준규격이다.

표 4-5. 미국 대두의 품질등급

	등급(Grade)			
조사항목	No. 1	2	3	4
최소시험중량(lbs/bu)	56	54	52	49
수분(%)	13	14	16	18
쪼개진 낟알 최고치(%)	10	20	30	40
손상된 낟알	2	3	5	8
이물질	1	2	3	5
채색 콩	1	2	2	10

저장 곡물의 환경을 좌우하는 요소는 물리적인 요소와 생물학적인 요소로 구분되며 아래와 같이 정리된다.

물리적 요소

- 온도, 습도, CO_2, O_2, 수분함량, 호흡에 의한 유기물질들

생물학적 요소

- 미생물, 곤충, 진드기, 쥐, 새

곡물의 변질에 작용하는 곡물 자체의 성질에는 (1) 낟알의 흐트러지는 성질과 뭉치는 성질, (2) 낟알 사이의 공간 혹은 기공의 크기(평균 충진밀도 60%), (3) 증기나 기체를 흡수, 흡착, 배출시키는 능력, (4) 열전도도 heat conductivity, (5) 열용량thermal capacity 등이다. 낟알이 서로 뭉치는 성질이 크거나 입자의 크기나 형태가 다양하여 충진밀도가 높아지면 호흡 작용에 의하여 발생하는 열과 수분, 탄산가스 등의 발산이 어려워 급속히 변질된다. 곡물의 열전도도와 열용량은 호흡열의 발산과 저장 중 외기온도의 변화에 대한 민감도를 결정하는 요소이다.

곡물의 저장 중에 발생하는 호흡열은 곡류 자체의 호흡열과 부패균이나 해충에 의한 호흡열로 구분할 수 있다. 그러나 건전하게 저장된 곡류의 호흡열은 주로 곡물 자체의 호흡에 의한 것이다. 정상적으로 저장된 곡물은 호기성 호흡aerobic respiration을 하게 되며 포도당을 완전산화한다.

aerobic respiration (complete oxidation)

Hexose $\rightarrow$ $6CO_2 + 6H_2O$ + energy (673,000cal/g · mol glucose)

그러나 산소의 부족이나 부패 발효의 경우에는 혐기성 호흡anaerobic respiration을 하여 알코올과 낮은 수준의 열을 발생한다.

anaerobic respiration (incomplete decomposition)

Hexose $\rightarrow$ $2CO_2 + 2C_2H_5OH$ + energy (56,000cal/g · mol glucose)

결과적으로 호흡에 의하여 저장 곡물의 중량감소, 수분함량 증가, 탄산가스 농도의 증가, 품온의 상승이 일어난다. 이와 같이 자체적으로 발생한 수분의 증가와 온도의 상승은 곡물의 부패와 해충의 번식을 촉진하게 된다. 곡물의 수분함량 13% 이하에서는 미생물과 진드기의 생육이 억제되며 10% 이하에서는 사실상 모든 해충의 생육이 중단된다. 곡물의 수분함량이 16%를 넘으면 호흡률이 급격히 증가하는데 평균적으로 10% 수분에 비하여 20% 수분일 때 130배 증가가 일어난다.

수분함량에 의한 곡물의 대사열metabolic heat 평균치:

건조 곡물(수분10%) : 1×10^{-7} cal · sec^{-1} · cm^{-3}

젖은 곡물(수분20%) : 1.3×10^{-5} cal · sec^{-1} · cm^{-3}

〈표 4-6〉은 수분함량이 서로 다른 대두콩을 37.8℃에서 11일간 저장하였을 때 호흡률, 착유된 콩기름의 산가 및 발아율을 비교한 것이다. 호흡률은 수분함량 16% 이상에서 급격히

증가하며, 기름의 산가는 15%에서부터, 발아율은 13%에서도 변화되는 것을 알 수 있다. 상대습도 70~75% 이상에서는 대기습도가 조금만 높아져도 곡물의 수분함량이 크게 증가할 수 있다.

표 4-6. 초기 수분함량에 따른 저장 콩의 품질변화(저장온도 37.8℃, 기간 11일)

초기수분함량(%)	호흡률 (mg CO_2/100g/24h)	착유된 기름의 산가 (mgKOH/g oil)	발아율(%)
11.8	0.5	1.0	85
13.0	0.9	1.1	74
15.1	0.9	1.5	43
16.0	5.4	1.8	15
18.3	73.3	6.9	0

곡물을 대규모로 저장bulk storage하는 사일로silo 저장이나 수송선박 내의 저장 중에 곡물의 호흡작용에 의하여 막대한 양의 수분과 열이 발생한다. 발생한 수분은 내부 공기의 대류와 조석간diurnal 또는 계절적seasonal 기온 차에 의하여 일정 구역에 모이게 되고 이곳에서 부패가 시작되면 온도가 급격히 상승하여 전체 사일로가 한 덩어리로 엉겨 붙는 대형 사고가 일어난다. 이런 것을 방지하기 위하여 곡물저장고에는 각 부위의 온도를 수시로 모니터하는 것이 필수적이다. 일정 부위의 온도가 급격히 올라가면 사일로 전체를 비워 다른 사일로에 옮겨 수분과 온도 분포를 고르게 해야 한다. 곡물의 대규모 저장의 기본 원리는 곡물 자체의 수분 함량을 충분히 낮추어 호흡률의 저하와 미생물과 해충의 번식을 억제하는 것이다.

곡류의 저장 온도가 낮아지면 호흡률도 낮아지고 미생물이나 곤충의 피해를 막을 수 있다. 일반적으로 15℃ 이하에서는 곤충의 작용이 억제되며, 5℃ 이하에서는 딱정벌레beatles의 피해가 억제되며, 0℃ 이하에서는 곰팡이의 생육이 억제된다. 곡물 저장 중 해충과 진드기mite의 피해는 화학물질의 훈증fumigation에 의하여 막을 수 있으며 주로 메틸브로마이드methyl bromide나 포스핀phospine이 사용된다. 그러나 메틸브로마이드는 할로겐 화합물이므로 오존층 파괴 위험이 있어 앞으로 그 사용이 금지될 예정이다. 그 대안으로 방사선 조사irradiation 기술이 사용될 전망이다.

예제 4-2

100ton의 대두를 37.8℃ 사일로에 저장할 때 하루 동안 생성되는 대사열, CO_2, H_2O의 양을 계산하라. 대두의 최초 수분 함량이 13%일 때와 18.3%일 때를 비교하라(complete oxidation이라 가정).

풀이

<표 4-3>의 호흡률로부터 CO_2 생산량을 계산하면

수분함량 13% : 0.9mg CO_2/100g·24hr = 9g/ton·24hr
= 900g CO_2/100ton·24hr
= 20.45g·mol CO_2/100ton·24hr

수분함량 18.3% : 73.3mg CO_2/100g·24hr = 733g/ton·24hr
= 73,300g CO_2/100ton·24hr
= 1,665.91g·mol CO_2/100ton·24hr

Glucose → $6CO_2$ + $6H_2O$ + 673kcal/g·mol glucose이므로

H_2O 생성량

수분함량 13% : 20.45mol H_2O/100ton·24hr
= 368.1g H_2O/100ton·24hr

수분함량 18.3% : 1,665.91mol CO_2/100ton·24hr
= 29,986.38g H_2O/100ton·24hr

Heat 생성량

수분함량 13% : 20.45×(1/6) ×673 = 2,293.8kcal/24hr

수분함량 18% : 1,665.91×(1/6) ×673 = 186,859.6kcal/24hr

예제 4-3

곡물의 Metabolic heat의 평균치는 아래와 같다.

수분함량 10%일 때 1×10^{-7} cal/sec · cm^3

수분함량 20%일 때 1.3×10^{-5} cal/sec · cm^3

위 두 가지 경우 100ton의 곡물을 사일로에서 저장했을 때 1일 중 생성되는 열, CO_2, H_2O의 양은 얼마인가? (complete oxidation이라고 가정)

곡물의 밀도 1.4g/cm^3, 충진밀도 60%

100ton의 부피 = 119,047,619cm^3

24hr = 86,400sec

풀이

수분함량 10%일 때

Q = 1×10^{-7}cal/sec · cm^3 × 119,047,619cm^3/100ton×86,400sec/24hr

= 1,028,160cal/100ton · 24hr

CO_2 = 1,028,160cal/100ton · 24hr × (1/673,000g · mol glucose/cal) × 6 mol · CO_2/g · mol glucose

= 9.166g · mol CO_2/100ton · 24hr

= 403.3g CO_2/100ton · 24hr

H_2O = 9.166mol H_2O/100ton · 24hr

= 165.0g H_2O/100ton · 24hr

수분함량 20%일 때

Q = 1.3×10^{-5}cal/sec · cm^3 × 119,047,619cm^3/100ton×86,400sec/24hr

= 133,716,960cal/100ton · 24hr

CO_2 = 133,716,960 × (1/673000) × 6 = 1,192.13g · mol CO_2/100ton · 24hr

= 52,453.6g CO_2/100ton · 24hr

H_2O = 1,192.13g · mol H_2O/100ton · 24hr

= 21,458.3g H_2O/100ton · 24hr

4.3. 쌀의 수확 후 관리기술

쌀의 수확 후 관리Postharvest Technology 과정을 보면 건조 과정이 필수적임을 알 수 있다(그림 4-6).

수확 시기의 날씨에 따라 벼의 수분함량은 20% 내외이나 전통적으로 탈곡하기 전에 들판에서 볏단을 말려 수분함량 16% 수준이 되게 한다. 탈곡한 벼를 볕에 말려 수분함량 13%가 되면 가마니에 넣어 장기 저장한다. 벼의 상태로 저장하였다가 먹기 직전에 도정milling하는 것이 밥맛이 가장 좋다. 벼에는 용적으로 현미가 50~60%, 왕겨가 40~50% 들어 있다. 중량비로는 현미 80%, 왕겨 20%이다. 현미brown rice는 8%의 강층을 포함하고 있으며 이 강층을 도정과정에서 모두 제거한 것을 10분 도미 또는 정백미polished rice라 한다.

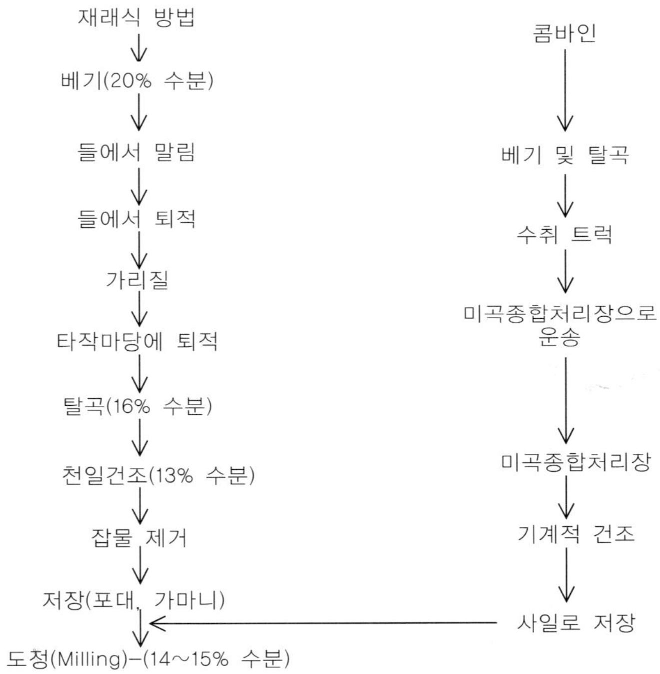

그림 4-6. 우리나라 미곡의 수확 후 관리과정

〈그림 4-6〉과 같은 재래식 수확 후 관리방법은 많은 노동력이 필요하고 곡물의 손실이 크게 일어나며 비용도 많이 든다. 실제로 한국과 미국의 수확 후 관리비용을 비교하여 보면 한국은 쌀값의 18%인 반면 미국은 4~5%라고 한다. 이러한 문제를 해결하기 위하여 우리나라에서는 1980년대 초부터 미곡종합처리장(Rice Processing Complex, RPC) 설치를 위한 연구가 시작되어 2000년대 초까지 전국에 400여 개 소의 RPC를 설치하여 쌀의 수확 후 관리 기술에서 선진국이 되었다. 콤바인으로 수확한 벼를 담은 트럭이 RPC 공장의 수취구에 벼를 하역하면 정선, 건조, 도정, 포장 공정이 한 건물 안에서 진행되어 포장된 쌀을 제품으로 출하하게 된다(그림 4-7).

수확과정 중의 손실은 벼의 품종에 따라서 큰 차이를 보이는데 통일벼는 재래종보다 수확과정에서의 손실이 크다. 건조시설이나 저장창고가 잘 구비되어 있지 않은 개발도상국에서는 곡물의 수확 후 손실이 20~50%에 달하는 것으로 보고되고 있다. 건조방법에 따라 쌀의 품질이 크게 달라질 수 있다. 재래식 태양건조를 했을 경우 도정미의 쇄미broken rice 발생률은 7~16%에 달하나 열풍건조하면 3%로 감소한다.

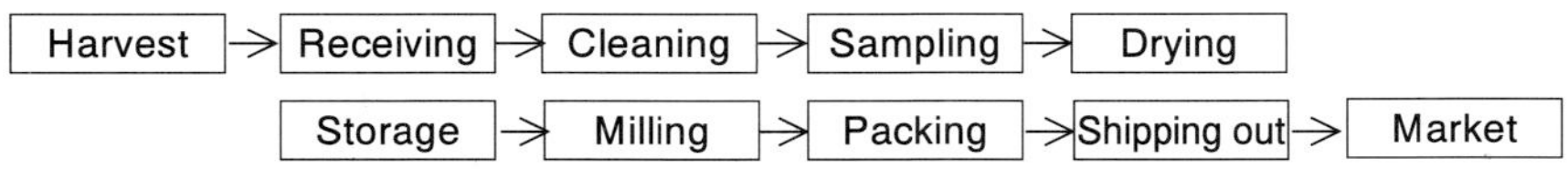

그림 4-7. 미곡종합처리장RPC의 작업 공정도

4.4. 동물성 식품의 저장

동물성 식품은 육축의 도살로 얻어지는 육류meat, 수산 어로에서 얻어지는 어패류fish and shell-fish, 동물유milk, 그리고 난류eggs를 포함한다. 난류를 제외한 동물성 식품은 도살과 착유 후 생명현상이 중지되어 급격히 변질되므로 신선식품으로 저장하기 위한 각별한 주의와 노력이 필요하다.

(1) 육류 저장

육축은 도살되면서 미생물의 침입에 대한 자체의 방어기능을 상실하게 된다. 살아 있는 동물조직은 무균상태이나 도살 후 외부의 미생물에 의하여 표면이 오염된다. 동물은 또한 도살되면 호흡을 중단하게 되고 산소와 탄산가스의 교환능력을 잃게 된다. 도살 후에 부분적으로 혐기적 호흡작용이 일어나 글리코겐이 포도당으로 분해되고 다시 젖산과 에너지를 생산한다.

혐기적 호흡anaerobic respiration

Glycogen → glucose → lactic acid + energy

이 결과 근육조직muscle 내의 pH가 감소하게 되는데 대체로 pH 7.0에서 pH 5.1~6.5로 낮아져 산성을 띠게 된다. 근육조직의 산성화는 포도당이 젖산으로 전환되면서 일어나는 현상으로 도살과정에서 동물이 스트레스를 많이 받거나 흥분하여 과격한 운동을 하게 되면 근육 내에 젖산이 다량 축적되고 이로 인해 pH가 크게 낮아진다. 도살 후 근육조직의 산성화는 ATP의 감소로 이어지며 사후강직rigor mortise이 일어나고 육질의 보수력water holding capacity이 감소한다. 동물체는 사후 1~36시간 내에 모든 호흡이 중지된다. 사후강직은 도살 후 10시간경부터 시작되며 24시간 후에 최고에 달했다가 서서히 풀린다. pH 감소에 의하여 미생물 증식 속도가 다소 감소되며 색깔이 좋아진다. 사후강직이 끝나고 육질은 연화되고, 보수력이 증진하며, 색깔이 잘 유지된다. 사후강직은 고온에서는 빠르게 진행되나 저온에서는 느리게 진행된다. 도체를 너무 급격하게 냉각하거나 냉동하면 사후강직이 충분히 진행되었다가 풀리지 못하여 보수력이 감소하고 육질이 저하된다.

신선육meat은 동물의 근육조직이며 신선육의 부패속도를 결정짓는 가장 중요한 요소는 ① 저장온도와 ② 최초 오염수준initial number of microorganism이다. 저장 온도에 따라 부패균의 종류가 달라지는데, 15℃ 내외에서는 중온균인 대장균군, *Acinetobacter* 등이 주로 증식하며 냉장온도인 1~4℃에서는 저온균인 *Pseudomonas* 계통 세균들이 서식한다. 신선육의 저장수명을 결정하는 요소들을 나열하면 〈표 4-7〉과 같다.

도살 후 식육의 처리과정에서 유의해야 할 사항과 오염제거 방법은 다음과 같다.

① 도축과정의 위생

식육은 동물의 내·외부에서 다양한 원인으로 오염된다. 가장 중요한 오염원은 도축과정에서 일어나는 장내 미생물의 오염이다. 도축과정의 기술적 구조와 위생, 즉 동물 자체의 오염 정도, 도축 기기 및 시설, 도축 방법, 작업자 위생상태에 따라 장내 미생물의 오염 정도가 결정된다.

표 4-7. 신선육의 저장수명에 영향을 미치는 요소

내재적 요소(intrinsic factors)
동물의 종류(쇠고기, 돼지고기 등)
품종과 사육환경(먹이 등)
도살 시의 동물 연령
초기 미생물 환경
화학적 성질(과산화물가, pH, 산도, 산화환원포텐셜 등)
산소의 가용도
외부환경 요소(extrinsic factors)
가공조건과 관리
위생수준(작업자 개인위생, 기계의 청결 등)
품질관리 체계(HACCP 도입 등)
온도관리
포장시스템(포장기계, 가스 사용 등)
저장형태

장내균의 주요 출처는 ① *Staphylococci*, *Micrococci*, *Pseudomonas*, yeast, mold와 같은 동물 피부의 일반 미생물, ② 분변이나 토양기원의 미생물, ③ 살아 있는 동물의 내장이나 털, 가죽에 존재하는 미생물이다. 동물의 수송 유통 기간 중 운송기기의 불충분한 소독이나 수송기간의 연장에 따른 교차 감염으로 이들 미생물의 오염도가 높아진다. 따라서 도축장에 도착한 동물은 물로 수세하여 오염을 경감시켜야 한다. 가금류의 세척은 다시 말리기 어렵다는 점에서 비실용적이다.

도축 기기, 용구 등 도축설비는 소독과 청결 유지가 쉽도록 설계되어야 하며, 항상 청결을 유지해야 한다. 도축장의 벽과 바닥은 청결과 소독이 용이하도록 타일로 내장되어야 하며 설비의 구조와 볼트 등도 위생적으로 설계되어야 한다. 가죽을 벗기는 도축업자의 칼, 쇠, 앞치마는 오염의 중요한 원인이 될 수 있다. 마멸 기기, 드레싱하는 데 사용되는 보호장갑, 뼈바르기boning와 사체를 분해하는 작업대의 표면 등이 중요한 오염원이다. 도축 장비의 세척과 보닝칼의 멸균은 82℃ 이상의 뜨거운 물로 한다. 절단판은 청결 또는 교체 없이 4시간 이상 사용하지 않도록 한다.

도축방법에서 유의해야 할 점은 먼지와 분변의 오염을 막고 용수의 청결을 유지하는 것이다. 돼지의 외피와 털을 제거할 때에는 60℃의 열수를 사용하며 소의 뿔 제거, 흉골 부위의 털 제거와 같이 오염이 크게 일어나는 작업에는 스팀을 사용한다. 신선한 식육을 사용하여 햄버거 패티와 같이 다진 고기를 만들 때 미생물이 내부로 오염되므로 대단히 위생적으로 다루어야 한다.

② 냉각

도살육은 항상 10℃ 이하로 냉각 저장 및 취급하는 것이 중요하다. 장기 저장을 할 때에는 얼지 않는 최저온도(약 -1.5℃)에 보관하여야 한다. 상대습도는 표면의 응축이나 건조를 피하기 위해 85~95%에 맞추어야 한다. 진공저장 시의 주요 부패 원인은 *Lactobacillus*속들과 효모들인 반면 호기성 저온저장 동안 주된 부패는 *Pseudomonas*속에 기인한다.

③ 전기자극electrical stimulation

도살 직후 도체의 양쪽 끝에 전극을 설치하여 5~10V/m의 전류를 흐르게 하여 전기자극을 주면, 근육조직의 ATP와 인산염의 농도가 낮아지고 pH가 감소되며 식육의 색깔과 풍미가 증진된다. 도체의 전기자극은 사후강직의 진행을 가속화시켜 저온경화cold shortening의 발생을 막아 준다. 결과적으로 전기자극은 육질을 연하게 하며 신선육의 품질을 높여 준다.

④ 오염제거 방법

식육 가공 산업에서 오염 미생물의 제거를 위한 여러 방법들이 사용되고 있으며 여기에는 화학적,

물리적 그리고 복합적 방법들이 동원되고 있다.

열수 처리 - 고기의 표면을 80~90℃ 물로 10초 내외 세척한다.

염소수 세척 - 유럽연합은 허용하지 않으나 미주에서 사용. 염소농도 50ppm 이하.

가금류 - 세척수로 이산화염소수 3ppm까지 허용(미국 FDA)

유기산의 표면처리 - 초산, 젖산, 구연산, 프로피온산 등 1~4% 용액을 사용한다.

무기인산염 - 10~12% 삼중나트륨 인산염 용액을 가금류의 살균에 사용한다.

과산화수소, 오존 처리 - 0.5%(v/v) H_2O_2 용액이나 O_3처리된 물로 세척한다.

항생제 - 클로로테트라사이클린과 옥시테트라사이클린이 일부 사용된다.

그러나 이들 화학물질들은 식육의 품질을 손상하거나 독성의 논란이 있어 지역에 따라 사용이 제한된 곳이 많아 주의하여야 한다.

신선육은 도살 즉시 냉장해야 하며 일주일 이상 저장 시에는 -18℃ 이하로 냉동하여야 한다. 도살 시 식육의 온도는 37℃이므로 1일 이내에 내부 중심부 온도가 0~1℃가 되도록 냉각하여야 한다. 이 조건에서 쇠고기는 8일, 송아지 고기, 양고기 등은 6일 정도 냉장할 수 있다. 상대습도 90%의 조건에서 신선육을 1일간 37℃에서 0℃로 냉각할 때 약 2%의 중량손실이 일어난다. 냉장실의 상대습도가 이보다 더 낮으면 중량손실이 너무 크게 일어난다. 그러나 상대습도가 너무 높으면 고기 표면에 점질성 세균slimy bacteria이 증식하게 된다. 신선육 표면에 서식하는 미생물, 특히 점질성 곰팡이slimy mold를 방지하기 위하여 자외선 살균램프(UV light 2,700Å)를 사용한다. 살균램프가 너무 강하면 산패를 촉진하고 색깔을 변화시킨다.

(2) 어패류의 저장

어류fish는 살아 있는 동안 라이소자임과 같은 항생제를 분비하는 피부에 의하여 그리고 혈액 속에 존재하는 항체에 의하여 보호받는다. 어획과 동시에 에너지 공급이 끊어지고 항균성 물질이 분비되지 않으면 어류는 죽게 되고 ATP의 공급이 감소하면 근육이 수축하여 사후강직이 일어난다.

해양성 어류는 삼투압조절자로서 트리메틸아민 옥사이드trimethylaminoxide, TMAO를 함유하고 있다. 어류가 생명력을 잃으면 표피의 미생물과 자체 효소에 의하여 TMAO가 환원되어 트리메틸아민(TMA)으로 전환된다. TMA는 신선하지 못한 물고기의 이취를 내는 물질로 강한 생선 비린내 또는 악취로 감지된다.

$$\text{TMAO} \xrightarrow[\text{탈산소 환원반응}]{\text{미생물 또는 자체 효소}} \text{TMA} \longrightarrow \text{생선 비린내, 악취}$$

TMA 농도는 ATP의 분해산물로 생성되는 hypoxanthine의 농도와 함께 어류의 부패 정도를 측정하는 지표로 사용된다.

생선은 공기 중에 노출되면 표피의 광택이 없어지고 조직이 연해지며 생선 악취가 생기므로 대부분 얼음에 냉장한다. 고등어, 가자미 등은 0℃에서 2~3주 저장이 가능하나 패류는 1주, 새우, 게 등은 2~3일 저장이 가능하다. 바닷가재lobster와 같이 대단히 상하기 쉬운 생물은 바닷물에 생 채로 보관하여야 한다.

해산물의 주된 위험요소는 병원성 미생물, 기생충, 생물독소와 바이러스이다. 해양성 환경과 민물환경 모두에서 *Clostridium botulinum*의 포자가 오염될 수 있으며 패혈증을 일으키는 *Vibrio parahaemolyticus*도 흔히 오염되는 균이다. 최근에는 저온성 *Listeria monocytogenes*의 출현이 심각하다. 또한 *Norovirus* 감염에 의한 대규모 식중독 사건이 학교급식이나 단체급식소에서 자주 일어나고 있다.

어패류의 저장 중 변화 현상을 요약하면 아래와 같다.

① 미생물 부패

어류의 미생물 부패는 0~4℃에서도 일어날 수 있으나, 10℃ 미만에서는 대부분 방지될 수 있다. 일반적으로 미생물 수가 10^7/g(육질부) 또는 $10^7/cm^2$(표피)이 넘으면 부패가 시작되었다고 본다. 주로 저온성 세균인 *Pseudomonas*가 부패를 선도한다. 미생물수가 10^8/g이 되면 뚜렷한 부패현상이 관찰되며 미생물이 분비하는 단백질분해효소가 다량 검출된다.

열대성 어종에는 주로 중온성 그람양성 세균이 생육하나 한류성 어종의 장내미생물은 주로 그람음성 세균이다. 한류성 어종의 주된 장내미생물은 *Pseudomonas*, *Alteromonas*, *Moraxella*, *Actinobacter*, *Vibrio*, *Flavobacterium*, *Cytophaga* 등이다. 난류성 어종에서 발견되는 그람양성 미생물은 주로 *Micrococcus*와 *Bacillus*이다. *Pseudomonas*를 비롯한 부패세균들은 어체의 단백질을 분해하여 산화적 탈아민 반응으로 휘발성 황화합물(황화, 머캅탄 등)을 생산하며 암모니아, 휘발성 지방산, 에탄올, 메탄올, 아세톤, 아세토인, 부탄날, 메틸부탄날, 에탄날 등 휘발성 화합물을 만들어 부패취를 생성한다.

② 색의 변화

신선한 물고기는 표피의 고른 빛의 산란으로 반투명 외관을 가지나 포획되어 표면이 건조하고 부패가 진행됨에 따라 표피가 거칠어져 빛의 산란으로 불투명하게 된다. 또한 지방과 카로테노이트 색소의 산화로 인해 육질이 노란색으로 변한다.

③ 조직감 변화

신선한 물고기의 탄력 있고 촉촉한 조직감은 저장 중 무르고 연하게 변한다. 조직감의 이러한 변화는 근원섬유 단백질의 분해와 콜라겐을 포함한 결합조직의 손상에 기인한다. 저장기간 동안 부패미생물과 자체 효소에 의한 세포 내외의 단백질분해효소가 근섬유단백질과 콜라겐을 분해한다.

④ 지방산화

저장 중 어류의 지방산화는 품질 열화를 일으키는 주 요인이 된다. 지방산화의 촉매작용은 산소분자 또는 산화철, 산화구리와 같은 금속, lipoxygenase와 같은 효소에 의한다. 이 외에도 지방산화와 관련 있는 물고기 근육의 사후변화에는 ① ATP 감소, ② hypoxanthine과 같은 생성물의 분해에 따른 ATP의 증가, ③ xanthine dehydrogenase가 xanthine oxidase로의 변화, ④ ascorbate, glutathione과 같은 환원성 화합물의 유실, ⑤ 저분자량 이행금속의 증가, ⑥ Heme (Fe Ⅱ) 색소의 산화형으로의 전환, ⑦ 세포막의 구조 손상, ⑧ 토코페롤과 같은 세포막 항산화제의 유실, ⑨ 칼슘농도구배를 유지하기 위한 근육세포 기능유실 등이 있다.

지방산화는 ① 산소와의 접촉 차단(진공포장 등), ② 항산화제 첨가, ③ 산화촉진제(예. 철)의 혼입 억제, ④ 낮은 온도의 유지, ⑤ 염분의 제거 등으로 최소화할 수 있다.

⑤ 단백질의 변화

어육의 단백질은 미생물과 자체의 단백질분해효소에 의하여 가수분해되어 수용성 단백질로 변한다. 이러한 변화는 육질의 연화, 이취의 발생 원인이 되며 더 나아가 세척과정에서 과도한 단백질 손실을 일으킨다.

어류 및 수산물의 수확 후 처리과정은 세척, 냉각chilling 또는 얼음재우기icing 및 화학적 처리 등을 포함한다. 화학적 처리는 염소수 또는 이산화염소수의 사용, 과산화수소 사용, 항균 bacteriocin을 생산하는 젖산균의 사용, 효소저해제enzyme inhibitors 사용을 들 수 있다.

〈표 4-8〉은 효소의 종류에 따라 사용되는 저해제들이다.

표 4-8. 단백질분해효소의 종류와 사용되는 저해제

효소의 종류	저해제
Serine protease	Phenylmethyl sulfonyl fluoride Dispropyl fluorophosphate
Thiol protease	Heavy metal iodoacetamide N-ethyl maleimide Anipain Leupetin
Metalloprotease	EDTA O-penanthroline 8-Hydroxyquinoline
Acid protease	Pepstain Diazoacetyl norleucine methyl ester Epoxy(p-nitrophenoxy) propane

(3) 우유의 저장

우유milk는 3.9% 지방과 3.3% 단백질, 5.0% 락토오스, 0.7% 무기질을 함유하여 약 13%의 고형분과 87%의 물로 되어 있다. 우유단백질은 α, β, γ 카세인, β락토글로불린, α락트알부민, 혈청알부민, 락토트랜스페린, 면역글로불린, β마이크로글로불린을 포함한다. 우유milk라는 용어는 특별히 다른 종의 언급이 없다면 소의 우유로 간주할 수 있다. 일반적으로 0.1~0.26%의 젖산을 함유하고 있고 pH는 대략 6.5로 중성에 가깝다. 우유의 높은 영양가와 중성에 가까운 액상의 성질은 미생물의 생육에 좋은 배지가 되므로 대단히 부패하기 쉬운perishable 식품이다.

따라서 농장에서는 착유 즉시 5℃ 내외로 냉각하여 냉장실에 보관해야 한다. 농장에서 수집한 우유는 냉장차로 수송해 유가공 공장의 냉장실로 옮긴다. 농장의 착유시설에는 평판형 열교환기를 설치해 착유 1시간 이내에 32.2℃에서 10℃로 다음 1시간 동안 10℃에서 4℃로 냉각한다. 미국의 기준은 개별 농가에서 공급되는 우유의 세균 수는 1×10^5/ml 이하이어야 하며, 여러 농장에서 냉장차에 수집하여 낙농 가공공장에 공급되는 혼합 우유의 세균 수는 3×10^5/ml 이하이어야 한다.

우유에 들어 있는 부패균은 저온성 세균psychrotropic으로 그 증식 속도는 온도와 직결되며 세균 수가 두 배로 증식하는 시간generation time은 7℃에서 8시간, 5℃에서 12시간, 2℃에서

16시간이다. 우유 속의 저온성 세균은 냉장 중에도 계속 증식하므로 우유를 보통 냉장고에 1주일 이상 보관하면 부패 변질한다. 4℃ 이하에서 보관할 때 저장수명은 12~14일이다.

0℃ 부근의 냉장온도에서 우유 속에서 자랄 수 있는 저온성 미생물은 그람 음성균으로 *psudomonas, Achromobacter, Serratia, Alcaligenes, Chromobacterium, Flavobacterium*이고, 그람 양성세균은 *Bacillus, Clostridium, Corynebacterium, Streptococcus, Lactobacillus, Microbacterium* 등이다.

우유는 여러 가지 병원성 미생물에 오염될 수 있다. 생우유에서 감염될 수 있는 병원균은 폐결핵균*Mycobacterium tuberculosis*, 파상열균*Brucella abortus* 등으로 미생물의 존재를 알지 못했던 18세기의 유럽에서는 우유를 통한 폐결핵이 만연하였다. 프랑스의 루이 파스퇴르(Louis Pasteur, 1822-1895)의 연구로 미생물이 발견되고 폐결핵의 감염경로가 밝혀짐으로 인해 우유의 가열살균 방법이 개발되었으며 파스퇴르의 공로를 기념하여 이를 pasteurization(저온살균)이라 명명하게 된다. 초기의 저온 장시간 살균low temperature holding, LTH 방법이 발전하여 고온단시간 살균high temperature short time, HTST 방법이 개발되었으며 최근에는 초고온살균 ultra-high temperature, UHT 방법이 사용되고 있다. 살균온도를 높이고 가열시간을 단축하면 영양소의 파괴와 품질열화를 경감할 수 있다. 〈표 4-9〉는 우유의 저온살균에 사용되는 방법과 살균조건을 정리한 것이다.

표 4-9. 우유의 가열살균(Pasteurization) 방법과 살균조건

방 법	살균온도	살균시간	영양가 손실 및 품질
LTH	145°F(63℃)	30분	손실 큼
HTST	161°F(72℃)	15초	손실 적음
UHT	250°F(121.1℃)	2초	손실 최소, 잔존 효소활성

(4) 난류의 저장

계란egg은 단단한 껍질로 보호된 영양 및 유전물질의 덩어리로 단백질과 지질이 주성분으로 되어 있다. 일반적으로 상온에서 2~3주 저장되나 저장 최적 조건인 온도 1℃, 상대습도 82~85%에서 수개월 저장할 수 있다. 저장 중 온도 저하로 얼음이 형성되면 껍질이 파괴되므로 온도 관리에 유의하여야 한다. 저장 온도에 따라 부패균의 종류가 달라지는데 5℃에서는 *Pseudomonas*, 20℃에서는 *Enterobacter liquefaciens*가 주로 증식한다. 불결한 환경에서 생산된 알류는 살모넬라에 오염될 가능성이 크므로 주의하여야 한다.

4.5. 저온저장 관리기술

저온저장chilling storage을 냉장refrigeration 또는 cooling이라 하며 신선식품을 저장하는 가장 효과적인 방법이다. 냉장에 의하여 얻을 수 있는 이점을 열거하면 아래와 같다.

① 미생물의 성장을 억제하며, 대부분의 병원균은 3.3℃ 이하에서 대개 생육을 정지한다.

② 수확 후postharvest 및 도살 후postmortem 대사작용을 감소시킨다. 저온에 의하여 생체 내에서 일어나는 생리적 혹은 화학적 반응속도가 감소한다. 일반적으로 대사반응속도 metabolic reaction rate는 온도가 10℃ 감소할 때마다 1/2로 감소한다. 4℃ 이하에서는 과일의 숙성이 정지되고 climacteric 현상을 나타내지 않는다. 냉장온도 부근에서 1~2℃의 차이는 큰 영향을 미친다.

③ 수분의 손실을 감소시킬 수 있다. 저온에 의하여 생체 표면에서 일어나는 수분의 증발속도가 감소하고 호흡률이 감소하므로 저장식품의 수분 손실이 적어진다.

④ 이 외에도 냉장은 신선육, 포도주, 치즈 등의 숙성, 과일의 씨빼기, 고기, 빵 등의 절단 등에 이용된다.

그러나 냉장 중에도 식품의 품질 변화는 속도는 느리지만 계속해서 일어난다. 냉장 저장 중에 일어나는 식품의 품질저하 요인은 다음과 같다.

① 미생물의 활동. 특히 저온성 세균이 문제가 되는 동물성 식품, 유가공 제품들은 냉장 저장 중에도 세균증식이 계속되어 부패에 이르게 된다.

② 생체에서 일어나는 생리적 또는 화학적 반응.

생리반응 - 과채류의 냉해에 의한 생리적 교란physiological disorder
생선의 장내 효소에 의한 자기소화autolysis

화학반응 – 식품 표면에서 일어나는 지방산화lipid oxidation
과채류의 색소변화pigment degradation
단백질의 변성protein denaturation
유기화합물의 이상반응에 의한 이취off-flavor 생성
비타민의 손실vitamin degradation
의도적 혹은 비의도적 오염물질 CO_2, NH_3 등의 영향

③ 저온에 의한 건조 또는 물리적 손상physical damage

식품에 따라서 냉장온도를 특별히 조절하거나 냉장을 하지 말아야 하는 경우도 있다. 냉장에

의하여 식품의 품질이 크게 손상되는 경우는 냉온장해, 저온경화cold shortening, 노화 등의 피해를 들 수 있다. 그러므로 과채류의 종류에 따라 최적 저장온도는 〈표 4-10〉에서 보는 바와 같이 어는점 부근에서부터 실온에 이르기까지 다양하다.

표 4-10. 신선 과채류의 최적 저장조건

저장형태	최적온도(℃)	해당 과채류
냉장저장	0 ~ 5	사과, 배, 복숭아, 자두, 살구, 오렌지, 아스파라거스, 키위, 딸기, 포도, 완두, 브로콜리, 배추, 무, 시금치, 당근, 상치
냉장저장	5 ~ 10	멜론, 파인애플, 귤, 블루베리, 크랜베리, 아보카도, 오이, 여름호박, 가지, 풋고추
선선한 그늘	10 ~ 18	바나나, 코코넛, 자몽, 레몬, 망고, 설익은 멜론, 설익은 배, 가을 호박, 고구마, 토마토
상온저장	18 ~ 25	양파, 감자, 수박, 설익은 복숭아

(1) 과채류의 냉온장해chilling injury

과채류의 경우 특히 열대지방의 과실은 저온에서 생리적 교란을 받아 급격히 부패 변질하는 경우가 많다. 이러한 현상을 냉온장해chilling injury라 하며 〈표 4-11〉은 일부 과채류의 냉온장해 발생 온도와 부패 변질 양상을 나타낸 것이다. 사과, 배 등은 2~3℃ 이하로 보관하면 표피에 검은 반점이 생기고 과육이 갈변하고 푸석거리는 변질이 일어난다. 바나나와 고구마는 12~13℃ 이하의 온도에 저장하면 표피의 갈변, 반점, 괴열 등이 일어난다. 냉온장해는 온도가 낮은 정도와 그 온도에 저장된 기간의 함수time-temperature dependent로 나타난다. 바나나는 냉해온도 이하에서 저장한 기간이 12시간 후에, 토마토는 9~12시간, 오렌지는 2~3개월 후에 변질이 일어난다.

표 4-11. 일부 과채류의 냉온장해 온도와 품질변화 양상

품목	최저 온도(℃)	변화 양상
사과	2~3	과육 갈변, 갈색 반점, 푸석거림
오렌지	3	갈색 반점, 과육 건조
수박	4	과육 건조, 풍미 변화
참외	7~10	과육 건조, 괴열
오이	7	과육 건조, 연부, 괴열
토마토	7~10	연화, 괴열
바나나	12~13	표피 갈변
고구마	13	괴열, 갈변, 반점
감자	3	갈변

냉온장해의 생리학적 원인에 관한 학설은 여러 가지가 있으며 주로 아래의 세 가지 기작으로 설명된다.

① 저온에서 조직 내의 여러 가지 대사과정의 진행 속도에 차이가 생기게 되어 어떤 물질은 과잉으로 축적되고 어떤 물질은 결핍되는 데 기인한다. 예로 냉온장해 부위에는 에탄올, 아세트알데히드, 옥살로아세트산의 농도가 증가되는 것이 관찰되는데 이들 물질이 생물조직에 독소로 작용하는 것으로 판단된다.

② 생체막biological membrane이 저온에서 손상되어 물질 이동이 잘 되지 않아 냉온장해가 일어난다고 보는 것으로 냉온장해를 잘 일으키는 과일은 막인지질membrane phospholipid 함량이 높다.

③ 생체막 단백질의 SH sulfur hydryl 기를 산화시키는 효소peroxidase-catalase 시스템이 온도 저하에 잘 적응하지 못할 때

(2) 육질의 저온경화cold shortening

도살 후 고기 조각을 즉시 떼내어 급격히 0~5℃로 냉각시키면 근섬유 조직의 통로sarcoplasmic reticulum를 통한 Ca^{2+}의 분배가 고르게 일어나지 못하여 육질이 푸석푸석해지고 보수력이 약하고 질기게 되는데 이런 현상을 cold shortening이라고 한다. 이러한 현상을 방지하기 위하여 도살 후 사후강직이 충분히 일어나도록 냉각속도를 조절하는 것이 필요하다.

(3) 전분질 식품의 노화staling

빵이나 떡, 밥과 같은 전분질 식품은 저온에서 노화staling가 급격히 일어난다. 따라서 이들 식품은 냉장저장을 하지 않는다.

저온에 의한 냉온장해나 노화 이외에도 냉장고의 높은 습도나 통풍의 부족으로 신선식품의 저장성이 낮아지는 경우도 있다. 예를 들면 마늘의 경우는 냉장고 보관보다 타래를 엮어 대기 중의 그늘에 걸어 놓는 전통적인 방법이 더 좋은 방법이다. 〈표 4-12〉는 채소류 저장 중에 일어나는 중량손실과 부패손실을 비교한 것이다.

냉장 저장고 내의 상대습도(Relative humidity, RH) 조절이 중요하다. 최적 RH보다 높으면 ① 미생물 생육 속도가 커져 부패가 크게 일어나고, ② 과실의 육질부가 벌어진다, 즉 괴열decay이 일어난다. 그러나 최적 RH보다 낮으면 ① 외피가 줄어들고, ② 건조에 의한 감량이 크게 일어난다.

표 4-12. 과채류 저장 중 중량손실과 부패손실 비율

품명	저장조건	중량 손실 (%)			부패 손실 (%)		
		1개월	3개월	6개월	1개월	3개월	6개월
마늘	대기	0.6	5	21	0	2	18
	2℃, RH 70~75	3	13	15	0	0	17
양파	2℃	1	6	18	-	2	11
감자	13℃	-	6	-	-	13	-
배추	2℃	5	26	-	30	57	-

냉장 저장실의 RH는 냉각코일과 실내 온도와의 차이에 의하여 결정된다. 온도차가 너무 크면 냉각코일에 실내 수분이 응축되어 RH가 떨어진다. 열전달률(Q)은 전반적인 열전달계수overall heat transfer coefficient, U와 열전달면적(A), 온도차(ΔT)의 함수이므로(Q= UAΔT), 냉각코일의 표면적을 늘리고 공기의 흐름량을 크게 하여 U를 높여 열전달률heat transfer rate을 높이면 온도차는 0.5~1℃로 하여도 저장고 온도를 낮게 유지할 수 있다.

냉각코일을 통과하는 공기의 흐름양을 크게 하려면 공기의 강제순환이 필요하다. 냉장 창고 내의 공기순환 장치는 이 외에도 ① 균일한 온도 분포를 유지하며, ② 주위 공기의 조성을 균일하게 하고, ③ 냉각속도를 크게 하며, ④ 공기정화 시설을 할 수 있게 하므로 반드시 필요한 장치이다.

신선식품을 저온 저장고에 보관할 때 주의해야 할 사항은 저장 물질 상호간의 냄새 전이를 방지해야 한다. 생선이나 양파를 보관한 저장고에 계란을 넣어두면 계란에 이들 냄새가 전이되어 상품성을 잃게 된다. 양파와 샐러리, 사과와 샐러리, 배추, 감자, 양파를 함께 보관하여서는 안 된다. 낙농제품 창고에 사과나 오렌지를 함께 넣는 것도 피해야 한다.

저온저장에는 여러 가지 보조적 관리 수단이 사용된다. 저온저장은 미생물의 생육 속도를 다소 늦추는 효과에 불과하므로 저장기간을 연장하려면 다른 보조적인 저장방법들이 함께 사용되어야 한다.

(1) 조명light - 암소보관darkness, 자외선등UV light

(2) 저온살균pasteurization - 세균 수 감소 레몬, 복숭아 - 46~54℃ 물, 1~4분 처리

(3) 왁스처리waxing, oiling - 수분손실 방지 오이, 참외, 계란 - 미네랄오일 처리

(4) O_2와 CO_2 농도 조절 - 호흡조절CA저장, MA저장

(5) 화학제재의 사용

① 살균제, 살충제Cl_2, O_3, SO_2, methyl bromide, phosphine

② 숙도조절제ripening controlling agent

③ 생리교란억제제physiological disorder controlling

- diphenylamine, ethoxyquin

④ 발아억제제sprout inhibitor

- phenyl carbamate, maleic hydrazide, nonyl alcohols

⑤ 항산화제antioxidant

- butylated hydroxyanisole(BHA), butylated hydroxytoluene (BHT), L-ascorbic acid

⑥ 탈취제deodorizer - ozone

⑦ 착색제color modifiers

(6) 방사선 조사ionizing radiation

〈표 4-13〉은 과채류의 세척과 살균에 사용되는 화학첨가물의 종류이며 〈표 4-14〉는 과채류의 품질 향상을 위해 사용되는 물질들이다.

표 4-13. 과채류의 세척과 살균에 사용되는 화학첨가물

세척제 Cleaning compounds	Alkaline salts, alkyl sulfates, ethylene oxide with alkyl phenols, soaps, strong acids (e.g., nitric, hydrochloric), strong alkalines (e.g., sodium hydroxide), weak acids (e.g., gluconic, citric)
살균제 Disinfecting compounds	Caustic soda (sodium hydroxide), chlorine and its derivatives, formaldehyde, hydrogen peroxide, idophores, ozone, peracids (e.g., peracetic acid), silver ions, steam, strong acids (e.g., nitric, phosphoric, sulfuric), sulfites and sulfur dioxide, quaternary ammonium products, trichloroiodine

표 4-14. 과채류의 저장에 사용되는 화학첨가제

첨가물의 종류	작용 효과	해당 과채류
Cytokinin	클로로필 파괴와 노숙 억제	엽채식물, 시금치, 고추, 오이, 풋콩
Benzyladenine	클로로필 파괴와 노숙 억제	체리
Benzylaminopurine	클로로필 파괴와 노숙 억제, 단백질 손실 경감	체리, 배추, 무, 상치, 양파, 샐러리, 컬리플라워, 파슬리, 아스파라거스
Kinetin	클로로필 파괴와 노숙 억제	엽채식물, 시금치, 고추, 오이, 체리
Gibberellin	성숙, 숙성, 노숙 지연, 외피 연화 방지, 클로로필 파괴 억제, 캐로틴노아드 축적 지연	토마토, 바나나, 키위, 오렌지, 자몽
Maleic hydrazide	발아 억제, 숙성 지연	감자, 양파, 무우, 당근, 망고, 토마토
Alar	연화 방지, 변색 방지, 솔라닌(solanine) 합성 억제	과실, 버섯, 콩잎, 감자

신선식품의 저장성을 향상시키기 위하여 예냉precooling 방법을 도입하는 것이 필요하다. 수확한 과채류의 품온은 대기온도와 같으므로 대개 20~30℃이다. 이 온도에서 그대로 유통되면 수송 유통기간 중에 급격하게 시듦, 황변, 부패 변질 현상이 일어난다. 따라서 수확한 과채류의 장기저장이나 장거리 수송을 위한 준비단계로 예냉 과정을 거쳐야 한다. 도살된 동물의 고기나 내장도 도살 직후의 품온 37℃에서 빠르게 저장온도로 냉각하여야 한다. 동물의 도살이나 식물의 수확 후 저장온도까지 냉각하는 것을 예냉precooling이라고 한다. 예냉은 신선식품의 변질 속도를 현저히 낮추며, 냉장고의 부하를 감소하는 이점이 있으며 저장성이 낮은 딸기, 아스파라거스, 시금치, 신선육 등의 저장에 반드시 필요한 과정이다. 예냉 방법에는 아래와 같은 방법들이 있다.

① 공기 흐름의 이용 - 경제적이고 위생적이며 부식성이 없다. 그러나 지나친 건조가 일어날 수 있다(과일, 신선육).
② 냉각수 이용 - 물을 끼얹거나 분무하는 방법으로 경제적이고 간단하고 급속한 방법이다. 약한 살균제(Cl_2)를 병용할 수 있다. 채소에 흔히 쓴다.
③ 얼음 혹은 얼음물 이용 - 닭, 생선, 배추 등에 이용. 비용, 노동력이 크게 든다.
④ 진공 냉각 - 중량에 비하여 표면적이 큰 물질, 내부 수분을 쉽게 버릴 수 있는 물질 등에 아주 유효하다. 4~4.6mmHg 압력 내에서 증발 냉각시킨다. 감압장치가 필요하다, 수분함량 1% 감소에 따라 5℃ 감소.

4.6. 공기조성 조절에 의한 저장방법

저장고 내의 산소 농도를 낮추고 탄산가스의 농도를 높임으로써 저장성을 향상시키는 방법을 Controlled Atmosphere(CA)저장 또는 Modified Atmosphere(MA)저장이라 한다. CA저장은 저장고 내의 공기조성을 인위적으로 조작하여 원하는 산소와 탄산가스 농도로 맞추는 방법이며, MA저장은 내용물의 호흡작용에 의하여 포장 내부의 공기조성이 원하는 공기조성에 도달하고 유지되게 하는 방법이다. 과채류의 호흡률은 공기조성을 조절함으로써 감소시킬 수 있으며 1927년 영국의 Kidd 등이 사과에 처음으로 적용 시험하였으며 1940년대부터 미국에서 상업용으로 이용하기 시작하였다.

(1) 과채류의 CA저장

대기atmosphere의 조성은 N_2(78.08%), O_2(20.95%), Ar(0.93%), CO_2(0.03%)이다. 산소의 농도를 낮추고 탄산가스의 농도를 높이면 과채류의 호흡률이 낮아지는데 O_2 농도가 너무 낮으면 혐기적 호흡anaerobic respiration이 일어나 알코올이나 다른 생물조직에 독소작용을 하는 대사물질이 축적되어 변패가 일어난다. 그러므로 CA저장은 무산소적 호흡이 일어나지 않는 수준까지 산소 농도를 낮추고 반대로 탄산가스의 농도를 높이는 것이다.

혐기적 대사를 일으키는 임계threshold 산소농도는 ① 저장온도(온도가 높으면 O_2 요구량 증대), ② 과실의 연령, ③ 과실의 종류에 따라 변하기는 하나 평균적으로 사과는 2% O_2 미만(3.5℃), 아스파라거스는 2% 내외(20℃), 시금치 1%(20℃), 당근과 배는 4% O_2(20℃) 수준이다. 〈표 4-15〉는 사과와 배의 CA저장조건을 예시한 것이다.

표 4-15. 사과와 배의 CA저장조건

	CO_2	O_2	Temp
사과	2~3%	3%	0℃
배	0.5~1%	2~3%	0℃

저장고 내의 산소제거 방법은 자연적 방법과 인위적 방법이 있다.

① 자연적 방법natural method

저장 식물체의 호흡에 의한 O_2의 자연소모와 CO_2의 자연발생

② 인위적 방법artificial method

액체질소Liquid N의 분사flushing

액화연료(methane, propane, butane)의 연소에 의한 CO_2 발생

자연적 방법과 인위적 방법의 장단점은 〈표 4-16〉과 같다.

표 4-16. 저장고 산소제거 방법의 장단점

자연적 방법	인위적 방법
O_2 농도를 낮추는 데 장시간 요구	단시간에 가능
저장고 설치를 밀폐air proof되도록 함	다소 누출leakage되어도 무방
저장물이 창고에 만적되어야 함	만적될 필요가 없음
저장물을 한꺼번에 비워야 함	조금씩 방출할 수 있음
CO_2의 생성에 비용이 들지 않음	비용이 많이 듦

밀폐된 창고에 저장한 식물체에서 생성되는 CO_2만으로도 필요한 CO_2 농도가 되고도 남으므로 과잉의 CO_2를 제거하여야 할 경우가 많다. 저장고 내의 CO_2 농도를 조절하는 방법에는 화학물질에 의한 방법과 물리적 방법이 있다.

① 화학물질에 의한 방법

수산화칼슘lime, $Ca(OH)_2$ 주머니를 저장고에 걸어 둔다.

② 물리적 방법

과잉의 탄산가스를 물에 흡수시키는 방법으로 〈그림 4-8〉과 같은 장치를 쓴다.

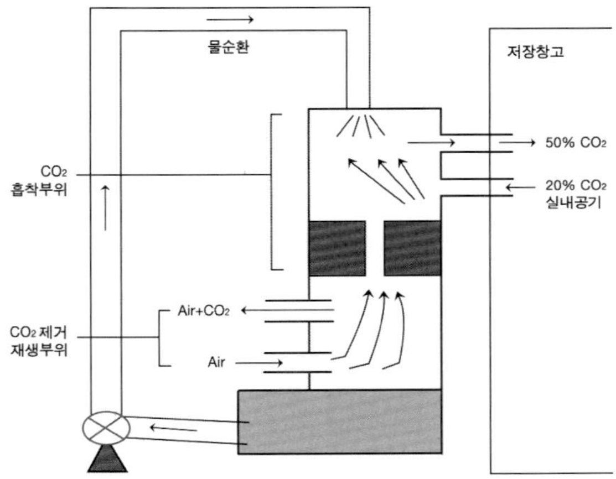

그림 4-8. 물흡착(water absorption) 방법에 의한 탄산가스 제거장치

탄산가스 흡착구역absorption section으로 들어오는 물의 온도에 의하여 저장고로 들어가는 공기의 CO_2 농도가 결정된다. 물의 온도가 올라가면 CO_2 용해도가 저하된다.

저장고의 CO_2 농도를 높이기 위하여 고체CO_2 dry ice를 사용할 수도 있다.

(2) 신선육의 CA저장

고농도의 CO_2로 미생물의 생육을 억제할 수 있다. 일반적으로 10% 이상의 CO_2 농도에서 미생물의 생육이 억제되는데 그 효과적 농도는 ① 온도(저온에서 저농도 요구), ② 노출시간exposure time, ③ 세균 수, ④ 식품의 영양상태에 따라 달라진다.

20% CO_2 농도에서 식육의 표면에 생육하는 점질성 세균이 불활성화된다. 따라서 고농도의 탄산가스에 식육을 저온저장하면 장기간 보존할 수 있다. 그러나 고농도의 CO_2로 인하여 마이오글로빈myoglobin이 oxymyoglobin(적색)이 되지 못하고 metmyoglobin(갈색)으로 되어 식육

의 색깔이 나빠질 수 있다.

(3) 냉장 반죽refrigerated dough의 MA저장

빵이나 만두를 만드는 반죽을 고농도의 탄산가스 통에 포장하여 냉장 유통하고 있다. 종이 재질로 된 캔에 탄산가스를 서서히 생성하는 약품으로 sodium acid pyrophosphate($Na_2H_2P_2O_7$)와 sodium bicarbonate($NaHCO_3$)를 첨가한 빵 반죽을 넣어 10~15℃에서 3시간 정도 지나면 반죽이 부풀어 캔 내벽에 도말되어 누출 부위를 전부 막아 밀폐공간이 되고 여기에 발생하는 탄산가스가 충진된다. 이것을 빙점(-6℃) 이상에서 3일간 보관 conditioning한 후 4~10℃에서 보관하면 8~12주 저장할 수 있다. conditioning을 하는 이유는 인산염 결정이 크게 형성되는 것을 방지하기 위함이다. 사용할 때에는 종이 캔을 비틀면 반죽이 노출되고 이것을 성형기에 담아 빵을 굽거나 만두를 찌면 된다.

(4) 과채류의 MA저장

가스 투과도를 조절한 필름 백bag에 과채류를 포장하여 개별 포장단위로 공기조성을 조정하여 저장성을 향상하는 방법을 produce package system이라 한다.

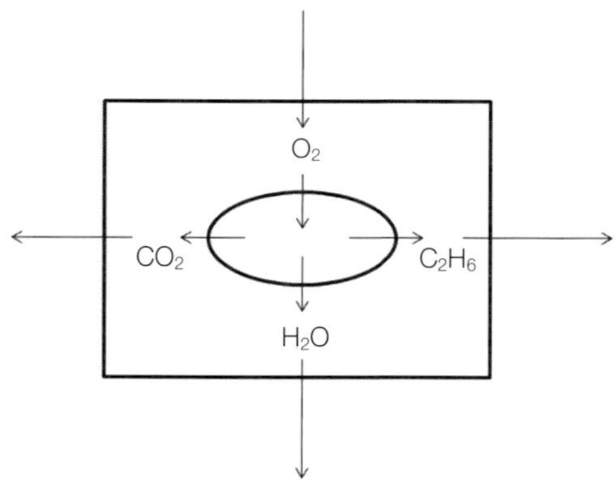

그림 4-9. produce package system의 가스 투과도

〈그림 4-9〉에서와 같이 포장된 제품(과채류)의 호흡으로 인해 산소는 소모되고 탄산가스 농도는 증가한다. 과잉의 탄산가스와 수증기는 포장재 필름을 통해 밖으로 투과되고 고갈되는 산소는 일부 외부로부터 들어와야 한다. 과실에서 발생하는 에틸렌과 같은 숙성 촉진제는 가급적 빨리 외부로 방출되어야 한다. 이러한 조건에 맞는 포장재를 선택하는 것이 중요하다. 포장

내부 물질의 호흡률에 영향을 미치는 요소는 ① 내용물의 중량, ② 숙성 정도, ③ 포장재 필름의 투과도permeability, ④ 저장 온도, ⑤ O_2와 CO_2의 분압partial pressure, ⑥ 에틸렌 농도, ⑦ 광선의 유무 등이다. 필름의 투과도를 결정짓는 요소는 ① 필름의 분자구조, ② 두께, ③ 면적, ④ 온도, ⑤ O_2와 CO_2 농도 등이다.

그 외에도 저압저장subatmospheric storage, 물밑저장underwater storage 등이 있다. 저압저장은 rarified air storage, hypobaric storage, low pressure storage, vacuum storage 등으로도 표현되며 감압상태에서 산소의 농도를 줄이고 에틸렌과 같은 숙성 촉진물질을 제거함으로써 곡류나 과채류의 저장성을 향상시킬 수 있다. 물밑저장은 호수나 우물 물속이 일정한 저온에서 유지되는 것을 이용하여 방수water proof, 밀폐air tight되는 강인한 필름 백에 곡물을 포장하여 물속에 저장하는 방법이다(표 4-17).

표 4-17. 쌀의 물밑저장 1년 후 대기 중에 보관된 것과 비교한 예

	물밑저장	대기저장
수분함량	0.5% 증가	상당량 증가
유리지방산	낮음	높음
기타 성분의 변화	적음	큼
발아율	변화 없음	감소
효소활성	높음	낮음
식미 신선도	높음	낮음

우리나라의 전통적인 움 저장이나 토굴 저장법도 일종의 MA저장이라 볼 수 있다. 이런 것을 지하저장underground storage이라 하며 지하의 저온 다습한 환경을 이용하는 저장방법이다. 폐기된 광산 갱이나 자연동굴을 이용하면 대규모 저장시설을 만들 수 있다.

참고문헌

이철호, 권태완; 한국식품학입문, 고려대학교출판부 (2003).

Cherl-Ho Lee; Development and constraints of food industries in Korea, in Post Harvest Technology in Asia, p. 191-200, (ed) Y, Nawa, H. Takagi, A. Noguchi and K. Tsubota, JIRCAS, Japan (1999).

David L. Nelson and Michael M. Cox; Lehninger Principles of Biochemistry, Worth Publishers, New York (2000).

Gamage, T.V. and Shafiur Rahman, M.; Post harvest handling of foods of plant origin, in Handbook of Food Preservation, p. 11-46, (ed) M. Shafiur Rahman, Marcel Dekker Inc., New York (1999).

Erner Andersen, Mogens Jul, Hans Riemann and Jorgen E. Pedersen; Industriel Levnedsmiddelkonsevering, Bind 2. Kuldekonservering, Teknisk Forlag, København (1965).

Karel, M. Fennema, O.R. and Lund, D.B.; Physical Principles of Food Preservation, Marcel Dekker Inc., New York (1975).

Norman W. Desroiser and Desroiser, J.N.; The Technology of Food Preservation, AVI, Connecticut (1977).

Shafiur Rahman, M.; Postharvest handling of foods of Animal origin, p. 47-74,(ed) M. Shafiur Rahman, Marcel Dekker Inc., New York (1999).

제5장

발효에 의한 저장기술

발효기술fermentation technology은 건조기술과 함께 인류가 터득한 가장 오래된 식품 저장기술 중의 하나이다. 손상된 과실이 오래되면 술로 변하는 자연적인 현상은 원숭이도 알고 있었다고 한다. 고대 이집트에는 기원전 6000년경에 맥주를 만들어 먹은 고고학적 증거가 있다고 하며, 한반도 남해안과 일본 구주북단을 포함하는 대한해협Korea Strait 지역은 동북아시아 최고最古의 발효기술이 시작된 원시토기문화시대(Primitive Pottery Age, 기원전 6000~3000년)의 발상지이다. 대한해협 연안에는 지금부터 약 1만 년 전부터 토기를 만들어 사용한 흔적이 있으며, 토기에 젖은 음식을 담아 두었을 때 미생물의 작용에 의하여 부패 또는 발효현상이 발견되는 것은 필연적인 일이다. 실제로 기원전 6000년경의 토기에는 찌개를 끓이기 위한 조리용 토기와 곡물 저장용 토기 그리고 발효용 토기가 구분되어 발견되고 있다. 발효기술의 발전은 원시사회의 식량공급과 영양 상태를 획기적으로 개선하였을 것으로 보이며, 이 기술이 동북아 전역에 전파되면서 인구수의 증가와 체력의 향상을 가져와 고대국가 형성과 거석문화(기원전 3000년경)의 초석이 되었다고 본다.

한반도에서 농업이 시작된 것은 기원전 3000년경으로 추정되므로 원시 토기는 농업이 시작되기 훨씬 이전에 해변가의 채집인들littoral foragers이 변패하기 쉬운 열매나 수산물을 저장하는 일에 유용하게 사용되었을 것이다. 채집한 열매, 씨앗, 뿌리 등 전분질 물질을 토기에 담아 두면 고온다습한 한반도의 여름 날씨에 곰팡이(*Aspergillus* 또는 *Rhizopus*)가 자라 전분이 당화되고 여기에 효모*Saccharomyces*가 작용하여 알코올을 생산하는 것은 자연적인 현상이다. 약간 시들은 풀잎이나 채소를 바닷물이 담긴 항아리에 넣어 두면 유산균*Leuconostoc mesenteroides*이 증식하여 김치의 신맛을 내는 것도 자연적인 현상이다. 여기에 조개, 굴, 생선을 넣어 삭히면 젓갈이나 식해가 된다. 조리용 토기에 바닷물과 해산물, 풀잎, 뿌리 등을 넣어 끓이면 찌개가 된다. 찌개를 끓인 토기 주변에는 소금이 묻어 있게 되고 이를 이용한 염장기술은 원시토기문화시대의 이른 시기에 이미 시작되었다고 본다.

5.1. 세계의 발효식품

〈그림 5-1〉은 세계의 발효음식 지도이다. 발효음식의 종류는 기본적으로 각 지역에서 생산되는 음식재료와 그 지역의 기후에 따라 달라진다. 유럽지역은 밀, 보리, 낙농제품이 주식이므로 빵, 맥주, 치즈, 요구르트, 발효소시지 등이 주로 만들어진다. 포도와 과실이 풍부한 남부 유럽과 지중해연안에는 포도주와 과실주가 풍부하다. 아프리카 지역은 곡류 및 근채류의 유산균발효식품이 많으며, 중앙아시아와 몽골지역은 말의 젖을 발효시킨 마유주가 유명하다. 동아시아는 북부의 중국, 한국, 일본을 묶는 간장문화권Soy-sauce culture과 남부의 어장문화권Fish-sauce culture으로 구분된다. 이곳은 쌀을 주식으로 하므로 다양한 곡주와 쌀술들이 양조되고 있다. 특히 한국은 김치를 비롯하여 젓갈, 식해 등 여러 가지 수산발효식품을 즐겨 먹는 곳으로 낙농발효식품을 제외한 거의 모든 발효식품들이 전통적으로 만들어지고 있어 동북아 발효기술 종주국의 면모를 보이고 있다.

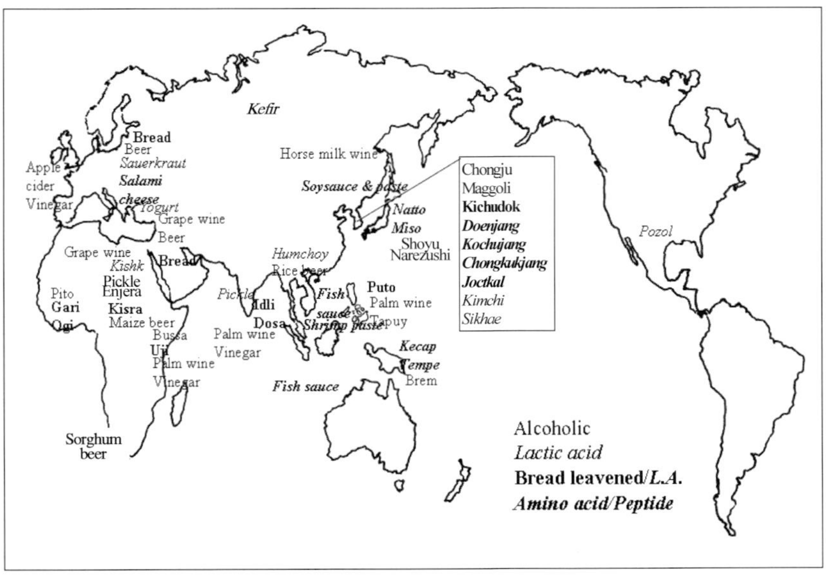

그림 5-1. 세계의 발효음식 지도

아시아 지역에서 발효식품의 종국種麴, stater으로 사용되는 누룩의 종류도 지역의 특성에 맞추어 다양하게 생산되고 있다. 〈표 5-1〉에서 보는 바와 같이 잡곡을 주로 먹는 동북아시아에서는 밀, 보리 등으로 누룩을 만드나 동남아시아에서는 쌀로 누룩을 만든다.

표 5-1. 아시아지역 발효 스타터의 종류와 주재료

국가	이름	성분	모양	미생물
중국	국(麴)	밀, 보리, 기장, 쌀(낟알, 거친 가루, 고운 가루)	과립이나 케이크	*Rhizopus* *Amylomyces*
한국	누룩	밀, 쌀, 보리(낟알, 거친 가루, 고운 가루)	큰 케이크	*Aspergillus* *Rhizopus* yeast
	메주	대두(콩)	큰 덩어리	*Aspergillus* *Bacillus*
일본	Koji	밀, 쌀(낟알, 거친 가루, 고운 가루)	과립	*Apergillus*
인도네시아	Ragi	쌀(고운 가루)	작은 케이크	*Amylomyces* *Endomycopsis*
말레이시아	Ragi	쌀(고운 가루)	작은 케이크	
필리핀	Bubod	쌀, 찹쌀(고운 가루)	작은 케이크	*Mucor* *Rhizopus* *Saccharomyces*
태국	Loopang	쌀, 미강	고운 가루	*Amylomyces* *Aspergillus*
인도	Marchaa	쌀	평평한 케이크	*Hansenula anomala* *Mucor fragilis* *Rhizopus arrhizus*

세계의 발효식품을 제조 원리에 따라 분류하면 알코올발효, 유기산발효, 이산화탄소발효, 아미노산발효로 크게 나눌 수 있다.

(1) 알코올발효Alcohol fermentation

효모*Saccharomyces cerevisiae*가 혐기적인 조건에서 당을 분해하여 대사산물로서 에탄올과 이산화탄소를 형성하는 발효로, 주정발효라고도 한다. 화학반응식은 아래와 같이 1몰의 당을 효모가 분해하여 2몰의 에탄올(C_2H_5OH)과 2몰의 탄산가스(CO_2)를 생성한다.

$$C_6H_{12}O_6 \rightarrow 2C_2H_5OH + 2CO_2 + 56kcal$$

포도주와 같이 과실의 포도당을 원료로 사용하는 경우는 직접발효에 의하여 알코올이 생산되나, 맥주, 청주, 막걸리와 같은 전분질을 원료로 하는 양조곡주는 먼저 전분을 곰팡이(*Aspergillus oryzae*)로 당화시킨 후 효모로 알코올 발효를 하는 복발효multistage fermentation 방법에 의한다.

전통적인 알코올 발효음료에는 한국의 막걸리처럼 에너지 농도가 높은 음식 대용의 식품들이 많다. 이들 식품들은 곡류를 원료로 사용하며 초기단계에 유산균 발효를 병용하여 잡균의 번식을 억제한다. 이들은 알코올과 유산균발효에 의한 저장식품이라고 볼 수 있다. 〈표 5-2〉는 세계의 고에너지 곡물 알코올음료의 종류와 특징을 모은 것이다.

표 5-2. 세계의 고에너지 곡물 알코올음료

제품명	제조국가	주 원료	주요 미생물	성상 및 용도
Bussa	Kenya	옥수수, 수수 엿기름. 좁쌀	*Candida crusei* *S. cerevisiae* *L. helveticus* *L. plantarum*	식품 음료
Mbege	Tanzania	좁쌀엿기름 신맛바나나주스		음료식품
Bouza	Egypt	밀, 엿기름	Lactic acid bacteria	알코올성 엷은죽
Kaffir	South Africa	수수, 옥수수엿기름		맥주
Merrisa	Sudan	좁쌀, 카사바	*S. cerevisiae*	Bantu beer
Takju	Korea	쌀, 밀가루	젖산균 *S. cerevisiae*	turbid beer
Tapuy	Philippines	쌀, 찹쌀	*Sacchromyces,* *Mucor, Rhizopus* *Asp., Leu.,* *L. plantarum*	탁주형
Tape- kekan	Indonesia	찹쌀	*A. rouxii* *E. burtonii*	sweet/sour 알코올페이스트

(2) 유기산발효Acid fermentation

유기산발효는 크게 초산발효, 순수젖산발효, 혼성젖산발효로 구분할 수 있다.

① 초산발효

초산발효는 알코올에 초산균 *Acetobacter aceti*가 생육하여 초산acetic acid을 생산한다. 화학반응식은 아래와 같이 1몰의 알코올과 1몰의 산소로부터 1몰의 초산과 물을 생산한다.

$$C_6H_{12}O_6 + \textit{Sac. ellipsoideus} \rightarrow 2\ C_2H_5OH + CO_2$$

$$C_2H_5OH + O_2 + \textit{Acetobacter aceti} \rightarrow CH_3COOH + H_2O + 115\text{kcal}$$

일반적으로 과실의 알코올 발효 후 초산균을 접종하여 생산하거나 양조곡주의 잔사(술지게미)를 사용하여 초산발효를 하여 식용 식초vinegar를 생산한다.

② 순수젖산발효

젖산균들은 산소가 부족한 상태(혐기 조건)에서 당을 분해하여 젖산을 생성하는 데 순수젖산발효균homofermentative과 젖산을 비롯한 다른 유기산도 함께 생산하는 혼성젖산발효균heterofermentative으로 구분된다. *Streptococcus*, *Pediococcus*, *Lactobacillus*들은 〈그림 5-2〉에서 보이는 바와 같이 Fructose- 1.6-phosphate를 거치는 glycolysis 당분해 과정을 통해 1몰의 포도당으로부터 2몰의 젖산lactic acid을 생산한다.

$$C_6H_{12}O_6 \rightarrow 2\ CH_3\text{-}CHOH\text{-}COOH$$

주로 요구르트와 같은 발효유 생산에 적용되며 *Lactobacillus bulgaricus*, *Streptococus thermophilus*가 대표적인 균이다. 독일의 전통 채소발효식품인 사우어크라우트sauerkraut의 주 발효균은 순수젖산발효균인 *Lactobacillus plantarum*이다(표 5-3).

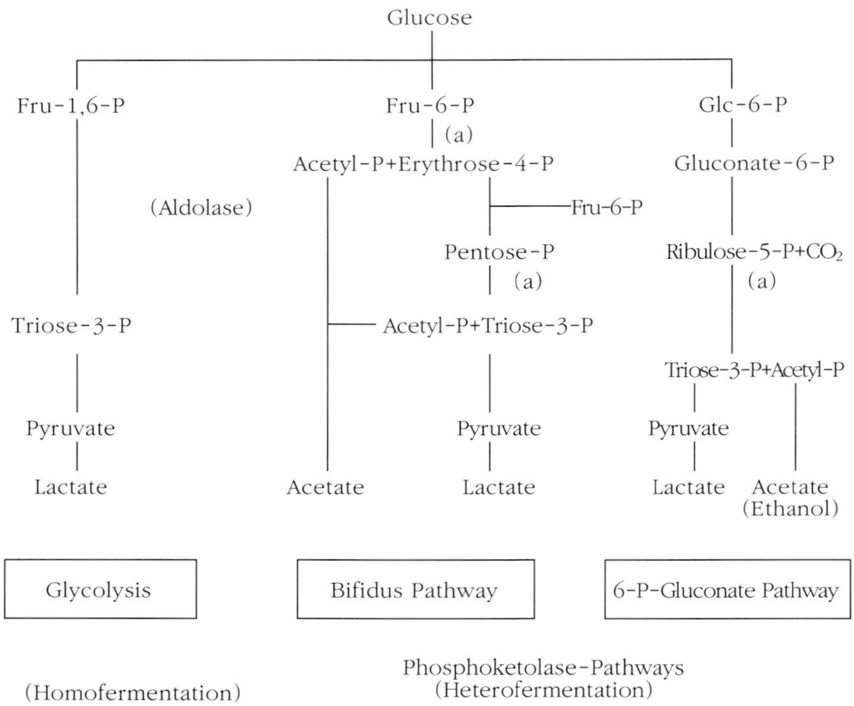

그림 5-2. 여러 가지 유산균의 포도당 대사경로

표 5-3. 세계의 유기산 발효 채소절임 식품

제품명	제조국가	주 원료	주요 미생물	성상 및 용도
Sauerkraut	Germany	양배추, 식염	*L. plantarum* *L. mesenteroides* *L. brevis*	샐러드 부식
Kimchi	Korea	한국배추, 무, 기타 채소, 식염	*L. mesenteroides* *L. brevis* *L. plantarum*	김치 부식
Dhamuoi	Vietnam	배추, 기타 채소	*L. mesenteroides* *L. plantarum*	샐러드 부식
Dakguadong	Thailand	겨자잎, 식염	*L. brevis* *P. cerevisiae*	샐러드 부식
Burong mustala	Philippines	겨자잎	*L. brevis* *P. cerevisiae*	샐러드 부식

③ **혼성젖산발효**

〈그림 5-2〉의 Bifidus-pathway나 6-P-Gluconate-pathway를 거치는 유산균들은 젖산과 더불어 초산이나 다른 유기산을 생성한다. 특히 6-P-Gluconate- pathway를 거치는 *Leuconostoc mesenteroides*는 젖산, 초산, 탄산가스와 소량의 알코올을 생산한다. *Bifidus*는 요구르트 제조에 이용되며 *Leuconostoc mesenteroides*는 김치, 생선식해의 주 발효균이다. 혼성젖산발효는 세계 여러 지역의 전통 저장식품에서 발견된다. 〈표 5-4〉는 세계에서 생산되는 유산균 발효 곡류식품(죽과 전분 원료)의 예를 모은 것이며, 〈표 5-5〉는 유산균 발효 어류 및 육류 제품들을 모은 것이다.

표 5-4. 세계의 유산균 발효 곡류식품

제품명	제조 국가	주원료	주요 미생물	성상 및 용도
Ogi	Nigeria	옥수수, 수수 좁쌀	*L. plantarum*, yeast *Corynebacterium* sp., *Acetobacter*,	신맛 죽, 주식 baby food
Uji	Kenya Uganda Tanzania	옥수수, 수수 좁쌀	*L. mesenteroides* *L. plantarum*	신맛 죽, 주식
Mahewu	South Africa	cassava flour 옥수수+밀가루	*S. lactis* *Lactobacillus* sp.	신맛 음료 8-10% DM
Hulumur	Sudan	붉은수수	*Lactobacillus* sp.	clear drink
Busa	Turkey	쌀, 좁쌀	*Lactobacillus* sp.	
Gari	Nigeria	cassava	*Leuconostoc*, *Alcaligenes*, *Corynebacterium*, *Lactobacillus*	주식, 떡, 죽
Mungbean Starch	China, Thailand, Korea, Japan	녹두	*L. mesenteroides* *L. casei* *L. cellobiosus* *L. fermenti*	당면
Khanom-jeen	Thailand	쌀	*Lactobacillus* sp. *Streptococcus* sp.	쌀국수
Pozol	Mexico	옥수수	Lactic acid bacteria *Candida*, molds	죽
Me	Vietnam	쌀	Lactic acid bacteria	신맛 음식재료

표 5-5. 세계의 유산균 발효 어류 및 육류 제품

제품명	제조 국가	주원료	주요 미생물	용도
Sikhae	Korea	생선, 삶은 좁쌀, 식염	*L. mesenteroides* *L. plantarum*	반찬
Narezushi	Japan	생선, 삶은 좁쌀, 식염	*L. mesenteroides* *L. plantarum*	반찬
Burong-isda	Philippines	민물고기, 쌀, 식염	*L. brevis* *Streptococcus* sp.	반찬
Pla-ra	Thailand	민물고기, 볶은 쌀, 식염	*Pediococcus* sp.	반찬
Balao-balao	Philippines	새우, 쌀, 식염	*L. mesenteroides* *P. cerevisiae*	조미료
Kungchao	Thailand	새우, 당화쌀, 식염	*P. cerevisiae*	반찬
Nham	Thailand	돼지고기, 마늘, 쌀, 식염	*P. cerevisiae* *L. plantarum* *L.brevis*	바나나잎에 싼 돼지고기
Sai-krok-prieo	Thailand	돼지고기, 쌀, 마늘, 식염	*L. plantarum* *L. salivarius* *P. pentosaccus*	소시지
Nem-chua	Vietnam	돼지고기, 삶은 쌀, 식염	*Pediococcus* sp. *Lactobacillus* sp.	소시지

(3) 이산화탄소 발효carbon dioxide fermentation

이산화탄소 발효는 빵 발효를 의미하며, 밀가루 반죽 내의 효모에 의해 혐기적인 상태에서 당을 분해하여 탄산가스(CO_2)를 형성하므로 반죽이 부풀게 된다. 작용 미생물은 효모, 즉 *Saccharomyces cerevisiae*이며 빵 발효 전용 효모를 사용한다. 전통적으로 제빵용 누룩을 사용하며 이들은 유산균과 효모를 함유하고 있어 젖산발효와 이산화탄소 생성을 동시에 함으로써 저장성이 높다. 〈표 5-6〉은 세계 각지에서 생산되고 있는 산발효 누룩에 의한 빵과 면류 제품을 모은 것이다.

표 5-6. 세계의 산발효 누룩에 의한 빵과 면류 제품

제품명	제조 국가	주원료	주요 미생물	성상 및 용도
Sourbread	Germany	밀	Lactic acid bacteria yeast	샌드위치빵
Ryebread	Denmark	호밀	Lactic acid bacteria	샌드위치빵
Idli	India, Sri Lanka	쌀, blackgram	*L. mesenteroides* *S. faecalis*	steamed cake (찐빵)
Puto	Philippines	쌀	*L. mesenteroides* *S. faecalis* yeast	steamed cake
Kichudok	Korea	쌀	Lactic acid bacteria *S. cerevisiae*	steamed cake (떡)
Enjera	Ethiopia	테프(tef) 또는 기타 곡물	*L. mesenteroides* *P. cerevisiae* *L. plantarum* *S. cerevisiae*	팬케익
Kisra	Sudan	수수, 좁쌀	*Lactobacillus* sp. *Acetobacter* sp. *S. cerevisiae*	팬케익
Kishk	Egypt	밀가루, 우유	*L. casei* *L. brevis* *L. plantarum* *S. cerevisiae*	건조빵
Hopper	Sri Lanka	쌀, 코코넛액	yeast Lactic acid bacteria	구운 과자, 팬케익

(4) 아미노산발효Amino acid fermentation

아미노산발효는 미생물이 생산하는 단백질분해효소protease에 의하여 단백질이 펩타이드peptide, 아미노산amino acid으로 분해되어 고기맛과 같은 구수한 맛을 내는 정미성분을 생산하는 발효이다. 콩을 발효하여 간장이나 된장을 만들거나 생선을 발효하여 어장이나 젓갈을 만드는 과정이다. 공업적으로 생산하는 일본식 간장은 밀에 *Aspergillus oryzae*를 순수 접종하여 만든 코지koji를 사용하여 삶은 콩을 발효하므로 단맛이 강하고 맛이 담백하고 순하다. 한국의 전통간장인 조선간장은 삶은 콩으로 만든 메주를 발효스타터로 사용하는데 메주의 외부에는 *Aspergillus*, *Rhizopus*, *Mucor* 등 곰팡이가 주로 자라며 내부에는 강력한 단백질분해효소를 생산하는 *Bacillus subtilis*가 자라므로 일부는 아미노산을 지나 암모니아로까지 분해가 진행되어 냄새가 강하고 맛이 진하여 주로 국간장으로 사용된다.

Protein → Peptide → Amino acid → Ammonia

간장의 숙성과정에는 *Saccharomyces rouxii*가 여러 가지 정미성분을 합성하는 중요한 역할을 한다.

어간장이나 젓갈은 수산물을 고농도의 식염과 혼합하여 저장하면 일차적으로 생선의 내장에 있는 단백질분해효소에 의하여 육질이 분해되고 뒤이어 생육하는 내염성 세균에 의하여 분해와 정미성분 합성이 이루어진다.

단백질을 아미노산 수준으로 완전히 가수분해하지 않고 부분적으로 가수분해하여 소화율을 높이고 맛을 증진시킨 식품으로 인도네시아의 템페tempe, 유럽의 발효소시지를 들 수 있다. 템페의 주발효균은 *Rhizopus oligosporus*이며 발효소시지에는 *Lactobacilli. Micrococci, Staphylococci* 등 여러 가지 낮은 수준의 단백분해효소를 생산하는 미생물들이 사용된다.

치즈는 유산균과 단백질분해균이 동시에 작용하는 복합발효이다. 우유의 유당이 *Streptococcus lactis*와 같은 유산균에 의해 젖산으로 전환되고 이들이 다시 *Propionibacterium*에 의해 프로피온산과 탄산가스로 된다.

Lactose → lactic acid → propionic acid + CO_2

여기에서 생성된 탄산가스는 치즈의 내부 구멍을 형성하며 가수분해된 단백질은 치즈의 조직을 연하고 부드럽게 한다.

발효식품은 식염의 사용 유무에 따라 염장발효식품과 무염발효식품으로 구분한다.

(1) 무염발효식품Fermented food without salt

알코올음료alcoholic beverage

식초vinegar

요구르트yogurt

식빵leaven bread

(2) 염장발효식품Fermented food with salt

간장, 된장soy sauce and paste

치즈cheese

어장fish sauce

침채류vegetable pickles

염지육제품cured meat products

발효에 의한 식품저장 원리는 식품에서 쉽게 증식하여 알코올, 유기산, 기타 다른 미생물의 생육을 저해하는 대사산물을 생산하는 미생물을 잘 자라도록 그 주위환경(온도, pH, 산도, 염도 등)을 조절하는 것이다. 특정 미생물의 생육에만 알맞도록 환경을 유지함으로써 다른 오염균의 생육을 억제한다. 그러나 이러한 생물학적 오염 방지는 미약하므로 저온살균이나 식염의 첨가 등 보조적인 처리를 병행하게 된다. 전통적으로 염장발효가 가장 일반화되어 있다.

이들 발효식품은 오랫동안 반찬 또는 조미식품으로 사용되어 왔으므로 지역의 전통 맛을 결정하는 식품으로 쓰이고 있어 최근에는 그 저장성보다 맛의 발현에 중점을 두고 산업적으로 생산되고 있다.

공업적으로 중요한 식품저장 미생물의 구비 조건은 다음과 같다.

① 적정배지에서 대량으로 쉽고 빠르게 생장할 것

② 생리적으로 안정하며 원하는 효소를 대량으로 생산할 것

③ 최적 생장을 위한 환경조건이 간단할 것

④ 오염의 방지가 용이할 것

5.2. 김치 발효

김치는 대표적인 한국의 발효 저장식품이다. 김치는 오늘날에도 한국인 1인당 1일 소비량이 100g에 달할 정도로 한국인에게는 빼놓을 수 없는 중요한 음식이다.

김치는 채소를 이용한 대표적인 유산균 발효식품이다. 김치는 비교적 낮은 염농도(3% 내외)에서 채소를 절여 신선하고 아삭아삭crispy한 조직감을 가지며 절제된 유산발효(pH 4.0 내외)로 신선한 맛과 청량감을 주는 음식으로 밥이나 고기와 함께 먹을 수 있는 훌륭한 반찬이다. 김치는 3% 수준의 염분이 주는 적당한 짠맛, 0.6% 수준의 유기산(주로 젖산과 초산)이 주는 상큼한 신맛, 혼성발효heterofermentative 유산균이 생산하는 탄산가스에 의한 청량감, 고추와 마늘의 매운맛, 주원료 채소에 들어 있는 당분의 단맛 등 실로 오미五味가 조화된 식품이다.

(1) 김치의 제조공정

김치의 주재료로는 거의 모든 채소가 사용될 수 있으나 가장 많이 사용되는 원료는 배추와 무다. 김치에 사용되는 여러 가지 재료는 크게 세 그룹으로 나눌 수 있는데, 첫째 주재료로 쓰이는 채소 즉 배추, 무, 오이, 갓 등이며, 부재료로 마늘, 고춧가루, 양파, 생강, 소금 등이 사용된다. 그 외에 보조 재료로 젓갈과 굴과 같은 재료가 쓰이나 이들은 쓰지 않는 경우도 많다. 가장 흔히 담가 먹는 배추김치를 예로 들면 주재료 배추 100g을 소금에 절인 후 마늘 다진 것 2g, 잘게 썬 양파 2g, 고춧가루 2g, 생강 다진 것 0.5g을 섞어 버무린 후 항아리나 유리용기에 꼭꼭 눌러 담아 보관하면 발효가 일어난다. 〈그림 5-3〉은 배추김치의 제조공정도이다.

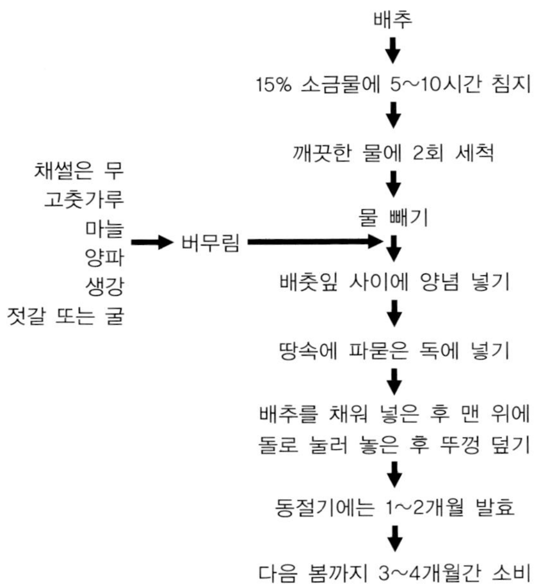

그림 5-3. 겨울 김장용 배추김치의 제조공정도

최적의 맛을 나타내는 발효기간은 주로 발효온도에 따라 결정되는데 20℃에서 3~4일이면 최적의 맛에 도달한다. 신선한 배추를 반쪽을 내어 10~15% 소금용액에 담가 하룻밤 절인 후 물을 빼면 절인배추가 된다. 겨울 김장용으로 담그는 통배추김치는 절인배추에 무채 썬 것과 부재료와 보조재료 및 소금을 혼합하여 속을 만들어 배춧잎 사이에 채워 넣고 오므려 독 속에 차곡차곡 다져 넣은 후 즙액에 잠기도록 하기 위하여 무거운 돌을 위에 눌러 놓는다. 겨울 김치는 11~12월에 담가 땅속에 묻어 1~2개월 동안 발효시키고, 이듬해 봄 3~4월까지 먹는다.

(2) 김치 발효 중 성분변화

〈그림 5-4〉는 김치 발효 과정에 일어나는 pH, 산도, 환원당 함량의 변화를 보여 주고 있다. 최적의 맛은 pH가 4.0~4.5, 산도가 0.5~0.6에 도달할 때 얻어진다. 채소 중에 들어 있는 환원당이 유기산으로 전환되는 것을 알 수 있다.

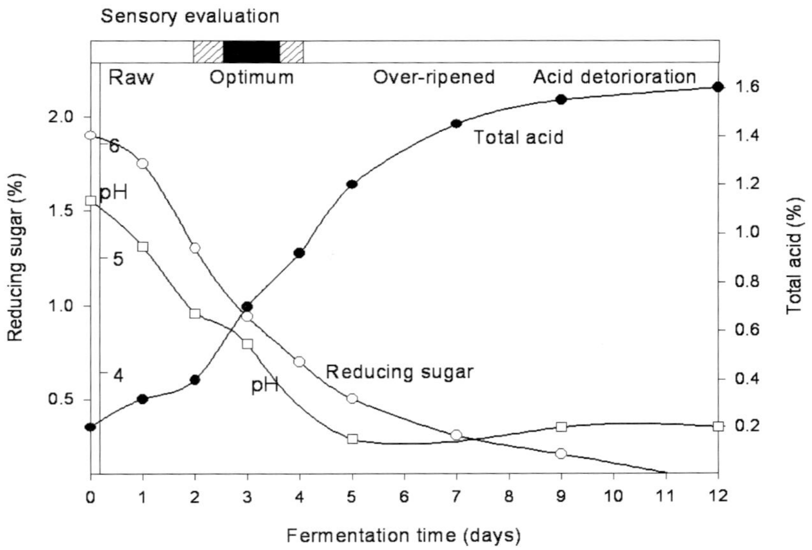

그림 5-4. 김치 발효과정 중 pH, 산도, 환원당의 변화와 맛과의 관계

〈그림 5-5〉는 김치 발효과정 중 비타민의 함량 변화를 보여 주고 있다. 비타민 C를 비롯하여 B그룹 비타민들의 함량이 김치의 맛이 가장 알맞게 익었을 때 최고치에 달하는 것을 알 수 있다. 오늘날과 같은 화학적 성분분석 능력이 없었던 오랜 옛적부터 한국인들이 김치를 채소가 부족한 겨울철의 저장음식으로 사용하여 이로부터 비타민을 공급받았다는 사실은 놀라운 일이다. 〈표 5-7〉은 배추김치, 깍두기 동치미의 주요 성분을 분석한 것이다.

발효 온도가 높아질수록 발효기간은 짧아지고 최적 맛이 만들어진 후 그대로 두면 신맛이 증가하여 신김치가 되고 품질이 떨어진다. 일반적으로 김치의 발효 저장기간은 15℃에서 일주일, 25℃에서 3일 정도이다.

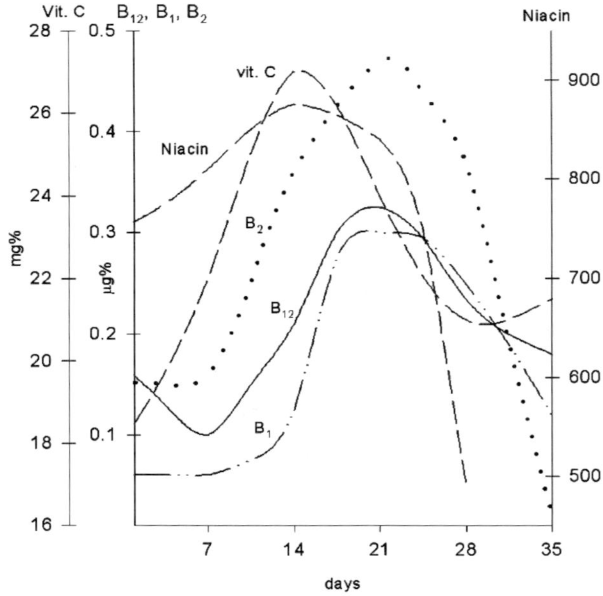

그림 5-5. 김치 발효과정 중 비타민 함량의 변화

표 5-7. 주요 김치류의 화학 조성

	배추김치	깍두기	동치미
Calories (Cal.)	19	31	9
Water (%)	88.4	87.0	93.6
Protein (g)	2.0	2.7	0.7
Fat (g)	0.6	0.8	0.2
Carbohydrate (g)	1.3	3.2	1.1
Ca (mg)	28	5	1
Thiamine (mg)	0.03	0.03	0.01
Riboflavin (mg)	0.06	0.06	0.03
Niacin (mg)	2.1	5.8	1.0
Ascorbic acid (mg)	12	10	7
β -carotene (μg)	295	568	0

김치에 사용하는 채소류들은 많은 양의 질산염을 함유하고 있으며 이들은 소화과정이나 발효과정 중에 아질산과 아민류를 거쳐 발암물질인 나이트로사민nitrosamine으로 전환될 가능성이 있다. 이에 관한 연구가 국내외에서 많이 이루어졌으며 그 결과는 발효과정 중 미생물에 의하여 대부분의 질산염이 분해되어 없어지며 아질산이나 2차 아민류secondary amines 함량이 아주 낮아지는 것으로 밝혀졌다. 신선한 배추는 55~2,500ppm까지의 많은 양의 질산염을 함유하나 김치 발효 1주일 후에 이들은 급격히 감소한다. 김치 재료 중의 아질산 함량은 0에서 0.56ppm으로 매우 낮고, 5℃에서 처음

3~5주 발효 동안에 약간 증가하고, 그후 다시 급격히 감소한다. *N*-Nitrosodimethylamine은 처음 3~4주 동안 검지되지 않았고, 0.001~0.004ppb의 수준에서 검지되었다. 따라서 김치 발효는 채소에서 유래할 수 있는 나이트로사민의 위험을 감소시킨다고 결론내릴 수 있다. 〈표 5-8〉은 김치와 소시지 및 염장어류의 아질산 및 2차아민 함량을 비교한 것이다.

표 5-8. 김치와 소시지 및 염장어류의 아질산 및 2차아민 함량 비교

	Nitrite (ppm)	Secondary amines (ppm)
소시지	3.5~18.7	0~1.0
생선	0.8~2.1	0.2~5.6
생선통조림	0.5~2.7	3.3~19.4
염장어류	0.7~1.4	2.6~21.8
김치 (국물)	0.1~0.7	0.1~2.5
(고형물)	0.1~1.2	0.1~2.7

(4) 김치의 미생물

〈그림 5-6〉은 김치 발효과정에 나타나는 미생물의 종류와 증식 시기를 관찰한 것이다. 발효초기에 *Leuconostoc mesenteroides*가 우점균으로 증식하며, 이 세균이 김치의 주 발효균으로 알려

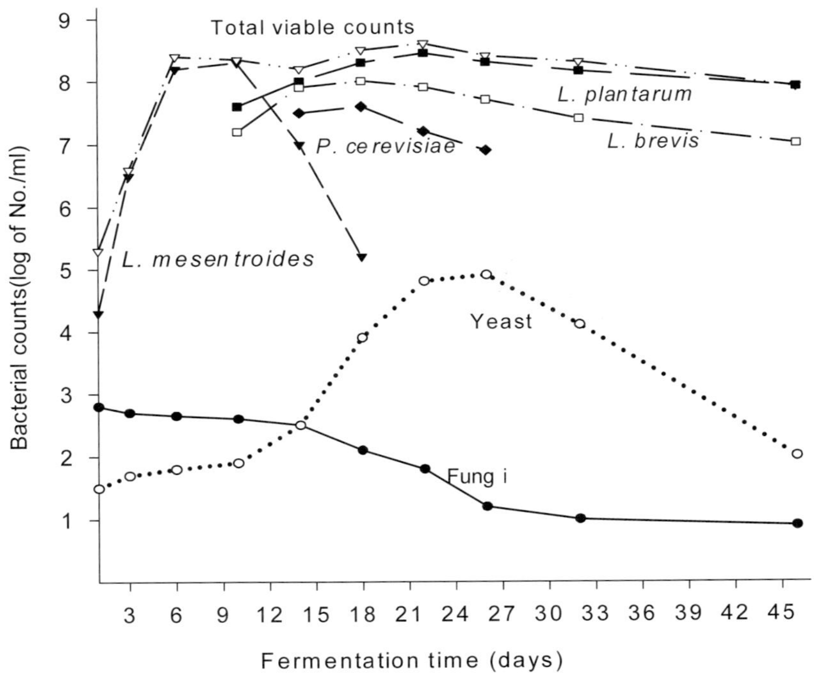

그림 5-6. 김치 발효과정 중 일어나는 미생물의 생육현상

져 있다. *Leu. mesenteroides*는 저온(5~7℃)에서도 생육이 가능하며 혼성발효 유산균으로 젖산 이외에 초산을 생산하며 탄산가스도 생산한다. Bergey's Manual에 의하면 이 세균은 pH 4.6 이하에서는 생육을 저해받으며 산 생성도 하지 않는 것으로 되어 있다. 김치에서 발견되는 *Leu. mesenteroides*는 생육 최저 pH가 이보다는 낮으나 다른 유산균들보다는 현저히 높다. 김치가 최적의 맛을 낼 때 이 균의 수도 최대가 되고 우점종의 위치를 확보하고 있다.

김치가 오래되어 시어지게 되면 *Leu. mesenteroides*의 수가 줄어들고 *Lactobacillus* spp.가 우점종이 된다. 〈표 5-9〉는 김치의 발효과정 중 초기와 후기의 우점종을 동정 발표한 자료들이다.

표 5-9. 김치 발효과정 중 나타나는 주요 미생물에 관한 연구결과

발효 온도	김치 종류	주요 미생물		참고문헌
		숙성 전	숙성 후	
	배추김치	*Leu. mesenteroides*	*Lac. plantarum* *Lac. brevis*	Kim, *et al.* (1996)
20~30℃	〃	*Leu. mesenteroides*	*Lac. plantarum* *Lac. brevis*	Mheen, *et al.* (1984)
14℃	〃	*Leu. mesenteroides*	*Lac. plantarum*	
5℃	〃	*Leu. mesenteroides*	*Lactobacillus* (low acid producer)	
25℃	〃	*Leu. mesenteroides* *Leu. cremoris* *St. raffinolactis*	*Lac. plantarum* *Lac. homohiochii*	Lim, *et al.* (1989) Park, *et al.* (1990)
15℃	〃	*Leu. mesenteroides* *Lac. sake* *Lac. fructosus*	*Lac. maltaromicus* *Lac. plantarum*	
5℃	〃	*Leu. mesenteroides* *Leu. paramesenteroides*	*Lac. maltaromicus* *Lac. sake*	
20℃	〃	*Leu. mesenteroides* *Lac. leichimanni* *Lac. sake*	*Lac. plantarum* *Lac. brevis*	Shim, *et al.* (1990)
30℃	〃	*Leuconostoc* *Lactobacillus*	*Lactobacillus*	Lee, *et al.* (1992)
20℃	〃	*Leuconostoc* *Lactobacillus*	*Lactobacillus*	
5℃	〃	*Leuconostoc* *Lactobacillus*	*Lactobacillus*	
30℃	〃	*Leu. mesenteroides*		Lee, *et al.* (1993)
5℃	〃	*Leu. mesenteroides*		
5~7℃	〃	*Leu. mesenteroides* *Leu. dextranicum*	*Lac. bavaricus*	Soe(1994)

후기에는 *Lac. plantarum, Lac. brevis, Lac. maltaromicus, Lac. bavaricus* 등이 주로 발견되며 *Lac. plantarum*과 *Lac. brevis*는 비교적 높은 온도(20~30℃)에서 잘 자란다. 이들 *Lactobacillus* spp.들은 순수젖산발효균homofermentative이며 pH 3.0 이하에서도 왕성하게 산을 생산한다. 따라서 이들 균이 주 발효균인 독일의 사우어크라우트sauerkraut는 신맛이 아주 강하여 김치와는 다른 품질 특성을 갖게 되는 것이다. *Lac. plantarum*은 *Leu. mesenteroides*보다 DL-lactic acid를 3~4배 이상 생산하는 가장 강력한 젖산균이다. 김치가 대단히 시어지게 되면 효모가 생육하기 시작하는데 이것은 부패에 가까워짐을 의미한다.

김치에서 분리되는 *Leu. mesenteroides*와 *Lac. bavaricus*의 생리적 특성은 Bergey's Manual에 기록된 것과 여러 면에서 불일치하고 있는데 특히 당 발효능력과 비타민 요구성에서 차이가 많이 나타난다. 김치에서 분리되는 대부분의 *Leuconostocs* spp.는 pH 4.5 이하에서 자랄 수 있고, 7% 에탄올 또는 6.5% NaCl을 포함한 배지에서도 자랄 수 있다. *Leu. mesenteroides* subspp. 중에는 pH 3.0의 소화액gastric juice에서 생존하며, 10% 또는 40% 담즙bile juice을 포함한 배지에서 자랄 수 있다. 이러한 특징들은 이들 김치 젖산균들이 장내 소화과정에서 살아남아 대장에까지 도달할 수 있다는 가능성을 암시하는 것이다. 따라서 김치 유산균은 요구르트 유산균처럼 장내 세균총의 패턴을 좋게 하는 프로바이오틱probiotic 기능을 가진 것으로 평가되고 있다. 이러한 사실은 김치미생물들이 오랜 역사 동안 흙에서 채소, 김치, 인간의 장기, 배설물, 그리고 다시 흙으로 돌아가는 식품 순환과정에 적응하여 주요 장내 미생물로 자리 잡게 된 결과라고 판단된다. 이와 같이 특별한 환경적인 조건에 미생물이 적응한 예는 사탕수수 줄기 즙액에서 분리한 *Leu. mesenteroides*, 포도 즙액에서 분리한 *Leu. oenos*, 간장에서 분리한 *Ped. halophilus*, 그리고 가자미식해에서 분리한 *Leu. mesenteroides* 등이 Bergey's Manual과 잘 일치하지 않는 특수한 성질을 나타내고 있음이 밝혀지고 있다.

(4) 김치의 항균작용

김치에는 미생물의 생육을 저해하는 여러 가지 인자가 복합적으로 작용하고 있다. 김치의 항균력을 제공하는 인자를 열거하면 다음과 같다.

① 식염(3~5%)

② 유기산(초산, 젖산)

③ 마늘 등의 항균물질

④ 박테리오신 등 미생물이 생산하는 항균물질

김치는 원료의 항균물질(식염, 마늘 등)과 발효과정 중에 생성되는 유기산과 박테리오신 bacteriocin과 같은 미생물이 생산하는 항균물질의 복합작용으로 강력한 항균력을 갖게 된다. 〈표 5-10〉은 김치에 접종한 각종 유해 미생물들이 발효과정 중에 소멸되는 현상을 보여 주고 있다. *Clostridium perfringens*는 김치 발효 2일 후에 사라졌고, *Staphylococcus aureus*와 *Salmonella typhymurium*은 4일 후에, *Listeria monocytogenes*, *Vibrio parahaemolyticus*, *Escherichia coli*는 5일 후에 사멸하는 것을 알 수 있다. 반면에 유산균의 수는 10^5에서 10^8으로 증가한다.

표 5-10. 김치 발효과정 중 유해 미생물의 사멸 현상

발효기간(일)	0	1	2	3	4	5	6	7
pH	5.44	5.12	4.11	3.86	3.76	3.70	3.66	3.63
Cl. perfringens	4.3×10^4	2.7×10^2	—	—	—	—	—	—
Staph. aureus	2.9×10^4	4.5×10^4	2.8×10^3	5.0×10	—	—	—	—
Salmonella typhimurium	3.6×10^4	2.2×10^4	5.8×10^3	1.1×10^2	—	—	—	—
L.monocytogenes	6.3×10^4	3.7×10^4	4.5×10^3	2.6×10^2	4.0×10	—	—	—
Vibrio parahaemolyticus	2.3×10^4	2.1×10^4	7.3×10^3	5.5×10^2	9.0×10	—	—	—
E. coli	5.2×10^4	3.3×10^4	2.9×10^3	3.3×10^2	3.0×10	—	—	—
Lactic acid bacteria	2.0×10^5	7.3×10^6	2.8×10^8	5.7×10^8	6.1×10^8	5.6×10^8	5.8×10^8	6.0×10^8
Total bacteria	4.4×10^4	3.6×10^7	9.3×10^8	1.2×10^9	1.5×10^9	1.4×10^9	1.6×10^9	1.4×10^9

* 세균수는 colony forming unit (CFU) per ml

—, 미생물의 성장이 검출되지 않음

표 5-11. 김치에서 분리한 미생물들의 박테리오신 생산능력에 관한 조사

Bacteriocin producer	Indicator strain											
	L. plantarum IAM 12477	*L. plantarum DU 3003*	*L. sake JCM 1157*	*L. sake DU 3011*	*L. brevis KCTC 3102*	*L. brevis JCM 1159*	*L. brevis DU 3025*	*E. faecalis JCM 5803*	*E. faecalis DU 2103*	*E. faecalis KCTC 3095 h*	*E. faecalis JCM 5804*	*E. faecalis DU 2102*
Lactobacillus plantarirum												
DU 0247	0*	80	5,120	0	0	0	0	0	40	640	0	20
DU 0256	0	20	81,920	0	0	0	0	160	20	20	0	0
Lactobacillus curvatus												
DU 0162	0	0	2,560	0	0	0	0	80	0	160	0	0
DU 0182	0	0	2,560	0	0	0	0	160	0	160	0	0
Lactobacillus brevis												
DU 0241	0	40	20,480	0	0	0	10	160	20	1,280	0	20
DU 0242	0	80	160	0	0	0	20	0	80	40	0	20
Enterococcus faectum												
DU 0216	320	20	10,240	40	160	160	20	40	40	80	320	20
DU 0230	160	40	10,240	40	320	160	20	40	40	160	320	20
DU 0237	320	20	10,240	40	160	160	20	40	40	80	320	10
DU 0253	320	80	10,240	20	320	80	20	20	80	80	320	40
DU 0255	320	20	10,240	40	160	160	20	40	80	40	160	20
DU 0267	320	40	5,120	20	320	80	40	20	80	40	160	40
Leuconostoc mesenteroides subsp. *mesenteroides*												
DU 0243	0	0	320	0	0	0	0	0	0	80	0	0
Lactobacillus sp.												
DU 0180	0	40	81,920	20	160	0	10	320	20	1,280	0	20
DU 0181	0	40	81,920	40	160	0	10	320	20	1,280	0	20
DU 0183	0	40	40,960	40	160	0	10	320	40	5,120	0	20
DU 0238	0	80	163,840	0	320	0	10	320	80	5,120	0	40
DU 0240	0	80	81,920	0	160	0	20	160	40	1,280	0	10
DU 0259	0	10	5,120	0	0	0	0	80	0	640	0	0

* Bacteriocin activity in Au/ml by agar well diffusin assay.
* Neutral cell-free supernatant fluid was used for the assay.

표 5-11. 계속

Indicator strain													
P.pentosaceus IAM 12300	*P.pentosaceus DU 2203*	*P. acidolactici IAM 1233*	*Leuc. mesenteroides subsp. mesenteroides IAM 1046*	*Leuc. mesenteroides subsp. mesenteroides JCM 6124*	*Leuc. mesenteroides subsp. mesenteroides DU 103*	*A. hydrophila KCTC 2358*	*B. subtilis KCTC 1012*	*B. subtilis KCCM 11914*	*C. perfrigens ATCC 132124*	*E. Coli KCTC 1039*	*L. monocytogenes ATCC 19111*	*M. buteus KCCM 11455*	*S. typhimurium KCTC 1925*
0	20	40	0	0	20	0	0	0	0	0	0	0	0
0	20	0	0	0	0	0	0	0	0	0	0	0	0
0	0	0	0	0	0	0	0	0	0	0	0	0	0
0	0	0	0	0	0	0	0	0	0	0	0	0	0
160	20	160	0	0	20	0	0	0	0	0	0	0	0
0	160	0	0	0	40	0	0	0	0	0	0	0	0
80	40	80	320	320	40	0	0	160	320	0	40	320	0
160	40	80	1,280	320	40	0	0	160	200	0	10	160	0
160	20	160	640	160	20	0	0	100	200	0	10	200	0
160	320	160	640	80	40	0	0	100	200	0	10	200	0
160	20	80	640	80	20	0	0	100	100	0	10	160	0
160	160	80	640	40	40	0	0	100	200	0	40	200	0
0	0	0	0	0	10	0	0	0	0	0	0	0	0
160	10	320	0	0	20	0	0	0	0	0	0	0	0
160	20	160	0	0	20	0	0	0	0	0	0	0	0
160	20	160	0	0	20	0	0	0	0	0	0	0	0
320	80	160	0	0	40	0	0	0	0	0	0	0	0
320	80	160	0	0	40	0	0	0	0	0	0	0	0
40	0	20	0	0	0	0	0	0	0	0	0	0	0

〈표 5-11〉은 김치에서 분리한 미생물들이 생산하는 박테리오신 효과를 조사한 것이다. *Enterococcus faecium*의 박테리오신 효과가 가장 강력하고 광범위하게 작용함을 알 수 있으며 여러 종류의 김치 *Lactobacillus* spp.들이 항균효과를 가지고 있음을 알 수 있다. 김치의 부재료로 쓰는 마늘, 양파, 생강 등도 항균력을 가지고 있다. 양파, 마늘, 생강 등에서 추출한 정유essence oil들이 일반 식품 보존제와 비교할 만한 항균력을 가지고 있다는 보고들이 있다. 이러한 김치 자체의 항균력에 의하여 김치는 병원성 또는 독성 미생물에 안전하고 비교적 높은 저장 안정성을 가지고 있다.

(5) 김치의 생리기능성

김치에 사용되는 여러 가지 식물성 재료에는 인체의 생리 기능에 영향을 주는 기능성 성분이 함유되어 있다. 〈표 5-12〉는 이들 성분의 출처와 생리 기능성을 모은 것이다. 배추의 sitosterol 등 식물성 스테롤은 혈중 콜레스테롤 함량을 낮추는 역할을 하며 마늘, 양파 등 allum속 식물은 앞에서 언급한 항균작용 이외에도 diallylsulfide와 같은 항암물질을 함유하고 있다. 고추는 비타민 A와 같은 항산화 성분과 캡사이신capsaicin과 같은 면역 증진 성분을 함유하고 있다. 생강의 gingerol은 항균작용, gingerin은 혈장용해작용을 한다. 발효과정 중에 생산되는 유산균 수는 약 10^8/ml 수준이며 장내균총개선probiotic 효과를 내며, 이들이 생산하는 젖산은 T-cell 기능 조절 능력이 있다. 채소의 섬유소와 발효과정 중에 형성되는 dextran 등은 장내미생물의 생육을 돕는 prebiotic 효과를 가지므로 김치는 probiotic 효과와 prebiotic 효과를 모두 가진 synbiotic 식품이다.

표 5-12. 김치에 들어 있는 생리기능성 물질

Chemical compounds	Occurrence	Possible effect
Benzyl isothiocyanate, Indol compound, Thiocyanate, Flavonoid	배추 파, 마늘류 붉은 고추	항균 항암 면역 활성
Sistosterol	배추	콜레스테롤 저하
Diallylsulfide, Diallyltrisulfide, Diallylmethylsulfide	파,마늘류	항암 항산화 섬유소용해
Gingerrol, Gingerin	생강	항균 섬유소 용해
Capsaicin	붉은 고추	배변, neuropeptides의 배출
Lactic acid bacteria	김치	antagonistic
Bacteriocine	김치	항균
L-(+) -lactic acid	김치	modulation of T-cell function
Acethylcholine	김치	배변
Dextran	김치	배변
γ -Aminobutyric acid	김치	배변
Acetate	김치	항균

5.3. 젓갈과 식해

젓갈과 식해食醢는 우리나라에서 제조되는 수산발효 저장식품을 총칭하는 용어이다. 젓갈은 염장鹽藏만으로 수산물을 저장하여 만든 발효식품이며 식해는 염장과 유산균 발효를 병행하여 생선을 저장한 음식이다. 식염으로만 저장하는 젓갈은 비교적 높은 식염농도(약 20% 내외)를 가지는 고염 발효식품이나 명란젓이나 굴젓처럼 10% 내외의 식염을 함유한 것들도 있다. 식해는 8% 내외의 식염을 함유하는 저염 발효식품으로 영양적인 기여가 큰 식품이다.

(1) 젓갈의 제조와 품질특성

우리나라 젓갈제조법의 특징은 앞에서 언급한 바와 같이 10% 혹은 20% 내외의 식염만을 침장원으로 하는 것이다. 식염 10% 수준을 사용하는 저염 젓갈은 일부 굴젓이나 명란젓에서 관찰되나, 장기저장이 어렵다. 대부분의 젓갈류는 20% 내외의 식염을 포함하며 저장기간은 3개월 이상 수년이 될 수도 있다. 〈그림 5-7〉은 우리나라 젓갈제조에 사용되는 일반공정도이다. 우리나라 젓갈제조기술의 특징은 식염만을 사용하는 적염해법積鹽醢法을 공통적으로 사용하며 2~3개월의 상온발효에서 어체魚体 원형이 유지되는 발효젓갈을 얻음과 동시에 발효기간을 6~12개월

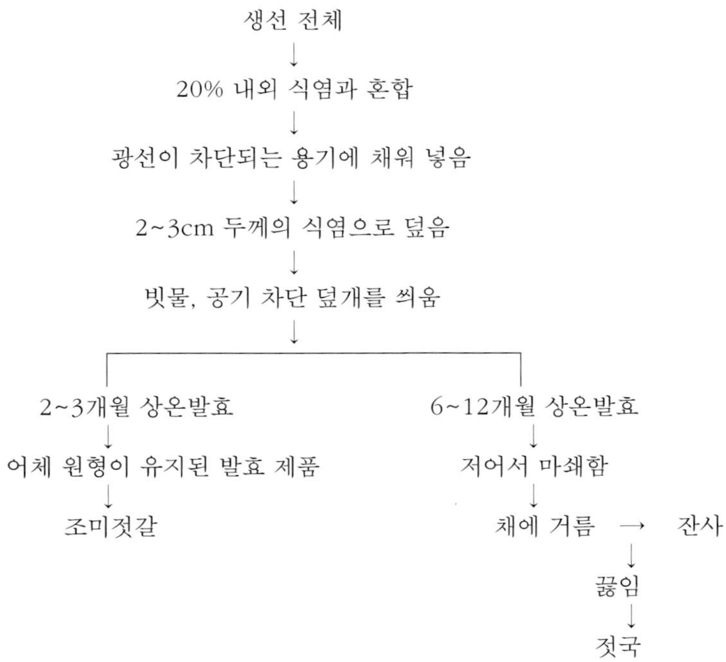

그림 5-7. 젓갈의 일반적인 제조공정도

연장함으로써 젓국fish sauce을 동시에 생산하고 있다는 점이다. 따라서 생선을 2~3개월 동안 소금에 절여 저장하면서 멸치젓, 정어리젓, 조기젓 등과 같이 어체 원형이 그대로 유지된 발효물을 얻고 이것을 조미하여 밥반찬으로 직접 사용하는 한편 일부를 6~12개월 저장하면서 육질의 효소적 가수분해가 충분히 일어난 후 마쇄, 여과한 젓국을 얻어 저온 살균한 후 오랫동안 보존하면서 김치의 부재료 혹은 조미료로 사용하는 것이다.

〈그림 5-8〉은 멸치젓 발효과정에서 일어나는 생화학적 변화와 맛의 변화를 비교한 것이다. 멸치젓의 pH는 발효 3개월간 6.0에서 5.5 수준으로 저하되며, 가용성질소 및 아미노태질소함량은 발효 3개월간 계속적으로 증가한 후 더 이상 변하지 않는다. 휘발성 염기질소는 발효 1개월간 다소 증가하였다가 다시 발효 3개월 이후에 급격히 증가한다.

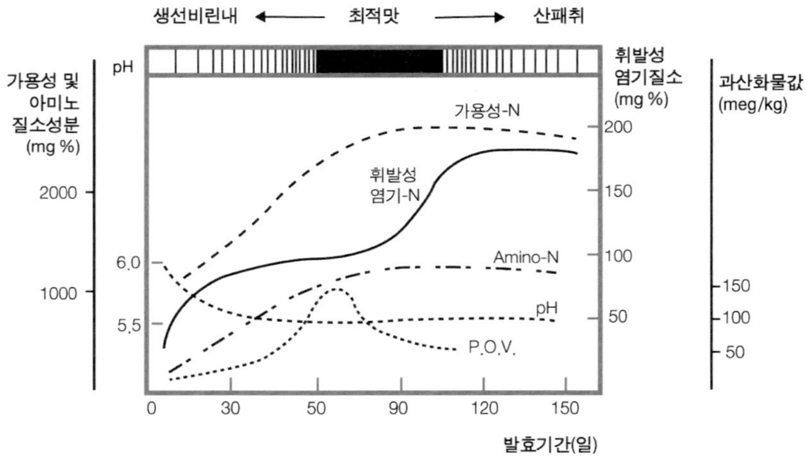

그림 5-8. 멸치젓 발효 중 생화학적 변화와 맛의 변화

이러한 생화학적 변화는 맛의 형성과 깊은 관계가 있다. 가용성 질소 및 아미노태 질소함량이 최대가 될 때 최적의 맛을 가지게 되며, 휘발성 염기질소가 두 번째로 급격히 증가하는 것은 맛의 퇴화를 나타냄을 알 수 있다. 젓갈 발효 중 핵산 관련 물질의 뚜렷한 변화는 관찰되지 않으나 유리아미노산 조성의 변화는 여러 가지 젓갈류에서 공통적인 경향을 나타낸다(표 5-13). 즉 발효 과정 중 히스티딘과 타우린 함량은 급격히 감소하는 반면, 라이신, 이소로이신 및 로이신 함량은 크게 증가하는 경향을 나타내고 있다. 특히 이소로이신, 로이신, 타이로신, 페닐알라닌 등 소수성 아미노산이 유리상태로 크게 증가한다는 사실은 이들 아미노산에 의한 젓갈 맛의 특징적인 형성이 예측되고 있다.

표 5-13. 젓갈 발효 중 유리 아미노산 조성의 변화

아미노산 \ 젓	멸치젓 (생체)	멸치젓 (젓)	정어리젓 (생체)	정어리젓 (젓)	조기젓 (생체)	조기젓 (젓)	꼴뚜기젓 (생체)	꼴뚜기젓 (젓)
라이신	0.7	10.2	1.0	13.9	5.3	14.7	2.2	9.8
히스티딘	5.4	5.1	49.3	10.2	5.1	7.6	0.5	1.7
알기닌	0.6	1.1	-	6.8	-	-	3.5	8.4
타우린	0.6	-	44.0	-	38.5	-	32.0	-
아스파라긴	2.7	-	0.1	4.3	0.3	0.8	-	-
스레오닌	5.5	0.3	0.4	5.5	2.6	6.5	-	-
세린	6.3	0.3	0.4	5.7	1.1	5.8	3.2	9.5
글루타민	11.7	0.8	0.8	0.6	6.0	8.6	2.8	2.0
프롤린	6.5	1.0	-	-	8.7	-	40.2	30.5
글리신	4.4	2.4	0.6	2.7	3.6	7.5	2.1	2.9
알라닌	18.1	5.4	2.1	6.6	6.7	9.9	6.0	8.0
시스틴	-	0.6	-	-	-	-	-	-
발린	5.3	5.1	-	5.7	3.1	6.4	1.5	5.1
메치오닌	3.6	4.4	0.7	4.0	2.5	6.6	1.1	3.0
이소로이신	5.5	14.0	0.2	5.9	2.2	7.0	0.8	4.3
로이신	13.1	28.5	0.4	10.7	4.1	14.4	1.9	11.1
타이로신	4.3	9.0	-	3.6	4.3	1.6	1.0	-
페닐알라닌	5.7	11.8	-	3.9	5.9	2.6	1.2	3.7

〈그림 5-9〉와 〈그림 5-10〉은 멸치젓과 새우젓 발효 중 관여하는 미생물의 소장을 각각 나타내고 있다. 두 가지 젓갈의 공통점을 보면 총균수는 발효 30~50일까지 계속 증가한 후 서서히 감소하며 발효 초기에는 *Micrococcus*, *Halobacterium*, *Sarcina* 등이 주종을 이루며 최적 맛 형성 부근에서 특히 *Pedicoccus*가 우세하게 되며, 맛이 퇴화하는 점에서 효모 *Saccharomyces*, *Torulopsis* 등이 우세하게 된다.

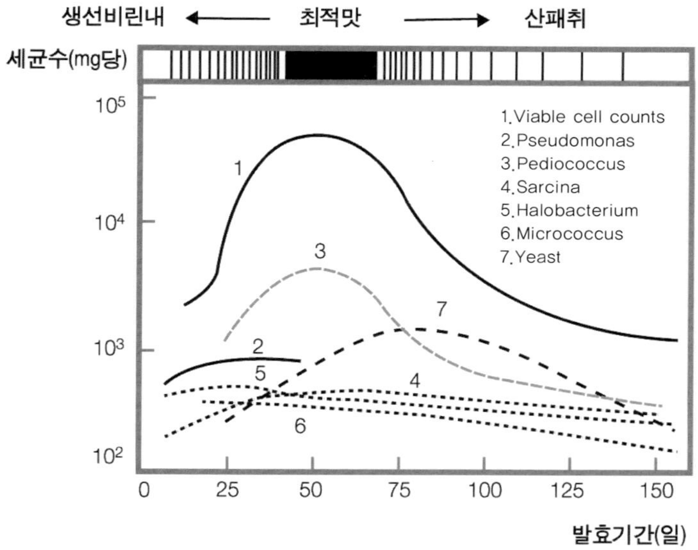

그림 5-9. 멸치젓 발효 중 미생물의 소장과 맛의 변화

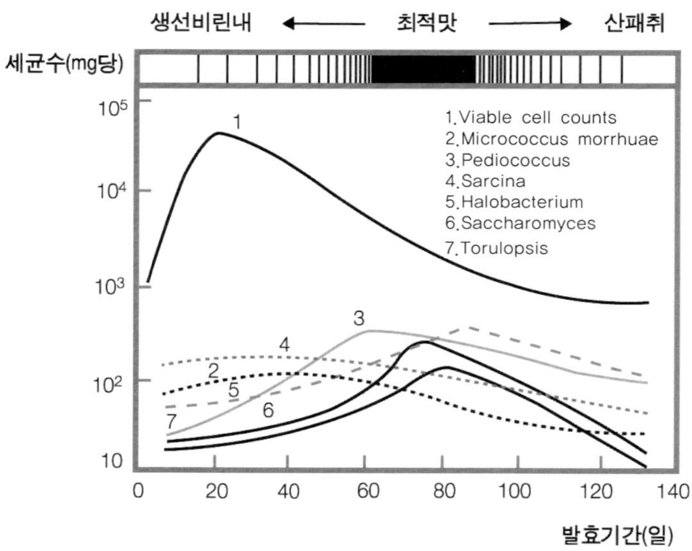

그림 5-10. 새우젓 발효 중 미생물의 소장과 맛의 변화

(2) 식해의 제조와 품질특성

식해는 내장을 제거한 생선의 발효에 곡물의 젖산발효를 가미한 특수한 수산발효식품이다. 〈그림 5-11〉은 식해의 일반적인 제조공정을 도해한 것으로 10% 내외의 식염에 하룻밤 절인 생선을 삶은 좁쌀, 고춧가루, 마늘과 혼합하여 실온(20℃)에서 2~3주 발효시킨다.

생선 전체
↓
내장 제거
↓
세척, 절단
↓
식염과 혼합
↓
소금물 제거
↓
조밥, 고춧가루, 마늘과 혼합
↓
발효(20℃, 2~3주)

그림 5-11. 식해의 일반 제조공정도

이때 첨가되는 조밥의 전분이 산 생성균에 의하여 젖산을 포함하는 유기산을 생성하게 되며 그로 인하여 pH가 5.0 이하로 급격히 저하되어 저장성을 부여하게 된다. 가자미식해의 최적 맛은 발효 2주 내외에 형성되며 이때에는 아미노태 질소함량이 최대치가 되며 휘발성 염기질소가 급격히 증가하는 기간이 된다(그림 5-12). 뼈를 포함하는 어체 전체의 경도가 발효 3일 후부터 연화되기 시작하여 발효 2주 후에는 원료의 경도가 25% 감소되며, 2주 이후에 급격히 연화되는 현상이 나타난다. 〈그림 5-13〉은 가자미식해 발효과정 중 미생물의 소장을 조사한 것으로 앞에서 본 생화학적 변화의 여러 가지 현상을 설명할 수 있다. 즉 발효 초기에 지방 분해효소를 생산하는 균들은 급격히 감소하나 단백질 분해균들은 아미노태 질소함량이 최대가 되는 2주간 증가하다가 그 후 급격히 감소한다. 산 생성균과 효모는 14일 이후에도 다소 증가되며 이것은 발효 2주 후에 강력한 유기산 형성으로 인한 신맛으로 식해의 맛이 퇴화하는 것과 일치하고 있다. 식해는 이들 산 생성 미생물 및 효모의 과도한 유기산 생성으로 말미암아 그 저장성의 한계를 가지게 된다.

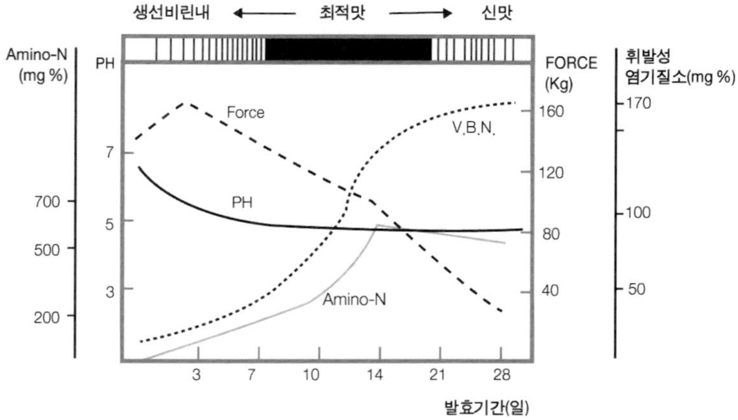

그림 5-12. 식해 발효 중 생화학적 변화와 맛의 변화

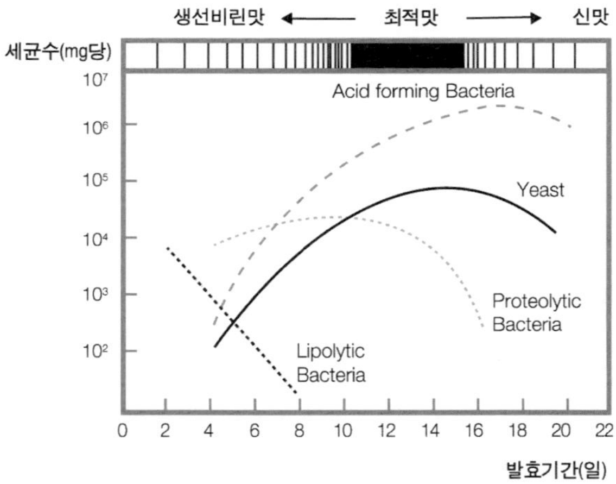

그림 5-13. 가자미식해 발효 중 미생물의 소장

식해에는 김치와 마찬가지로 마늘이 중요한 재로로 사용되는데 이는 마늘의 항균력이 식해의 발효 미생물 패턴을 결정하고 저장성을 향상시키는 역할을 하기 때문이다. 〈표 5-14〉는 가자미식해에 사용되는 원료에 오염된 미생물에 대한 마늘의 항균력을 시험한 결과다. 메주나 누룩의 주요 곰팡이인 황곡균*Aspergillus oryzae*은 5% 마늘즙액에서 생육이 저해되며, *Micrococcus, Pseudomonas* 등은 20% 마늘 즙액, 청국장 세균으로 알려진 *Bacillus* sp.들은 50% 마늘 즙액에서 생육이 저해된다. 그러나 유산균들은 100% 마늘 즙액에서도 왕성히 생육하여 전혀 영향을 받지 않는다. 따라서 김치, 식해 등의 식물성 유산균 발효에서는 마늘이 다른 균들의 생육을 막고 유산균만 선택적으로 자라게 하는 역할을 하는 것을 알 수 있다.

표 5-14. 가자미식해 원료에 오염된 미생물에 대한 마늘의 항균작용

미생물		한국산 마늘(100%)의 즙액과 희석 농도					
이름	출처	100%	50%	20%	10%	5%	2.5%
Leuconostoc mesenteroides	가자미식해						
Lactobacillus sp.	〃	-	-	-	-	-	-
Lactobacillus sp.	〃	-	-	-	-	-	-
Micrococcus sp.	염장가자미	+++	++	+	(S)	-	-
Pseudomonas sp.	가자미식해	+++	++	(S)	-	-	-
Bacillus sp.	〃	+++	++	-	-	-	-
Bacillus sp.	〃	++	+	-	-	-	-
Bacillus sp.	염장가자미	++	+	-	-	-	-
Bacillus sp.	좁쌀	++	+	-	-	-	-
Bacillus sp.	〃	++++	+++	(S)	-	-	-
Bacillus sp.	〃	+++	++	(S)	-	-	-
Bacillus sp.	고추	+++	++	+	-	-	-
Bacillus sp.	〃	+++	++	+	-	-	-
Aspergillus sp.	〃	++++	++++	++++	+++	++	-
Mucor sp.	〃	+++	++	-	-	-	-
Asp. glaucus	가자미식해	++++	++++	++++	+++	++	-
Aspergillus niger	좁쌀	++++	++++	++++	+++	+	-
Monilia sp.	좁쌀	+	+	-	-	-	-

항균력 : +++ 강, + 약, - 없음

(3) 한국 수산발효식품의 식품학적 위치

우리나라 수산발효식품의 양대 산맥을 이루고 있는 젓갈과 식해는 주류, 식초를 제외한 우리나라 발효식품 제조기술 전체를 포용하고 있다. 젓갈은 단백질분해 미생물을 주축으로 하며 어류의 동물성 단백질을 분해하여 유리아미노산과 저분자 펩타이드를 형성함으로써 구수한 맛을 만들고 이것은 콩단백질을 분해하는 장류발효와 맥을 같이하고 있다. 한편 식해는 식물성 탄수화물을 이용한 산酸 생성 미생물을 이용하여 유기산을 생성함으로써 비교적 낮은 식염농도에서 미생물의 생육을 억제하여 어체를 보존하는 방법이며, 이것은 김치제조와 같은 원리인 것이다(그림 5-14).

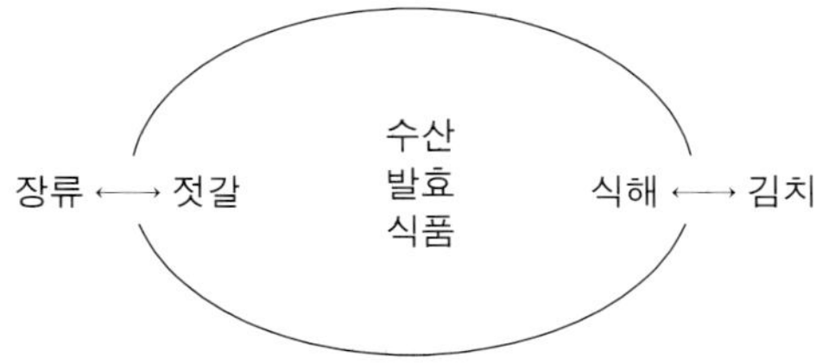

그림 5-14. 우리나라 수산발효식품의 식품학적 위치

5.4. 장류 식품

장류醬類 식품은 동북아시아를 두장문화권豆醬文化圈으로 특징짓게 하는 중요한 전통식품으로 그 발상지가 한반도와 남만주의 동이족東夷族에서 비롯되었다는 점에서 식품사적 의미가 큰 식품이다. 위지魏志 동이전東夷傳에는 '高句麗人善醬釀也'라 하여 고구려 사람들이 장을 잘 담근다고 칭송하고 있다. 고구려인의 장담그는 기술은 서기 2~3세기에 일본으로 전래되었으며, 일본의 정창원문서正倉院文書(752)에는 일본된장 미소miso는 고려에서 온 말이며 고려장高麗醬으로도 불린다고 기록되어 있다.

우리나라는 콩을 발효스타터로 사용하는 특수한 나라이다. 콩만을 발효하여 음식으로 만드는 것은 일본의 낫토natto, 인도네시아의 템페tempe 등이 있으나 우리의 메주처럼 콩만으로 순수한 발효스타터를 만들어 장류발효에 이용하는 경우는 그 유례를 찾을 수 없다. 장류 발효기술의 기원이 한국민족이라는 증거는 여러 중국 고전과 용어 변천사를 통해 입증되고 있다. 〈그림 5-15〉는 동북아시아 콩발효식품의 분류와 유래를 요약한 것이다. 시豉는 삶은 콩에 균을 배양시켜 발효스타터로 쓰는 산국(散麴, loose type)으로 우리나라의 청국장, 일본의 낫토 등이 만들어진다. 말장末醬은 삶은 콩을 으깨어 덩어리로 만들어 균을 배양한 병국(餠麴, cake type)으로 우리나라의 메주이다. 우리의 간장, 된장, 일본의 타마리쇼유가 만들어진다. 장醬은 원래 육장肉醬을

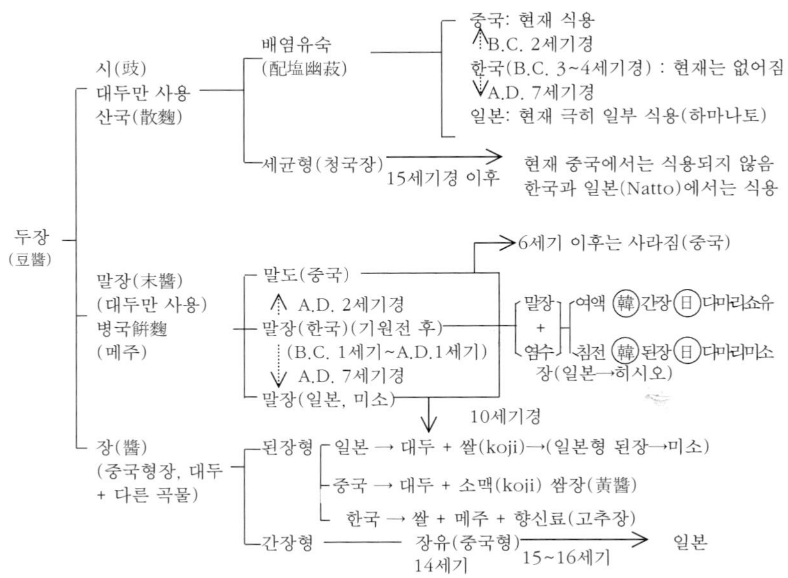

그림 5-15. 동아시아 두장(발효 콩 제품)의 분류, 기원과 상호관계

뜻했으나 두장豆醬이 보편화되면서 두장을 의미하게 되었는데 이것은 중국이나 일본에서 주로 사용되는 밀이나 쌀로 만든 코지(koji, 麴)를 스타터로 하여 만든 간장이나 된장으로 우리나라에서 공업적을 만드는 간장과 된장은 여기에 속한다. 콩 이외의 다른 곡물과 함께 발효한다는 점에서 우리나라의 고추장은 이 부류에 속한다.

장류는 콩 발효식품의 대표적인 제품으로 콩 단백질을 분해하여 고기맛을 내는 아미노산으로 전환하여 곡류를 주식으로 하는 동양인의 조미료로 사용된다. 식물성 재료를 원료로 하여 고기맛을 내는 식품을 만든다는 점에서 장류발효는 축산보다 훨씬 단백질 회수율이 높은 생물전환공정이다. 대부분의 축산물은 원료단백질을 육단백질로 전환하는 효율이 5~15%에 불과하나 장류발효에 의하여 콩 단백질을 간장, 된장의 단백질로 회수하는 수율은 75% 수준에 이른다.

장류는 간장, 된장, 고추장으로 구분되며 각 종류마다 지역이나 제조방법의 차이에 따라 여러 가지 아류들이 있다. 이 밖에 계절에 따라 담그는 별미장으로, 봄철에 담그는 팥장, 청태장(청태콩으로 담그는 장), 겨울철에 담그는 청국장 등이 있다.

(1) 장류 발효스타터의 제조 방법

우리의 전통 장은 메주를 띄운 다음 이 메주에서 간장과 된장을 함께 만든다. 메주는 음력 사월이나 십일월에 만드는데, 메주콩을 물에 불린 다음 충분히 삶아 절구에 찧어서 육면체나 구형으로 덩어리를 만들어 방에 며칠 두면 건조되어 단단해지면서 볏짚이나 공기 중의 미생물과 접촉하게 된다. 이것을 볏짚으로 묶어서 겨울 동안 방에 매달아 두면 곰팡이와 세균이 번식하면서 표면이 누르스름한 갈색으로 변하게 된다. 봄이 되면 볏짚을 풀어 포개 쌓고 덮어서 방 안에서 재워서 더 띄운 다음 꺼내 햇볕에 말린다.

〈그림 5-16〉은 우리나라의 메주와 일본의 장유용 코지 제조공정도를 비교한 것이다. 메주는 병국餠麴의 형태로 내부에는 세균 특히 *Bacillus subtilis*가 자라서 강력한 단백질 분해효소를 생산하고 외부에서는 곰팡이 주로 *Asp. oryzae*가 생육하는 혼합배양mixed culture의 형태를 취한다. 곰팡이와 박테리아에서 나오는 효소가 콩단백질을 아미노산으로, 탄수화물을 당류와 유기산으로 가수분해한다. 아미노산과 당류는 서로 갈색화 반응으로 상호작용하여 특유의 흑갈색과 구수한 고기맛을 낸다.

반면 일본의 장유용 코지는 대두박과 밀의 혼합물에 *Asp. oryzae*만 순수 배양한 스타터로 탄수화물 분해능력이 특히 높은 특징이 있다. 따라서 한국의 간장은 톡 쏘는 강한 향미를 지니므로 국간장이나 찌개용으로 적합하고 일본 간장은 단맛과 부드러운 맛을 특징으로 하므로 식탁용 조미액으로 적합하다.

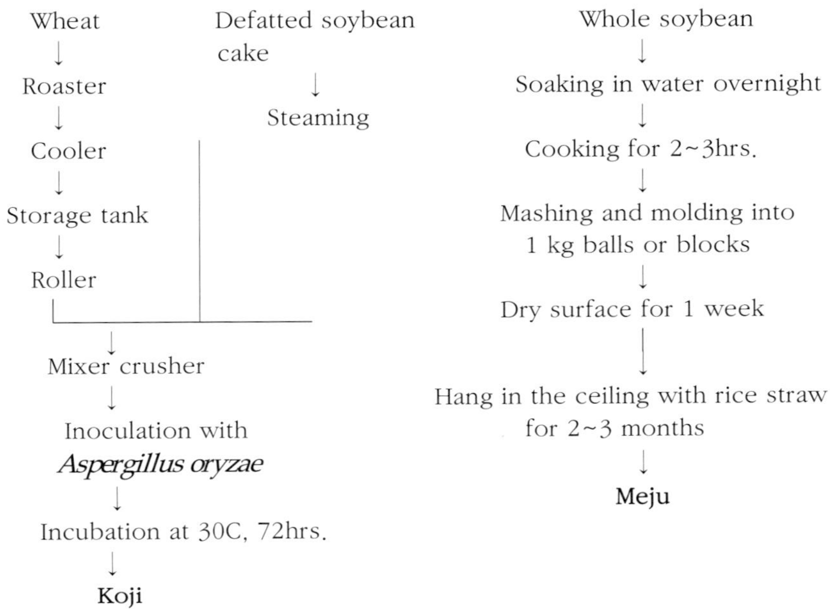

그림 5-16. 메주와 코오지의 발효공정

(2) 전통장의 제조방법

발효가 잘된 메주를 독이나 항아리에 담고 소금물로 채워 넣고 일정 기간 숙성한다. 담그는 시기에 따라서 일월장, 이월장, 삼월장이라 부르며, 담는 시기나 지방에 따라 각각 소금농도나 발효기간이 달라진다. 독을 깨끗이 씻고 살균한 다음 건조된 메주는 물로 깨끗이 씻고 물기를 뺀 다음 독에 넣고 미리 준비한 소금물을 부어 메주가 뜨면 숯과 고추, 대추 등을 넣고 뚜껑을 덮어 숙성한다. 서울의 경우 메주, 소금, 물의 비율은 1:1:4 정도로 식염농도 20% 내외가 되며, 일이월장은 소금농도를 낮게 조절한다. 이때 가장 중요한 기술은 메주를 잘 띄우고 알맞은 농도의 염수를 마련하는 것이다.

장독을 햇볕이 잘 드는 곳에 두고 매일 뚜껑을 열어서 햇볕을 쪼이면서 일정 기간 발효를 시킨다. 이때 단백질 등 주요 성분이 가수분해되면서 맛과 향이 우러나오고 동시에 숙성도 일어나 어우러진 맛이 나오게 된다. 숙성에 의하여 갈색성분과 육류향미가 소금물로 용출되어 나오고 내염성 효모, 특히 *Saccharomyces rouxii*에 의하여 간장 특유의 향기 성분들이 합성된다. 대체로 일월장은 3개월, 이월장은 2개월, 삼월장을 1.5개월 정도 익힌 다음 메주 덩어리를 꺼내고 체로 쳐서 간장을 얻는다. 숙성이 끝난 후 액체 부분은 간장이 되고 고형물은 된장이 된다. 간장은 달여서 살균하는데, 이때 불필요한 단백질이 응고되면서 간장이 맑아지고 나쁜 냄새도 없어진다. 그리고 된장은 소금을 더 넣어 항아리에 채우고 얇은 망사를 씌워 매일 햇볕을 쬐어서 일정 기간 더 익힌 다음 보관한다. 〈그림 5-17〉은 재래식 간장 및 된장의 제조공정을 그림으로 나타낸 것이다.

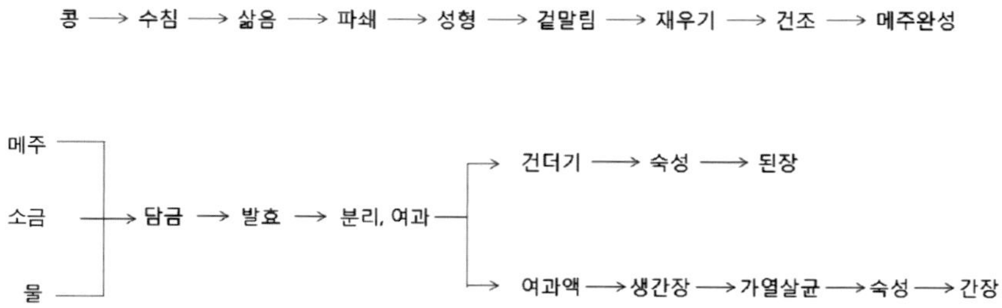

그림 5-17. 한국 전통간장 및 된장 제조공정도

(3) 간장 및 된장의 산업적 생산

우리나라 식품법에 의하면 "간장은 단백질과 탄수화물을 함유한 원료에 식염 등을 가하여 발효하거나 산분해법 등으로 가수분해하여 얻은 여액을 가공한 것, 또는 이들의 혼합물을 말한다"로 되어 있어 발효하지 않은 산분해 간장도 포함되어 있다. 제조방법에 따라 양조간장-혼합간장-산분해 간장, 한식간장으로 분류하고 있다. 한국공업규격에는 양조간장 및 혼합간장의 규격이 있으며 각 규격 내에서 색 및 풍미로 대표되는 성상과 총질소, 순추출물 등의 품질에 따라 특급, 고급, 표준의 등급으로 나누고 있다. 또한 전통식품표준규격이 제정되어 한식 간장에 대하여 특별히 규정하고 있다. 여기서 양조간장은 일본식 간장 제조방법에 따라 코지를 사용하여 만드는 것과 한식간장으로 이름하여 전통적인 메주 또는 개량메주를 사용하여 만든 것으로 구분된다.

일본식 간장제조는 삶은 쌀 또는 밀에 *Aspergillus oryzae*를 접종하여 코지를 만든 후 삶은 콩 혹은 대두박과 혼합하여 소금물에 숙성한다. 코지와 물과 소금의 혼합비율은 1:7:1.8이고, 콩의 함량이 높아지면 육류향이 강해지지만 단맛은 덜해진다. 3~6개월간의 숙성이 끝나면 여과하여 간장을 얻고 찌꺼기는 버린다. 일본식은 된장miso을 따로 만든다. 코지에 삶은 콩과 소금을 혼합하여 마쇄한 후 수개월 밀봉 숙성하여 미소를 만든다.

된장의 종류는 식품위생법에서는 일본식 된장과 한식 된장으로 구분하고 있다. 일본식 된장은 "대두, 쌀, 보리, 밀 또는 탈지대두 등을 주원료로 하여 식염, 종국을 섞어 제국하고 발효숙성시킨 것"으로 규정하고 있으며 재래식 된장은 콩을 주원료로 하여 메주를 만들고 식염수에 담가 발효하고 여액을 분리하여 가공한 것이다. 우리나라에서 전통적으로 만들어지고 있는 재래식 된장은 간장을 담가서 장물을 떠내고 건더기를 쓰는 복용식 된장과 메주에 소금물을 알맞게 부어 장물을 떠내지 않고 쓰는 단용식 된장, 그리고 이 두 가지 방법을 절충한 절충식 된장 등이 있다.

개량식 된장은 재래식 방법으로부터 공장 단위에서 양산하기 위해서 과학적으로 개량된 것이다. 개량식 된장 제조방법은 원료로서 콩 외에 쌀 또는 보리를 사용하기도 한다. 쌀된장과 보리된장의 경우는 쌀 혹은 보리로 국을 제조한 후 증자한 대두 및 염수와 섞어 담그고 발효 숙성한다. 반면에 콩된장에서는 원료 대두 전부를 증자하여 국을 만들고, 여기에 염수를 가하여 발효, 숙성시키는 점이 다르다. 〈그림 5-18〉은 개량식 된장 제조공정도이다.

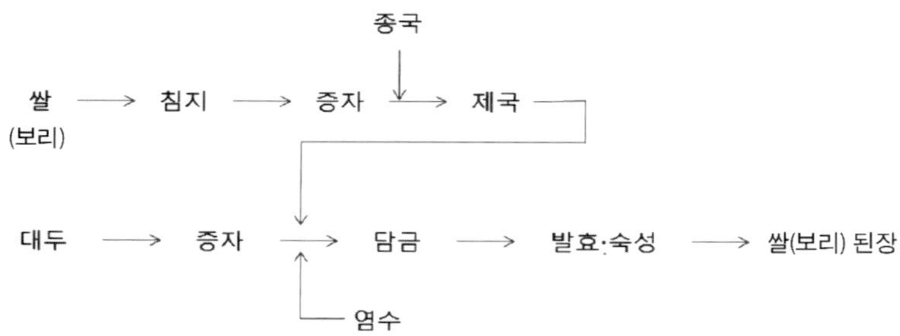

그림 5-18. 개량식 쌀된장, 보리된장의 제조법

(4) 고추장의 제조방법

고추장에 관한 최초의 기록은 1765년 유중임柳重臨의 《증보산림경제增補山林經濟》에서 발견된다. 고추장 제조방법 이외에도 접장과 청국장 등 여러 종류의 발효 콩식품을 기술하고 있는데, 고추장은 메주가루, 찹쌀가루, 고춧가루를 20:1:0.3의 비율로 혼합하고 좋은 품질의 간장을 넣고 반죽을 만들어 항아리에 넣고 숙성한다. 고추가 17세기 임진왜란 중에 한국에 처음 전해졌다고 알려져 있으나, 1611년에 저술된 허균許筠의 《도문대작屠門大嚼》에는 매운 양념인 천초川椒를 넣은 매운장 초시椒豉가 기록되어 있다.

식품법에 의하면 고추장은 두류 또는 곡류 등을 제국한 후 여기에 덧밥, 고춧가루, 식염 등을 혼합하여 발효, 숙성시킨 것이거나 제국한 후 덧밥 등과 함께 발효, 숙성시킨 것에 고춧가루(6% 이상), 식염 등을 혼합하여 만든 것을 말한다. 찹쌀, 쌀 또는 보리고추장은 찹쌀, 쌀 또는 보리 함유량 등이 각각 15% 이상인 것을 말하며 제국과정을 생략한 당화 고추장도 식품법에는 포함되어 있다. 그러나 전통식품 규격에서는 "전통적인 방법으로 성형 제조한 메주를 발효원으로 하고 숙성 전에 메주가루, 전분질원, 고춧가루, 식염 등을 혼합하여 담근 것"으로 규정하고 있다. 전분질 원료에 따라 고추장을 분류하면 쌀고추장, 보리고추장, 밀가루 고추장으로 크게 나눌 수 있고, 기타로 고구마전분, 옥수수전분, 수수, 팥을 이용한 것도 있다. 쌀 고추장은 다시 찹쌀을 사용한 찹쌀고추장과 멥쌀고추장으로 나눌 수 있다.

제조방법에 따라서는 엿기름(맥아)의 효소를 이용하여 당화하는 당화식 고추장, 메주 미생물이 생산한 효소를 이용하여 분해하는 숙성식 고추장이 있는데, 당화식 고추장은 메주가 들어가지 않으므로 콩 발효식품이라고 할 수 없다. 전통적인 숙성식 고추장에서는 숙성 전에 고춧가루를 첨가하는 전첨식과 숙성 후에 첨가하는 후첨식이 있다.

고추장의 용도 면에서는 쌈장, 볶음장 및 고추장으로 이용되는 고추장, 찌개 및 지짐용 고추장, 장아찌 담금용으로 나뉜다.

고추장은 전분의 가수분해로 생성된 당분의 단맛, 메주콩 단백질의 가수분해로 생긴 아미노산

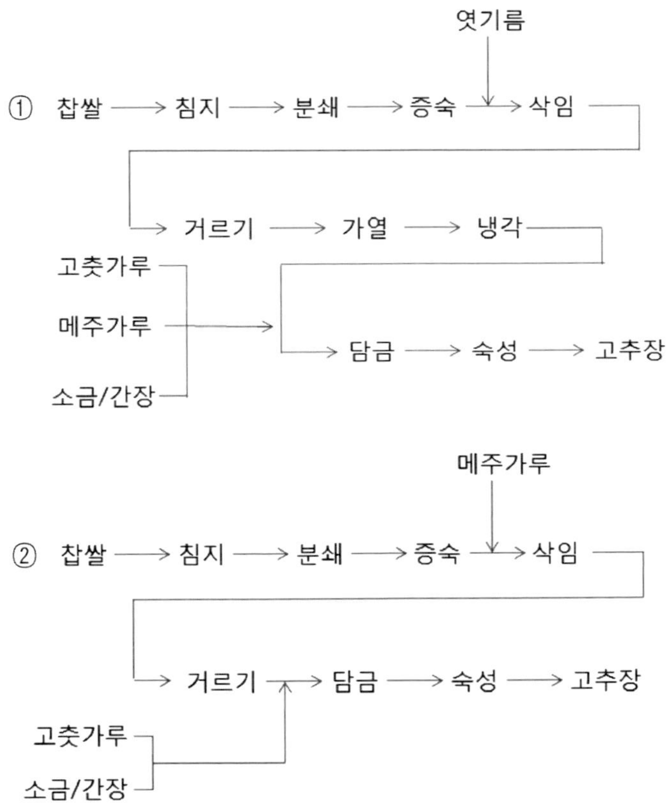

그림 5-19. 재래식 고추장 제조법. ① 당화식, ② 숙성식

의 구수한 맛, 고춧가루의 캡사이신에 의한 매운맛, 소금의 짠맛이 어울려 고추장 특유의 맛을 낸다. 따라서 고추장의 원료 배합비와 숙성조건에 따라 고추장의 품질과 맛이 달라진다. 우리나라의 전통 장류 중에서 고추장의 제조방법 및 원료배합은 된장보다 상당히 다양하다.

고추장을 만드는 방법은 찹쌀 등 전분질원을 가루로 만들고 증숙한 다음에 엿기름을 첨가하여 잘 삭히고 냉각한다. 여기에 메주가루, 고춧가루, 소금을 넣어 담근 후 발효숙성시킨다. 즉 엿기름의 도움으로 전분질원을 분해하는 방법이다(그림 5-19). 또 하나의 방법으로 찹쌀 등 전분질원을 침지 증자한 다음에 엿기름으로 전분질을 분해하지 않고 메주가루를 혼합하여 삭힌다. 여기에 고춧가루 및 소금을 넣어 발효숙성시키는 방법이다(그림 5-19). 고추장용 메주의 제조는 멥쌀과 대두를 부피기준으로 1:0.8~1.5의 비율로 각각 증자한 후 혼합하여 찧고, 성형한 다음에 잘 띄워서 가루로 만들어서 사용한다.

(4) 청국장의 제조

청국장은 앞에서 언급한 바와 같이 산국散麴에 속하는 시豉로 일본의 무염無鹽 콩 발효식품 낫토 natto와 같은 부류이나 그 용도는 된장과 유사하다. 시豉가 처음 문헌에 등장한 것은 한漢(206 B.C.~208 A.D.)의 급취편急就篇이며 진晋(265~420 A.D.)의 《박물지博物志》에는 외국에서 유래한 것으로 기술되어 있으며, 당唐(618~807 A.D.)의 《신당서新唐書》에는 발해渤海(688~826 A.D.)의 특산품 책성시柵城豉로 기록되어 있다. 6세기 북위北委의 가사협賈思勰이 쓴 《제민요술齊民要術》에는 여러 가지 시豉의 제조법이 기록되어 있다.

우리나라 문헌으로는 김부식의 《삼국사기三國史記》에 최초로 염시鹽豉가 기록되어 있어 청국장이 삼국시대에 이미 만들어진 것으로 보인다. 그러나 홍만선의 《산림경제山林經濟》(1715)에서 전국장戰國醬으로 표기되어 전쟁 중에 급히 만들어 먹는 장으로 기술되어 있다. 청국장淸國醬 제조에 관한 최초의 기록은 유중임의 《증보산림경제增補山林經濟》(1765)에 나타난다. 새로 수확된 콩을 삶아서 볏짚을 덮고 따뜻한 온돌방에 놓아둔다. 3일 후에 끈적한 실 같은 것이 강한 발효취와 함께 생성된다. 이것을 볶은 콩가루와 섞고 소금을 넣어 절구로 찧은 후 햇볕에 말린다. 발효콩과 볶은 콩가루의 배합 비율은 2:1이다. 소금의 양은 맛에 맞추고, 건조하여 저장과 운반이 쉬운 군사용으로도 사용할 수 있는 형태가 된다. 이때 사용하는 볏짚은 청국장의 주 발효균인 고초균枯草菌 *Bacillus subtilis*의 급원이 된다.

오늘날의 공정은 〈그림 5-20〉과 같다. 콩을 삶고 식힌 후 짚으로 싸거나 *Bacillus subtilis* 순수 배양액을 접종하여 40℃ 정도에서 3~4일간 발효하여 끈적한 실이 생성되면 다진 생강과 마늘, 소금을 넣고 콩이 반으로 갈라질 때까지 약간 마쇄하여 항아리에 저장한다. 발효된 콩의 강한 냄새는 부분적으로 생강과 마늘 냄새에 의해 보완이 되고 특유한 청국장 향미를 생성하게 된다. 청국장은 일종의 속성된장으로 메주를 만들어 수개월 발효숙성한 후에 먹는 된장을 불과 3~4일 만에 만들어 먹을 수 있게 한 것이다.

콩 → 수세 및 수침 → 삶음(3~4시간) → 방냉 및 균접종(볏짚 첨가)
→ 발효(40℃에서 3~4일) → 식염, 조미료 첨가 → 마쇄 → 청국장

그림 5-20. 청국장의 제조공정도

(5) 장의 미생물 작용과 향미의 변화

메주는 덩어리로 만들어 띄우기 때문에 표면은 건조하고 내부는 축축하여 자라는 미생물의 종류도 부위에 따라 다르게 나타난다. 즉 곰팡이는 주로 표면에서 자라고 세균은 내외부 골고루 잘 분포되어 있어서, 메주의 중요한 미생물은 겉보기와는 달리 세균인 것으로 밝혀졌다. 특히 *Bacillus subtilis*와 *B. pumilus*는 강력한 amylase와 protease를 생성하여 곰팡이와 더불어 독특한 향미를 내는 데 결정적인 역할을 한다(표 5-15).

표 5-15. 전통 장 제조과정에 관여하는 주요 미생물

과정	종류	균 이름
메주	곰팡이	*Mucor mucedo, Aspergillus oryzae*
		Rhizopus japonicus
		Penicillium glaucum
	세균	*Bacillus subtilis*
		Bacillus pumilus
담금중	호기성 세균	*Bacillus subtilis*
		Bacillus pumilus
		Micrococcus caseolyticus
	젖산균	*Pediococcus caseolyticus*
		Lactobacillus casei
		Lactobacillus plantarum
		Leuconostoc mesenteroides
	효모(내염성)	*Saccharomyces rouxii*
		Saccharomyces acidifaciems
		Torulopsis dattila

담금 기간 중에는 메주의 효소에 의해 단백질과 전분이 가수분해되며 외부에서 유입된 효모와 세균에 의해 알코올과 유기산이 생성되어 여러 가지 향미 성분이 만들어진다. 또 내염성 젖산균도 활동하여 젖산이 생성되어 맛을 부드럽게 하며 succinic acid와 butyric acid 등 휘발성 및 비휘발성 유기산도 맛에 영향을 끼친다. gutamic acid, aspatic acid, inosinic acid 등은 감칠맛을, galactose, glucose, fructose 등 유리 당류와 glycin, alanine, lysine 등 아미노산은 단맛을 그리고 tyamine, histamine 아민과 valine, leucine, phenylalanine, isoleucine 등 아미노산이 쓴맛을 낸다. 이렇게 장맛은 소금의 짠맛과 유기산의 신맛 그리고 감칠맛과 각종 향이 어우러져 독특한 맛을 내는 복합적인 맛이라 할 수 있다.

장의 향 역시 여러 가지가 있는데, butyric acid, propionic acid 등 휘발산의 영향이 크고 특히 Butyric acid는 고린내를 생성하며, dimethyltrisulfide, benzenacetaldehyde 및 benzenethanol 등도 고유의 향을 좌우하는 것으로 알려져 있다. 이 중 dimethyl trisulfide는 *Bacillus*에 의해 생성되므로 메주의 종류에 따라 각각 독특한 향을 내게 된다. 그리고 된장과 간장의 향이 다르게 나타나는 것은 동일한 미생물이 액체 상태에서는 간장 향을 생성하고 고체 상태에서는 된장 향을 생성하는 것으로 미루어, 같은 균이라도 발효환경에 따라 생성하는 방향이 다르게 나타남을 알 수 있다. 현재까지 간장에는 115가지, 된장에는 146가지의 방향성분이 들어 있는 것으로 밝혀졌다.

(6) 장의 영양 및 생리 기능성

콩에는 일반 곡류에 부족하기 쉬운 단백질이 38%나 있고, 특히 쌀과 보리에 부족한 필수 아미노산인 lysine이 풍부하게 들어 있다. 그리고 linoleic acid, linolenic acid 등 불포화 지방산이 많이 들어 있는 지방도 18%나 있어 영양학적으로 우수한 식품이다. 또 혈액 내 지방 축적을 방지하는 saponin, 세포막의 주성분으로 노인성 치매에 효과가 있는 것으로 알려진 lecithin 등 유효성분도 다량 들어 있는 것으로 알려지고 있다. 이렇게 영양학적으로 우수한 콩의 체내 흡수율은 비교적 낮지만 발효과정을 거치는 동안 소화되기 힘든 단백질이 분해되어 저분자 물질로 변하므로 소화·흡수율이 좋아진다. 실제로 수용성 질소 성분이 메주에서는 13~19%이던 것이 간장에서는 66~78%로 크게 증가하며, 유리 아미노산도 4~7%에서 29~35%로 증가하며, 된장의 아미노산도 유리상태로 존재하는 것이 1/3 이상이다. 〈표 5-16〉은 간장의 일반 성분이며 〈표 5-17〉은 된장의 일반 성분표이다.

표 5-16. 간장의 일반 성분

항목	재래간장	개량간장	아미노산간장
비중	1.202	1.184	1.185
염분(%)	26.3	18.1	16.4
총질소(%)	0.58	1.51	1.80
아미노태질소(%)	0.54	0.91	0.87
총당질(%)	1.23	4.40	3.50
환원당(%)	0.82	2.69	2.25

표 5-17. 된장의 일반 성분

성분	재래된장	개량된장	청국장	고추장
수분(%)	51.5	50.0	55.2	38.5
단백질(%)	12.0	14.0	19.3	5.9
지방질(%)	4.1	5.0	8.1	2.4
당질(%)	10.7	14.3	6.5	43.0
섬유소(%)	3.8	1.9	2.6	2.0
회분(%)	17.9	14.8	8.3	8.2
열량(Kcal/100g)	138	156	172	217

〈표 5-18〉은 전통 메주, 개량메주 제조와 이들을 소금물에 담가 8개월간 숙성한 발효물(간장, 된장 혼합물)의 아미노산 조성을 관찰한 것이다. 간장과 된장은 한국적인 맛을 상징하는 저장성 조미식품으로 또 기호상으로도 중요한 부식일 뿐 아니라, 주식인 쌀과 보리의 제한아미노산limiting amino acid인 lysine을 보완할 수 있는 대두 가공식품으로서 우리 식생활에 기여한 바 크다. 대두 그 자체는 소화 흡수가 용이하지 않으나 천연 미생물이 분비하는 효소에 의하여 가수분해되어 나오는 아미노산은 체내의 흡수 이용률이 높을 뿐 아니라, 숙성 중 여러 가지 미생물이 생산하는 다양한 맛과 향기는 아미노산과 소금이 어우러져 더욱 독특한 풍미를 만들어 낸다.

표 5-18. 전통 간장 제조 시 대두 단백질 아미노산 조성의 변화(g/16g N)

아미노산	원료대두	삶은대두	전통메주	8개월 숙성	개량 메주	8개월 숙성
Aspartic acid	11.35	11.60	10.26	9.18	11.3	10.41
Threonine	3.92	3.80	3.46	2.75	3.90	3.69
Serine	4.91	4.72	3.98	2.30	4.74	4.05
Glutamic acid	19.02	19.36	16.12	11.50	18.85	16.24
Proline	4.99	4.84	4.15	2.91	4.93	4.78
Glycine	4.25	4.19	4.07	3.78	4.23	3.62
Alanine	4.35	4.30	4.15	3.95	4.30	4.16
Valine	4.75	4.91	4.80	4.48	5.01	4.93
Isoleucine	4.71	4.82	4.25	2.89	4.72	4.52
Leucine	7.48	7.66	6.84	4.95	7.66	7.07
Tyrosine	4.00	3.80	3.57	3.98	4.41	3.85
Phenylalanine	5.12	4.94	4.99	4.94	5.06	4.83
Lysine	6.74	6.54	5.61	7.25	5.71	5.65
Histidine	2.80	2.79	2.23	1.01	2.43	21.31
Arginine	7.45	8.07	5.97	1.11	6.86	3.04
Methionine	1.48	1.48	1.25	0.71	1.41	0.88
Cystine	1.40	1.23	1.17	1.08	1.37	0.27
Tryptophan	-	-	-	1.13	-	1.20
(ammonia)	(1.90)	(1.89)	(2.71)	(2.15)	(1.86)	(1.27)
Total amino acid*	98.72	99.05	86.87	69.90	96.92	85.50
EA/TA×100*	39.8	39.6	41.4	41.6	40.5	38.3

*EA : essential amino acid, TA : total amino acid

한편 고추장도 탄수화물의 가수분해로 생긴 당류의 단맛, 단백질이 분해되어 생긴 아미노산의 감칠 맛, 그리고 고추의 매운 맛과 소금의 짠맛이 잘 조화를 이룬 식품이다. 또 발효에 의해서 생성되는 유기산의 향과 미량의 알코올이 내는 에스테르 향이 풍미를 돋운다. 즉 고추장은 영양이 풍부하기도 하지만 식욕증진, 소화촉진 등의 효과를 가진 우리나라 독특한 장류이다.

농촌에서 쉽게 만들어 먹을 수 있는 청국장도 단백질 발효식품으로 영양이 우수하고 소화가 잘 될 뿐 아니라 점질물인 subtilin은 유해균을 억제하고 유익한 균의 성장을 돕는 선택적인 항균작용을 한다. 청국장의 끈적한 물질은 *Bacillus subtilis*에 의해 생성된 peptido-polysaccharides이며 kinase를 다량함유하고 있으며 이를 natto kinase라고 한다. 청국장에는 이 외에도 고혈압을 예방하는 ACE(angiotensin converting enzyme) 저해 펩타이드와 항산화성 펩타이드들이 다량 함유되어 있어 건강 기능성 식품으로 사용되고 있다.

그리고 맛을 돋우기 위해 마늘, 고춧가루와 함께 소금을 넣어 저장성을 갖게 하며, 강력한 단백질분해효소protease를 갖고 있어서 오래 두면 여러 가지 아미노산과 암모니아태 질소로 변하므로 가을, 겨울철에 수시로 만들어 먹었다는 것은 합리적인 식생활의 일면이라 할 수 있다.

《동의보감》에 의하면 "장은 두통, 한열을 다스리고 땀을 내게 한다. 따라서 감기 때 메주와 파를 섞어 먹거나 메주, 형개荊芥, 방풍防風, 상엽桑葉을 함께 달여서…"라고 되어 있고 또 메주는 식체食滯를 지우고 천식喘息에도 효과가 있는 것으로 되어 있다. 그리고 민간요법으로 외상이나 화상에 된장, 간장을 이용하기도 했지만, 오늘날에는 그 효과가 거의 인정되지 않고 있다. 다만, 소금이나 protease의 효과가 있었으리라는 점만 추측할 수 있다. 오히려 오염된 곰팡이 *Aspergillus flavus*에서 오는 곰팡이독 aflatoxin의 유해성이 알려지면서 한때는 우리 장류가 암癌의 원인이 된다는 설이 있었다.

현대 과학에 의해서 장류의 의학적 측면이 논의된 것은 최근의 일로서, 메주가 한국을 비롯한 동양인에게 가장 많이 발생하는 위암의 주원인이 된다는 《타임》지의 발표(69. 5. 8)에서 비롯되었다. 즉 aflatoxin의 독성 때문이라는 상당한 설득력 있는 학설이 제기된 것이다. 그러나 그간의 많은 연구에서 오히려 우리 된장에 항암효과가 있는 것으로 밝혀지고 있다. 현재 장의 항암효과에 대한 연구가 활발하게 진행되고 있으며, 대체적으로 재래식 된장이 가장 높고 상업용 된장 – 청국장 – 일본된장 순으로 항암효과가 있는 것으로 여러 실험에서 밝혀지고 있다. 전통장류가 치매예방, 뇌졸중에 효과가 있는지에 관한 연구도 활발하게 진행되고 있다.

참고문헌

이철호; 장류제품의 아미노산 조성과 그 단백질 품질평가에 관한 연구, 한국식품과학회지, 5(4) 210-214 (1973).

이철호, 조태숙, 임무현, 강주회, 양한철; 가자미 식해에 관한 연구, 한국산업미생물학회지, 11(1) 53-58 (1983).

이철호, 권태완; 한국식품학입문, 고려대학교출판부 (2003).

이철호, 김준철; 한국 전통 장류의 문헌적 고찰, 장류, 51권, 3-18 (1998).

이철호, 안보선; 김치에 관한 문헌적 고찰, 한국식생활문화학회지, 10(4) 311-319 (1995).

이철호, 이응호, 임무현, 김수현, 채수규, 이근우, 고경희; 우리나라 수산발효기술의 특색, 한국식문화학회지, 1(3) 267-278 (1986).

이한창; 청국장의 신비, 신광출판사 (1995).

한국식품과학회편; 김치의 과학, 한국식품과학회 (1994).

Cherl-Ho Lee; The effect of Korean soysauce and soypaste making on soybean protein quality, Part 1-3, Korean J. Food Sci. Technol, 8(1), 12-32 and 8(2) 63-69 (1976).

Cherl-Ho Lee; *Kimchi*: Korean fermented vegetable foods, Korean J. Dietary Culture, 1 : 395 (1986).

Cherl-Ho Lee; Fish Fermentation Technology, Korean J. Appl. Microbiol. Bioeng., 17(6) 645-654 (1989).

Cherl-Ho Lee; Importance of lactic acid bacteria in non-dairy food fermentation, p.8, in Lactic Acid fermentation of non-dairy food and beverages, Lee, C. H., Adler-Nissen, J. and Barwald, G.(ed.), HanLimWon, Seoul (1994).

Cherl-Ho Lee; Korea, the country of soybean fermentation, Korea AgraFood, September, 8-10 (1995).

Cherl-Ho Lee; Lactic acid fermented foods and their bebefits in Asia, Food Control, 8(5/6) 259-269 (1997).

Cherl-Ho Lee; Cereal fermentation in countries of the Asia-Pacific region, in Fermented Cereals, A Global Perspective, FAO Agricultural Services Bulletin 138, FAO, Rome (1999).

Cherl-Ho Lee; Fermentation Technology in Korea, Korea University Press (2001).

Cherl-Ho Lee; History of fermented food and its function in modern society, Proceedings of the International Symposium of Fermented Foods, 5-16, IFFE Jeonju (2003).

Cherl-Ho Lee; The role of biotechnology in modern food production, Journal of Food Science, 69(3), R92-95 (2004).

Cherl-Ho Lee, Keith H. Steinkraus and P.J. Alan Reilly; Fish Fermentation Technology, UNU Press (1993).

Cherl-Ho Lee, Jens Adler-Nissen, Gunter Barwald; Lactic Acid Fermentation of Non-dairy Food And Beverages, HanLimWon (1994).

Cherl-Ho Lee and Sang-Sun Lee; Cereal fermentation by fungi, Applied Mycology and Biotechnology, volume 2, Agriculture and Food Production, p. 151-170, Elsevier Sci. B.V.(2002).

Ha, D. M.; Suppression of acidic deterioration of *Kimchi* during the fermentation proces, p.43, in The Science of *Kimchi*, Korean Society of Food Science and Technology, Seoul (1994).

Oh, Y. J., Hwang, I. J. and Leitzmann, C.; Nutritional and physiological evaluation of *Kimchi*, p.226, in The Science of *Kimchi*, Korean Society of Food Science and Technology, Seoul (1994).

So, M. H.; Characteristics of psychrotropic lactic acid bacteria isolated from *Kimchi*, p.62, in The Science of *Kimchi*, Korean Society of Food Science and Technology, Seoul (1994).

Souane, M., Kim, Y. B. and Lee, C. H.; Microbial characteristics of *Gajami Sik-hae* fermentation, Korean J. Appl. Microbiol. Bioeng., 15 : 150 (1987).

Souane, M., Kim, Y. B. and Lee, C. H.; Microbial characterization of *Gajami Sik-hae* fermentation, p.35, in Post-harvest Technology, Preservation and Quality of Fish in Southeast Asia, P.J.A.Reilly, R.W.H.Parry and L.E.Barile(ed.). IFS, Stockholm (1990).

Steinkraus, K.H.; Handbook of Indigenous Fermented Foods, Marcel Dekker, Inc., New York (1983).

Sung-Woo Lee, Study on the origin and interchange of Dujang(also known as soybean sauce) in ancient Asia, Korean J. Dietary Culture, 5(3), 313-318 (1990).

Tae Ick Mheen, Tai Wan Kwon and Cherl-Ho Lee; Studies on the nomenclature of Korean Fermented Foods, Korean J. Appl. Microbiol. Bioeng., 9(4) 237-240 (1981).

Uhm, Mi Na and Cherl-Ho Lee; Isolation and Identification of Staphylococcus sp. from Korean fermented fish products, J. Microbiol. Biotechnol, 6(5) 340-346 (1996).

Yokotsuka, T.; Traditional fermented soybean foods. Vol.3, p.395, in Comprehensive Biotechnology, Pergamon Press, Oxford (1985).

제6장

화학적 저장방법

식품의 화학적 저장방법은 전통적으로 사용되어 온 염장, 당절임, 식초절임pickling, 훈연smoking 등이 있으며 화학보존료의 사용이 있다. 최근에는 화학보존료의 사용에 대한 부작용과 소비자들의 부정적 인식으로 인해 천연항균제와 항산화제의 사용이 증가하고 있다. 염장 식품에 관한 사항은 제5장에서 다루었다. 당절임은 염장과 마찬가지로 수분활성도를 낮춤으로 저장성을 갖는 것인데 잼jam, 젤리jelly, 당고 등이 대표적 음식이다. 식초절임은 pH를 낮추고 아세트산의 강한 항균력으로 식품을 저장하는 방법으로 서양의 오이피클, 스칸디나비아의 청어절임pickled herring이 대표적이다. 훈연은 고기 구이roasting를 주로 먹는 서양 사람들의 조리법에서 자연히 발전한 것으로 장작불로 굽는 과정에서 연기에 포함된 각종 유기물들의 항균력으로 저장성이 향상된다. 주로 소시지, 육류, 연어 등 어류 가공에 사용에 되며 최근에는 저장성보다 훈연 맛을 첨가한 제품들이 많다. 본장에서는 화학보존료의 사용과 천연항균제 및 항산화제의 용도에 대하여 자세히 알아본다.

6.1. 화학보존료

보존료preservatives는 강한 항균력으로 식품의 부패변질을 막아 주는 화학합성 물질로 인체에 미치는 악영향이 아주 적어서 법적으로 사용이 허가된 식품첨가물이다. 보존료는 과량 사용하면 인체에 해로울 수 있으므로 허용된 식품에 허용된 농도 이하로 써야 한다. 화학보존료는 열처리, 방사선처리, 건조, 냉동 등 다른 물리적 저장방법보다 식품의 품질 변화를 덜 일으키며 철저한 포장이 아니더라도 상온에서 유통이 가능하게 함으로써 오늘날의 식품 공급체계에서는 필수적으로 사용되는 저장기술이다. 보존료는 과학기술의 발전에 따라 새로운 물질이 계속 개발되고 있으며 기존의 보존료 중에서도 인체 유해성이 인정되면 즉시 사용을 금지한다. 나라마다 식습관이 다르고 음식의 종류에 따라 소비량이 다르므로 보존료의 사용기준은 나라마다 다소 차이가 있다. 다음은 우리나라에서 허용된 보존료를 중심으로 그 용도와 허용기준을 정리한 것이다.

① 초산 및 나트륨염sodium acetate

결정물(3수염) 또는 무수물로서 정미료로 사용되는 식품첨가물이나 초산의 우수한 항균력으로 세균의 제균 및 살균 목적으로 사용된다. 그람음성균과 식중독성 그람양성균에 효과가 있다. 효모에는 효과가 없으며 빵류의 곰팡이 방제에 사용된다. 비해리undissociated 상태에서 효과가 있으므로 pH에 영향을 받는다. 초산acetic acid은 강산성 액상 물질로 항균력이 강하며 3.6% 이상일 때 젖산균과 효모의 생육을 억제한다. 수분이 적은 것은 16.6℃ 이하에서 얼음과 같은 결정 덩어리로 변하기 때문에 빙초산glacial acetic acid이라고 부른다. 초산칼슘과 이초산나트륨 sodium diacetate도 동일한 목적으로 활용되고 있다.

② 데히드로초산나트륨sodium dehydroacetate

무색 또는 백색의 침상 또는 판상의 결정 또는 백색의 결정성 분말로 약산성물질로 pH에 의하여 효력이 좌우된다. 혐기성 젖산균과 클로스트리디움속에는 효과가 없으나 곰팡이, 효모, 혐기성 그람양성균에는 효과가 있다. 치즈, 버터, 마아가린(0.5g/kg 이하)에만 사용할 수 있다.

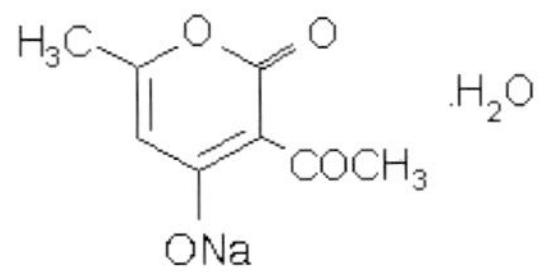

데히드로초산나트륨

③ 안식향산benzoic acid 및 나트륨, 칼륨, 칼슘염

백색의 엽상 또는 침상결정으로 가온하면 물에 용해되며, 알코올에 용해되는 흡습성 물질이다. 세균, 곰팡이 효모에 광범위하게 항균효과가 있다. 안식향산의 항균작용은 비해리부분에 따라 결정된다. 보통 산성 영역에서 강력한 항균효과를 나타내지만 알칼리성 영역에서는 항균력이 낮다. 이와 같이 pH에 따라 항균효과가 다른 것은 pH 자체보다 용액상에서 비해리와 해리부분의 상대적 비율이 항균효과를 결정하기 때문이다. 즉, 산성조건에서 소수성인 안식향산의 비해리부분이 미생물의 세포막을 통과하여 세포 내의 기질이동과 산화적 인산화반응을 억제함으로써 항균효과를 나타내게 된다. 잼류, 마아가린, 마요네즈, 오이초절임(1g/kg 이하), 과실채소류음료, 탄산음료류, 기타음료, 간장(0.6g/kg 이하), 알로에겔제품(0.5g/kg 이하)에 사용이 허가되어 있다.

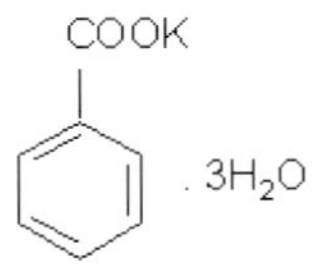

안식향산칼륨

④ 프로피온산propionic acid 및 나트륨, 칼슘염

액상, 백색 결정, 과립 또는 분말로 냄새가 없거나 약간 특이한 냄새가 있으며, 곰팡이 및 호기성 아포균의 발육을 저지한다. pH가 낮은 것이 유효하다(pH 4.8 이하). 나트륨염은 물에 용해되며 아세톤에는 용해되지 않는다. 곰팡이에 대한 항균력이 뛰어나고 세균에도 항균력이 있으나 알칼리성 때문에 빵효모의 생지발효를 늦추는 경향이 있다. 칼슘염을 케이크에 사용할 경우 팽창제로 사용하는 탄산수소나트륨과 반응하여 불용성염을 만들어 CO_2 발생을 억제한다. 치즈(3g/kg 이하), 빵 및 케이크류(2.5g/kg 이하), 잼류(1g/kg 이하)에 허용되어 있다.

$$CH_3CH_2COONa$$

프로피온산나트륨

⑤ 소르빈산sorbic acid 및 칼륨, 칼슘염

소르빈산은 무색 침상결정 또는 백색의 결정성 분말로 물에 용해하기 어려우나 알코올, 아세톤에는 쉽게 용해된다. 곰팡이, 효모의 발육을 억제하는 효과가 있으며 젖산균, 그람양성구균, 호기성 포자형성균에도 효과가 있다. 주요 항균작용 기작은 미생물포자의 발아와 성장을 억제하여 미생물세포의 생성을 막아주는 것이다. 분자 내 카르복실그룹(-COOH)은 Ca, K, Na과 반응하여 수용성염을 만든다. 식품의 pH가 낮을수록 항균효과는 증가한다. 치즈(3g/kg 이하), 식육가공품(2g/kg 이하), 염분 8% 이하의 젓갈류, 장류, 어패건제품, 앙금류, 절임류, 알로에겔제품, 플라워

페이스트, 드레싱, 잼, 당류가공품, 마아가린(1g/kg 이하), 건과류, 토마토케첩, 식초절임, 당절임(0.5g/kg 이하), 과실주(0.2g/kg 이하), 발효음료류(0.05g/kg 이하)에 사용이 허가되어 있다.

⑥ 파라옥시안식향산에틸ethyl p-hydroxybenzoate

에틸파라벤paraben이라고도 하며 무색의 결정 또는 백색의 결정성 분말로 냄새가 없으며 물에 대한 용해도가 낮고 알코올에 잘 녹는다. 곰팡이, 효모, 세균에 대해 광범위하게 항균력이 있다. pH에 크게 영향을 받지 않는다. 캅셀류, 잼류(1g/kg 이하), 망고처트니, 간장(0.25g/kg 이하), 소스류(0.2g/kg이하), 식초, 과실채소류 음료(0.1g/kg 이하), 과실채소 표피부분(0.012g/kg 이하)에 허용된다. 파라옥시안식향산메틸도 같은 용도로 사용되고 있으나, 파라옥시안식향산부필, 이소부필, 프로필, 이소프로필은 지정이 취소되었다.

⑦ 아황산나트륨sodium sulfite

결정물(7수염) 또는 무수물로 존재하며 표백제로 사용되는 물질이다. 환원력이 강한 아황산을 발생하고 이것이 살균력과 함께 과채류의 갈색화를 일으키는 폴리페놀 옥시다제의 작용을 억제하여 표백작용을 한다. 해리되지 않은 아황산은 세포벽을 더 잘 뚫는다. 세포 내에서 acetaldehyde와 반응하며, nicotinamide dinucleotide를 포함한 반응을 방해한다. 박고지, 우엉, 연근, 도라지, 감자, 고구마, 토란의 갈변 방지에 널리 사용되고 있다. 현재 아황산과 관련하여 보존료, 표백제, 산화방지제로 허용되고 있는 식품첨가물로는 아황산나트륨 외에 메타중아황산칼륨, 무수아황산, 산성아황산나트륨, 차아황산나트륨, 메타중아황산나트륨이 있다.

⑧ 아질산나트륨sodium nitrite

백색 또는 황색의 결정성 분말 또는 막대 모양의 덩어리로 물에 쉽게 용해된다. 공기 중에서 서서히 산화되어 질산나트륨으로 변하며, 수용액은 알칼리성(pH 9 정도)을 나타낸다. 육류색소인 미오글로빈myoglobin이 공기 중에서 산화되어 퇴색하면서 메트미오글로빈metmyoglobin이 형성되는 것을 저지하고 니트로소 미오글로빈nitrosomyoglobin을 형성하여 고기의 적색을 오래 유지하게 하는 발색제이다. 무서운 식중독균인 보툴리넘균*Clostridium botulinum*의 생육을 억제하여 햄, 소시지 등 육가공에서 요긴하게 사용되는 보존제이기도 하다. 허용 기준은 식육가공품(0.07g/kg), 어육소시지류 및 어육햄류(0.05g/kg), 명란젓 및 연어알젓(0.005g/kg)이다. 아질산과 관련하여 발색제, 보존료의 용도로 허용되고 있는 것에는 질산나트륨$NaNO_3$과 질산칼륨KNO_3도 있다.

⑨ 글리세린지방산에스테르

지방산과 글리세린 또는 폴리글리세린의 에스테르 및 유도체로 글리세린초산지방산에스테르, 글리세린젖산지방산에스테르, 글리세린구연산지방산에스테르, 글리세린호박산지방산에스테르, 글리세린디아세틸주석산지방산에스테르, 글리세린초산에스테르, 폴리글리세린지방산에스테르 및 폴리지방산축합리놀레인산에스테르가 있다. 무색, 갈색 분말, 박편, 조말, 입상, 덩어리, 반유동체 또는 액체로서 냄새가 없거나 특이한 냄새가 있다. 유화능력이 있으면서 항균력이 있는 물질로 효모와 포도상구균, 바실러스 등 세균의 생육을 억제한다. 허용된 품목이나 농도 기준은 없다.

표 6-1. 보존료의 분자구조와 특성

보존료	분자구조	활성형(pH 범위)	적용 미생물
Acetic acid Na acetate Ca acetate Na diacetate	CH_3COOH CH_3COONa $(CH_3-COO)_2Ca$ $CH_3-COONa -$ $CH_3-COOH - \frac{1}{2}H_2O$	pH가 감소할수록 활성도 증가	3.6%이상에서 젖산균과 효모 생육억제 곰팡이
Benzoic acid		undissociated form pH 2.5~4.0	효모, 세균에 효력, 곰팡이는 효과적음
Propionic acid; Na-, Ca-salts	CH_3CH_2COOH	비해리형 ≤pH 5,0	곰팡이.빵에 기생하는 세균, *Bacillus mesentericus*
Sorbic acid $CH_3CH=CHCH=CHCOOH$		비해리형 ≤pH 6.5	곰팡이, 효모
Methyl p-hydroxybenzoate	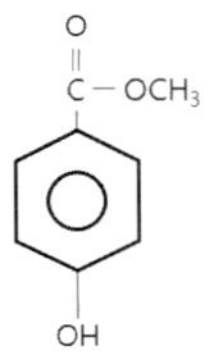	pH 7.0 또는 그 이상	곰팡이, 효모 그람음성균에 효과
Sulfites and sulfur dioxide	SO_2 sulfur dioxide SO_3 sulfite HSO_3 bisulfite S_2O_5 metabisulfite	해리되지 않은 아황산 ≤pH 4.5	효모, 곰팡이, 세균 억제. HSO_3는 높은 pH에서 세균에 유효하나 효모에는 영향을 미치지 못함
Nitrites and nitrate salts	$NaNO_2$ KNO_2 $NaNO_3$ KNO_3	아질산(nitrite) pH 5.0-5.5	*Clostridium botulinum* 포자

⑩ 글리신glycine

정미료로 사용되는 식품첨가물이나 항균력이 있는 물질이다. 특히 바실러스속 포자형성균의 생육을 억제하므로 야채절임, 수산연제품, 두부에 사용되며 허용 품목이나 농도기준은 없다.

보존료의 사용기준은 사용 총량을 중요하게 관리하는데 한 제품에 유사한 보존료를 혼합하여 사용할 경우에는 합산하여 단일 보존료의 기준을 초과하지 못하도록 한다.

〈표 6-1〉에서 보는 바와 같이 많은 보존료들이 pH에 따라 그 효력이 크게 달라진다. 이것은 유기산 염들이 해리되지 않은 상태에서 항균력을 가지기 때문이다. 대부분 보존료들의 pK값(50%의 산이 해리된 상태)이 pH 3~5 범위이므로 pH가 이 범위 이하일 때 즉 반 이상이 해리되지 않은 상태일 때 효과가 크다.

6.2. 천연항균제

많은 식물은 항균활성을 갖는 물질들을 함유하고 있으며 이들을 흔히 녹색 화학제green chemicals라고 총칭하기도 한다. 향료와 허브는 세균, 효모, 곰팡이의 생육을 저해하는 것으로 잘 알려져 있으며 전통적으로 약용이나 식품 저장에도 널리 사용되고 있다. 향료와 허브, 또는 그 추출물의 항균활성은 여러 분야에서 활용되고 있다. 미생물과 관련한 천연항균제에 대해서는 유산균의 이용이 연구의 주류를 이루고 있으며 생물학적 보존제biopreservatives로 취급되고 있다. 유산균은 식품 발효에 오랫동안 안전하게 사용되어 왔으며 유산균이 생산하는 항균물질 박테리오신bacteriocin의 이용이 현실화되고 있다.

(1) 식물 유래의 천연항균제

식물 유래의 천연항균 물질로는 파이토알렉신, 유기산, 페놀 등을 이용한 항균제 연구가 주를 이루고 있다. 또한 허브와 방향식물의 방향유essential oils에 관한 연구도 진행되고 있다. 방향유는 에스터, 알데하이드, 케톤, 테르펜 등을 함유하는 항균제로 넓은 범위의 항균효과를 갖는다. 허브와 향신료, 그리고 이들 추출물과 그 유효성분에 대한 독성 연구 또한 상당히 이루어졌으며 대부분 식품용 또는 GRAS(generally recognized as safe) 식품으로 알려져 있다.

① 파이토알렉신

파이토알렉신phytoalexins은 식물이 미생물 감염이나 외부 스트레스에 대응하여 자체 합성하는 모든 저분자 항균물질을 총칭하는 말이다. 대개 넓은 범위의 항균력을 가지며 식물체가 가지고 있는 전구물질로부터 합성된다. 현재 20개 이상의 종種 내에 200개 이상의 파이토알렉신이 알려져 있다. 파이토알렉신은 넓은 범위의 항생제로 식물병리학적 관점에서 보면 특히 곰팡이에 대한 활성이 클 것으로 기대된다. 그람양성균은 그람음성균에 비해 좀더 민감한 것으로 밝혀졌다. 식물체내에서 파이토알렉신 합성을 담당하는 효소들은 미생물 또는 다른 외부 자극에 반응하여 스스로 합성된다. 파이토알렉신의 합성을 일으키는 물질은 세균의 단백질, 곰팡이의 지방산, 숙주식물에서 유도된 올리고당 등 여러 가지 물질이 알려져 있다.

C6-C3-C6의 기초 골격 구조로 형성된 이소플라보노이드isoflavonoids는 파이토알렉신의 대표적인 물질이다. 콩과 작물은 이소플라보노이드 파이토알렉신을 생산하는 것으로 알려져 있고, 그 예로 완두콩의 피사틴pisatin(**그림 6-1a**), 강낭콩의 페이즈올린phaseollin, 대두의 글리세올린glyceollin 등이 있다.

이소플라보노이드 파이토알렉신은 친유성이 증가됨에 따라 항곰팡이 활성이 증가하며, 리시틴rishitin (**그림 6-1b**)과 같은 테르페노이드terpenoid 파이토알렉신은 주로 가지과(예. 감자 줄기)에서 발견된다. 시험관 내의 실험에서 세균에 대한 리시틴의 활성은 2가 양이온들 Ca^{2+}와 Mg^{2+}에 의해 저해되고, 표적 미생물의 세포질막에 작용하는 것으로 보인다.

질병 또는 병리학적으로 관련된 단백질 파이토알렉신 그룹에는 키티네이즈chitinase, 티오닌thionins, 지마틴zeamatins, 소마틴thaumatins 등이 있다. 키틴네이즈의 항곰팡이 활성은 잘 알려져 있다. 이러한 단백질들의 일부는 유도 효소로서 다른 파이토알렉신이나 페놀 화합물의 합성에 관여한다.

식품 저장에 파이토알렉신의 이용이 많이 검토되고 있으나 상대적으로 높은 농도에서 항균 효과가 나타나기 때문에 아직 실질적인 사용의 예는 매우 적다. 또한 항균효과를 낼 정도로 높은 농도일 때 발생할 수 있는 독성의 문제도 더 연구되어야 한다. 그러나 파이토알렉신의 연구는 높은 활성을 가지는 유사제제의 개발을 가능하게 한다.

a b

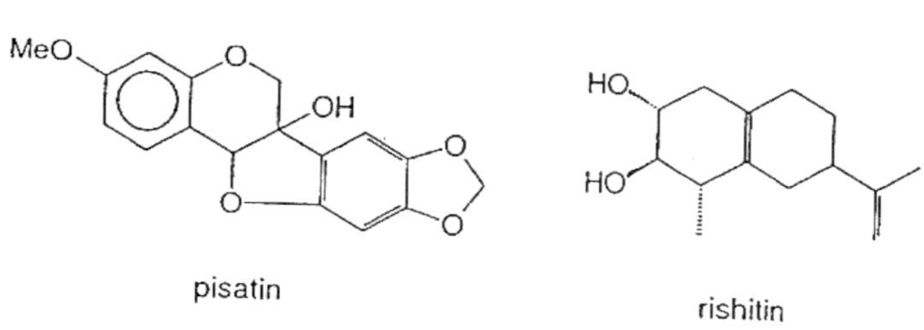

그림 6-1. 완두콩의 pisatin과 감자의 rishitin 분자구조

② 유기산

시트르산, 호박산, 사과산, 타르타르산은 흔히 과실(예. 감귤류, 대황, 포도, 파인애플)과 채소(예. 브로콜리, 당근)에서 발견되는 항균물질이다. 이들은 식품의 신맛과 항산화제로서의 역할도 한다. 젖산과 프로피온산은 자연적인 발효과정을 통해 생성되나 천연 식품에서는 발견되지 않는다. 유기산의 항균 활성은 널리 알려져 있으며 앞 절에서 언급한 바와 같이 식품산업에서 널리 이용되고 있다. 유기산은 세포벽, 세포막, 대사 효소, 단백질 합성 시스템에 관여한다. 따라서 다양한 범위의 미생물에 대해 효과를 나타낸다. 작물에 함유된 유기산은 작물의 자연적 방어를 돕고 유기산 또는 그 유도체들은 식품 보존제로서 이용되고 있다.

③ 페놀화합물

고농도의 식물 페놀화합물 조합 처리가 미생물에 대한 식물의 화학적 방어 시스템의 주된 역할을 한다는 것은 확실하나 그 기전은 아직 명백하지 않다. 페놀화합물은 식물조직의 방어 메커니즘에 도움을 줄 뿐만 아니라 식물성 식품의 맛과 영양가 특히 건강 기능성에 기여하는 것으로 알려져 있다.

페놀화합물phenolics은 당과 결합한 배당체 β-D-glucopyranoside의 형태로 식물체에 존재한다. 페놀 화합물은 3개의 그룹으로 분류된다(표 6-2). 단순 페놀simple phenols과 페놀산phenolic acid(예. p-cresol. 3-ethylphenol, hydroquinone, protocathecuic, vanillic, gallic, syringic, ellagic acids), 하이드록시시남산hydroxycinnamic acid 유도체(예. p-coumaric, caffeic, ferulic, sinapic acids), 그리고 플라보노이드flavonoids이다. 이 중 플라보노이드가 가장 중요하며 여기에는 카테킨catechins, 프로안토시아닌proanthocyanins, 안토시아니딘anthocyanidins, 플라본flavons과 플라보놀flavonols 및 그 배당체들이 포함된다. 페놀산에 속하는 탄닌tannins은 단백질을 침전시키는 능력이 있어 특별히 취급되고 있다.

올리브, 차, 커피에서 발견되는 페놀 화합물의 항균 활성은 잘 알려져 있으며 생강의 진저론gingeron과 고추의 캡사이신capsaicin은 세균 포자의 발아를 저해하는 것으로 알려져 있다. 실용

표 6-2. 식물 유래의 항균성 페놀화합물의 분류와 종류

분 류	화합물명
Phenols & phenolic acid	p-cresol. 3-ethylphenol, hydroquinone, protocathecuic, vanillic, gallic, syringic, ellagic acids
Hydroxycinnamic acid derivatives	p-coumaric, caffeic, ferulic, sinapic acids
Flavonoids	catechins, proanthocyanins, anthocyanidins, flavons, flavonols 및 이들의 배당체

적으로 사용되고 있는 천연항균제는 자몽종자추출물을 들 수 있다. 자몽(*Citrus paradisi* MACF)의 종자를 물, 에틸알코올 또는 글리세린으로 추출하여 얻어지는 것으로 주성분은 지방산과 플라보노이드이다. 성분규격은 나린진으로 표시하며 우리나라 식품첨가물로 등재되어 있다.

④ 방향유와 그 화합물

방향유essential oil는 대부분 향신료와 허브에서 유래되지만 다른 과실이나 식물의 뿌리와 줄기에서 분리되기도 한다. 방향유 성분들은 수분작용pollination에서 곤충을 유인하는 역할을 하기도 하고, 곤충을 쫓아내는 역할을 하기도 한다. 또 다른 화합물은 씨앗의 전파를 위해 초식동물들을 유인하거나 병원성 미생물의 감염을 억제하는 항곰팡이 또는 항균 활성을 나타낸다. 대부분 오랫동안 식품으로 사용해 온 향신료나 허브에서 추출되므로 안전성에 문제가 없어 천연식품 보존제로서의 응용성에 큰 잠재력을 갖고 있다.

방향유는 유기용매에 의한 추출법이나 수증기 증류법을 이용하여 생산되며 수율이 대단히 낮아 1톤의 허브에서 수십 그램의 방향유를 얻을 수 있으므로 가격이 높다. 약리적 효과가 고대로부터 인정되어 보완대체 의료용으로 사용되며 희석액을 주로 사용한다. 방향유는 대부분 알코올에 용해되고 물에는 잘 용해되지 않는다. 주성분은 에스터, 알데하이드, 케톤, 테르펜의 혼합물로 구성돼 있다. 대표적인 항균물질로는 백리향, 오레가노(꽃박하)에서 얻는 티몰thymol과 계피의 시남알데하이드cinnamaldehyde, 정향의 유게놀eugenol을 들 수 있다.

*Escherichia coli*는 *Pseudomonas fluorescens*나 *Serratia marcescen*보다 샐비어, 로즈마리, 쿠민, 캐러웨이, 정향나무, 백리향의 방향유에 더 민감하고, *Salmonella* Typhimurium은 *Pseudomonas aeruginos*에 비해 오레가노와 백리향의 방향유에 더 민감한 것으로 밝혀졌다. 유향수mastic gum의 방향유는 탈지우유에서 *Salmonella* Enteritidis의 생육을 저해한다는 보고가 있다. 머스타드 오일은 육제품에서 항균 활성을 보이며 머스타드 오일의 allylisothiocyanate 1% 용액은 관능적 변화를 크게 내지 않으면서 뚜렷한 항균활성을 나타낸다. *Staphylococcus aureus*, *Listeria monocytogenes*, *Aeromonas hydrophila*, *S.* Typhimurium, *Clostridium botulinum*은 린덴 꽃, 오렌지, 레몬, 자몽, 만다린, 세이지, 로즈마리, 오레가노, 백리향, 계피, 쿠민, 캐러웨이, 정향나무, 모든 향신료, 마스틱 검, 양파의 추출물에 민감한 것으로 보고되고 있다. 그러나 방향유가 식품에 첨가되었을 때에는 단백질이나 지방과 같은 식품 성분에 결합되어 불활성화되므로 항균력을 잃어 효과가 크게 감소하는 단점이 있다.

방향유가 식품저장에 실제로 이용되는 경우를 보면 캐러웨이 씨앗 방향유의 경우 감자의 저장에 이용되고 있다. 캐러웨이 씨앗 방향유의 주성분인 모노테르펜의 카르본carvone(**그림 6-2a**)

은 강력한 항곰팡이 활성이 있어 감자 저장 중 곰팡이의 피해를 막아 준다. 그러나 카르본은 저장 환경에서 점진적으로 소멸되므로 정기적으로 관리 점검해야 한다. 계수나무(cassia oil, 계피)의 주성분인 시남알데히드(그림 6-2b)는 *Penicillium, Fusarium, Aspergilus* 종과 같은 몇몇 식품 관련 곰팡이에 대한 강력한 항곰팡이 활성을 가지고 있으며, 아플라톡신을 억제하는 성질도 가지고 있다. 이런 성질을 이용하여 토마토 표면의 소독제로 사용되고 있다. 토마토 수확 후 가장 문제가 되는 미생물은 *Alternaria alternata, Botrytis cinerea, Rhizopus stolonifer*이다. 특히 표면에 상처를 입은 부분과 꽃받침에 미생물에 의한 부패가 일어나기 쉬우므로 시남알데히드를 토마토 표면에 도포함으로써 저장성을 크게 향상시킬 수 있다.

그림 6-2. 카르본과 트랜스형 시남알데히드의 분자구조

(2) 미생물 유래 천연항균제

미생물은 그들의 생육과정에서 다른 미생물을 제거할 수 있는 물질을 생성하여 주위 환경에 분비함으로써 생존을 위한 경쟁력을 가진다. 그 대표적인 예가 유산균이다. 유산균은 폭넓은 항균성을 가지는 유기산(젖산, 아세트산 등)과 에타놀, 과산화수소, 탄산가스 등을 생산하는 동시에 특정 미생물을 선택적으로 제어하는 항생물질 박테리오신bacteriocins을 생산한다. 발효식품에서 유산균은 식품을 저장하는 주체로서 역할하고 있으며 그 자세한 내용은 제5장에서 다루었다.

유산균 배양액을 식품에 첨가하여 저장성을 향상시키는 경우가 육가공, 어패류가공, 유가공 및 채소류 가공에서 시도되고 있다. 이 경우에 저장성 향상은 주로 유산균이 생산하는 유기산에 의해 일어나지만 박테리오신의 효과도 무시할 수 없다.

염장돼지고기에 *Lactobacillus sake* 배양액의 첨가, 진공포장된 비엔나소시지와 독일소시지에 *Pediococcus acidilactici* 배양액의 첨가, 진공 포장된 삶은 햄에 *Lactobacillus alimentarius*와 *Staphylococcus xylosus* 배양액의 첨가, 훈제 연어에 *Lactococcus lactis*의 첨가 등의 연구들이 발표

되고 있다. 이들은 *Listeria monocytogenes*, *Clostridium botulinum*, *Salmonella*, *Staphylococci*와 같은 병원성 세균에 대한 선택적인 억제효과도 있지만 전반적인 세균 수 감소효과가 있다.

치즈에 생육하는 클로스트리디아 세균에 의해서 발생하는 '후기팽화late blowing'(가스와 부티르산 생성에 의한 치즈 변패) 현상은 박테리오신을 생산하는 유산균 배양액을 첨가함으로써 크게 억제할 수 있다. *Enterococcus faecium* 배양액으로 모짜렐라와 같은 이탈리안 치즈의 발효 숙성과정에서 pH가 상승하는 것을 막을 수 있다.

박테리오신은 여러 가지 세균이 생산하는 저분자 단백질이다. 유산균이 생산하는 박테리오신은 다른 유산균의 생육을 저해함과 동시에 여러 가지 병원균이나 부패균에 대한 살균효과를 나타낸다. 박테리오신은 전반적인 세균수 감소에 효과를 볼 수 있는 것은 아니며, 특정세균 특히 *L. monocytogenes*, *C. botulinum*, *B. cereus* 등과 같은 그람양성 병원균에 효과가 있다. 모든 유산균이 박테리오신을 생성하는 것은 아니며 박테리오신 생성균주들이 있다. 현재까지 17종의 유산균에서 30여 종의 박테리오신이 확인되었다. 〈표 6-3〉은 대표적인 박테리오신을 열거한 것이다.

표 6-3. 대표적인 박테리오신과 생산균주

박테리오신	생산균주
Nisin	*Lactobacillus lactis subsp. lactis*
Pediocin	*Pediococcus pentosaceus,* *P. acidilactici*
Sakacin	*Lactobacillus sake*
Heveticin, Lactocin	*Lactobacillus helveticus*
Lactacin, Acidophilucin	*Lactobacillus acidophylus*
Plantaricin, Plantacin	*Lactobacillus plantarum*

① 니신nisin

니신은 *Lactobacillus lactis subsp. lactis*가 생산 분비하는 34개의 아미노산으로 된 폴리펩타이드로, 가압솥 가열에도 안정한 물질이다. 니신은 장내에서 완전 소화되므로 인체에 안전한 물질이다. *Listeria monocytogenes*, *Staphylococcus aureus*를 비롯해 *Clostridium*, *Bacillus* 등 그람양성 식품병원균 및 부패균의 생육을 효과적으로 제어하는 항생물질이다. 특히 포자를 형성하는 클로스트리디움이나 바실러스의 생육을 억제하므로 통조림 식품에서 이들 열저항성 포자를 사멸하기 위한 과도한 열처리(botulinum cook)를 하지 않아도 되는 이점이 있다. 니신은 산성 식품에서 더욱 효과적이므로 과채류 통조림에서 flat-sour 부패를 일으키는 *Bacillus stearothermophilus* 등 열저항성 세균의 억제에 유용하다. 햄, 소시지 등에 니신을 첨가하면 아질산염의 첨가 농도를 낮출 수 있다. 그러나 니신은 육제품이나 유제품에 첨가되면 활성이 크게 떨어지는 경향이 있으므로 주의하여야 한다. 〈표 6-4〉는 니신이 사용되는 식품이 예를 제시하고 있으나, 우리나라에서는 가공치즈(250mg/kg) 이외에 사용해서는 안 된다.

표 6-4. 박테리오신 니신이 사용되는 식품 및 음료수

식품	가능 또는 이용
스위스형 치즈	Clostridia가 일으키는 blowing 결점을 방지
우유	저장수명 연장
토마토 주스	보다 낮은 열처리 허용
캔에 들어 있는 식품	호열성 세균에 의한 통조림 부패 방지
Sauerkraut	경쟁력을 향상시켜 발효제 기능을 최적화
맥주	유산균에 의한 부패를 억제
포도주	유산균에 의한 부패를 억제

② 페디오신pediocin

페디오신은 *Pediococcus* 속의 세균들이 생산하는 박테리오신으로 1975년 오이절임에서 *Lactobacillus plantarum*의 생육을 저해하는 물질로 *Pediococcus pentosaceus*가 생산하는 것으로 처음 보고되었다. 페디오신은 유산균, 클로스트리디아, *S. aureus*, *B. cereus* 등 다양한 유해 세균을 억제하므로 발효소시지나 채소의 종균 배양에 유용한 물질이다. 페디오신도 장 내에서 쉽게 소화 흡수되므로 안전한 물질이다.

③ 사카신sakacin

*Lactobacillus sake*가 생산하는 항생물질로 주로 육제품에 생육하는 부패균과 병원성 세균의 방제에 효과적이다. *L. sake*는 육제품에서 흔히 발견되는 유산균으로 여러 가지 유사한 항생물질을 생산한다. 발효소시지에서 분리된 *L. sake* 45가 생산하는 락토신(lactocin S)을 비롯한 여러 가지 박테리오신은 유산균을 비롯하여 *L. monocytogenes*, *S. aureus*, *C. botulinum*, *C. sporogenes* 등 그람양성 식품병원균의 생육을 억제한다.

④ ε-폴리리신ε-polylysine

방선균의 일종인 *Streptomyces albulus*를 배양한 다음 배양여액을 이온교환수지에 흡착, 분리. 정제하여 얻어지는 물질로서 그 성분은 ε-폴리리신이다. 흡수성이 강한 엷은 황색의 분말로서 약간의 쓴맛을 가지고 있다. 물에 잘 용해되고 에탄올에 약간 용해된다. pH 4~9 범위에서 효과적이며, 내열성(120℃, 20분)이 뛰어나기 때문에 가열과의 병용으로 효과를 더욱 높일 수 있다. 폴리리신의 아미노기는 수용액에서 양성 하전을 발휘하는 양이온계 계면활성물질이므로 미생물의 증식을 억제하는 작용을 한다.

(3) 기타

① 리소짐lysozyme

계란 흰자에 0.3% 정도 함유되어 있어 난백을 수지 정제하여 얻어지는 효소제로 천연첨가물에 속한다. 그람양성균, 대장균, 살모넬라 등 그람음성균의 세포벽을 분해하는 기능을 가지고 있다. 흡수성이 강하므로 냉암소에서 밀봉 보존하여야 한다.

② 이리단백Milt Protein

연어과 연어Oncorhynchus keta WALBAUM, 고등어과 가당랑어Katsuwonus pelamis LINNAEUS 등의 정소(이리) 중의 핵산과 염기성 단백질을 산으로 분해한 후 중화하여 얻어진 물질로서 성분은 염기성 단백질(프로타민, 히스톤)이다. 물에 대해 미탁 내지 혼탁하나 성분인 프로타민은 물에 용해되기 쉽고 에탄올은 거의 용해되지 않는다. 열안전성(120℃, 30분)이 뛰어난 단백으로 중성~알칼리성 영역에서 그람양성균, 음성균, 특히 내열성 아포균에 대해 유효하다.

③ 나타마이신Natamycin

백~황색의 결정성 분말로 물에 거의 녹지 않는다. 곰팡이에 대한 항균활성이 있으나 자연치즈 및 가공치즈의 표면 이외에 사용하여서는 안 된다. 사용량은 나타마이신으로서 1mg/dm^2 이하이며 표면으로부터 깊이 5mm 이상에서는 검출되어서는 안 된다.

6.3. 항산화제

보존제나 항균제를 사용하여 식품의 미생물에 의한 부패를 막을 수 있게 되면 그 다음으로 요구되는 것이 항산화제를 이용하여 산화적 변패 즉 산패rancidity를 막는 일이다. 항산화제antioxidant란 산화에 의한 식품의 변질, 산패, 변색 등을 지연시키거나 방지하는 물질을 말한다. 식품의 산화반응은 산패의 냄새와 맛의 변화를 일으키며, 독성 산화물질을 생성하며 변색과 조직감의 변화를 유발한다. 또한 비타민(특히 A, D, E)과 필수지방산(예. 리놀레산)과 같은 불포화

유기물의 파괴로 영양가 손실을 일으킨다. 최근에는 식생활의 변화로 동물성 포화지방산의 과다 섭취, 식물성 페놀화합물의 섭취 부족 등으로 체내에 활성산소 농도가 증가하고 이것이 심장병과 암의 원인이 되고 있음을 알게 되면서 건강 증진의 차원에서 항산화물질의 섭취가 강조되고 있다.

식품의 산패는 산화형 산패와 비산화형 산패로 구분되는데 산화형 산패는 비효소적 산패와 효소적 산패로 나누고 비산화형 산패는 가수분해형과 케톤ketone생산형으로 나뉜다. 식용유지나 지방질 성분이 공기와 접촉하여 비교적 낮은 온도에서 서서히 산화가 일어나는 것을 자동산화autoxidation라 하는데 이는 대표적인 비효소적 산화형 산패이다. 냉동고에 오랫동안 보관한 육류의 변질, 장기간 저장된 라면의 변패 등에서 볼 수 있다. 식물조직 중에 있는 산화를 촉진하는 효소(예. lipoxygenase, lipohydroperoxidase)에 의하여 지방질이 산화되는 것을 효소적 산화형 산패라고 한다. 콩에 들어 있는 리포옥시제나아제에 의하여 두유에서 콩비린내가 나는 것이 좋은 예다. 화학적인 가수분해는 유지가 물과 접촉해서 일어나며 비교적 수분함량이 많은 낙농제품에서 주로 발생한다. 효소적 가수분해는 미강유, 올리브유 등 식물성 유지 또는 어유fish oil 가공품에서 주로 발생하며 착유 시 지방분해효소의 혼입으로 일어난다. 유지의 구성성분인 트리글리세리드triglyceride는 물, 산, 알칼리, 효소에 의하여 분해되어 유리 지방산과 글리세롤glycerol을 생성한다. 케톤생성형 산패는 야자유, 팜유, 유지방 등과 같이 저급 지방산을 함유한 지방질 식품에서 볼 수 있는 현상으로 저급 지방산이 미생물이 생산하는 산화효소 작용에 의하여 케톤산을 거쳐 탄소 수가 적은 메틸케톤methyl ketone으로 가수분해되는 현상을 말한다.

산패에 영향을 미치는 외부적인 요인은 온도, 산소, 수분, 광선, 2가 금속이온의 존재 등이다. 일반적으로 수분함량이 높아지면 산화가 촉진되나 수분함량이 아주 낮은(수분활성도 0.1 이하) 건조식품에서는 자동산화가 일어난다. 따라서 산패는 저장온도의 감소, 산소와 광선의 차단, 2가 금속이온(Cu^{++}, Fe^{++} 등)의 제거, 식품의 불포화지방산 함량 감소 등으로 낮출 수 있으나 이것이 여의치 않을 때에는 항산화제를 사용하여야 한다.

항산화제는 자동산화를 지연시키며 지방의 과산화물 분해를 차단하여 유리라디칼free radical의 생성을 저해한다. 분자구조상 수소의 공여체로서 활성 산소를 제거함으로 산화반응을 저해한다. 활성이 큰 유리라디칼이나 과산화물과 쉽게 작용할 수 있는 활성을 가진 수소 원자를 가지고 있고 안정화된 공명구조를 지닌다. 각종 활성의 유리라디칼에 대해서 활성 수소 원자를 내줌으로써 활성이 없는 안정한 화합물을 만들어 주고 자신은 공명에 의하여 안정화된 활성이 낮은 라디칼로 된다. 산화의 개시를 지연시키거나 산화속도를 늦추어 주기 때문에 결국 유도기간을 연장시켜 줄 수 있으나 산화를 완전히 억제할 수는 없다. 항산화성을 가진 천연 및 합성 산화방지제는 많으나 식품에 이용할 수 있는 것은 안정성이 인정된 극히 일부로서 대부분 단일 혹은 다중 폴리페놀polyphenol 화합물이다.

유지를 저장하면 공기 중의 산소를 흡수하여 유지마다 속도의 차이가 있지만 반드시 어느 단계에 이르면 산화가 일어난다. 이러한 산화는 상온 이하의 낮은 온도 및 낮은 농도의 산소 조건에서도 자연 발생적으로 일어나고 유리라디칼이 계속 관여하여 연쇄적으로 진행되기 때문에 자동산화라고 한다. 일반적으로 유지가 산소를 흡수하는 속도는 자동산화가 일어나는 초기에는 아주 낮으나 어느 기간이 지난 후에는 매우 급격하게 증가된다. 산소 흡수속도가 매우 낮은 기간을 유도기간induction period이라고 하는데 지방질의 종류에 따라 유도기간이 다르다. 일정한 유도기간이 지나면 산소의 흡수속도가 매우 빠르고 산화생성물인 hydroperoxide의 함량도 크게 증가한다. 〈그림 6-3〉은 유채유rapeseed oil 저장에서 로즈마리 추출액을 천연 항산화제로 첨가하였을 때 산화 유도기간의 연장을 나타낸 그림이다. 항산화제를 첨가함으로써 산화에 의한 유지의 중량증가가 시작되는 유도기간이 연장되는 것을 알 수 있다. 항산화제의 효과를 나타내는 대표적인 그림이다. 〈표 6-5〉는 항산화제 또는 산화저해제의 종류와 작용 기전을 정리한 것이다.

표 6-5. 항산화제 또는 산화저해제의 종류와 작용 기전

항산화제의 종류	작용기작	항산화제의 예
항산화제(antioxidants)	자유라디칼과의 반응	Propyl gallate, Tocopherols
과산화물 불활성제	Hydroperoxide와 반응	Cysteine, Selenometathione
상승제(synergists)	항산화제의 재생	Ascopalmitate
일중항산소 제거제	Singlet oxygen을 triplet oxygen으로 전환	Carotenes
킬레이트(chelating)제	중금속을 착화합물로 결합	Polyphosphate, Citric acid

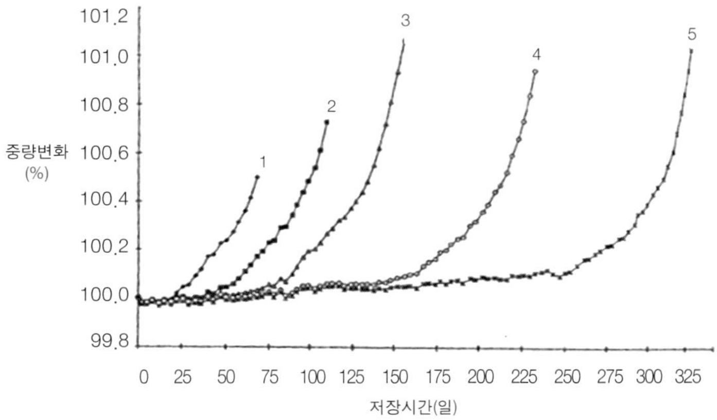

그림 6-3. 유채기름의 저장 중 산패에 의한 중량 증가(W) 현상

(1) 대조구, (2) 0.01% 로즈마리 헥산 추출액 첨가,(3) 0.02%, (4) 0.05%, (5) 0.10%

일반적으로 항산화제는 단독으로 사용하는 것보다는 여러 가지 항산화제를 혼합하여 사용하면 상승효과synergistic effect가 나타난다. 예를 들어 돼지기름에 BHA와 갈산프로필, BHA와 BHT에 구연산이나 아스코르브산 등을 가하면 상승적으로 효과가 증가한다.

(1) 천연항산화제

천연산화방지제는 생물이 자기 자신 내에 있는 지방질의 산화를 막기 위하여 존재한다. 식물성 유지에 더 많으며 동물성 유지는 매우 적다. 불포화도가 높은 식물성 유지가 포화도가 높은 동물성 유지보다 산화안정성이 높은 것은 이러한 이유 때문이다. 식물에서 잘 채유한 조유crude oil가 정제유보다도 산화안정성이 높은 것은 조유 중에는 정제 과정 중 제거되지 않은 천연산화방지제가 함유되어 있기 때문이다.

① 토코페롤류

토코페롤tocopherol은 비타민 E로서 영양적으로도 중요하며 자연계에 가장 널리 분포되어 있는 식물성 유지의 주요 산화방지제이다. 동물성 지질에도 소량 있는데 이는 동물의 식이 중 식물성 성분에서 유래한다. 8가지의 동족체가 있으며 이 중 많은 것은 α, β, γ, δ-tocopherol이다(**그림 6-4**). 산화방지제로서의 토코페롤의 농도는 비교적 낮으며 이 농도는 식물성 유지에 존재하는 토코페롤의 농도와 거의 동일하다. 농도가 높을 때는 산화촉진제로 작용할 때도 있다. 일반적으로 산화방지제의 활성은 비타민 E의 활성이 높은 것보다 비타민 E의 활성이 낮은 것이 더 높아 토코페롤 동족체별로의 항산화효력의 크기는 $\gamma < \beta < \alpha < \delta$의 순이다. 〈표 6-6〉은 식물성 기름에

함유된 토코페롤의 양을 비교한 것이다. 토코페롤은 인산, 구연산, 아스코르브산 등과 병용하면 그 효과도 상승된다. α-토코페롤은 가열조건에서 다른 산화방지제보다 효력이 우수하며, 자외선, 일광조사조건에서의 항산화성도 다른 것에 비해 우수하다.

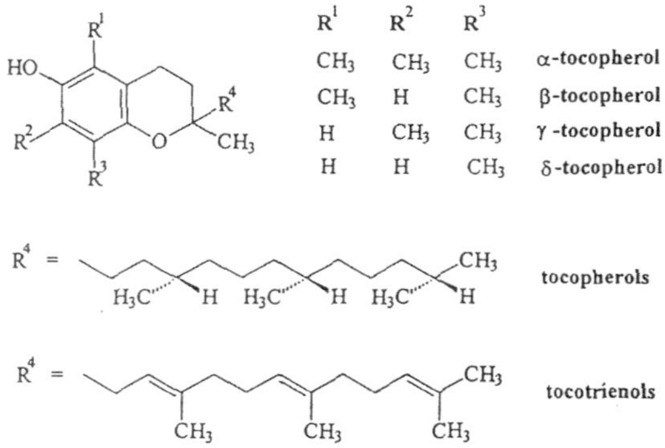

그림 6-4. 토코페롤의 구조

표 6-6. 식물성 기름에 함유된 토코페롤의 양

식물유	α-tocopherol (mg/kg)	β-+γ-tocopherol (mg/kg)	δ-tocopherol (mg/kg)	Total tocopherols (mg/kg)
콩기름	80-150	210-780	60-400	300-1400
평지씨유	120-300	220-450	5-15	380-750
해바라기유	550-900	25-110	0-5	580-980
옥배유	120-400	420-780	10-50	680-1250
땅콩기름	80-320	120-280	5-30	90-550
올리브유	80-180	0-5	0	80-180
면실유	550-700	200-280	0-5	800-980
미강유	500-650	230-340	0-5	750-950

② 세사몰

세사몰sesamol은 참기름에 들어 있는 천연산화방지제로 페놀성 화합물이다. 참기름이 다른 유지에 비해 산화안정성이 높은 것은 이 산화방지제 때문이다. 이 화합물은 참기름에 미량 존재하나 경화 등의 가공에 의해 Sesamoline으로부터 생성되고 라드에서는 BHA나 BHT보다 효과적인 것으로 밝혀졌다.

③ 고시폴

고시폴gossypol은 목화씨 중에 있으므로 조면실유에 상당량 존재한다. 산화방지제의 활성이 크나 독성이 있으므로 면실유 조제 시 반드시 제거하여야 한다.

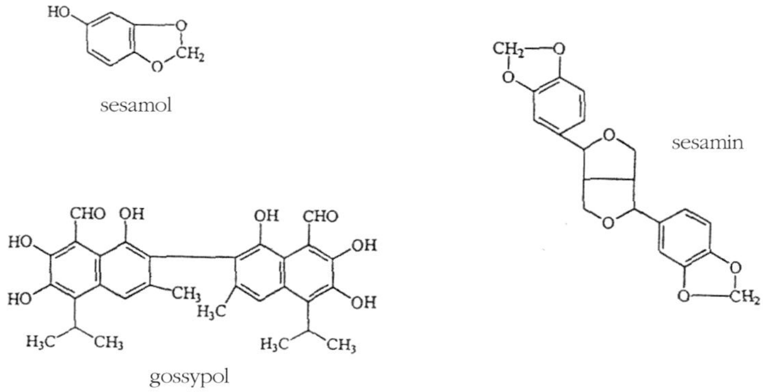

그림 6-5. 식물의 종실에 함유된 천연 항산화제의 분자구조

④ 구아야검

구아야검gum guaiac은 열대지방 나무에서 얻어지는 수지성 추출물이다. 항산화성은 이 수지 내에 있는 guaiacol, guaiaretic acid 등 페놀물질 때문이며 식물성 유지보다 동물성 지방질에 효과적이다. 적갈색이고 유지에는 극미량이 용해하며 때로는 이취를 낸다.

⑤ 콩의 이소플라본

콩은 이소플라본isoflavone계의 phenol성 화합물을 가장 많이 함유한 식물이다. 이들은 이소플라본 구조의 7번 고리에 glucose가 단일 결합한 배당체로 주로 존재한다. 배당체의 형태가 아글리콘보다 백 배나 많다. Genistein과 daidzein이 플라보노이드의 90%를 차지한다. Glycitein과 이의 배당체는 날콩이나 건조한 콩에만 있다. 인도네시아의 고유 콩발효식품인 템페에는 제조 시 6,7,4-isoflavone 성분이 생성되고 강력한 산화방지작용을 한다.

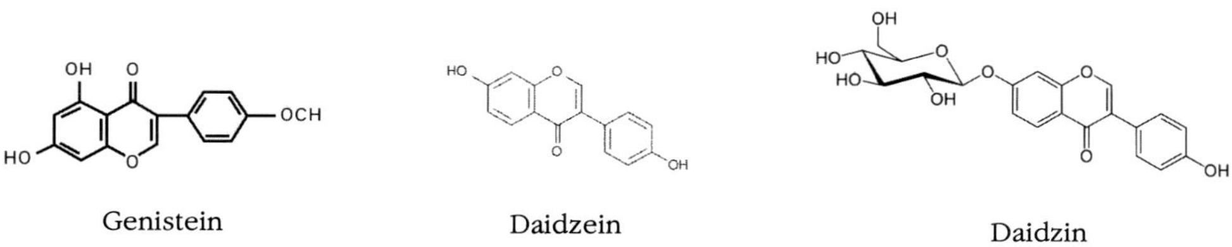

그림 6-6. 콩 아이소플라본의 종류와 분자구조

⑥ **향신료와 허브**

오랜 옛날부터 지방질 함유 식품을 보존하기 위하여 향신료를 이용해 왔고 1950년 이후 국내외의 집중적인 연구로 로즈마리, 실비아, 세이지 등에서는 항산화력이 매우 큰 성분이 있으며 이 외에도 계피, 생강, 고추, 후추 등에도 존재함이 알려졌다(그림 6-7). 로즈마리에는 rosemanol, carnosol, rosemariquinone 등의 항산화성분이 검출되었다. 자연계에 널리 존재하는 수용성 색소성분인 flavonoid 계통의 quercetin, myricetin 등도 항산화력이 큰 것으로 밝혀졌다. 〈표 6-7〉은 허브와 향신료에서 함유된 항산화 물질의 예를 모은 것이며 〈표 6-8〉은 현재 우리나라에서 식품첨가물로 허용하고 있는 천연 항산화제(산화방지제)를 열거한 것이다.

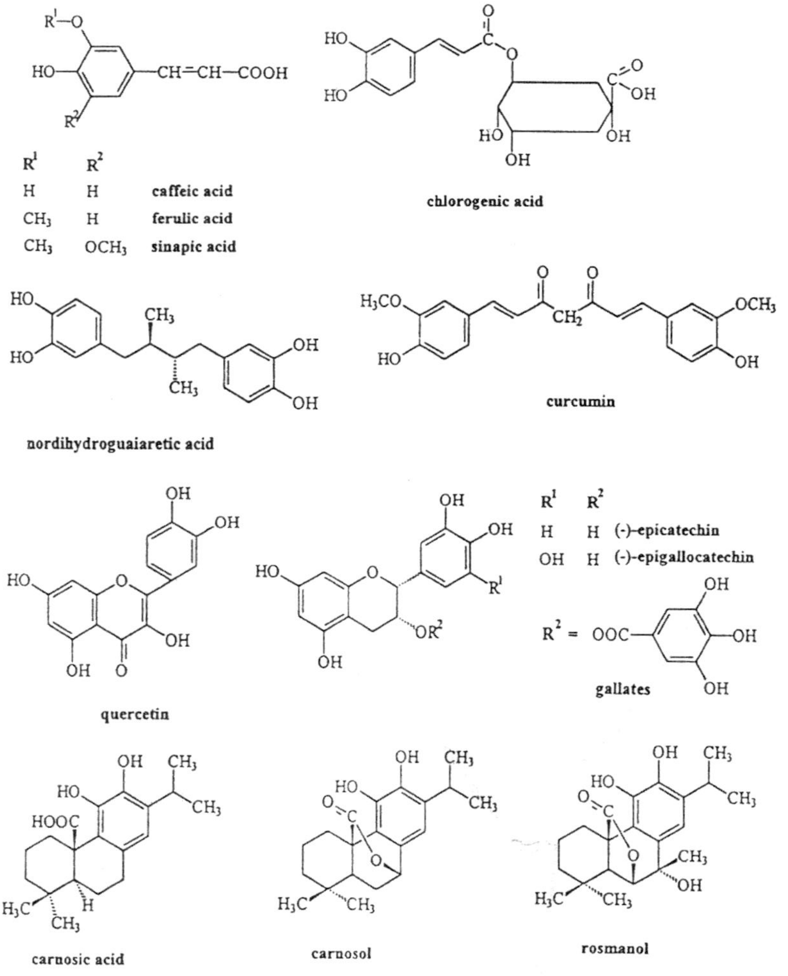

그림 6-7. 허브와 향신료에 함유된 항산화물질의 분자구조

표 6-7. 허브와 향신료에 함유된 항산화 물질

품종	Systematic name(학명)	항산화 물질명
Rosemary	*Rosmarinus officinalis*	Carnosic acid, carnosol
Sage	*Salvia officinalis*	Carnosic acid
Tanshen, danshen	*Salvia miltiorrhiza*	Carnosol
Thyme	*Thymus vulgaris*	Thymol, quinones
Satureja	*Satureia hortensis*	Flavonoids
Clove	*Eugenia caryophyllata*	Eugenol, gallates
Black pepper	*Piper nigrum*	Ferulic acid
Ginger	*Zingiber officinalis*	Cassumarin, ginerol
Juniper	*Juniperus communis*	Phenolics, resins
Oregano	*Origanum vulgare*	o-Substituted phenolic acids
Fennel	*Foeniculum vulgare*	Dihydrocoumarins
Curcuma	*Curcuma longa*	Curcumin
Spearmint	*Mentha piperita*	Flavonoids
Lavender	*Levandula angustifolia*	Flavonoids
Hop	*Humulus lupulus*	Flavonoids, anthocyanins
Allspice	*Pimenta officinalis*	Flavonoids

표 6-8. 우리나라에서 식품첨가물로 허용하고 있는 천연 항산화제

종류	성질
피틴산 phytic Acid	벼(Oryza sativa LINNE)의 종자에서 얻어진 쌀겨 또는 옥수수(Zeamays LINNE)의 종자를 물 또는 산성수용액으로 추출한 다음 정제하여 얻어지는 것으로서 주성분은 이노시톨헥사인산(Inositol hexaphosphoric acid)이다. 엷은 황색의 징명한 시럽상의 액체로서 냄새는 없고 강한 산미가 있으며, 물, 95% 에탄올에 용해되기 쉽다. 건강기능식품 및 특수용도식품에 사용하여서는 안 되며, 상온에서 갈색으로 변하므로 10℃ 이하의 냉소에 보관한다.
차추출물 tea extract	차나무(Camellia sinensis O. KZE.)의 잎을 물 또는 에틸알코올로 추출하여 얻어지는 것으로 주성분은 카테킨류이다. 물에 용해되기 쉽고 유지에 거의 용해되지 않으며, 내열성, 내산성은 뛰어나지만 알칼리에서 약간 불안정하고 내광성이 약하다.
몰식자산 gallic acid	옻나무(Rhus javanica L.)에 발생하는 오배자, 참나무과(Quercus infectoria oliv)에 발생하는 몰식자를 물, 에틸알코올 또는 유기용제로 추출한 탄닌을 알칼리 또는 효소(탄나아제)로 가수분해하여 얻어지는 것으로서 성분은 몰식자산이다. 물, 에탄올에 용해되기 쉽고 유지에 용해되기 어렵다. 일반적인 조건에서 안정하고 흡수성이 있으며 수용액은 산성이다. 비타민 E와 L-아스코르빈산과 상승효과가 있다.
γ-오리자놀 γ-oryzanol	미강, 배아유 등을 실온의 함수에틸알코올 및 핵산 또는 아세톤으로 분배시킨 후 함수에틸알코올획분에서 얻어지거나 또는 이를 수지처리 후 정제하여 얻어지는 물질로서 성분은 γ-오리자놀이다. 물에는 거의 용해되지 않으나 유지류에는 잘 용해된다. 다른 항산화제에 비해 내열성이 매우 강하고 빛에 의한 변패 등의 영향도 거의 받지 않는다. 항산화능은 ferulic acid의 p-OH기에 의한 것으로 알려져 있다.

표 6-8. 계속

종류	성질
효소처리루틴 enzymatically modified rutin	루틴에 부분가수분해효소를 처리하여 람노오스를 제거시킨 것 또는 루틴에 당전위효소를 작용시켜 글루코오스를 부가반응시켜 얻어지는 것으로서 그 성분은 α-글리코루틴이다. 물 또는 50% 에탄올에 잘 용해되고 중성~약산성에서 안정하나 알칼리성에서는 불안정하다. 내열, 내광성이 뛰어나고 자외선 흡수능력이 크다.
포도종자추출물 grape seed extract	포도(Vitis labrusca LINNE, Vitis vinifera LINNE)의 종자로부터 얻어지는 것으로서 주성분은 프로안토시아니딘이다. 엷은 갈색~갈색의 분말로서 약간의 떫은맛과 신맛이 있다. 냉수에 약간 용해되고, 온수에 용해되기 쉬우나 식용유에는 거의 용해되지 않는다. 약산성에서 120℃ 1시간 가열에 견딘다. 강한 항산화작용을 가지며 특히 광산화에 대하여 현저한 억제작용이 있다.
효소분해사과추출물 enzymatically decomposed apple extract	사과(Malus pumila MILLER)의 과실을 착즙하여 펄프를 분리한 후 얻어진 상층의 맑은 부분을 효소처리하고 정제하여 얻어지는 것으로서 그 유효성분은 클로로겐산 및 카테킨류이다. 황갈색 분말로 엷은 사과냄새가 있으며 물에 용해되기 쉽다. 내열, 내산, 내광성이 좋으며 장기간 안정하다.
참깨유불검화물 sesame seed oil unsaponified matter	참깨유 추출물이라고도 한다. 참깨(Sesamum indicum LINNE)의 종자 또는 참깨박에서 에틸알코올로 추출하여 얻어지는 것으로서 그 성분은 세사민, 세사몰린, 세사몰 등이다. 에탄올에 약간 용해되며, 물이나 유지에는 거의 용해되지 않는다.
봉선화추출물 garden balsam extract	봉선화(Impatients balsamina LINNE)의 전초를 실온에서 함수에틸알코올로 추출하여 얻어지는 것으로서 주성분은 케르세틴(quercetin)이다. 황갈색의 액체로서 특유의 냄새와 약간 쓴맛이 있다.
케르세틴 quercetin	루틴을 산성수용액 또는 효소로 가수분해하여 얻어지는 것으로서 주성분은 케르세틴(quercetin)이다. 에탄올에 약간 용해되며, 물이나 유지에는 거의 용해되지 않는다. 내열성이 뛰어나고 알칼리액에 녹으며 황색을 띠지만 불안정하다.
페룰린산 ferulic Acid	벼(Oryza sativa LINNE)에서 얻어진 미강유를 실온의 약알칼리성하에서 함수에틸알코올 및 헥산으로 분배시킨 다음 함수에틸알코올 획분에 얻어진 γ-오리자놀을 가압하의 뜨거운 황산으로 가수분해한 다음 이를 정제하여 얻어지는 것으로서 그 주성분은 페룰린산이다. 에탄올에 용해되기 쉽고 가열에 의해 분해되지만 90℃ 이하에서 짧은 시간 가열하면 안정하다. 알칼리성에는 안정하며 페놀성 OH를 가지고 있어 강한 항산화성을 나타낸다.
차카테킨 tea catechin	차나무(Camellia sinensis O. KZE.)의 줄기 또는 잎을 물 또는 에틸알코올로 추출, 정제하여 얻어지는 것 또는 열수로 추출한 후 메탄올 또는 초산에틸로 분배하여 얻어지는 것으로서 주성분은 카테킨류이다. 물에 용해되고 유지에는 거의 용해되지 않는다. 내열성(200℃, 30분) 및 내산성(pH 2)이 뛰어나고 알칼리에서 약간 불안정하다. 비타민 E, 구연산, L-아스트로빈산 등의 병용에 따라 산화방지효과가 상승적으로 증가한다. 철이온과 반응해 암자~흑색으로 착색되는 경우가 있기 때문에 철분이 많은 원재료 및 철 용기의 사용은 피하는 것이 좋다.

(2) 합성 항산화제

천연 항산화제는 농도가 낮고 여러 혼합물이 섞여 있으므로 그 활성이 확실하지 않고 재료에 따라 차이가 크고 불순물이 많이 함유되어 있어 일관성 있는 사용이 어렵다. 따라서 순수하고 낮은 농도에서 효과가 큰 합성 항산화제가 필요하게 된다. 합성 항산화제는 저농도(0.001%~

0.01%)에서 유효해야 하며 독성이 없거나 매우 약해야 한다. 첨가될 유지나 식품에 이미, 이취 등을 주어서는 안 되며 유지에 녹기 쉬워야 하고 가격이 저렴해야 한다. 합성 항산화제는 구조에 따라 페놀phenol계, 아민amine계 항산화제와 유황계 항산화제로 구분한다. 주로 phenol계 항산화제가 사용되고 독성이 강한 amine계 항산화제와 유황계 항산화제는 거의 사용되지 않고 있다.

① BHA butylated hydroxyanisole

유지에 잘 녹고 물에는 거의 녹지 않으며 독성도 비교적 적으며 첨가된 제품의 냄새와 맛에 거의 영향을 주지 않는다. 3.5-Di-BHA 〉 3-BHA 〉 2-BHA 순으로 항산화 효과가 큰 것으로 나타났다. BHA는 주로 2-BHA와 3-BHA 두 이성체의 혼합체이고 3-BHA가 2-BHA보다 많은 편이며 산화방지력도 1.5~4배 정도다. 식용유지류, 식용우지(0.2g/kg 이하), 추잉검(0.4g/kg 이하), 마요네즈(0.14g/kg 이하) 등에 사용가능하다.

② BHT butylated hydroxytoluene

BHA와 함께 가장 널리 사용되고 있는 phenol계 합성 항산화제 중의 하나이다. 분자구조상 수산기를 둘러싼 두 개의 tert-butyl기에 의한 입체장애가 심해 BHA보다는 항산화 효과가 떨어진다.

③ 몰식자산프로필propyl gallate

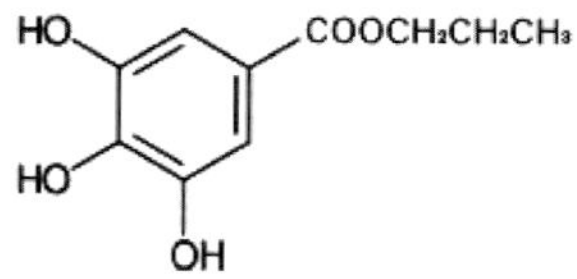

Gallic acid의 propyl alcohol ester로서 항산화력도 강하고 약간의 수용성을 가지고 있어 수분 함량이 많은 지방질 식품에 사용된다. 0.1g/kg 이하로 식용유지류, 식용우지, 식용돈지, 버터류에만 산화방지제로 사용할 수 있다. 일반적으로 BHA나 BHT 등의 다른 산화방지제와 함께 사용하면 상승효과를 나타낸다. 철 등의 금속에 의해 자색으로 착색되는 결점이 있으나 구연산, 주석산 등과 병용하면 착색을 막을 수 있다.

④ 아스코르빌팔미테이트ascorbyl palmitate

아스코르빈산ascorbic acid의 지방산 에스테르로 백-황색 분말로 과실과 같은 향이 있으며, 산소 제거제로 매우 효과적이다. 식용유지, 우지, 돈지, 마요네즈(0.5g/kg 이하), 영·유아식(0.2g/L 이하), 조제유류, 영아용 조제식(0.05g/L 이하)에만 사용이 허가되어 있다.

⑤ **에리소르빈산erythorbic acid 및 나트륨염sordium erythorbate**

백-황색을 띤 결정성 분말로 화학적 성질은 아스코르빈산과 비슷하며, 신맛이 있다. 산화 방지 목적 이외에는 사용할 수 없으나 육류제품의 발색제, 냉동어의 퇴색방지, 염장품, 맥주의 산화방지(20-27mg/L), 기타 잼, 과일통조림, 으깬감자 등의 변색방지에 사용한다. 사용량은 특별히 제한하지 않는다.

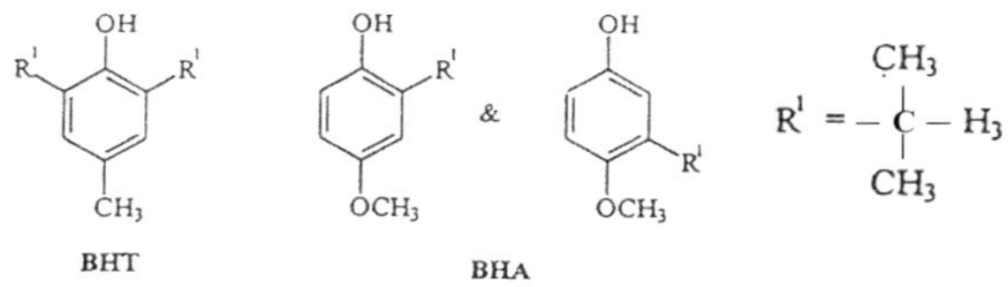

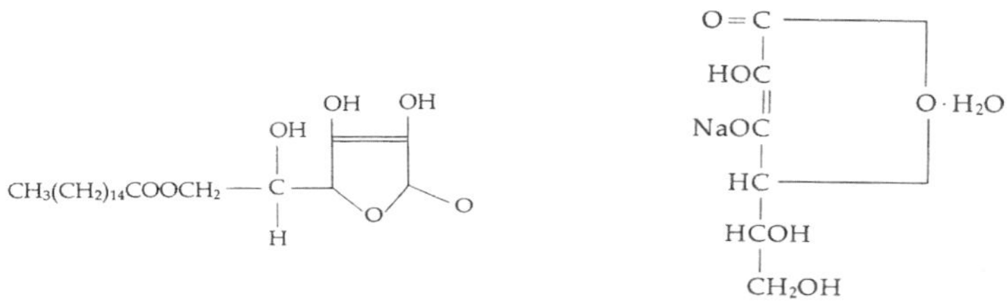

Ascorbyl Palmitate　　　　Sodium Erythorbate

그림 6-8. 합성 항산화제의 분자구조

그 밖에 메타인산칼륨potassium metaphosphate, 비타민 C L-ascorbic acid, 비타민 E dl-α-tocopherol, dl-α-토코페릴아세테이트dl-α-tocopherylacetate, L-아스코르빈산나트륨sodium L-ascorbate, 이디티에이이나트륨disodium ethylenediaminetetraacetate, 이디티에이칼슘이나트륨calcium disodium ethylenediaminetetraacetate, 터셔리부틸히드로퀴논tert-butylhydroquinone, TBHQ, 수산화마그네슘magnesium hydroxide, 아스코르빈산칼슘calcium ascorbate, L-아스코르빌스테아레이트L-ascorbyl stearate, 옥시스테아린oxystearin, 아산화질소nitrous oxide가 허용되고 있다.

6.4. 살균제

화학보존료는 미생물의 증식을 억제하는 정균작용bacteriostatic에 의하여 식품의 저장기간을 연장하여 주는 물질이나 살균제disinfectants는 미생물을 순간적으로 사멸하여 없애 주는 물질이다. 독성이 강하므로 사용 후 대부분 분해되어 없어지나 잔존량을 제한한다. 과산화수소를 제외하고 대부분 염소계의 물질로 표백제로 사용되는 것이 많으나 최근에는 살균제로의 용도가 커지고 있다.

① 과산화수소hydrogen peroxide

과산화수소(H_2O_2) 30% 이상을 함유하는 용액을 사용하며 무색투명하고 냄새가 없다. 살균작용이 있어 대장균, 포도상구균, 장염비브리오균에 대한 살균효과가 있으며 무균포장의 용기 살균 등 식품가공에 널리 사용되고 있다. 식품에 첨가하더라도 가공과정에서 산소와 물로 분해되어 소실되나 인삼염, 단백질, 전분 등은 과산화수소의 안정화에 기여하여 생면, 어육연제품 등에 잔류하는 것으로 알려져 있다. 인체 내에는 과산화수소를 분해하는 효소로 카탈라아제와 퍼옥시다아제가 있다. 식품첨가물로 사용할 경우에는 희석하여 3% 이하의 용액으로 사용하고, 최종식품의 완성 전에 과산화수소가 완전히 분해되거나 제거되어야 한다.

② 차아염소산칼슘calcium hypochlorite

차아염소산칼슘($Ca(OCl)_2$)은 고도표백분으로 불리며 유효염소 60% 이상을 함유한다. 강력한 산화작용을 하여 살균 및 고도표백작용이 강하다. 흡습성이 강하고 공기, 수분, 광선, 열에 의하여 폭발적으로 분해된다. 유기물과 접촉하면 산화분해하고 염소를 발생하면서 발열하며 금속과의 마찰에 폭발성이 있다. 20℃ 이상의 온도에서 두 배량 이하의 물에 혼합한 다음 6배량 이상의 물을 가하여 용해시키고 정치시킨 다음 상층액을 취하여 사용한다. 과실류, 채소류 등의 살균 목적에 한하여 사용하여야 하며, 최종식품의 완성 전에 제거하여야 한다. 수영장, 목욕탕, 공장 폐수, 실내 가구 등의 살균과 소독, 탈색, 탈취에 사용된다. 염소 500ppm 이상이면 세균 발육을 정지하며 1,000ppm이면 세균 포자도 사멸한다. 염소는 인체의 구성 성분이나 식품 중 과잉의 염소는 대부분 소변으로 배설된다. 염소는 산화방지제, 표백제, 밀가루 개량제, 살균제, 소독제로 활용되나 밀가루(2.5g/kg 이하) 이외에 사용해서는 안 된다. 강력한 화학반응성을 가지고 있어 식품 성분과 반응하여 발암성 물질인 트리할로메탄trihalomethan과 같은 유해 물질을 생성할 수 있다.

③ 차아염소산나트륨sodium hypochlorite

차아염소산소오다(NaClO)는 유효염소 4% 이상을 함유하는 제재로 무색이나 엷은 녹황색의 액체이다. 제품의 안정성을 위하여 pH 10 이상으로 조절하여 보관하는데 살균효과는 pH에 영향을 받아 차아염소산으로 해리되는 pH 8~9에서 가장 살균력이 강하다. 소독, 방취, 표백 등에 사용되며 음료수에 1/6,000, 과채류의 살균에 1/500, 기구 용기의 소독에 1/2,000~1/500 정도(유효염소 4~6%)로 희석하여 사용한다. 참깨에 사용해서는 안 되며, 최종식품의 완성 전에 제거하여야 한다.

④ 차아염소산수Hypochlorous acid water

염산 또는 식염수를 전기분해의 방법으로 얻어지는 것으로 차아염소산을 주성분으로 하는 무색의 액체로, 무취 또는 옅은 염소의 냄새가 있다. 과실류, 채소류 등 식품의 살균 목적으로 사용하여야 하며, 최종식품의 완성 전에 제거하여야 한다.

⑤ 이산화염소chlorine dioxide

아염소산나트륨sodium chlorite이나 차아염소산나트륨에 염산이나 황산을 반응시켜 만들어지는 이산화염소(ClO_2) 가스를 살균하고자 하는 식품에 흡입시켜 살균하며 칼슘실리케이트나 제오라이트zeolite 등 알카리성 흡착제에 흡착시켜 냉장고 내부의 냄새를 제거하는 탈취제로 사용한다. 이산화염소는 케이크 및 카스테라 제조용 소맥분 이외의 식품에 사용하여서는 아니된다(30mg/kg 이하). 이산화 염소수는 과실류, 채소류 등 식품의 살균 목적으로 사용하여야 하며, 최종식품의 완성 전에 제거하여야 한다.

⑥ 에폭사이드epoxides

에틸렌옥사이드ethyleneoxide, 프로필렌옥사이드propyleneoxide 등이 있으며 주로 훈증제로 쓰이는 살균제이다. 에틸렌옥사이드가 더 효과적이며 온도가 높으면 효과가 커진다. 세균 포자를 포함한 모든 미생물을 사멸할 수 있다. 에폭사이드는 염소와 반응하여 클로로히드린chlorohydrin이 되며 이는 독성 물질이다. 기체 상태로 사용되므로 사용 후 휘발되어 없어진다. 그러나 잔류물의 독성과 발암성 위험이 있어 최근에는 사용하지 않는다. 대체물질로 포스핀phospine이 사용된다.

⑦ 오존ozone

오존(O_3)은 염소의 약 7배 정도 강한 산화력을 가지고 있어서 식품의 살균, 탈취, 표백에 널리 사용되고 있다. 또한 반응한 다음 산소로 되므로 대단히 안전한 첨가물이다. 다만 산화에 의하여 변질되는 식품에는 사용해선 안 된다. 살균력은 0.57ppm 농도로 40초 동안에 대장균을 완전 사멸할 수 있다. 오존은 악취성분인 -SH, =S, $-NH_2$, =NH, -OH, -CHO기를 가진 물질과 신속히 반응하여 냄새를 제거한다. 오존발생장치는 오존발생물질ozonite을 이용하여 발생시킨다. 오존의 사용은 액상과 기체상으로 이용되는데 식품의 종류와 상태에 따라, 또한 살균목적에 따라 발생장치의 종류를 선택한다. 오존의 강력한 산화력과 살균력은 잘못 취급하면 인체에 독성과 손상을 입힐 수 있다. 오존수는 과실류, 채소류 등 식품의 살균목적으로 사용하여야 하며, 최종식품의 완성 전에 제거하여야 한다.

참고문헌

김동훈, 식품화학, 탐구당 (2005).
식품의약품안정청; 식품첨가물 사용기준 편람, 식품의약품안전청(2009).
식품의약품안정청; 식품유형별 식품첨가물의 적용 가이드, 식품의약품안전청(2010).
식품의약품안정청; 식품첨가물공전 해설서, 식품의약품안전청(2011).
식품의약품안정청; 식품첨가물의 사용기준 설정에 관한 이해, 식품의약품안전청(2011).
식품의약품안정청; 식품첨가물 지정현황 비교편람, 식품의약품안전청(2011).
이철호, 채수규, 이진근, 고경희, 손혜숙; 식품평가 및 품질관리론, 유림문화사 (1999).
지성규; 식품첨가물, (주) 식품저널 (2000).
한국식품공업협회; 식품첨가물공전, 한국식품공업협회 (2004).
Dziezak J. D.; Antimicrobial agents, Food Technology, 40(9) 104-111 (1986).
Dziezak J. D.; Antioxidants, Food Technology, 40(9) 94-102 (1986).
Pokorny J.; Antioxidants in food preservation, in Handbook of Food Preservation, p. 309-338, (ed) M. Shafiur Rahman, Marcel Dekker Inc., New York (1999).
Smid, E. J. and Leon G.M. Gorries, Natural antimicrobials for food preservation, in Handbook of Food Preservation, p. 285-308, (ed) M. Shafiur Rahman, Marcel Dekker Inc., New York (1999).

제7장

식품의 냉동저장 기술

미생물의 성장은 -18℃ 이하에서 완전히 멈추며 효소 및 비효소적 변화만이 냉동저장 동안에 아주 느린 속도로 계속된다. 냉동은 미생물 영양세포의 10~60%를 사멸시키며 냉동저장 기간이 경과할수록 사멸률은 증가한다. 일반적으로 그람음성세균은 그람양성세균보다 냉동에 대한 저항력이 약하다. 반면에 *Clostridium*과 *Bacillus*와 같은 세균의 포자들은 냉동에 의해 영향을 받지 않는다. 미생물의 생존율은 극저온에서는 오히려 높다. 예로서 *Lactobacillus delbrueckii*의 아종인 *bulgaricus*의 배양균을 -80℃에서 1년 동안 저장할 때 발효 활성은 40~70% 남아 있으나 -30℃에서 1년 동안 저장하면 10% 미만으로 감소한다. 이와 같이 냉동은 미생물의 생육을 정지시키며 생존율도 현저히 낮추므로 효과적인 식품저장기술이다. 냉동 조건을 잘 조절하면 건조나 열처리와는 다르게 식품의 품질을 크게 변화시키지 않을 수 있다.

냉동기술은 자연 얼음을 사용하는 방법 이외에 인공적으로 물질 특성을 이용한 냉동기술과 기계적 냉동기술로 나눌 수 있다. 자연 얼음을 이용한 냉동 방법은 지역에 따라 태곳적부터 사용되었다. 일년 중 대부분 영하의 기온에 처해 있는 남극이나 북극의 에스키모인들에게는 냉동이 가장 중요한 식품저장 기술이다. 겨울에 얼음이 어는 한대지방에서는 얼음을 얼음창고에 보관하였다가 더운 여름에 사용해 왔다. 우리나라 서울 한강변의 동빙고, 서빙고나 신라고도 경주의 빙고 등은 지금도 유적으로 남아 있다. 중국 고대 시집 《시경詩經》에 의하면 기원전 1000년에 빙고를 사용한 기록이 있다. 희랍, 로마 시대 설고의 사용은 네로황제에게 냉음료수를 바치는 이야기에도 남아 있다.

자연 얼음의 상업적 이용에 관한 최초의 기록은 미국의 얼음왕 프레더릭 튜더Frederic Tudor의 전설적인 이야기로 전해진다. 그는 1806년 서인도 지역에 빙과를 무역하여 그때 돈으로 350불의 큰 손해를 보았다고 한다. 그러나 그는 여기에 좌절하지 않고 항구마다 얼음 창고를 설치한 후 북부에서 호수나 하천의 얼음을 잘라내 톱밥에 저장하여 남미, 페르시아, 인도 등지에까지 수출하여 거부가 되었다고 한다. 그가 1850년대에 거래한 얼음의 양은 연간 15만 톤에 달했다고 한다. 이처럼 1800년 초까지만 하여도 인공 얼음 제조의 가능성은 신의 영역을 침범하는 것으로 생각하였다.

7.1. 물질특성을 이용한 냉동기술

(1) 고체의 융해잠열 이용

얼음은 0℃에서 녹아 물로 되면서 융해잠열latent heat을 흡수한다. 1kg의 물이 고체상태의 얼음에서 액체상태의 물로 융해melting되어 상의 변화를 일으키는데 79.68kcal의 열량이 공급(소모)되어야 한다.

1kg 얼음 → 물 + 79.68kcal

이 열량을 주위 공기로부터 흡수하므로 얼음 냉장고의 공기가 냉각되는 것이다. 그러나 보통 얼음냉장고ice box의 온도는 7~8℃ 수준이어서 내부에 있는 식품을 냉동시킬 수는 없다.

(2) 기한제의 이용

얼음에 무기염salt을 첨가하면 강한 빙점 강하현상이 일어난다. 얼음의 녹는점을 낮추어 얼음으로 냉동이 가능하게 하는 물질을 기한제라고 한다. 〈표 7-1〉은 흔히 사용되는 기한제의 종류와 녹는점을 나타낸 것이다. 얼음조각에 식염을 혼합하면 -20℃까지 냉각할 수 있으므로 식품의 냉동에 사용할 수 있다.

표 7-1. 기한제의 종류와 빙점강하 현상

물질명	혼합 중량 비율	온도 강하 ℃
눈 식염	2 1	-20
눈 묽은염산	8 5	-32
눈 염화칼슘	4 5	-40
눈 탄산칼슘	3 4	-45

(3) 고체의 승화열 이용

고체상태의 이산화탄소(dry ice, CO_2)는 - 78.5℃에서 승화sublimation하면서 137kcal/kg의 열량을 흡수한다. 탄산가스의 비열은 0.2kcal/kg℃이므로 1kg의 드라이아이스가 0℃에서 승화하면서 흡수하는 열량(q)은 153kcal/kg이다. 국제표준단위로 표시하면 280kJ/kg(-18℃)이다.

$$q = \{0-(-78.5)\}℃ \times 0.2kcal/kg℃ + 137kcal/kg = 153kcal/kg$$

따라서 드라이아이스의 냉각력은 중량비로 계산하면 물의 1.9배이다.

(4) 액체의 기화열 이용

액체질소liquid nitrogen는 -196℃에서 기화evaporation하면서 기화열을 흡수하며, -18℃에서 373kJ/kg의 열량을 흡수한다. 액체질소는 극저온에서 냉동 효과를 내므로 급속냉동에 이용되며 배양세포cell나 정자sperm의 보관에 주로 이용된다. 식품의 냉동건조 시 표면의 동결을 확실히 하기 위해 사용되기도 한다.

7.2. 기계식 냉동 방법

(1) 냉동기술의 발전 역사

흔히 기계식 냉동기술의 확립은 300여 년의 연구개발 결과라고 한다. 그 시작은 1595년 갈릴레오Galileo가 온도계thermometer를 발명한 것에서부터 출발했다고 본다. 그 이후 17세기에는 기체이론에 대한 연구들이 진행되어 1622년 보일Boyle의 기체의 용적과 압력의 관계에 관한

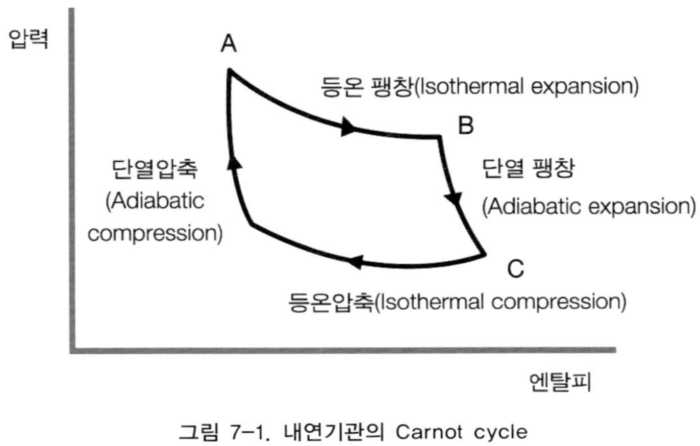

그림 7-1. 내연기관의 Carnot cycle

법칙($P_1V_1=P_2V_2$, $PV=nRT$) 등 기체의 성질에 관한 여러 가지 이론들이 정립되었다. 1823년에는 패러데이(M. Faraday, 1791-1867)가 암모니아가스를 압력에 의하여 액체 암모니아로 만들 수 있음을 처음 발견하였으며, 같은 해 내연기관의 가역순환 과정을 설명하는 카르노사이클Carnot cycle이 발표되었다(그림 7-1).

카르노사이클이 역방향으로 진행하면 냉동사이클refrigeration cycle이 된다.

이러한 기초연구에 힘입어 1770년 영국의 Thomas Harris와 John Long이 최초의 냉동기 특허를 받았다. 1834년 미국의 Jacob Perkins가 에테르ether를 냉매로 사용하는 최초의 수동식 압축식 냉동장치(British patent # 6.662)를 발명하였다. 〈그림 7-2〉는 최초의 수동식 압축식 냉동장치의 모형도이다.

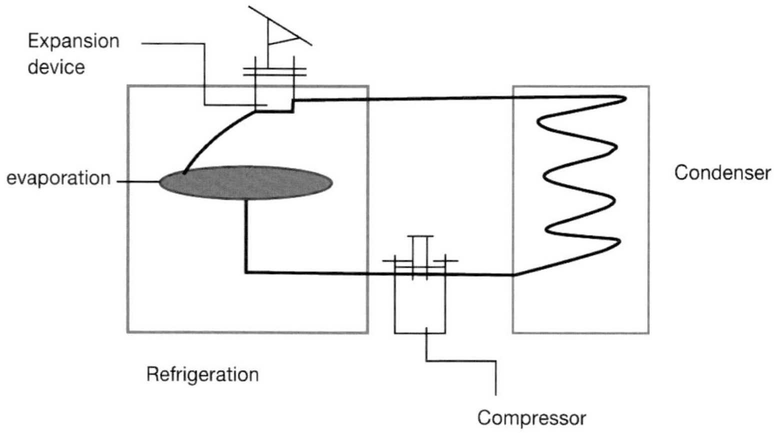

그림 7-2. Jacob Perkins의 수동식 압축식 냉동장치 모형도

1851년 미국의 John Gorrie 박사는 미국 최초의 제빙기 특허를 받았는데 이때 사용한 냉매는 압축공기였다. 1860년 호주의 James Harrison 박사는 세계 최초로 맥주 공장에 냉동장치를 설치하였는데 황화에테르sulfuric ether를 냉매로 사용하였다. 1875년 Linde 박사가 오늘날 주로 사용되는 암모니아를 냉매로 사용하는 최초의 냉동기를 제작하였다. 1890년대에 들어서면서 증기 분사식 냉동장치, 기계식 냉동장치, 흡수식 냉동장치 등이 공업적으로 널리 사용되기 시작하였으며, 1900년대 초에 아이스크림 제조가 공업화되었다. 그러나 19세기 말까지도 가정용 냉장고의 개발은 불가능한 것으로 생각하였다. 그 이유는 냉매 효율이 낮아 압축기를 포함한 냉동기계 장치가 실제 냉동 공간보다 더 컸기 때문에 공업용 시설에서만 사용할 수 있었다.

가정용 냉장고의 보급은 불화수소계의 프레온 냉매가 발견되면서 가능해졌다. 미국에서는

1930년대에 가정용 냉장고의 보급이 시작되었으며 1960년대에야 비로소 1주택 1전기 냉장고 보급이 이루어졌다. 이로써 식품의 냉동창고 보관, 급속 냉동, 냉동식품의 철도, 선박, 비행기 수송이 일반화되었으며, 생산지에서 소비자에 이르는 전 과정에서 저온저장이 가능한 콜드체인 시스템cold chain system이 완성되어 원양어업, 대륙 간 식량수송에 크게 공헌하게 되었다. 우리나라에서는 1970년대에 가정용 냉장고를 생산하기 시작하였으며 1980년 말에 1주택 1냉장고 보급이 이루어졌다.

그러나 1990년에 체결된 세계환경협약에 관한 몬트리올 의정서에 대기의 O_3(오존)층을 파괴하는 프레온 가스의 사용을 제한하도록 되어 있어 프레온 가스를 대체할 냉매의 개발이 시급한 과제로 대두되고 있다.

(2) 기계식 냉동장치에 필요한 개념 정의

기계식 냉동장치mechanical refrigeration system는 열역학에 기초를 둔 것으로 그 작용원리는 열역학 법칙들로 설명될 수 있다.

① 열역학 제1법칙Law of energy conservation

우주 전체의 에너지는 일정하며 증가하지도 감소하지도 않으며 창조할 수도 파괴할 수도 없다. 그러나 에너지의 형태는 일정 비율로 전환될 수 있다. 즉 핵에너지nuclear energy는 열에너지heat energy로, 열에너지는 기계적 에너지mechanical energy로, 기계적 에너지는 전기에너지electric energy로, 전기에너지는 다시 열에너지와 기계적 에너지로 전환될 수 있다.

열에너지(Q)와 기계적 에너지(work, W)의 상호 전환의 경우

$$Q = AW$$

A = 일의 열당량 = 1/427kcal/kg·m

$$W = JQ$$

J= 열의 일당량 = 427kg·m/kcal = 778ft·lb/Btu

그러나 열의 일부만이 일로 전환된다. 즉 열손실이 일어난다.

② 열역학 제2법칙Law of spontaneity

물이 높은 곳에서 낮은 곳으로 흐르듯이 에너지는 높은 수준에서 낮은 수준으로 자발적으로 이동한다. 물을 낮은 곳에서 높은 곳으로 보내는 펌프와 같이 냉동장치는 낮은 온도에서 열을

빼앗아 높은 온도로 보내는 시스템이므로 열펌프heat pump라고 말할 수 있다.

③ 온도temperature

온도란 열에너지의 수준을 나타내는 지표이다. 열역학적 가상 최저온도는 절대온도 0도이다.

Kelvin degree °K = 273+℃

Rankine degree °R = 460+°F

④ 열heat

열이란 온도차에 의하여 높은 온도에서 낮은 온도로 에너지가 전달되는 것을 말하며 그 단위는 calorie 또는 BTU(British thermal unit)이다.

kcal : 15℃ 1kg의 물의 온도를 1℃ 올리는 데 필요한 열량

Btu : 60°F의 물 1lb를 1°F 올리는 데 필요한 열량

1Btu = 252cal이다.

⑤ 열함량heat content 또는 엔탈피enthalpy

어떤 기준 상태를 0으로 하여 측정한 물체가 갖는 단위 중량당의 열에너지의 양을 엔탈피(H)라 하며, 이것은 시스템의 내부에너지(internal energy, U)에 압력(P)과 용적(V)의 변화에 의한 일의 양을 합한 값과 같다.

$$H=U+PV \tag{1}$$

엔탈피 변화(ΔH)는 온도차(dT)와 물체의 열용량(Cp)으로부터 구하며 단위는 cal/g 또는 Btu/lb이다.

$$(\Delta H)p = \int_{T_1}^{T_2} Cp\, dT \tag{2}$$

⑥ 열용량heat capacity

일정 질량의 물질의 온도를 1℃ 변화시키는 데 필요한 열량으로 단위는 cal/g℃ 또는 Btu/lb°F 이다.

일정 용적에서의 열용량 $C_v = (\frac{\partial U}{\partial T})_v$

일정 압력에서의 열용량 $C_p = (\frac{\partial H}{\partial T})_p$

일반적으로 대기 중에서 일어나는 변화는 일정 압력하라고 볼 수 있으므로 일정 압력하에서의 열용량 Cp가 사용되나, 압력솥과 같이 일정용적에서 압력이 계속 변하는 시스템에서는 Cv를 쓴다. Cp는 Cv보다 크며 이들의 비를 단열지수라 한다.

$$C_p > C_v, \qquad \frac{C_p}{C_v} = \text{단열지수}$$

⑦ 비열specific heat

비열이란 어떤 물질의 열용량heat capacity을 물의 열용량으로 나눈 무차원 값이다.

$$\text{specific heat} = \frac{\text{Cp substance}}{\text{Cp water}}$$

물의 열용량은 1cal/g℃ 혹은 1Btu/lb°F이므로 비열과 열용량은 같은 값을 가지며 혼용하여 사용하여도 무방하다. 물의 비열은 1이며 얼음의 비열은 0.5다.

⑧ 현열sensible heat과 잠열latent heat

온도의 변화를 가져오는 열량을 현열(Qs)이라 하며 온도의 변화 없이 상phase의 변화에 사용되는 열량을 잠열이라 한다.

$$Q_s = MC_p \Delta T \qquad (3)$$

M: 물질의 질량

잠열에는 상의 변화 양상에 따라 기화열heat of vaporization, 응축열heat of condensation, 융해열heat of fusion, 응고열heat of solidification이 있다. 잠열의 크기는 물질의 질량에 기화열을 곱하여 구한다.

$$Q_v = M_v \lambda_v$$

Q_v = 잠열량(cal, Btu)

M_v = 기화된 물질의 양(g, lb)

λ_v = 기화열(cal/g, Btu/lb)

기화열(λ_v)과 응축열(λ_c)은 크기는 같고 방향이 반대이다. 즉 100℃의 물을 수증기로 만드는 데 540 cal/g 또는 971 Btu/lb의 열량이 가해져야 하며, 같은 양의 에너지를 수증기에서 제거하면 액상의 물이 된다. 융해열(λ_f)과 응고열(λ_s)도 크기는 같고 방향은 반대이다. 0℃ 물의 융해열(응고열)은 80cal/g 또는 144Btu/lb이다.

얼음	⟶	물	⟶	수증기
	0℃: 80 cal/g 32°F: 144 Btu/lb		100℃: 540 cal/g 212°F: 971 Btu/lb	

〈표 7-2〉는 대기압에서 물질의 응고점과 비등점을 비교한 것이다.

표 7-2. 물질의 응고점과 비등점 (대기압)

물질명	응고점(℃)	비등점(℃)
물	0	100
NH_3	-77.7	-33.3
CO_2	-78.5	-
alcohol	-115	78
R-12	-158	-29.8
R-11	-111	23.77
R-22	-160	-40.8

⑨ 엔트로피entropy

단위 중량의 물체가 일정 온도하에서 얻은 열량(Q)을 그 절대온도(T)로 나눈 양을 엔트로피라 한다.

$$\triangle S = \frac{\triangle Q}{T}\ \text{kcal/kg}^{\circ}\text{K} \tag{5}$$

냉동공학에서 0℃ 포화액의 엔트로피는 1이며, 유체의 단열변화에서 엔트로피는 일정하다.

⑩ 기체가스의 성질

Boyle의 법칙은 이상기체의 온도가 일정하면 기체의 체적은 그 압력에 반비례한다.

$$P_1V_1 = P_2V_2 \tag{6}$$

Gay-lussac의 법칙은 압력이 일정하면 이상 기체의 비체적은 그 절대온도에 비례한다.

$$\frac{V_1}{V_2} = \frac{T_1}{T_2} \tag{7}$$

이상 기체의 특성식

$$PV = RT$$

표준상태(0℃, 1기압)에서, 1기압은 10,332 kg/m^2이므로 기체상수(R)은

$$R = \frac{PV}{T} = \frac{10{,}332 \times V}{273}$$

공기 1kg의 체적은 $\frac{1}{1.2932} m^3$ 이므로

20℃ 공기의 R = $\frac{10{,}332}{293 \times 1.2932}$ =29.27 $kg_f \cdot m/kg_m \cdot {}^\circ K$

수증기 R = 47.06 $kg_f \cdot m/kg_m \cdot {}^\circ K$
산소 R = 26.49 $kg_f \cdot m/kg_m \cdot {}^\circ K$
NH_4 R = 49.78 $kg_f \cdot m/kg_m \cdot {}^\circ K$

⑪ 등온변화isothermal process

PV=일정(이상적 조건으로 실현 불가능)한 조건에서 기체의 압축 시 발생하는 열량을 제거하거나 기체의 팽창 시에 필요한 에너지를 공급받음으로 인해 시스템의 온도가 변하지 않는 과정을 말한다.

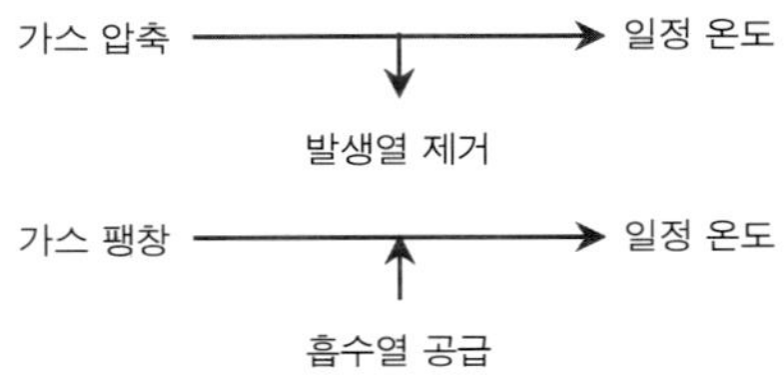

등온과정에서 압축에 소요되는 일의 양이 가장 적게 든다.

⑫ 단열변화adiabatic process

기체의 압축 및 팽창 시 시스템 밖으로 열 교환이 차단되었을 경우 압축 시에는 온도가 상승하고 팽창 시에는 냉각되는 과정을 단열변화라 한다.

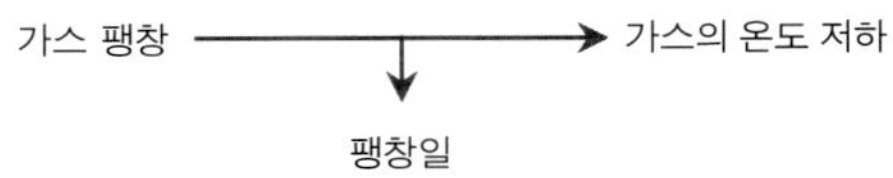

이때 PV^k = 일정, k = 단열지수 = C_p/C_v

k가 크면 클수록 단열압축 시 기체의 온도 상승률이 크다.

표 7-3. 물질의 단열지수(k)

공기	1.402
NH_3	1.313
아황산가스	1.272
메틸크로라이드	1.29
CO_2	1.301
R-12	1.136
R-22	1.184

⑬ 폴리트로픽 변화polytropic process

실제에서 가스의 상태 변화는 이상적 등온변화와 단열변화의 중간 상태이다.

$PV^n = C$, n=polytropic 지수

n=1 이면 PV=C이므로 등온 변화이며, n=k 이면 $PV^k = C$가 되어 단열변화이다.

따라서 n은 1과 k의 중간 값이다($1 < n < k$).

⑭ 교축작용Throttling

유체가 밸브valve나 작은 구멍orifice과 같이 저항이 큰 곳을 통과할 때 마찰이나 흐름의 흐트러짐으로 인하여 흐름 방향으로 압력이 강하하는 현상을 교축작용이라 한다. 이러한 현상은 냉동기의 냉매가 팽창변을 통과할 때 일어난다. 교축작용은 외부와 열의 교환이 없는 단열과정이다. 또한 외부에 일을 하지 않으므로 유체의 열량에는 변화가 없다.

따라서 팽창변 통과 전후에 있어서의 냉매의 엔탈피에는 변화가 없다.

⑮ 압축비compression ratio

압축기의 토출압력을 흡입압력으로 나눈 수다.

$$압축비 = \frac{고압축 압력 (kg/cm^2 절대압)}{저압축 압력 (kg/cm^2 절대압)}$$

압축비가 증가하면 압축기의 체적 효율 및 압축 효율이 저하하며 부하가 많이 걸려 압축기의 능력이 감퇴되며 동력의 소비가 증가한다.

압력pressure은 단위 면적에 수직으로 작용하는 힘의 크기(kg/cm^2)이다. 토리첼리 진공에서

수은주의 높이는 76cm, 수은의 비중은 13.6 g/cm^3이므로

대기압 = $13.6 g/cm^3 \times 76 cm = 1033.6 g/cm^2 = 14.7 lb/inch^2$ (psi)

절대압 = 계기압력+대기압($1.03 kg/cm^2$) = psig + 14.7psia

$1 kg/cm^2 = 14.22 lb/in^2$

진공도와 절대 압력과의 관계는 아래와 같다.

$$P = 1.033 \times (1 - \frac{h}{76})\ h = 진공도(cmHgV)$$

(3) 증기 압축식 냉동장치

기계식 냉동장치는 압축기compressor, 응축기condenser, 팽창변expansion valve, 증발기evaporator의 기본 구조를 가지고 있는 증기 압축식 냉동장치이다. 증발기에서 열을 흡수하여 기화된 냉매는 압축기에서 고압으로 압축되고 고온의 냉매는 응축기를 지나면서 열을 내어 주면서 액화된다. 액화된 냉매는 수액기receiver에 모였다가 팽창변을 통해 고압영역에서 저온 저압의 증발기로 들어간다. 이와 같이 냉매가 순환하면서 상의 변화를 통해 열을 저온에서 고온으로 뽑아내는 것이다. 기계식 냉동장치로 냉각시킬 수 있는 최저온도는 사용하는 냉매의 어는점 또는 응고점(표 7-2)이 한계이다. 공기를 냉매로 할 경우 -200℃까지 냉동이 가능하다.

냉동장치는 압축기의 종류에 따라 왕복식reciprocating, 회전식rotational, 원심력식centrifugal으로 구분되며 응용 수정된 방법으로 공기사이클 냉동, 증기분사식 냉동, 흡수식 냉동 등이 있다.

〈그림 7-3〉은 왕복식 압축기에 의한 증기압축 냉동 회로를 나타낸 것이다. 주로 암모니아를 냉매로 사용하는 대용량 공업용 냉동기에 사용된다. 암모니아 냉매의 경우를 예로 들면 압축기로 들어간 냉매는 154psi의 고온, 고압가스로 단열압축된다. 압축기에서 토출된 고온 고압가스는 응축기를 지나면서 냉각매체에 열을 빼앗기면서 응축하는 등온압축 과정을 거친다. 액화된 냉매는 수액기에 모였다가 팽창변을 통해 단열팽창하면서 고온 고압의 냉매에서 저온(5°F) 저압(19psi)의 액체 냉매로 증발기에 들어온다. 이때 냉매의 일부가 기화되면서 냉매 자체의 온도를 낮추는 데 사용된다. 증발기에 들어온 냉매는 주위의 열을 빼앗아 기화되는 등온팽창을 한다. 증발기의 열을 빼앗아 기화된 저온 저압의 냉매증기는 다시 압축기로 들어간다. 이때 응축기에서 냉각매체에 전달되어 제거되는 열량은 증발기에서 흡수된 열량과 압축기에서 공급된 일의 열당량을 합한 값과 같다.

〈증기압축식 냉동기의 에너지 밸런스〉

응축기에서 제거되는 열량 =

증발기에서 흡수한 열량 + 압축기에서 공급된 일의 열당량

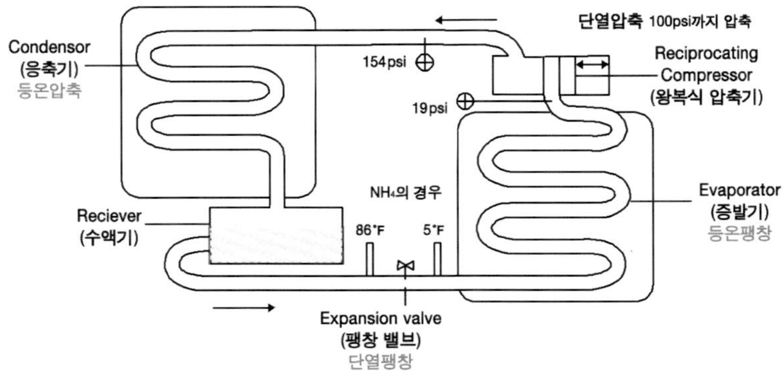

그림 7-3. 왕복식 압축기에 의한 증기압축 냉동사이클

〈그림 7-4〉는 회전식 압축기를 이용한 증기압축식 냉동장치의 구조이다. 회전식 압축기는 프레온을 냉매로 사용하는 소형 가정용 냉장고에 주로 사용된다. 고압 쪽과 저압 쪽의 압력차가 크지 않으므로 응축기와 증발기 사이의 가는 모세관이 팽창변의 역할을 한다. 응축기의 부하가 크지 않으므로 공기를 냉각매체로 사용하는 공랭식 응축기를 사용한다.

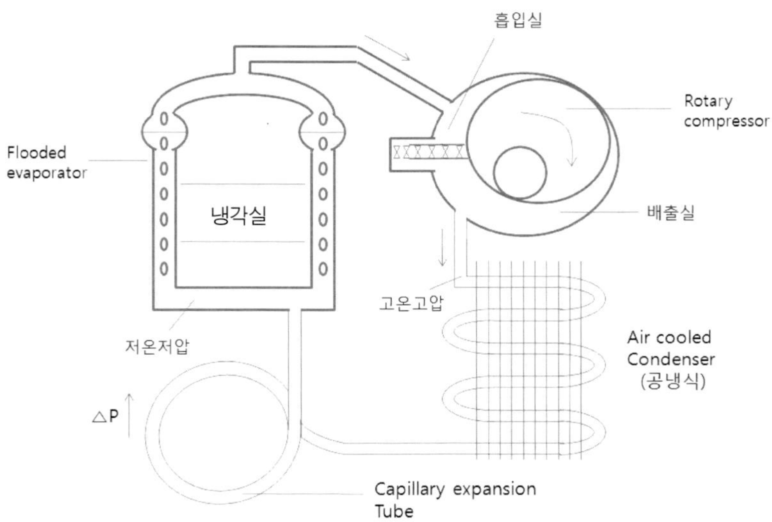

그림 7-4. 회전식 압축기를 이용한 증기압축 냉동사이클

〈그림 7-5〉는 원심식 압축기에 의한 증기압축 냉동사이클이다. 여기에도 압력차가 적으므로 적은 압력비를 갖는 냉매를 쓴다. 회전날개로 냉매를 증발시키면서 2차 냉매를 냉각시키고 냉각된 2차 냉매로 냉동효과를 얻는 방법이다. 증발된 냉매는 원심력에 의하여 상층부에 모이고 여기에 냉각수를 보내 냉매를 응축하게 된다. 응축된 냉매는 다시 수액기에 모이게 된다. 2차 냉매를 이용한 생선의 간접냉동에 주로 사용된다.

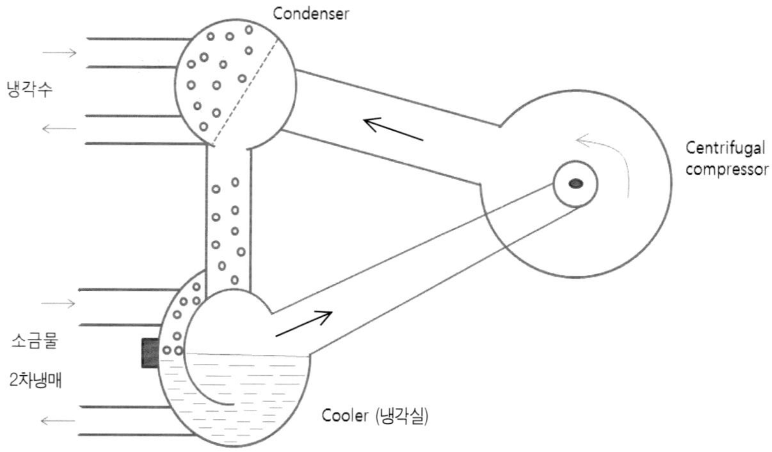

그림 7-5. 원심식 압축기에 의한 증기압축 냉동사이클

〈그림 7-6〉은 분사식 냉동장치의 구조이다. 압축기를 사용하지 않고 노즐을 통하여 분사되는 스팀에 빨려 들어오는 수증기가 증발하면서 대량의 냉각수를 만드는 방법이다. 보일러가 가동되는 공장에서 스팀으로 냉각수를 만들 수 있는 방법이다.

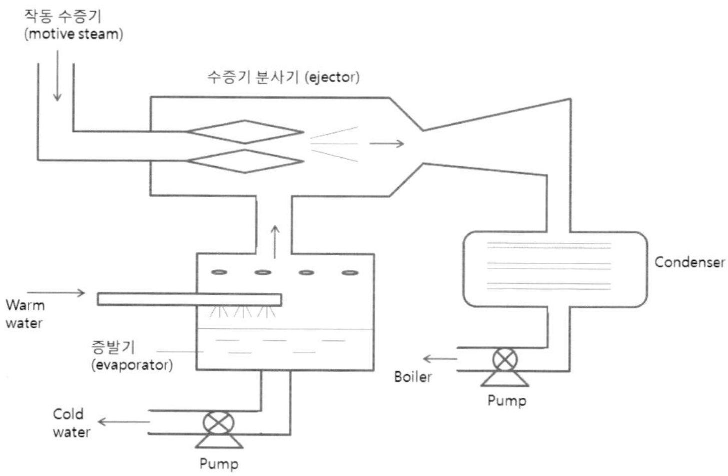

그림 7-6. 분사식 냉동장치의 구조

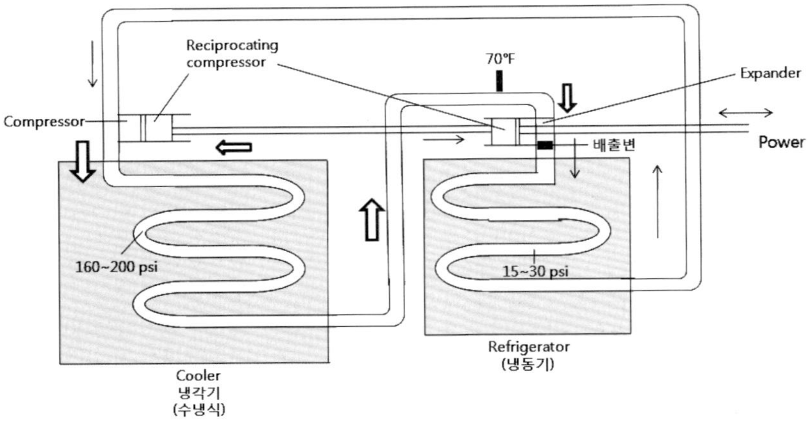

그림 7-7. 공기사이클 냉동장치의 구조

〈그림 7-7〉은 공기사이클 냉동장치의 구조이다. 왕복식 압축기 2개가 동일 축에 장착되어 공기의 압축과 팽창을 계속함으로 인해 온도 저하를 일으키는 방법이다. 전 과정을 통해 냉매인 공기가 기체 상태로 존재하며 -200℃까지도 냉각할 수 있다. 공기를 냉매로 사용하므로 안전하고 냉매의 비용이 들지 않는다. 비행기의 냉방용으로 적합하며 극저온을 요구하는 실험에도 사용된다. 개방식과 밀폐식이 있는데 개방식은 공기가 직접 냉방실에서 팽창하는 구조이고 밀폐식은 공기가 냉각장치 내만을 순환하는 것으로 극저온 냉동에 이용된다. 공기의 압축 팽창을 위한 에너지가 크게 요구되므로 큰 마력의 압축기가 요구된다.

〈그림 7-8〉은 흡수식 냉동장치의 구조이다. 냉매를 쉽게 용해 흡수할 수 있는 물질을 캐리어 carrier로 사용하여 증발기에서 나오는 냉매를 흡수시킨 후 다시 가열하여 응축기로 보내는 장치

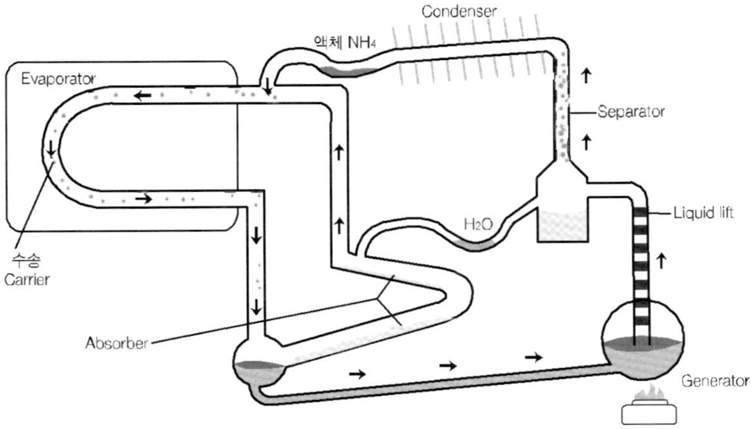

그림 7-8. 흡수식 냉동장치의 구조

이다. 가장 대표적인 냉매와 흡수제는 암모니아와 물이다.

응축기 암모니아 압력 = 증발기 암모니아 압력 + 흡수기 수소가스 압력

이 장치는 전기를 필요로 하지 않으므로 전기가 없는 오지에서 알코올램프로 냉장고를 사용하는 방법이다. 최근에는 태양열을 이용한 흡수식 냉장창고들이 대규모로 건립되고 있다(그림 7-9).

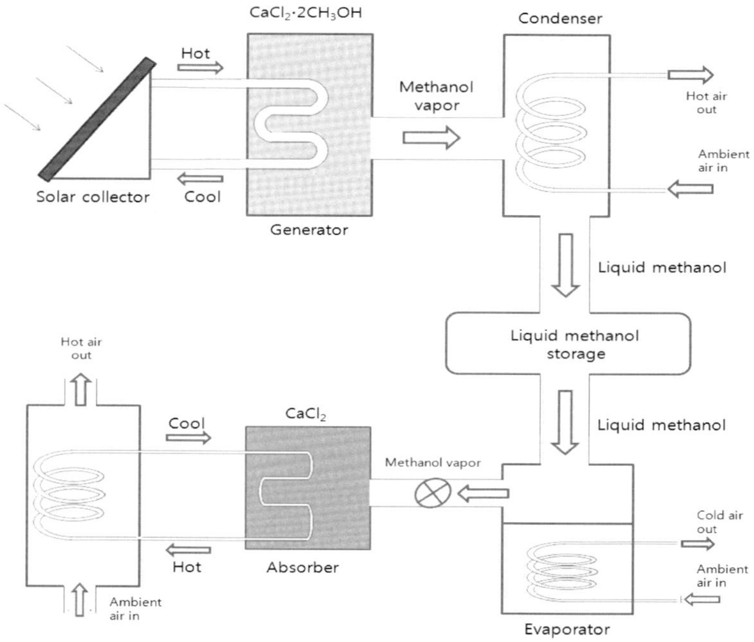

그림 7-9. 태양열을 이용한 흡수식 냉동장치

(4) 냉동기의 효율 계산

① 압력-엔탈피선도(pressure-enthalpy diagram P-H선도)에 의한 해석

압력-엔탈피선도는 일명 몰리에르선도Mollier Diagram라고도 한다. 압력과 엔탈피의 좌표에 포화액선saturated liquid line, 포화증기선saturated vapor line, 등온선constant temperature line, 등비체적선constant specific volume line, 등건조도선constant quality line, 등엔트로피선constant entropy line이 그려져 있다(부록 3.4. 참조).

〈그림 7-10〉은 몰리에르선도에 표시한 냉동사이클이다. 증발기(F-A)에서 기화열을 흡수하여 포화증기가 된 냉매는 압축기(A)에 흡입되어 등엔트로피선(A-B)을 따라 압축되고 온도가 상승하여 과열증기(B)가 된다. 압축기에서 응축기로 토출된 과열증기는 냉각매체에 열을 빼앗기면서 포화증기(C), 습증기(C-D)를 거쳐 포화액(D)으로 응축된다, 고온 고압의 포화액 상태(D)에서 팽창변(D-F')에 들어간 냉매는 일부 냉매의 기화로 냉각되면서 저압의 증발기로 들어가게 된다.

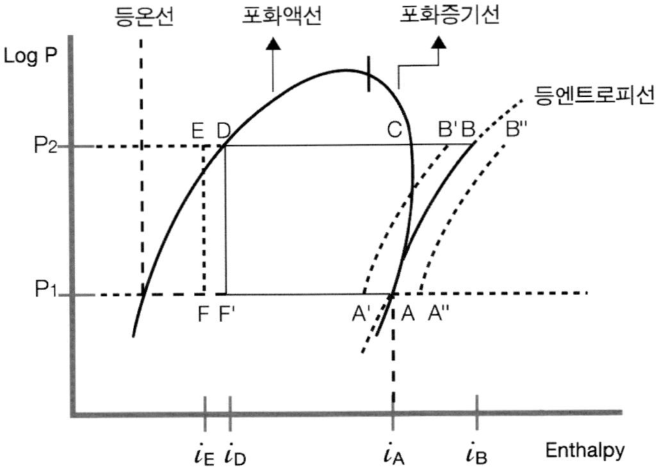

그림 7-10. Mollier Diagram에 의한 냉동사이클

E→F : 팽창변 Throttling, 단열팽창, 온도, 압력은 강하, 엔탈피 일정
F→A : 증발기, 등온팽창, 온도, 압력은 일정, 엔탈피 변화, 기화열 흡수
A→B : 압축기, 단열압축, 등엔트로피, 온도, 압력 증가
압축일이 열로 전환, 엔탈피 증가
B→C→D→E : 응축기, 등온압축, 온도, 압력 일정, 엔탈피 변화, 응축열 방출
A : 건조압축 A′ : 습압축 A″ : 과열압축

ABDF'를 거치는 상태에서 운전되는 냉동사이클을 포화조건saturated condition에서 운전되는 냉동사이클이라 한다. 응축기의 조건에 따라 냉매는 과냉각액(E)이 될 수도 있다. 또한 압축기에 흡입되는 증기가 습증기(A') 또는 과열증기(A'')의 상태로 진입될 수도 있다.

몰리에르선도를 이용하여 냉동기의 압축비, 냉동효과, 응축기에서 제거해야 하는 열량, 성적계수coefficient of performance 등을 구할 수 있다.

냉동효과(냉동력) Q_2 = i_A - i_E (kcal/kg)

압축일에 상당하는 열량 A_w = i_B-i_A

응축 열량 Q_1 = i_B-i_E = Q_2 +A_w

Q_1에는 배관 중의 열손실도 포함(응축냉각수 이외)

$$\text{이론적 성적계수 } Cp = \frac{i_A - i_E}{i_B - i_A} \quad (8)$$

압축비 = P_2/P_1

예제 7-1

아래와 같은 몰리에르선도에서 냉동기의 냉동효과, 응축부하, 성적계수, 압축비를 구하라.

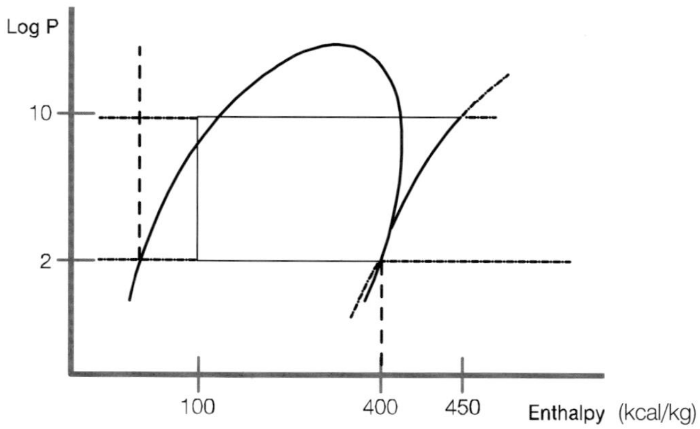

풀이

냉동 효과 = 400-100 = 300kcal/kg 냉매

압축일에 상당하는 열 = 450-400 = 50kcal/kg 냉매

응축 부하 = 450-100 = 350kcal/kg 냉매

이론적 성적 계수 Cp = $\frac{300}{50}$ = 6

압축비 = $\frac{10}{2}$ = 5

② 온도-엔트로피선도(temperature-entropy diagram, T-S선도)에 의한 해석

엔트로피 변화는 열량변화를 절대온도로 나눈 값이므로 열량변화는 엔트로피 변화를 절대온도로 곱해 주면 얻을 수 있다.

$$\triangle S = \frac{\triangle Q}{T} \tag{9}$$
$$\triangle Q = \triangle S \cdot T$$

등온변화에서 이 관계를 도표로 나타내면 아래와 같다.

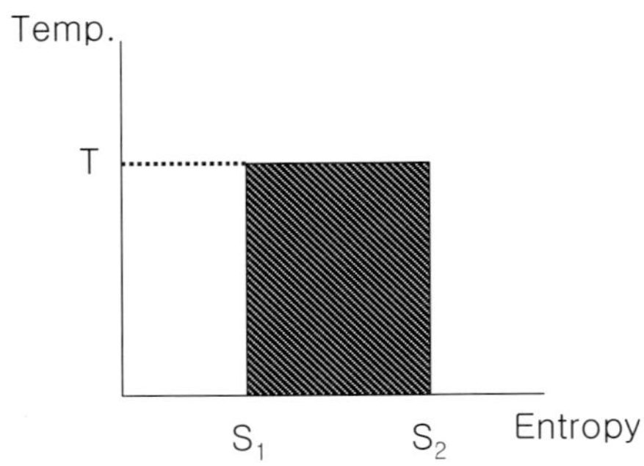

따라서 $Q = T(S_2 - S_1)$이다.

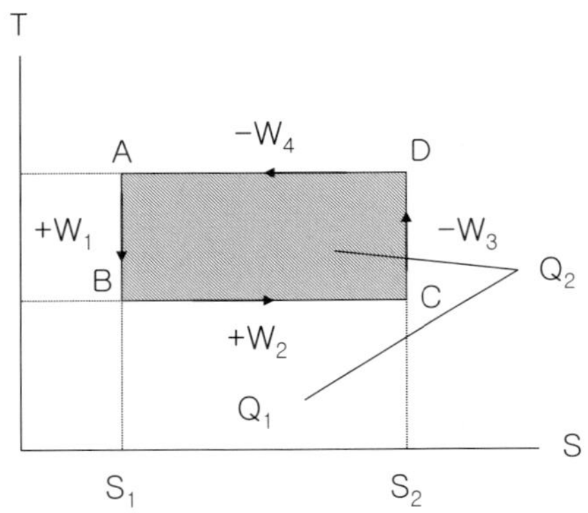

그림 7-11. 이상적 냉동사이클의 T-S선도

이상적인 냉동사이클(역 Carnot cycle)을 T-S선도로 나타내면 〈그림 7-11〉과 같다. 액체상태의 냉매가 팽창변(A)을 통과하면서 용적증가가 일어나 외부로 일($+W_1$)을 행하게 된다. 증발기(B-C)에 들어온 냉매는 등온팽창으로 계속 증발(기화)하므로 외부로 일($+W_2$)을 행하게 된다. 완전히 기화된 포화증기는 압축기(C-D)에 들어가 외부에서 가해지는 일($-W_3$)로 인해 압축되고, 응축기(D-A)로 토출된 과열증기는 등온압축($-W_4$)으로 응축되어 다시 액체 냉매가 된다.

A→B : 팽창변, 단열팽창, 냉매의 내부 에너지가 일(W_1)로 변환.
온도 저하, 엔트로피 일정

B→C : 증발기, 등온팽창, 온도 일정(T_1), 외부열(Q_1)을 흡수하여 일(W_2)로 전환,
엔트로피 증가($S_1 \rightarrow S_2$)

C→D : 압축기, 단열압축, 압축일(W_3)이 냉매의 내부에너지로 축적, 엔트로피 일정

D→A : 응축기, 등온압축, 압축일(W_4)에 상당하는 열을 외부로 방출(Q_2),
온도 일정(T_2)

T-S 선도 상의 냉동사이클에 대하여 에너지 수지energy balance를 적어 보면

$$W = +W_1 + W_2 - W_3 - W_4 \tag{10}$$

W_1 : $T_2 \rightarrow T_1$이 되기 위한 내부 energy 감소에 상당하는 일

W_3 : $T_1 \rightarrow T_2$가 되기 위한 내부 energy 축적에 상당하는 일

$W_1 = W_3$ 이므로

$$W = W_2 - W_4$$

이것을 열량으로 바꾸면

$$\begin{aligned} AW &= AW_2 - AW_4 = Q_1 - Q_2 \\ &= -(Q_2 - Q_1) \\ &= -(\text{면적 } S_1ADS_2 - \text{면적 } S_1BCS_2) \\ &= -(\text{면적 } ABCD) \end{aligned} \tag{11}$$

즉 압축기에서 냉매에 면적 ABCD의 일이 가해진 것이다.

성적계수는 압축기에서 가해진 일에 대한 냉동효과(증발기에서 제거된 열량)의 비율이므로

$$Cp = \frac{\text{면적 } S_1BCS_2}{\text{면적 } ABCD} = \frac{Q_1}{Q_2 - Q_1} = \frac{T_1}{T_2 - T_1} \tag{12}$$

즉 이상적 냉동사이클의 성적계수는 냉매의 종류에 관계없고 작동온도만의 함수이다. 그러나 실제는 이상적인 경우와 크게 달라 훨씬 복잡한 T-S선도로 나타난다(**그림 7-12**).

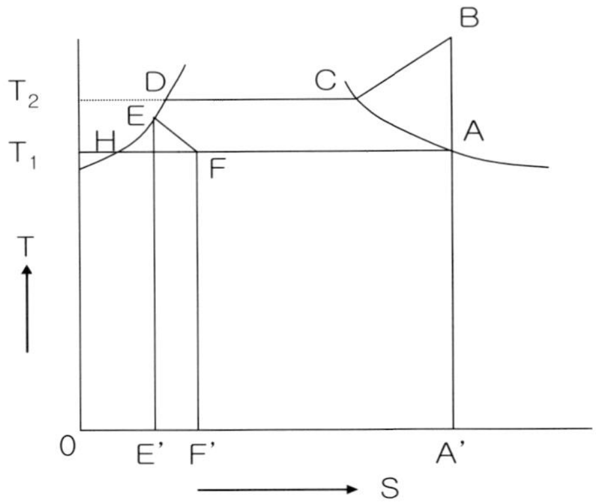

그림 7-12. 실제 냉동기의 T-S선도

FA: 냉매의 증발, AB: 단열압축, BC: 응축기 내 과열 제거, CD: 액화
DE: 과냉각, EF: 교축팽창
냉동력 = 면적FAA'F'
압축일에 상당하는 열량 = 면적ABCDH
응축기에서 버리는 열량 = 면적BCDEE'A'

열대지방과 같이 수온, 기온이 모두 높은 경우에는 냉동기의 압축비가 너무 크게 요구되므로 압축과정을 두 번 거치는 2단 압축을 한다. 흔히 응축압력이 증발압력보다 6배가 넘을 때 2단압축을 한다.

(5) 냉동기의 능력 표시

① 냉동톤refrigeration ton, Rt

냉동기의 능력을 얼음의 냉장 효과와 대등한 값으로 표시하는 것으로 1톤의 얼음이 하루 동안 물로 변하면서 흡수하는 열량을 1냉동톤이라 한다.

1refrigeration ton = 1ton ice consumption/day
얼음의 잠열은 144Btu/lb이므로 1톤을 2,000파운드로 계산하면
1Rt = 288,000Btu/day = 12,000Btu/hr = 200BTU/min
또는 1Rt = 80,000kcal/day = 3333kcal/h = 55.6kcal/min

즉, 분당 200BTU 또는 55.6kcal의 열량을 제거할 수 있는 냉동능력을 1냉동톤이라 한다.

② **성적계수**coefficient of performance, Cp

냉동기의 압축일에 대한 냉동효과의 비율로 냉동기의 작업효율을 나타내는 값이다. 성적계수는 식 (12)에서 볼 수 있는 바와 같이 응축기의 온도(T_2)가 낮을수록, 증발기의 온도(T_1)가 높을수록 커진다. 즉 응축기 온도가 증발기 온도에 가까울수록 체적비는 감소하고 압축일이 감소하므로 성적계수는 증가한다.

$$Cp = \frac{i_A - i_E}{i_B - i_A} = \frac{T_1}{T_2 - T_1}$$

성적계수는 냉매 성질에 따라 변할 수 있다. 냉매의 P-H 선도에서 등엔트로피선의 기울기가 클수록 성적계수는 커진다. 등엔트로피선의 경사가 크면 i_B-i_A가 작아지고 Cp는 커진다.

③ Hp/Rt(Horse-power per ton of refrigeration)

1냉동톤의 능력을 갖기 위하여 필요한 동력의 마력수를 나타낸 값이다.

1 horse-power = 42.42 Btu/min

1 refrigeration ton = 200 Btu/min이므로

$$\frac{Hp}{R_t} = \frac{(i_B - i_A)/42.42}{(i_A - i_E)/200} = \frac{1}{Cp} \cdot \frac{200}{42.42} = \frac{4.71}{Cp} \qquad (13)$$

대부분의 냉매는 응축기 온도 86°F, 증발기 온도 -5°F에서 Cp값이 약 4.6~5.0 정도이므로 1마력의 동력으로 약 1냉동톤의 냉동효과를 얻을 수 있다.

예제 7-2

R-12를 이용한 냉동기가 응축온도 80°F, 증발 온도 -10°F에서 5냉동톤 능력으로 가동된다. 겨울에 응축기의 온도가 65°F로 내려갈 때 냉동능력의 변화를 추정하라.

풀이

부록에 있는 냉매 R-12의 몰리에르 도표를 이용하여 응축온도 80°F일 때와 65°F일 때의 증발기에서 압축기로 들어가는 냉매 포화증기의 엔탈피(ha), 압축기에서 배출되는 냉매과포화 증기의 엔탈피(hb), 응축기 내 포화증기의 엔탈피(hc), 팽창변으로 들어가는 포화액의 엔탈피(hd)를 각각 구하면 다음과 같다.

80°F(-10°F)	65°F(-10°F)
ha=76.2 Btu/lb	ha=76.2 Btu/lb
hb=88.5 Btu/lb	hb=87.0 Btu/lb
hc=85.3 Btu/lb	hc=83.9 Btu/lb
hd=26.4 Btu/lb	hd=23.0 Btu/lb

이로부터 각각의 성적계수를 계산하고, Hp/Rt 값을 구한다.

$$Cp_{80} = \frac{76.2-26.4}{88.5-76.2} = \frac{49.8}{12.3} = 4.05$$
$$Cp_{65} = \frac{76.2-23.0}{87.0-76.2} = \frac{53.2}{10.8} = 4.98$$
$$Hp/Rt(80) = \frac{4.71}{4.05} = 1.16$$
$$Hp/Rt(65) = \frac{4.71}{4.98} = 0.95$$

$$\text{capacity}(65) = 5 \times \frac{1.16}{0.95} = 6.1\,\text{ton}$$

결론적으로 응축기 온도를 80°F에서 65°F로 낮추면 냉동능력은 5톤에서 6.1톤으로 증가한다.

7.3. 냉매 특성

냉매refrigerant는 기계식 냉동장치에서 냉동 공간의 열을 흡수하여 외기에 열을 발산하는 매개물이다. 이것을 1차 냉매라고도 하는데 액체와 기체로 상태를 변화하면서 열을 흡수하고 발산하는 물질이다. 이에 반하여 2차 냉매는 빙점이 낮은 물질로 간접 냉동에 사용되는 부동액이나 소금용액brine과 같은 물질이다. 일반적으로 냉매라 하면 1차 냉매를 뜻한다.

(1) 냉매의 구비조건

냉매의 구비조건은 상온에서 액화하기 쉬운 물질이어야 한다. 즉 임계온도가 상온 이상인 것이어야 한다. 냉매의 물리적, 화학적, 생물학적 및 경제적 특성을 열거하면 아래와 같다.

1) 물리적 특성

① 저온·대기압 이상에서 증발하고 상온 부근에서 비교적 저압으로 액화할 수 있는 물질

- 증발기가 대기압 이하이면 공기가 증발기에 유입되어 토출압력이 높아지고 냉매에 O_2, H_2O와 같은 불순물이 혼입 기계를 산화시킨다.

② 임계온도가 높을 것 - 상온에서 액화 가능

③ 응고온도가 낮을 것 - 냉동기 내에서의 고체화 방지

④ 증발열이 크고 액체비열이 적을 것

- 증발열이 크면 냉매 요구량이 작아진다. 액체 비열이 크면 팽창변을 통과한 냉매 자체가 냉각되는데 다량의 냉매가스 발생이 요구된다.

⑤ 냉매가 윤활유와 작용하지 않을 것

- 냉매에 윤활유가 용해되면 증발온도가 상승하며 윤활유의 점도가 저하되어 윤활 작용이 감소한다. 불화 할로겐류는 윤활유를 잘 용해하므로 유 분리기의 배관을 잘 하여야 한다.

⑥ 점도가 낮고 전열작용이 양호할 것

- 점도가 높으면 팽창변과 기타 배관을 흐를 때 저항이 크게 걸리고 압축기 체적효율이 감소하여 냉동 능력이 감소한다.
- 전열작용이 불량(표면장력이 클 때)하면 냉동효율이 저하되므로 응축기와 증발기의 전열면을 확대하거나 온도차를 크게 하여야 한다.

⑦ 냉매의 누출leakage이 어렵고 누출 발견이 용이할 것

- 암모니아는 악취가 나므로 누출 발견이 쉬우나 불화 할로겐류는 무색, 무취하므로 냄새나는 물질을 혼입하여 사용한다.

⑧ 혼입 수분에 영향을 받지 않을 것

- 암모니아는 수분을 용해하므로 영향이 없으나 불화 할로겐류는 비수용성이므로 유리된 수분이 팽창변이나 모세관에서 동결하여 배관이 막힌다.

⑨ 단열지수(Cp/Cv)가 적을 것

- 단열지수가 작으면 압축을 하여도 냉매가스 온도가 크게 증가하지 않으므로 압축비를 크게 잡을 수 있다.

⑩ 부식성이 없을 것

- 암모니아는 전기 절연물을 침식하므로 밀폐형 냉동기에 사용할 수 없다(밀폐형 냉동기는 냉매가스 속에서 전동기 운전). 구리 및 구리합금도 부식한다.
- 불화할로겐류는 천연고무를 침식하므로 합성고무 패킹을 사용한다.

2) 화학적 특성

① 안정하여 분해되지 않을 것

② 인화 및 폭발성이 없을 것

- 암모니아는 인화, 폭발성이 있다.

3) 생물학적 특성

① 인체에 무해할 것

- 암모니아는 인체에 독성을 가진다.

② 누출되어도 냉장품을 손상치 않을 것

4) 경제적 특성

① 가격이 저렴할 것

- 암모니아는 가격이 저렴하나 프레온의 가격은 암모니아의 10배에 달한다. 따라서 암모니아는 대형 공업용 장치에 사용한다.

② 동일 냉동능력에 대하여 소요 동력이 적게 들 것

- 대부분의 냉매는 Hp/Rt = 1, 탄산가스는 Hp/Rt = 1.66이다.

③ 동일 냉동능력에 대하여 압축하여야 할 냉매 체적이 적을 것

- 체적비가 작으며 압축기를 소형화할 수 있으며 냉동기 가격이 저렴해진다.

④ 자동 운전이 용이할 것

(2) 냉매의 종류와 특성

① 암모니아(NH_3)

암모니아는 상온에서 압력의 변화로 쉽게 액화되거나 기화되어 상변화에 의한 열의 흡수와 발산을 행할 수 있는 물질로 공업용 냉동기의 냉매로 가장 많이 대량으로 사용되고 있다. 전열계수가 크고 단열지수가 비교적 작아 경제적인 냉매이나 독성이 강하고 누출되면 자연 폭발을 일으킬 수 있어 주의를 요한다.

전열계수 : Condensing vapor 5,000kcal/m^2h℃
Evaporating liquid 3,000kcal/m^2h℃
폭발성 : 공기와 13~27% 혼합되면 폭발성
인화점 : 850℃, Fe^+ 존재하면 650℃
NH_3 누설 : alkali성 → 산성 식품과 작용 → 식품의 변질, 변색
NH_3에 수분 혼입 → 비등점 저하(수분 1%에 0.5℃ 저하)

② **불화할로겐 탄화수소계(Freon)**

프레온은 비교적 안정한 물질로 단열지수가 아주 작고 냉매효율이 높아 소형 가정용 냉장고의 냉매로 널리 사용되고 있으나 대기 중의 오존층을 파괴할 수 있는 물질로 지목되어 앞으로 그 사용이 전면 중단될 처지에 놓여 있다. 프레온은 메탄계와 에탄계로 구분되는데 냉매 기호 표시 Rabc 혹은 Fabc로 분자구조를 나타낸다.

불화할로겐 탄화수소의 일반 분자식을 $C_kH_lCl_mF_n$로 할 때

a = k-1, 탄소수 1일 때 a=0 … 두 자릿수 Methane계

탄소수 2일 때 a=1 … 세 자릿수 Ethane계

b =ℓ +1, 수소수 0일 때 b=1

수소수 1일 때 b=2

c = n 불소 원자 수

예) R_{12} : 두 자릿수이므로 Methane계 C=1

b=1이므로 H=0

c=2이므로 F=2

한 개 탄소 원자에 4개의 결합부위가 있으므로 4개의 H, Cl 혹은 F와 결합한다.

그러므로 R_{12} = CCl_2F_2

R_{122} : 세 자릿수이므로 Ethane계 C=2

b=2이므로 H=1

c=2이므로 F=2

에탄에는 6개의 결합부위가 있으므로 R_{122} = $C_2HCl_3F_2$이다.

프레온은 열에 비교적 안정하여 500℃까지 변하지 않으나 물, 윤활유, 공기와 접촉 시 200~300℃에서 분해된다. 따라서 허용 최고 토출가스 온도는 130~150℃이다. Mg 및 Mg 합금을 부식한다. 압출가스의 온도가 낮으므로 공랭식으로 냉각시킬 수 있다(표 7-4).

③ **공기**

공기압축식 냉동장치에 사용되며 단열지수가 크므로 압축기의 용량이 커야 하므로 기계장치의 대형화를 요구한다. 응고점이 대단히 낮으므로 극저온 냉동에 사용되며 무독하고 안정하므로 비행기의 공조시스템에 사용된다.

표 7-4. 냉매의 특성표

	NH_3	CH_3Cl	R12	R22	R114
비등점(℃)	-33	-23.8	-29.8	-40.8	3.6
응고점(℃)	-77.7	-97.8	-158.2	-160	-93.9
임계온도(℃)	133	143	111.5	96	145.7
임계압력(kg/cm²)	116.5	68.1	40.9	50.3	33.33
액비열(30℃, kcal/kg℃)	1.15	0.34	0.243	0.395	0.238
C_p/C_v(30℃, 1atm)	1.31	1.20	1.136	1.184	1.088
증발열(비등점, kcal/kg)	327	102.4	39.97	55.92	32.78
가연성	유	유	무	무	무
사용 온도	저, 중, 고	중, 고	저, 중, 고	초저, 저, 중, 고	중, 고
사용 압축기	왕복식	왕복, 회전	회전, 왕복	왕복	회전, 왕복
용도	제빙, 냉장		냉장, 냉방		소형 냉동기 특수 냉방기

④ 물

증기분사식 냉동기와 공기정화용 흡수식 냉동기의 냉매로 사용된다. 증발온도를 0℃ 이하로 할 수 없다. 수증기의 밀도가 낮아 압축일에 큰 기계장치가 필요하다.

⑤ 탄산가스(CO_2)

탄산가스는 임계온도가 낮아 상온 부근에서 응축이 곤란하다. 고압을 요구하므로 모든 배관이 고압에 견디도록 설계되어야 한다. 불연성이며 인체에 독성이 없다.

⑥ 아황산가스(SO_2)

냉매 체적이 NH_3의 1.5배로 제어장치가 용이하고 응축 압력이 NH_3의 1/3로 기계구조가 간단하다. 제1차 세계대전 후 가정용 냉장고의 냉매로 널리 사용되었으나 현재는 대부분 프레온으로 대체되었다. 냉매가격이 저렴하고 구리의 부식력이 없다. 인체에 유독하며 누출되면 공기와 결합하여 황산을 생성하므로 부식성이 크다.

⑦ 탄화수소군

부탄butane, 이소부탄isobutane, 프로판propane, 에탄ethane, 에틸렌ethylene 등이 냉매로 사용될 수 있다. 이들의 장점은 비등점, 응고점이 낮고 증발열이 커서 열역학적 특성이 좋다. 화학적으로 안정하고 물과 결합하지 않으며, 윤활유와 잘 혼화하며 부식성이 없고 악취가 적다. 그러나 가연성이며, 폭발성이고 인체에 유독하며 누설 탐지가 어렵다.

⑧ 메틸크로라이드(CH_3Cl)

최초의 할로겐화 탄화수소계의 냉매로 1925년경부터 사용되었다. 장점은 열역학적인 특성이 좋고 물의 존재에 대하여 안정하며 광물성 윤활유와 잘 혼화한다. Al, Mg, Zn 합금을 제외하고는 금속 사용이 가능하며 누설에 의한 피해가 적다. 그러나 유독성이며 폭발성이 있고 누설 탐지가 곤란하다.

(3) 2차 냉매

냉매의 냉동력을 흡수하여 전달하거나 저장하는 부동액을 말한다.

① 염화칼슘($CaCl_2$)용액

공정점(농도 증가에 의한 빙점 강하가 최고인 점)이 -55°C로 제빙, 냉장 등에 사용한다.

② 식염(NaCl)용액

공정점이 -21℃로 식품에 접촉 사용할 수 있으므로 침지냉동immersion freezing에 주로 사용되며 특히 생선의 급속냉동에 유용하다. 용기에 대한 부식성이 크다.

③ 에틸렌글리콜ethyleneglycol

부동액으로 산업적으로 많이 사용되며 부식성이 적으므로 소형기계에 사용한다.

④ 프로필렌글리콜prophyleneglycol

비부식성이며 무독하므로 냉동식품의 동결용으로 많이 사용된다.

7.4. 식품의 동결

(1) 얼음결정의 생성과정

얼음결정이 생성되는 온도를 빙점freezing point이라 하며 빙점에 도달한 물이 얼음으로 되는 과정은 얼음결정의 형성단계와 얼음결정의 성장단계의 두 단계를 거치며 이들 단계의 정도와 크기는 냉동식품의 품질에 지대한 영향을 미친다.

① 얼음결정의 형성ice crystal formation

얼음 핵형성nucleation 단계라고도 하는데 물이 빙점 이하로 과냉각supercooling된 상태에서 물분자들이 질서 있게 결합된 미세입자를 형성하는 과정을 말하며 과냉각의 정도가 클수록 미세입자의 수가 증가한다.

② 얼음결정의 성장ice crystal growth

재결정화recrystallization라고도 하는데 얼음결정 주위에 물 분자가 첨가되어 입자의 크기가 증가하는 과정이다. 빙점보다 약간 낮은 온도에서 주로 일어난다. 얼음의 성장 속도는 물질이동속도와 열전달속도에 의존한다.

얼음결정의 평균크기는 얼음결정의 수에 반비례하므로 핵형성이 많이 되면 얼음결정의 크기는 작아진다. 생물 조직이나 세포 내의 얼음 형성에 영향을 미치는 요소는 ① 동결 속도, ② 시료의 온도, ③ 시료의 기하학적 구조, ④ 시료의 화학적 조성 등이다.

얼음 핵형성 방법에는 두 가지가 있는데 순수한 물에서 일어나는 동종핵형성 homogeneous nucleation과 이종핵형성heterogeneous 또는 catalytic nucleation이다. 동종핵형성은 0℃에서 일어나지 않고 -2~3℃로 과냉각된 상태에서 물 분자들의 순간적 배열chance orientation로 미세하게 정렬된 입자들이 형성되는 것이다. 한편 이종핵형성은 식품이나 생물체에서 일어나는 현상으로 부유입자, 표면막, 용기벽에 인접한 부위에서 일어난다. -10℃까지 과냉각되어 형성되는 경우도 있다

재결정은 불안정한 얼음 입자들이 냉동저장 중 형태변화metamorphic change를 일으키는 것을 총칭한다. 즉, 최초 고화solidification 이후 얼음결정의 수, 크기, 형태, 방향, 구조 등에서 일어나는 모든 변화를 말한다. 재결정이 일어나는 이유는 자유에너지가 최소이고 화학 포텐셜이 전 지역에 같도록 평형상태로 가려는 성질 때문이다. 순수한 얼음, 아이스크림, 냉동주스, 냉동식물 및 동물체에서 흔히 관찰된다. 재결정 속도는 냉장 온도와 시료의 성질에 의존한다. 온도가 낮으면 재결정 속도가 감소하고 비액상 물질의 농도가 증가하면 속도는 감소한다. 재결정의 형태는 여러 가지이며 아래와 같다.

① Isomass recrystallization

질량이 변함없이 표면이나 형태변화를 일으키는 것. 불규칙하거나 표면/용적비surface/volume ratio가 큰 것에서 조밀하고 표면/용적비가 작은 쪽으로 변한다.

② Migratory recrystallization

작은 입자들이 모여 큰 입자로 변하는 현상. 2μm 이하의 입자가 많을 때 크게 일어난다.

③ Accretive recrystallization

접촉한 입자들이 결합하여 입자 수가 감소되는 현상.

④ Pressure induced recrystallization

압력이 가해짐으로써 입자 간의 결합이 이루어진다. 얼음은 표면에서부터 얼고 부피가 증가하므로 내부에 압력이 생긴다. 따라서 크기가 큰 시료에서 영향이 크다.

⑤ Irruptive recrystallization

수분함량이 낮고 작은 크기의 시료를 급랭할 때 비결정형으로 고화되었다가 온도가 다소 올라가면 급격히 결정형태로 변하는 현상.

(2) 완만냉동과 급속냉동

동결속도는 냉동식품의 품질을 결정하는 중요한 요소이다. 완만냉동slow freezing의 경우 얼음 결정의 수가 적고 얼음 핵이 주로 세포외에 형성된다. 따라서 세포내로부터 수분이 세포외로 이동하여 얼음 결정이 커지며 이것이 세포벽에 변형력을 가하여 조직을 파괴하고 품질저하를 일으킨다. 반면 급속냉동quick freezing은 얼음 결정의 수가 많아지며 크기가 작고 균일하며 얼음 결정이 세포 내외에 고루 형성되므로 수분 분포가 균일하여 조직에 큰 변형을 일으키지 않는다. 〈그림 7-13〉은 계란을 급속냉동했을 때와 완만냉동했을 때 삶은 계란의 절단면을 보여주고 있다. 완만냉동한 계란에서 얼음결정이 크게 형성된 자리를 볼 수 있다. 이런 이유로 완만냉동한 고기를 해동할 때 핏물dripping이 많이 나오게 되고 육질이 맛이 없고 즙액이 적다.

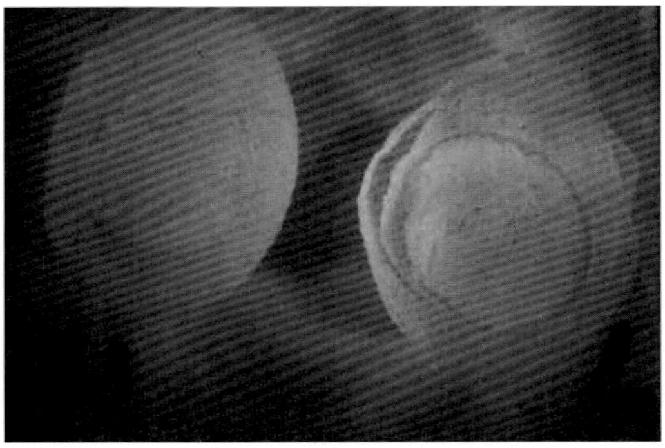

그림 7-13. 급속냉동(H)과 완만냉동(L) 계란의 삶은 절단면 비교

완만냉동과 급속냉동의 구분은 식품의 동결곡선freezing curve으로부터 결정한다. 〈그림 7-14〉는 순수한 물과 용액의 동결곡선을 비교한 것이다. 순수한 물은 과냉각 후 얼음이 형성되고 모든 물이 얼음으로 변하면 다시 온도 저하가 일어난다. 반면 용액은 빙점저하가 일어나 어는점이 순수한 물보다 낮고, 얼기 시작하면 용질의 농도가 높아져 빙점이 계속 떨어지고 용매와 용질이 동시에 얼어붙는 공융점eutectic point에 도달하게 된다.

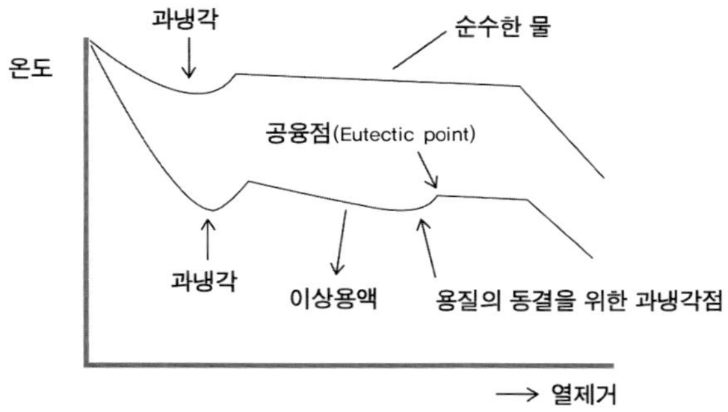

그림 7-14. 물과 이상용액의 동결곡선

식품의 동결은 이상용액보다 훨씬 더 복잡하다. 〈그림 7-15〉는 식품의 동결곡선을 보여 주고 있다. 고농도의 유기물질로 된 식품에서는 뚜렷한 과냉각점을 볼 수 없으며 공융점도 볼 수 없다. 식품에 따라 빙점에서 약 5~10℃ 낮아져야 대부분의 물이 동결된다. 이 최대얼음형성대 maximum ice crystal formation zone를 30분 이내에 통과하는 냉동을 급속냉동이라 한다.

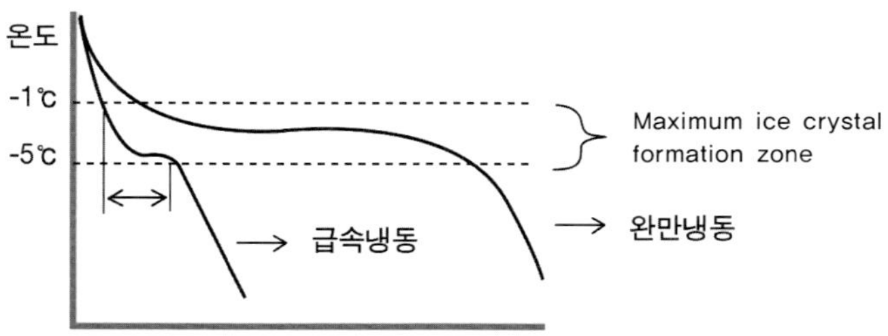

그림 7-15. 식품의 동결곡선

빙결률ice rate은 식품 중의 전체 수분 중 얼음으로 동결된 비율이다.

$$\text{Ice rate(빙결률)} = \frac{\text{얼음의 무게}}{\text{얼음} + \text{물의 무게}}$$

빙결률이 80%가 되면 관능적으로 동결된 상태로 느끼게 되며 빙결률은 냉동속도와 관계없이 일정 온도에서 거의 일정하다. 식품의 조직에 결합하여 있는 결합수bound water는 -20℃ 이하에서 동결되기 시작한다.

(3) 동결에 수반되는 현상

① 부피 팽창volume increase

0℃ 순수한 물이 0℃ 순수한 얼음으로 변할 때 약 9%의 부피 팽창을 일으킨다. 식품의 경우 20℃에서 -18℃로 냉각시킬 때의 부피 증가를 보면 사과 주스 8.3%, 오렌지 주스 8.0%, 생체딸기 3%, 딸기즙 8.2%이다. 딸기와 같이 식품 조직 내에 공기가 많이 포함되어 있으면 부피 팽창을 감소시키는 역할을 한다. 동결은 외부에서 내부로 진행되므로 동결 팽창에 의한 압력은 외부에서 내부 비동결 부위로 가해지며 따라서 식품은 압축 변형력을 받게 된다.

② 가용성 성분의 농축

식품 내에 존재하던 용액에서 순수한 얼음 결정이 형성되어 계에서 제거되므로 용액 속에 있던 가용성 성분은 얼지 않은 물속에 남게 되어 그 농도가 계속 증가하게 된다. 이와 같은 가용성 성분의 농축은 식품 성분 특히 단백질이나 탄수화물 주위에 있는 용액의 이온 농도를 증가시키는 결과가 된다. 이로 인하여 비가역적인 단백질의 변성과 분자 배열의 변화를 일으켜 해빙 후에도 수분 결합 능력이 감소하고, 조직 경화, 드립핑dripping 등 식품의 품질 변화를 초래하게 된다.

(4) 동결시간

동결시간freezing time은 앞에서 언급한 바와 같이 뚜렷하게 정의하기 어려우며 여러 가지 개념으로 표현된다. 식품 내의 가장 늦게 냉각되는 부위의 온도를 온도 중심점thermal center이라 하며 이 부위의 온도가 동결시간을 결정하는 중요한 지표가 된다.

① 공칭동결시간norminal freezing time

균일한 초기 온도 0℃의 식품을 냉각하여 온도 중심점의 최종온도가 빙점보다 10℃ 낮게 될 때까지 걸리는 시간

② 유효동결시간effective freezing time

초기 균일한 온도 T_1인 식품을 냉각하여 온도 중심점의 온도를 목적하는 최종온도 T_2까지 내리는

데 걸리는 시간

③ 계산동결시간calculated freezing time

제품의 초기 온도가 빙점에 있고 동결이 완료 되었을 때의 온도 중심점의 수분이 동결된 상태에서 빙점이 될 때까지의 동결시간을 계산한 것

④ 동결속도freezing rate

단위 시간당 얼음선단ice front의 진행속도(cm/h)

⑤ 공칭 동결속도norminal freezing rate

온도중심점까지의 거리를 공칭동결시간으로 나눈 값.

$$\text{공칭 동결속도} = \frac{\text{온도중심점 까지의 거리}}{\text{공칭 동결시간}}$$

동결속도는 다음 조건에 영향을 받는다.

① 제품과 냉매의 온도차
② 제품의 표면과 내부에서의 열전달 형식
③ 제품의 크기, 모양 및 구조적 특성
④ 포장의 크기, 형태 및 재료

동결 과정은 외기온도에서 빙점까지의 냉각precooling, 빙점에서의 얼음형성freezing, 그리고 동결된 상태에서 냉동저장 온도까지의 냉각after cooling으로 나누어 생각할 수 있다. 따라서 유효동결시간은 이 세 기간을 합친 값과 같다.

유효동결시간 = calculated freezing time + precooling time + after cooling time

(5) 계산동결시간

계산동결시간을 산출하는 방법은 Plank식과 Neumann 근사식이 있다.

① Plank식

정상상태의 열전달로 가정하여 평판제품이 한 방향으로 동결될 때 열전달은 식품 표면의 열전달과 식품 내부의 열전달로 나누어 생각할 수 있다. 아래 그림에서와 같이 냉매온도 T_o, 표면온도 T_s, 빙점 T_f, 표면열전달계수 h_c, 동결 부위의 열전도도 K_i, 동결 부위의 두께 x일 때 열전달량 q는 아래와 같이 계산될 수 있다.

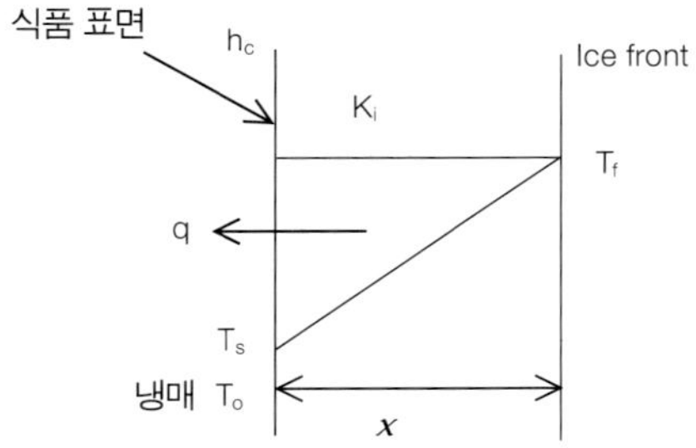

식품 표면에서의 열전달량 q는

$$q = h_cA\ (T_s - T_o) \tag{14}$$

동결층 ***x***를 통과하는 열량의 크기는

$$q = K_i/\boldsymbol{x} \cdot A\ (T_f - T_s) \tag{15}$$

T_s를 소거하면

$$q = \frac{A(T_f - T_0)}{1/h_c + x/\mathrm{Ki}} \qquad q = UA(T_f - T_0) \tag{16}$$

여기서 U는 통합열전달계수overall heat transfer coefficient이다.

$$1/h_c + x/\mathrm{K_i} = \frac{1}{\mathrm{U}}$$

얼음선단ice front에서 열이 제거되어야 하는 양은

$$q = A\lambda_f \rho dx/dt \tag{17}$$

여기서 λ_f : 응고잠열, ρ : 밀도, A : 면적

이 열을 식품 표면에서 제거해야 하므로

$$\frac{A(T_f - T_0)}{1/h_c + x/\mathrm{K_i}} = A\lambda_f \rho dx/dt$$

$$(T_f - T_0)dt = \lambda_f \rho(1/h_c + x/\mathrm{K_i})dx$$

식품의 두께를 a라 하고 양쪽에서 냉각된다면 $x = \frac{a}{2}$이고, 동결시간freezing time t_f는

$$t_f = \frac{\rho\lambda_f}{T_f - T_0}\left[\frac{a}{2h_c} + \frac{a^2}{8\mathrm{K_i}}\right] \tag{18}$$

이 식을 일반화하여

$$t_f = \frac{\rho\lambda_f}{T_f - T_0}\left[\frac{Pa}{h_c} + \frac{Ra^2}{\mathrm{K_i}}\right] \tag{19}$$

P와 R은 동결제품의 형상에 따르는 상수이다.

무한 평판 : P=1/2, R=1/8

구(sphere) : P=1/6, R=1/24

무한원기둥 : P=1/4, R=1/16

a=무한 평판의 두께 혹은 구와 원기둥의 지름

예제 7-3

구형(spherical)의 식품을 −40℃의 냉매를 이용하여 냉동시키려고 한다. 식품의 직경은 10cm, 밀도는 1000kg/m^3, 열전도도는 1.2W/(mk), 빙점온도는 −1.25℃, 응고잠열은 250kJ/kg이다. Plank식을 이용하여 계산냉동시간을 구하시오. 단, 표면열전달계수는 50W/m^{2}K이다.

풀이

T_0 = -40℃

a = 10cm = 0.1m

ρ = 1000kg.m^3

T_f = -1.25℃

K_f = 1.2w/mK

λ_f = 250kJ/kg

h_c = 50W/m^{2}K

P = 1/6

R = 1/24

Plank식에 대입

$$t_f = \frac{\rho\lambda_f}{T_f - T_0}\left[\frac{P \cdot a}{h_c} + \frac{R \cdot a^2}{K_f}\right] = \left[\frac{1000\times 250\times 10^3}{-1.25-(-40)}\right]\left[\frac{0.1}{6\times 50} + \frac{0.1^2}{24\times 1.2}\right]$$

$$= \left(6.452\times 10^6 J/\frac{J}{m^3} \cdot ℃\right)\left(3.333\times 10^{-4}\frac{m^3k}{W} + 3.472\times 10^{-4}\frac{m^3K}{W}\right)$$

$$= 4390\frac{J}{W} = 4390s = 1.22h$$

② **Neumann의 근사식**

$$t_f = \frac{\lambda_f \rho \chi^2}{2K_i \Delta T} \tag{20}$$

K_i : 냉동된 제품의 열전도도
x : 제품의 두께(냉동거리)
ΔT : 어는점과 냉매의 온도차

이 식은 Fourier number $\left(K_i t_f / Cp_1 \rho \chi^2\right)$가 클 때에 적용된다(Cp1 : 냉동된 제품의 비열).

공기 중에서 동결될 때 표면온도가 냉매 온도에 도달하는 시간이 걸리므로 이것을 보정하기 위하여 equivalent thickness를 적용한다.

$$\chi_e = K_2 / h_c \tag{21}$$

K_2 : 동결되지 않은 제품의 열전도도

$$\chi_f = \chi_e + \chi$$

표 7-5. 여러 가지 동결조건에서의 표면열전달계수

	kcal/m²h℃	Btu/ft²h°F
정치된 공기 냉동		
냉동 코일에 의한 복사가 있을 때	8.5	1.7
냉동 코일에 의한 복사가 없을 때	5	1.0
공기바람(air blast) 냉동		
150m/min	15	3
300m/min	25	5
침수냉동(immersion)	500	100
접촉냉동(contact)	125	25

(6) 냉동시간의 계산

식품의 냉동시간은 외기온도(예를 들면 20℃)에서 냉동저장온도(예를 들면 -20℃)까지 냉각하는 데 필요한 시간이다. 따라서 냉동시간은 유효동결시간으로 계산된다.

$$t = F[Cp_w(T_1 - T_f) + \lambda_f + Cp_i(T_f - T_s)] \quad (22)$$
$$\times [1 + 0.00445(T_1 - T_f)]$$
$$\times \frac{\rho}{T_f - T_0} \times \left[P\frac{\chi}{h} + R\frac{\chi^2}{K_i}\right]$$

F = 제품의 수분 함량
T_1 = 최초 온도
T_f = 빙점
T_s = 냉동저장 온도
T_0 = 냉동기의 공기 온도
Cp_w = 물의 비열
Cp_i = 얼음의 비열
P, R = plank 계수
χ =식품의 두께

7.5. 냉동창고의 구조와 운영

(1) 식품의 냉장부하refrigeration load

식품의 냉장에 필요한 열제거량heat load은 식물성 식품과 동물성 식품에서 차이를 나타낸다. 식물성 식품은 얼기 전까지 계속 호흡을 진행하므로 호흡열을 제거하여야 한다.

① 식물성 식품

Heat load = $WCp_w(T_1 - T_2) + Q_r + Q_L$

W=냉장식품의 중량
Cp_w=식품의 비열
T_1=최초 온도
T_2=최종 저장온도
Q_r=호흡열
Q_L=벽, 전기, 문 등으로 잃어버리는 열

② 동물성 식품

Heat load = $WCp_w(T_1 - T_2) + Q_L$

냉장부하를 냉동톤으로 표시하려면

$$Rt = \frac{Heat\ load\ (Btu/hr)}{12{,}000\ Btu/hr} = \frac{Heat\ load\ (Kcal/h)}{3{,}333 Kcal/hr}$$

(2) 식품의 냉동부하

식품을 냉동하여 저장할 때에는 ① 실온의 식품을 냉동저장온도까지 냉각하는 데 필요한 열제거량과 ② 냉동된 식품을 냉동저장온도로 유지하는 데 필요한 제거열량으로 구분하여 생각하여야 한다.

① 냉동온도까지 냉각시키는 데 필요한 열량 제거

실온에서 빙점까지의 냉각

$$H_1 = (Cp_w)(W)(T_1 + T_f)$$

H_1 : 빙점까지의 냉각에 필요한 제거 열량(Btu, cal)

Cp_w : 얼지 않은 상태에 있는 식품의 비열

W : 식품의 무게

융해잠열의 제거

$$H_2 = (\lambda_f)(M)$$

H_2 : 물을 액체 상태에서 고체 상태로 변화시키는 데 필요한 제거 열량

M : 물의 무게

빙점에서부터 냉동 온도까지의 냉각

$$H_3 = (Cp_i)(\mathrm{W})(T_f - T_s)$$

H_3 : 빙점에서 냉동저장 온도까지 냉각에 필요한 제거 열량

Cp_i : 냉동된 식품의 비열

따라서 총 냉각부하는 $R_f = H_1 + H_2 + H_3$

표 7-6. 식품성분의 비열

성분	Cp (cal/g℃)
물	1.0
얼음	0.5
지방	0.41
단백질	0.37
탄수화물	0.31
공기	0.242

식품의 비열은 각 성분의 중량조성비(weight fraction, W)로부터 계산할 수 있다. 여러 가지 근사식이 있으며 아래와 같이 용도에 따라 선택하여 사용한다.

① $C_p = W_{water} + 0.41\ W_{fat} + 0.37W_{protein} + 0.31W_{CHO}$ – 일반식

② $C_p = W_{water} + 0.5W_{fat} + 0.3W_{solid\ non\text{-}fat}$ – 육류 등 고지방 식품

③ $C_p = 0.36 + 0.64W_{water}$ – 과채류

④ $C_p = 0.008(\%\ H_2O\ in\ food) + 0.20$ – 과채류 등 수분이 많은 식품

냉동식품에는 $0.5W_{water}$를 사용한다.

표 7-7. 상온과 냉동상태의 쇠고기 비열

	실측 Cp cal/g℃		계산 Cp cal/g℃	
	빙점 이상	빙점 이하	빙점 이상	빙점 이하
68% H_2O	0.77	0.40	0.79	0.58
15% H_2O	0.50	0.26	0.46	0.41

냉동과정 중 식품에서 제거되어야 하는 열량 즉, 총 냉각부하는 식품의 엔탈피 조성 도표에서 직접 읽을 수 있다. 수분 함량과 온도만 알면 그때 식품이 가지는 엔탈피량과 비동결 수분의 양을 구할 수 있다(부록 5 참조).

② 냉동된 식품을 냉동저장 온도로 유지하는 데 필요한 열량

냉동된 식품을 냉동창고에 보관하려면 벽면을 통하여 들어오는 열을 계속적으로 제거해야 하며 내부시설(전등, 공기순환모터), 작업자, 문을 통한 외부 공기와 함께 유입되는 열을 제거해야 한다.

a. 냉동실을 냉동온도로 보존하는 데 필요한 열량

$$H_c = \frac{(K)(24)(A)(T_1 - T_2)}{X} \tag{23}$$

H_c : 냉동고를 24시간 냉동온도에 유지시키는 데 필요한 열량

K : 벽면 재료의 열전도도

A : 냉동고의 표면적

T_1 : 외부 온도

T_2 : 냉동고 내부 온도

X : 벽면의 두께

표 7-8. 벽면 재료의 열전도도

벽면 재료	열전도도(Btu/fth℉)
air	0.175
Asbestospaper & air spaces	0.50
Rock wool	0.26
glass wool	0.29
cork board	0.27
Sawdust	0.41
Wood	0.79~1
Building brick	3~6
concrete	6~9
sandstone	8~16

b. 전등에 의한 열량

$$H_e = 13.6\ Btu/hr.watt$$

c. 전기모터에 의한 열량

$$H_m = 1{,}195\ Btu/hr.Hp$$

d. 냉동고 내에서 작업하는 사람에 의한 열량

$$H_p = 2{,}975 Btu/man.hr$$

e. 여닫는 문으로 들어오는 공기의 열량(외부 온도 : 60℉, 15℃, 습도 60% 일때)

$$Ha = V \cdot ac \cdot q \qquad (24)$$

V : 저장고 용적

ac : 24시간 평균 공기 교환 회수

q : 공기 1ft^3 열손실

Ha = 21Btu/lb dry air

= 21Btu/lb × 0.252 cal/Btu × 2.207 lb/kg = 11.7 kcal/kg air

표 7-9. 냉동창고에서 1일간 교환되는 공기의 교환회수

창고의 용적(m^3)	공기교환 회수/24h
9	29
18	20
36	13.5
72	9.3
144	6.3
288	4.3
576	2.9
1152	2.0

이 모든 열 손실을 합산하면 냉동창고에서 제거되어야 하는 열량 즉, 냉동보관 부하가 계산된다. 제거되어야 하는 열량을 냉동톤으로 표시하면

$$R_c = Hc + He + Hm + Hp + Ha$$

따라서 식품의 총 냉동부하는 냉각부하(R_f)와 냉동보관부하(R_c)를 합한 값이 된다.

$$R = R_f + R_c$$

예제 7-4

20℃에서 수확한 1ton의 딸기를 -20℃로 1시간 동안 급속냉동하려 할 때 냉동부하를 구하라.

딸기의 수분 함량 = 85%

Cp_w = 0.008×85+0.2 = 0.88 Btu/lb°F

Cp_f = Cp_w/2 = 0.44 Btu/lb°F

평균 호흡열 = 3265 Btu/ton day = 136 Btu/ton hr

freezing point = -2℃

풀이

제거해야 할 열량

Q_1 : 딸기의 평균 호흡열(1시간 동안)

Q_2 : 20℃ (68°F) → -2℃(28°F) 냉각열

Q_3 : -2℃(28°F) → -20℃(-4°F) 냉각열

Q_4 : 융해 잠열(125Btu/lb)

Q_5 : 벽면으로부터 열손실량 - 무시

Q_1 = 136 Btu/ton hr

$Q_2 = WCp_w \triangle T_1$ = 2,000lb × 0.88 × 40 = 70,400 Btu

$Q_3 = WCp_f \triangle T_2$ = 2,000 × 0.44 × 32 = 28,160 Btu

$Q_4 = M\lambda_f$ = (2,000 × 0.85) × 125 = 212,500 Btu

$$Q_{total} = 311{,}196\ \text{Btu/hr} = \frac{311{,}196}{12{,}000} = 25.93\text{Rt}$$

예제 7-5

위의 냉동된 딸기를 -20℃ 냉동창고에 보관할 때 1일간 소요되는 냉동 요구량을 구하라.

냉동고 규모 : 가로 2m, 세로 3m, 높이 2m
냉동고 벽 : 20cm 두께 cork 판
외부 온도 : 20℃
백열등 100w짜리 1개(2hr/day)
전기모터 1Hp 1개(2hr/day)
작업인원 1명(2hr/day)

풀이

a. 벽면으로 잃어버리는 열량

$H_1 = (K / X) \cdot 24(A)\ (\triangle T)$

$$= \frac{0.27Btu/fth°\text{F}}{0.66ft} \cdot 24h \cdot 423.4ft^2 \cdot 72°\text{F}$$

= 299,365Btu/day

cork(K) = 0.27Btu/fth°F

총면적(A) = 423.4ft^2

벽두께(X) = 20cm = 7.87 inch = 0.66ft

온도차(ΔT) = 20℃ - (-20℃) = 68°F - (-4°F) = 72°F

b. 전등에 의한 열량

H_2 = 13.6Btu/hr.watt × 2hr/day × 100watt = 2,720Btu/day

c. 모터에 의한 열량

H_3 = 1,195Btu/hr.Hp × 1Hp × 2hr/day = 23,810Btu/day

d. 작업인원의 열량

H_4 = 2,975Btu/man.hr × 1man × 2hr/day = 5,950Btu/day

e. 외부공기 유입에 의한 열량

방의 용적 : 12m^3

방안 공기의 mole 수 : 12 × 10^3/22.4 = 535mole

방안 공기의 무게 = 535 × 29 = 15.5kg

1일간 출입 공기량 = 25배로 하면

15.5 × 25 = 387.5kg air

= 852.5lb air

H_5 = W · Cp · △t = 852.5 × 0.24 × 72

= 14,731Btu/day

$$H\ total = 346{,}516Btu/day = \frac{346{,}516}{288{,}000} = 1.20Rt$$

예제 7-6

외기 온도 86°F에서 수확한 사과 10톤을 냉장창고에서 32°F로 1일간 냉각시키려고 한다. 냉각에 필요한 냉각톤은 얼마인가?

사과의 수분 함량 = 85%

평균 호흡열 = 34,700Btu/ton 24hr

풀이

Heat load = W · Cp · (T_1 - T_2) + Qr

Cp = 0.36 + (0.64 × 0.85) =0.90Btu/lb°F

Heat load = 20,000lb/day × 0.90 × (86-32) + 34,700Btu/24hr

= 985,100Btu/day

$$= \frac{985{,}100}{288{,}000} Rt = 3.42Rt$$

(3) 냉동방법

냉동방법에는 기계식 냉동장치를 이용하여 강제송풍으로 찬 공기를 접촉시키는 방법과 냉각된 금속판에 접촉시켜 냉동하는 방법, 2차 냉매에 담가 직접 접촉에 의한 냉동법, 그리고 물질 특성을 이용하는 극저온냉동방법 등이 있다.

① **강제송풍 냉동air-blast freezing**

비포장 고체식품이나 포장식품의 완만냉동 또는 급속냉동에 사용된다. 냉동속도는 공기 온도와 속도에 의하여 결정되며 대개 -40℃~-18℃의 공기를 30~1,000 m/min의 속도로 불어 줌으로 냉동한다. 자연대류에 의한 캐비닛 냉동고는 냉동속도가 대단히 느리나 강제 송풍air-blast에 의하여 냉동 속도를 빠르게 한다. 냉동속도는 제품의 크기에도 영향을 받으며 비포장 제품에서는 탈수가 크게 일어날 수 있으며 제품에서 손실된 수분은 서리가 되어 냉각코일과 벽면에 쌓이므로 이를 제거하여야 한다. 회분식 냉동고 냉동과 연속식 벨트belt냉동으로 구분된다. 공기와 제품이 어떻게 만나는가에 따라 유동상fluidized bed냉동, 나선spiral냉동, 터널tunnel냉동 등으로 구분한다. 현재 가장 널리 사용되는 디자인은 두 단계의 벨트냉동기이다. 온도는 보통 예냉 영역에서는 -10~-4℃, 냉동 영역에서는 -40~-32℃를 사용한다. 터널냉동은 제품이 긴 터널에 용기나 선반에 놓여 지며 냉각 공기가 제품 위를 순환한다.

유동상 냉동은 완두콩, 자른 당근 등 채소, 딸기, 새우 등 비교적 균일한 작은 고체 입자들로 된 원료를 급속냉동하는 데 사용된다. 구멍이 뚫린 벨트에 실려 지나가는 원료의 밑에서 찬 공기를 강하게 위로 불어 올리면 원료 입자들이 다소 떠서 밀려가는 형태fluidized가 되며 각각의 입자가 빠르게 냉동된다. 통상 -34℃ 이하의 찬공기를 120m/min의 속도로 보내어야 유동상이 형성되며, 벨트 위의 원료 두께는 입자의 크기, 형태, 균일한 정도에 따라서 달라져 2~10cm 범위가 된다. 유동상 냉동에서 완두콩은 3~5분, 딸기는 10분 내외, 큰새우나 생선조각은 15분 정도에 냉동이 완료된다.

그림 7-16. 캐비넷형 air-blast freezer와 냉동저장고

② **냉각판 냉동plate freezing**

2차 냉매나 기화되는 냉매에 직접 접촉한 찬 금속판에 제품을 접촉하여 냉동하는 방법이다. 포장된 제품은 상하 양면의 냉각판 사이에 눌린 형태로 냉동된다. 포장되지 않은 새우나 고기조각들은 서서히 회전하는 냉각판에서 냉동하며, 아이스크림이나 과일주스와 같은 액체는 서서히 회전하는 스크루를 따라 냉각된 원통 내부를 지나는 익스투루더extruder형의 열교환기 scraped-surface heat exchanger에서 냉동된다.

냉각판 냉동은 냉동과정에서 일어나는 제품의 건조나 서리의 제거, 포장의 팽창 변형 등을 방지할 수 있으나 냉동속도가 비교적 느리다. 두께 3~4cm 정도의 제품을 냉동하는 데 1~1.5시간이 걸린다. 또한 양면의 평면 냉각판에 의한 냉동은 균일한 크기의 포장제품일 때 가능하며 제품의 접촉면이 냉각판에 밀착되어야 한다. 그러나 회전식 냉동기나 익스투루더형 냉동기에서는 급속냉동이 가능하다.

③ **침수냉동liquid-immersiom freezing**

염용액(염화나트륨, 염화칼슘), 당염혼합액, 프로필렌 글리콜propylene glycol, 글리세롤glycerol, 알코올 용액 등의 2차 냉매에 제품을 직접 담그거나 냉매를 살포하여 냉동하는 방법으로 직접침수냉동direct-immersion freezing이라고도 한다. 주로 생선이나 수산물의 급속냉동에 사용되며 냉동 닭의 초기 냉동 과정에 이 방법을 쓰면 표피의 균일한 백색을 얻을 수 있다. 캔에 포장한 오렌지주스 농축액의 급속냉동에도 사용되는데 6온스 캔의 경우 4℃에서 -18℃로 냉각하는 데 10~15분 걸린다. 불균일한 제품을 필름에 포장하여 급속냉동하는 데 편리하게 이용되나 알맞은 2차 냉매를 찾기가 쉽지 않다.

④ **극저온 냉동cryogenic freezing**

액체질소liquid nitrogen나 고체CO_2(dry-ice)를 사용하여 극저온에서 급속냉동하는 방법이다. 〈표 7-10〉은 드라이아이스와 액체질소의 냉매 특성을 나타낸 것이다.

표 7-10. 드라이아이스와 액체질소의 특성

냉매 특성	CO_2	N_2
분자량	44.01	28.016
1기압에서 끓는점(℃)	-78.5	-195.81
비점에서의 잠열(cal/g)	승화열 136.7	기화열 45.4
비열(1기압 기체상태, 60°F)	0.1988	0.2447
가용열량(cal/g)*	146.7	89.4

* 가용열량 = 잠열 + (비열 × 온도차), 온도차 = -20°F - 비점

〈표 7-10〉에서 보는 바와 같이 드라이아이스는 -78.5℃에서 승화되면서 146.7cal/g의 열량을 제거할 수 있으며 액체질소는 -195.81℃에서 기화되면서 89.4cal/g의 열을 제거한다.

액체질소가 가장 널리 사용되며 제품을 액체질소에 담그거나 제품 표면에 살포하여 냉동한다. 연속공정으로는 벨트로 이송되는 제품에 냉각된 질소가스로 예냉한 후 액체질소가 뿌려지는 공간을 지난 후 다시 냉각된 질소가스로 저장온도로 템퍼링tempering하는 3단계를 거친다. 극저온 냉동방법의 냉동속도는 유동상 냉동이나 침수냉동과 비교하여 다소 빠르기는 하나 큰 차이를 내지는 않는다.

이와 같이 극저온에서 급속냉동을 함으로 여러 가지 이점을 가져온다. 냉동 중에 일어나는 수분손실이 극히 적어 1% 미만이다. 냉동 중에 산소가 제거되므로 산화에 의한 품질열화를 방지한다. 입자가 얼음으로 엉겨 붙거나 조직의 손실이 거의 일어나지 않으며 표면 색깔도 좋다. 냉동장치가 간단하고 저렴하며 연속공정이 가능하다. 한 가지 단점은 냉매 비용이 많이 든다는 점이다.

(4) 냉동을 위한 전처리 공정

식품의 냉동은 식품의 품질을 향상시킬 수는 없고 단지 냉동 당시의 품질을 유지하거나 냉동에 의한 품질 손상이 더 일어날 수 있다. 그러므로 신선하고 고품질의 원료를 사용하는 것이 좋은 냉동 제품을 생산하는 필수 선결 조건이다. 냉동과정 중에 일어나는 품질손상을 막기 위한 여러 가지 방법들이 고안되어 있다.

과채류의 냉동 과정이나 냉동저장 중에 일어나는 조직감의 변화와 효소 작용을 방지하기 위하여 데치기blanching, 저온 열처리, 표면처리dipping 등의 전처리가 사용된다. 데치기는 과채류의 종류에 따라 70~95℃에서 1~10분간 처리하며, 저온 열처리는 당근의 경우 60℃에서 30분간 처리한다. 사과 절편은 세포 내 공기를 제거하기 위해 1% 염분 용액에 담그는 처리를 한다. 과일의 갈변화를 최소화하기 위해 당 용액이나 아스코르빈산에 담그거나 표면의 과도한 탈수나 산화 방지를 위하여 왁스, 알지네이트, 젖산염, 단백질 용액 등에 담갔다 꺼내는 dipping 전처리를 한다. 냉동 전에 삼투탈수osmotic concentration를 하므로 조직과 향을 유지하고 수분함량을 줄여 냉동효율을 높일 수 있다.

육류의 경우에는 저장 기간 중의 수분손실과 효소활성(Mg^{2+}-ATPase)을 감소하기 위하여 고분자 인산염 용액에 담근 후 냉동한다. 육류나 어류의 근육은 냉동 시 변성될 수 있으므로 동결방지제를 사용하여 근섬유 단백질을 보호한다. 고분자 당류polydextrose, 설탕, 소르비톨 등이 사용되며 인산염tripolyphosphate을 첨가하면 효과가 강화된다.

냉동 보존의 전체 비용은 냉동기에 물질이 가득 채워져 있다면 건조나 통조림을 제조하는 것보다 비용이 적게 든다고 한다. 식품의 종류에 따라 적합한 냉동방법들이 사용된다. 냉동방법의 선택 기준은 제품의 종류, 경제성, 청결성 및 위생적 설계, 제품의 품질 수준 등을 들 수 있다.

(5) 냉동식품의 해동과 품질관리

냉동제품의 품질손상은 해동thawing과정에서 크게 일어날 수 있다. 이것은 냉동속도보다 해동속도가 훨씬 느리기 때문에 이 과정에서 얼음 결정의 재결정화가 진행되어 조직을 파괴할 수 있고 여러 가지 화학반응과 미생물의 증식도 가능하다. 〈표 7-11〉은 물과 얼음의 물리적 성질을 비교한 것이다. 물의 열전도도thermal conductivity는 얼음의 열전도도의 1/4로 느리며, 물의 열확산도thermal diffusivity는 얼음의 1/8로 매우 느리다.

표 7-11. 물과 얼음의 물리적 성질

	물	얼음
밀도(0℃)	0.9999 g/ml	0.9168g/ml
(-20℃)	-	0.9481g/ml
비열(Cp)	1.00(0~100℃)	0.492(0℃)
		0.1(-250℃)
열전도도(K)	0.0012cal/cms℃	0.005 cal/cm s℃(0℃)
열 확산도 $\frac{K}{\rho C_p}$(0℃)	0.00112m^2/s	0.0111m^2/s

동결과정에서는 열이 얼음을 통해서 제거되나 해동과정에서는 열이 물을 통해서 전달되는데 열 확산속도는 물이 얼음보다 8배 느리게 진행되므로 해동 기간이 훨씬 길게 된다. 〈그림 7-17〉은 원통형 식품의 중심에서 냉동커브와 해동커브를 비교한 것이다.

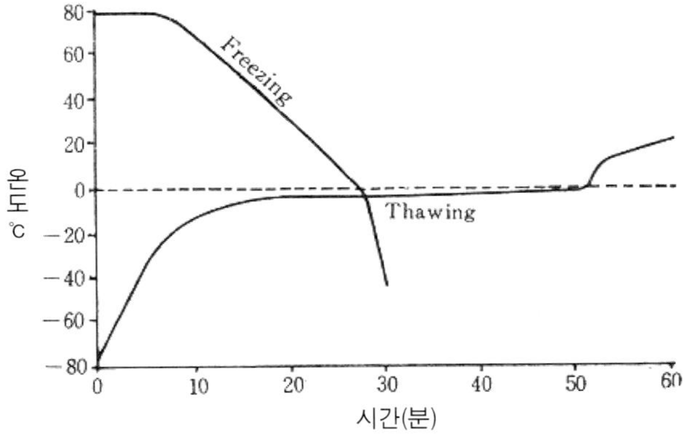

그림 7-17. 원통형 식품의 중심에서 냉동커브와 해동커브의 비교

그러므로 해동과정을 신속히 진행하는 것이 필요하다. 실온에서 해동하는 것은 특별한 시설이 요구되지 않으나 해동속도가 대단히 느리며 재결정 현상이 크게 일어난다. 포장된 냉동식품은 따뜻한 물에 담가 녹이는 온수해동을 할 수 있다. 공업적으로 급속해동을 하는 방법은 열풍 순환식 해동hot air blast thawing을 이용하는데 컨베이어 벨트로 수송되는 냉동제품을 열풍 터널 속을 통과하면서 해동한다. 초단파 오븐이나 고주파 전자오븐을 이용한 해동은 전도에 의한 표면가열보다 훨씬 빠른 속도로 내부를 고르게 해동하므로 최근 널리 이용되고 있다.

냉동식품의 저장온도와 품질손상과는 밀접한 관계가 있다. 냉동식품의 유통 판매과정에서 온도변화가 발생하며 해동과 냉동이 반복될 수도 있다. 이러한 과정에서 냉동식품의 품질은 크게 저하된다. 콜드체인cold chain의 저장 유통기간 중 온도변화를 기록하는 시간-온도 한계지표Time-Temperature Tolerance Indicator를 부착하여 냉동식품의 품질과 저장 수명을 관리하는 방법이 도입되고 있다.

일반적으로 -18℃로 보존되면 품질손상이 크게 일어나지 않으나 -18℃ 이상일 때에는 품질손실이 기하급수적으로 증가한다. -18℃에서 매 5℃ 상승할 때마다 품질손상이 2~2.5배 증가한다. 해산물의 경우 0℃ 부근에서 단백질의 효소적 분해가 일어나며 -8℃ 부근에서 미생물학적 부패와 지방의 산패가 일어난다. 냉동 가금류는 -10℃ 부근에서 장기 저장하면 효소적 부패가 일어난다.

생선이나 돼지고기, 튀긴 닭, 시금치 등 일부 식품은 -20℃에서 3~7개월 동안 품질이 유지될 수 있다. 쇠고기, 빵, 채소 등은 -20℃에서 12개월 정도 품질의 유지가 가능하다. 생선의 경우 -29℃에서 저장할 경우 그 보존 기간을 1년 이상으로 늘릴 수 있다.

참고문헌

김효경; 냉동공학, 문운당 (1980).

한국식품과학회; 식품공학, 형설출판사 (1984).

Donald K. Tressler and Wallace B. Van Arsdel; The Freezing Preservation of Foods, Volume 1-4, AVI, Connecticut, USA (1986).

Erner Andersen, Mogens Jul, Hans Riemann and Jorgen E. Pedersen; Industriel Levnedsmiddelkonsevering, Bind 2. Kuldekonservering, Teknisk Forlag, Kobenhavn (1965).

Karel, M,. Fennema, O.R. and Lund, D.B.; Physical Principles of Food Preservation, Marcel Dekker Inc., New York (1975).

Shafiur Rahman, M.; Food preservation by freezing, in Handbook of Food Preservation, p. 259-284,

(ed) M. Shafiur Rahman, Marcel Dekker Inc., New York (1999).
Wallace B. Van Arsdel, Michael J. Copley, Robert L. Olson; Quality and Stability of Frozen Foods, Wiley-Interscience, New York (1969).

제8장

열처리에 의한 저장방법

8.1. 식품의 열처리공정

지구상에는 수천 종의 미생물이 있으며, 우리가 섭취하는 식품에는 수백 종류의 미생물이 존재한다. 모든 미생물이 질병을 일으키거나 식품을 상하게 하는 것은 아니고 일부 미생물들은 식품을 만들거나 저장하는 데 사용되기도 한다. 젖산균은 우리나라 사람들이 즐겨 먹는 김치를 숙성하게 하고, 서양 사람들이 즐겨 먹는 치즈, 사우어크라우트 및 여러 종류의 발효소시지를 만드는 데 사용된다. 또한 미생물은 맥주나 와인을 만드는 양조산업에 사용되기도 하고, 향료나 다른 식품을 만드는 데 유용하게 사용된다. 미생물은 토양, 물, 공기 중에 존재하기 때문에 육류의 표면, 가금류의 깃털 및 이들의 내장, 과실 채소류의 표면, 곡류의 표피 등에 존재하고 식품을 상하게 할 수 있다. 또한 이러한 미생물은 식품가공 기구, 식품가공에 종사하는 사람의 손, 피부 및 옷에서도 발견되기 때문에 미생물을 죽이는 소독공정이 필요하다.

모든 미생물은 생육온도에 따라 저온성균Psychrophiles, 중온성균Mesophiles 및 고온성균Thermophiles의 3그룹으로 나눌 수 있다(표 8-1).

일부 세균과 효모, 대부분의 곰팡이는 포자를 만들 수 있으며, 포자는 적절한 조건에서 발아되어 영양세포로 변환된다. 특히 세균포자들은 효모나 곰팡이 포자들에 비해 열 저항성이 뛰어나며, 열 저항성이 뛰어난 세균포자들을 사멸하기 위해서는 특별한 열처리공정이 필요하다. 식품의 열처리 방법은 다음과 같다.

표 8-1. 미생물의 증식온도 영역

적정생육온도(℃)	식품의 산도(Acidity of food)	
	산성(Acid)	저산성(Low-acid)
	3.7<pH<4.5	pH>4.5
Thermophillic(고온성균 >40)	*B. coagulans*	*C. thermosaccharolyticum* *C. nigrificans* *B. stearothermophilus*
Mesophilic(중온성균 40~10)	*C. butyricum* *C. pasteurianum* *B. mascerans* *B. polymyxa*	*C. botulinum A and B* *C. sporagenes* *B. licheniformis* *B. subtilis*
Psychrotrophic(저온성균35~<5)		*C. botulinum E*

(1) 조리cooking

조리는 맛있는 식품을 조리하기 위한 열처리공정으로, 적어도 6가지의 열처리, 즉 굽기baking, 브로이링broiling, 로스팅roasting, 끓임boiling, 튀김frying, 스튜잉stewing으로 분류된다. 베이킹baking, 브로이링broiling, 로스팅roasting은 일반적으로 100℃ 이상의 건조한 열로 열처리하며, 끓임boiling과 스튜잉stewing은 끓는 물에서 열처리하는 것이며, 튀김frying은 100℃ 이상의 식용유를 이용한 열처리를 말한다. 조리된 음식은 조리하지 않은 음식에 비해 변패미생물이 적기 때문에 저장기간이 길며, 조리된 음식은 소비 후 냉장 보관하여 미생물의 증식을 막고 바람직하지 않은 효소를 불활성화시킨다.

조리 중 발생하는 바람직한 변화는 (1) 잠재적 독성물질 또는 미생물의 파괴, (2) 조직, 색깔 및 향미의 변화, (3) 식품소재의 소화율 향상이며, 조리 중 발생할 수 있는 바람직하지 않은 변화는 영양성분의 파괴와 관능적 품질의 변화 등일 것이다.

(2) 데침blanching

데침은 냉장, 건조 또는 통조림공정 전에 생체 조직에 가하는 열처리공정이다. 일반적으로 데치지 않은 냉동식품 또는 건조식품들은 효소의 작용으로 색깔, 향미, 영양성분들이 빠른 속도로 변하게 되는데, 데침 공정은 주로 이러한 효소의 불활성화를 목적으로 열처리된다. 식품의 열처리 중에서 열저항성이 있는 효소로는 카탈레아제catalase와 퍼록시다아제peroxidase 두 가지 효소가 대표적으로, 이 두 효소가 불활성화 되면 다른 효소들은 모두 불활성화되었다고 생각할 수 있다.

(3) 저온살균pasteurization

저온살균은 미생물을 죽이는 공정이지만 모든 미생물을 죽이는 공정은 아니며, 저온살균 공정 후에는 냉장온도에 보관하여 미생물의 생육을 최소화하는 것이 필요하다. 저온살균의 일차 목표는 병원성미생물을 죽이는 것이다. 저온살균의 예를 들면 우유 속의 병원성균 사멸, 맥주 생산 공정에서 부패미생물 살균 등이다. 따라서 저온살균 후 냉장보관, 화학첨가제 사용, 포장 및 발효 등이 함께 사용되는 것이 일반적이다. 시간·온도 병합 저온살균은 주로 병원성 미생물의 온도 저항성과 식품의 열 민감도에 의해 정해진다. 대표적인 시간·온도 병합 저온살균은 고온 단시간 처리 high-temperature and short-time, HTST로 우유의 경우 72℃에서 1초간 처리하거나, 저온 장시간 처리low-temperature and long-time, LTLT에서는 우유의 경우 63℃에서 30분간 처리해야 한다.

(4) 살균sterilization

앞에서도 언급했지만 세균 포자spore들은 세균 영양세포에 비해 높은 온도에서도 생존이 가능하고 따라서 살균공정은 이러한 포자들의 열처리를 하는 데 있다. 살균이란 모든 미생물을 죽이는 것을 의미하지는 않다. 다시 말하면 식품에 따라 특정식품에는 비병원성균이 있으며 그 균은 일정한 환경에서 자라지 않고 식품을 상하게 하지 않는다면 이 균까지 죽일 필요는 없게 된다. 그러나 병원성미생물은 반드시 사멸시켜야 한다. 이러한 개념의 살균을 식품 저장학에서는 상업적 살균, 부분살균이라고 칭한다. 열처리 조건은 다음 조건에 영향을 받는다. 즉 (1) 식품의 성질(예. pH 등), (2) 열처리공정 후 저장 조건, (3) 미생물 또는 미생물 포자의 열저항성, (4) 식품, 식품용기 및 식품이 액체인 경우 액체의 열전달 특성, (5) 미생물의 초기 농도 등이다. 일반적으로 상업적으로 살균된 식품은 공기가 밀폐된 용기에 담겨 있어 외부로부터 미생물의 재오염이 발생하지 않는다. 이러한 밀폐된 용기는 산소의 양이 낮아 산소를 필요로 하는 미생물(호기성 미생물)의 경우 식품을 변패시킬 정도로 자랄 수 없다. 또한 호기성 미생물 포자의 열저항성은 낮은 반면, 혐기성 미생물(통성 혐기성, 혐기성 미생물) 포자는 열저항성이 높으며 혐기상태에서 생육하게 된다. 염지된 고기 통조림 식품의 경우 산소가 완전히 제거되지 않은 상태에서, 냉장저장이나 화학첨가제를 쓰지 않으면 호기성균인 *Bacillus subtilis*와 *Bacillus mycoides*와 같은 중온균이 증식하여 통조림을 부패시킬 수 있다. 식품가공에 사용되는 여러 가지 열처리공정의 변모를 비교하면 〈표 8-2〉와 같다.

표 8-2. 열처리공정의 종류와 방법 및 평가기준

	삶음		데침	부분저온살균	고온살균
목적	색, 냄새, 조직 등 맛의 향상 소화율의 증가 독소물질 제거 세균 수 감소		효소의 불활성화 (냉동 및 건조) 탈기, 예열, 세척 (통조림)	병원성 세균(milk) 및 부패균(beer)의 살균	모든 세균의 살균 (commercially steril)
방법	baking broiling roasting frying boiling stewing	〉100℃ dry heat 〉100℃ ≤100℃ moist heat	hot water steam hot air microwave	hot water steam	steam
평가 기준	조직, 색깔, 맛		식물조직의효소 (peroxidase, catalase)의 불활성화 조직의 공기 함량 감소 및 유연도 증진	해당 세균 및 병원균의 파괴 *Coxiella burnetti* (rickettia & fever균) -우유 *Mycobacterium tuberculosis* peroxidase - 우유 효모, 곰팡이 - 산성 식품, 발효식품	세균포자의 파괴(pH〉4.5) *Clostridium botulinum* Acid food *Bacillus coagulans* (토마토 제품)
열처리 조건을 영향하는 요소	식품의 종류 식품의 관능적 특성 가열방법		크기 식품의 종류 가열방법	해당 병원균 혹은 부패균의 열저항성 식품의 관능적 품질	식품의 pH spore의 열저항성 최초 세균 수
보조적 저장법	냉장		냉동, 통조림, 건조	냉장, 보존재(설탕, 유기산) 포장, 발효	밀폐포장 (canning, retort pouch)

식품에서 통성혐기성 또는 호기성균을 사멸시키기 위해서는 식품의 pH는 매우 중요한 인자가 된다. 즉 식품에서 열저항성이 큰 포자는 상업적 살균에서 살아남을 수 있지만 식품의 pH가 낮다면 포자가 발육하지 못하거나 또는 발육하더라도 증식하지 못하여 식품을 변패시키지 못할 수 있다. 열처리공정에 있어서 식품은 3가지의 pH 그룹으로 분류된다. (1) 고산성 식품, pH 〈 3.7, (2) 산성 식품, 3.7 〈 pH 〈 4.5, (3) 저산성 식품, pH 〉 4.5(표 8-3).

표 8-3. 열처리공정에서 pH별 식품군

식품	pH	식품형태		*C. botulinum* 생육 유무
저산성 식품	pH 〉 4.5	Meat Fish Milk Potato Fig	Bean Carrot Asparagus Peppermint	○

표 8-3. 계속

식품	pH	식품형태	*C. botulinum* 생육 유무
산성 식품	3.7 〈 pH 〈 4.5	Potato salad Tomato Pear Peach Apricot Orange	×
고산성 식품	pH 〈 3.7	Pickles Lemon juice Lime juice Apple Strawberry Pineapple Grape Cranberry juice Sauerkraut	×

포자를 생성하는 세균들은 일반적으로 pH가 3.7 이하에서 자랄 수 없으며, 고산성 식품의 열처리공정은 효모 또는 곰팡이의 불활성화를 목표로 한다. pH 4.5 값은 산성 식품과 저산성 식품을 나누어 주는 선이며, 또한 pH 4.5 이하에서는 *C. botulinum*이 자라서 독성물질을 만들 수 없다. *C. botulinum*은 통성 혐기성균으로 자연에 광범위하게 분포되어 있어 통조림 하고자 하는 모든 식품에 존재하고 있다고 가정할 수 있다. 따라서 저산성 식품과 혐기적 조건에서는 *C. botulinum*이 자라서 독성물질을 생성할 수 있다고 할 수 있다. 특히 *C. botulinum*은 열저항성이 큰 포자형성 병원성세균으로 저산성 식품캔에서 자랄 수 있어, 열처리공정에서 *C. botulinum*의 살균이 기준이 된다. *C. botulinum* 중에서 독성물질을 생성하면서 열저항성이 매우 큰 포자를 만드는 종은 A와 B 형태이다. *C. botulinum*이 만들어 내는 독성물질은 매우 치명적이어서 1g으로 백만 명을 죽일 수 있으며, 파괴하기 위해서는 100℃에서 10분간 열을 가해야 한다.

과학자들은 *C. botulinum*처럼 열에 더 강하면서 독성물질을 생성하지 않는 통성혐기성균을 찾아내어 저산성 식품의 열처리공정에서 안정 기준을 산정할 수 있도록 하였다. 대표적인 세균은 *Clostridium sporogenes*와 닮은 *putrefactive anaerobe* (PA) 3679인 중온성구균을 선발하였다. 따라서 PA 3679는 독성물질을 생산하지 않으며 열저항성이 높으나 맹독성을 생성하는 *C. botulinum* 성질이 매우 유사하기 때문에 *C. botulinum*을 대신하여 저산성 식품의 살균공정을 분석하는 데 유용하게 사용되고 있다.

저산성 식품에서 *C. botulinum* 포자보다 열저항성이 높은 포자를 형성하는 세균으로 통성혐기성세균은 *Bacillus stearothermophilus*이다. *Bacillus stearothermophilus*의 포자는 발아하여 통조림 내에 신맛을 주어 변패하게 하지만 가스를 약간 또는 전혀 만들지 않아 통조림이 부풀지 않기 때문에 쉽게 구별할 수 없어 이런 현상을 'flat sour'라 한다. Flat sour 현상을 만드는 고온균들의 적정 성장온도는 49~55℃(120~131°F)이고, 38℃(100°F) 이하에서는 성장하지 않는다. 따라서 통조림식품의 상업적 공정에서는 살균공정 후 통조림을 110°F 이하로 급격히 냉각시키고 저장하면 이런 flat sour 현상을 만드는 고온균의 성장을 억제할 수 있다.

산성 식품의 열처리공정에서는 통성혐기성 세균, 예로서 *Bacillus coagulans B. thermoacidurans, B. mascerans,* 그리고 *B. polymyxa* 등을 기준으로 한다. 예로서 토마토나 토마토 가공품의 경우 *B. coagulans*가 열처리공정의 기준이 된다.

8.2. 통조림기술의 발전역사

19세기 초에 유럽에서 시작된 통조림기술은 약 1세기 동안 비약적인 발전을 거듭하여 20세기를 통조림식품 시대로 만들었다. 기존의 건조 농축기술, 발효기술, 가열조리기술에 비하여 식품의 저장수명을 획기적으로 연장할 수 있는 통조림 제조방법으로 인류는 시간과 공간을 초월한 식품 저장, 수송, 유통을 할 수 있게 된 것이다. 통조림기술의 발전과정을 살펴보면 크게 4가지 주요 단계로 나눌 수 있다.

① Appert에 의한 Canning 방법의 개발
② Pasteur에 의한 과학적인 설명
③ Underwood와 Prescott의 공동 연구
④ Flexible retort pouch의 개발

(1) Appert에 의한 Canning 방법의 개발

니콜라 아페르(Nicholas Appert, 1752~1841)는 프랑스 파리에서 식품제조업을 하던 사람이다. 이때는 유럽의 산업혁명이 한창 진행 중이었고 나폴레옹(Napoleon,1769~1821)의 집권시기였다. 나폴레옹의 대규모 원정 전쟁에서 병력과 무기의 수송 못지않게 중요한 것이 군량의 공급이었는데 이를 위하여 프랑스 전국에 식품을 장기 저장할 수 있는 기술에 대하여 현상금을 걸고 공모를 하였다. 아페르는 여기에 응모하여 프랑스 정부로부터 1만2천 프랑의 상금을 받았다. 아페르의 책 《과실, 채소, 고기, 국물, 우유 등의 저장방법(Process for the preservation of fruits, vegetables, meats, broths, milk etc.)》을 보면 오늘날의 병조림으로 아래와 같은 내용을 담고 있다.

① 저장할 식품을 병에 담는다.

② 병을 코르크cork로 잘 막는다.

③ 식품의 종류에 따라 일정 시간 동안 용기에 든 것을 끓는 물에 넣어 둔다.

④ 용기를 꺼내 냉각시킨다.

아페르의 병조림 저장방법을 검증한 사람은 게이 뤼삭(Joseph Louis Gay-Lussac, 1778~1850)이었는데 그는 아페르의 병조림 속에 공기가 없음을 발견하고 공기의 제거가 식품보존의 원리라고 주장하였으며 이 이론은 오랫동안 유럽 과학계의 지지를 받았다.

그러나 1861년 프랑스의 루이 파스퇴르(Louis Pasteur, 1822-1895)가 미생물을 발견하고 부패와 발효는 미생물의 작용에 의한 것이며, 통조림에 의하여 식품을 보존하는 것은 이들 미생물을 파괴시킴으로써 이루어진다는 사실이 밝혀졌다.

아페르의 통조림 용기는 유리병이었으나 이것이 주석관tin can으로 바뀐 것은 1810년 피터 듀란드Peter Durand이 식품저장에 주석 캔을 사용하는 방법에 대한 특허를 받은 데에서 기인한다. 기록에 의하면 1824년에 주석 캔에 통조림된 음식을 114년 후에 개봉하여 성분 분석을 한 결과 먹을 수 있는 수준이었다고 한다. 미국에서는 1825년에 Kesett and Daggett에 의한 주석 캔의 사용에 관한 특허가 기록되어 있다.

(2) 가열시간의 단축과 고압솥pressure cooker의 발전

아페르의 공정을 보면 끓는 물속에서 최소한 5~6시간 가열하였을 것으로 보인다. 이렇게 오랜 시간 가열할 경우 하루에 최대 2,200~2,500개 통조림 생산이 고작이었을 것이다. 아페르 시대에도 압력솥은 있었다. 드니 파팽Denys Papin이 1681년에 만든 것으로 완전 밀폐된 무쇠 덩어리로 안전장치가 없이 불의 강약으로 압력을 조절하는 뼈소화기bone digester로 동물의 뼈에서 젤라틴을 생산하는 데 주로 사용하였다. 아페르의 조수인 날디Naldi라는 사람이 친구의 집에서 이 압력솥으로 조리를 하다가 폭발하여 사망한 사례가 있다.

압력솥을 쓰지 않고 가열시간을 단축하려는 시도는 1860년 미국 볼티모어에 사는 이삭 솔로몬Isaac Solomon에 의하여 시도되었다. 그는 끓는 물에 염화칼슘을 첨가하여 끓는 물 온도를 115℃로 높였다. 이온도에서 25~40분간 가열처리함으로 일일 생산량을 2만 캔으로 증가시킬 수 있었다. 그러나 염화칼슘이 가열솥과 캔에 부착되어 부식을 크게 일으킴으로 이 공정은 오래 사용할 수 없었다.

압력솥을 이용한 식품저장에 관한 최초의 기록은 1852년 슈발리에 아페르Chevalier Appert가 프랑스 특허를 받은 기록이 있으나, 구체적인 내용이 서술된 것은 1874년 슈라이버A. K. Shriver에 의한 미국특허(U.S. patent # 149265) 내용이다. 슈라이버의 압력솥autoclave에 의한 canning 방법의 내용은 아래와 같다.

① 보일러boiler로부터 스팀을 공급받음

② open top으로 can을 넣고 들어냄

③ 안전밸브safety valve와 온도계 사용

이 내용으로 보아 슈라이버가 개발한 압력솥은 현대식 고압솥autoclave의 시초라고 볼 수 있다. 〈그림 8-1〉은 고압솥autoclave의 기본 구조이다.

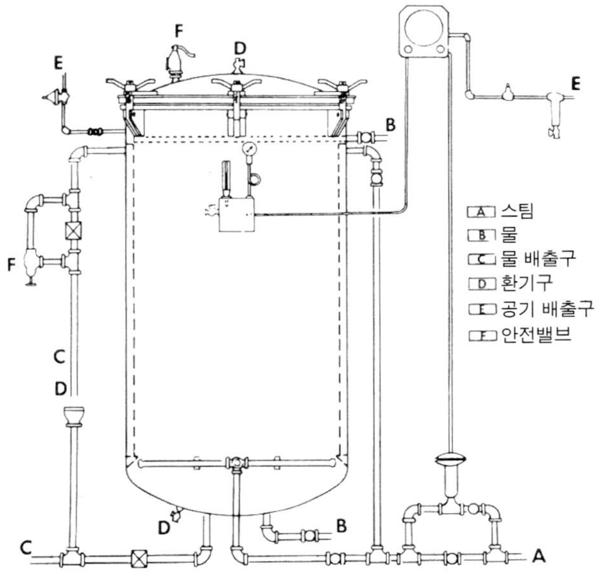

그림 8-1. 고압솥(autoclave)의 기본 구조

(3) Underwood와 Prescott에 의한 과학적 이론에 근거한 통조림기술 연구

1894년 어느 날 미국 보스턴의 통조림 제조업자 William Lyman Underwood(1864~1928)가 그의 친구인 MIT공대 학장을 찾아와 통조림 제조기술의 어려움을 말하면서 특히 이유 없이 일부 제품들이 부패되는 현상이 자주 나타난다고 하였다. MIT 학장은 그때 MIT 생물학과Biology Department 교수로 갓 부임해 온 젊은 생물학자 Samuel Cate Prescott(1872~1962) 박사를 소개하였고 이 두 사람은 1895년부터 공동 연구를 시작하였다. 이들이 발표한 최초의 연구논문은 〈조개, 바닷가재 통조림의 부패 원인 규명(Prescott and Underwood, 1897)〉이었다. 이 연구에서 부패균을 의도적으로 접종한 통조림의 부패가 부적당한 살균에 의한 부패 현상과 동일함을 확인한 것이다. 두 번째 발표된 논문은 〈옥수수 통조림의 적정 살균온도와 시간에 관한 연구(Prescott and Underwood, 1898)〉로 통조림 내부 중심부 온도가 126°F(52℃)로 10분간 유지되도록 가열하면 충분하다는 결론이다. 이 두 사람의 연구는 획기적인 것으로 통조림 기술을 과학화하는 근거를 마련하였다. 이들의 업적을 요약하면 아래와 같다.

① 부패의 요인은 세균에 의하며 이들을 살균하기 위해서는 물의 끓는점인 100℃ 이상으로 가열하여야 한다.
② 통조림 내부로 열이 침투하는 정도가 중요하며 과학적인 방법으로 열침투속도heat penetration rate 측정을 최초로 시도하였다. 이것을 위하여 최고온도기록계maximum-registering thermometer를 이용하였다.
③ 통조림 연구에서 접종시험Incubation test의 필요성을 강조하였다.
④ 모든 통조림에서 냉각의 중요성을 입증하였다.

(4) 내열성 세균thermophilic bacteria의 발견

미국의 옥수수 통조림 업자들은 20세기 초까지 이유를 알 수 없는 통조림 부패 현상(flat sour spoilage와 swell spoilage 등)으로 막대한 손해를 보아 왔다. 1912년 대학에서 박사학위 논문을 준비하던 브론슨 바로우Bronson Barlow가 우연히 부패 통조림의 발생빈도는 고압솥 Autoclave에서 꺼낸 통조림을 쌓아 둔 중심부에서 가장 크게 일어난다는 사실을 발견하였다. 이들 부패 통조림에서 평상온도(30℃)에서는 생장하지 않고 고온(50℃ 이상)에서 생장하는 내열성 세균 thermophilic bacteria을 발견하였다. 내열성 세균에 의한 부패를 방지하려면 열처리 후 충분한 냉각으로 통조림의 온도를 40℃ 이하로 하여야 한다는 사실을 밝혀냈다.

이렇게 시작된 내열성 세균학Thermobacteriology은 Bigelow와 Esty(1920)에 의하여 세균포자bacterial spore의 열치사점thermal death point을 측정하게 되었으며, 온도가 높을수록 세균포자의 파괴에 필요한 시간은 감소됨을 관찰하였다. 1921년 Bigelow는 가열치사시간곡선 thermal death time curve은 온도와 대수적 관계logarithmic relation임을 발견하였다.

내열성 세균학thermobacteriology의 주요 내용은 다음과 같다.

① 내열성 세균의 성질

평상온도(30℃ 내외)에서는 생장하지 않고 고온(40~60℃) 범위에서 생장하는 세균으로 정상적으로 살균 후 냉각이 잘 된 통조림에서는 크게 문제되지 않으나 열처리 후 냉각이 불충분하면 Flat-sour 부패나 팽창부패swell spoilage를 일으킨다.

② 세균포자의 특성

많은 독성, 부패세균은 생육조건이 나빠짐에 따라 포자를 형성하며 이들은 높은 열처리에도 살아남아 있다가 평상 온도에서 통조림을 저장하는 동안 생육 번식하여 부패와 독성을 일으킨다. 세균포자가 열에 대한 저항성이 큰 이유는 잘 알려져 있지 않다. 포자는 두꺼운 외피cortex로 싸여 있으며 이 외피는 다량의 peptidoglycan, 10% dipicolic acid, 2% calcium을 포함하고 있다. 외피의 peptidoglycan이 강한 수축력으로 내용물을 압축하여 건조상태에 있는 것과 같은 효과를 냄으로 인하여 열저항성이 생긴다는 가설이 있다.

살균 과정에서의 미생물의 파괴는 주로 이들 열저항성 세균포자의 파괴에 초점을 맞추고 있다. 세균포자는 영양세포vegetative cell보다 약 10,000배 열에 대한 저항성이 강하며 방사선 조사에는 약 10~100배 강하다.

③ 내열성 세균의 가열치사시간(TDT)

1920년 Bigelow와 Esty는 세균포자의 가열치사점thermal deat point을 측정한 결과 살균온도가 높을수록 포자의 파괴에 필요한 시간은 감소됨을 발견하였다. Esty와 Meyer(1922)는 6천억 600billion 개의 세균포자가 담긴 시험관 10개를 일정 온도에서 살균한 후 단 1개의 시험관에서만 생존 세포가 남게 되는데 필요한 열처리 시간을 가열치사시간(thermal death time, TDT)이라 정하고 여러 가지 세균포자의 TDT를 측정하였다. 즉 초기 균수의 10^{-12}으로 줄이는 데 필요한 시간으로 정의된 것이다.

8.3. 통조림 제조공정과 품질변화

(1) 통조림의 일반 제조공정

〈그림 8-2〉는 통조림 제조의 일반적 공정을 나타내고 있다. 통조림은 원료의 품질을 더

좋게 할 수는 없으므로 신선하고 좋은 원료를 선택하여야 한다. 전처리 공정에서 원료를 세척, 선별하거나 박피, 분쇄하여 일정한 크기의 정선된 재료를 만든다. 이 과정에서 토양이나 이물질을 제거하여 깨끗하고 초기 세균 수가 낮은 원료로 만든다. 데침과정에서 세균 수를 더 줄이고 조직 내 공기를 구축하여 용적을 감소시키고 충진밀도packing density를 증가시킨다. 용기에 채운 후 예열하고 탈기한 후 밀봉Seaming을 하게 된다. 밀봉은 캔의 벽면과 뚜껑을 이중으로 권체double seaming하여 완전히 밀폐되도록 한다. 밀봉된 캔을 고압솥(autoclave 또는 retort)에 넣고 밀폐한 후 일정 기압(대개 1기압, 121.1℃)에서 일정 시간 가열한다. 고압솥의 압력을 낮춘 후 캔을 꺼내어 염소로 살균한 냉각수로 약 40℃가 되도록 냉각한 후 실온에서 저장한다.

원료 → 전처리 → 데침(Blanching) → 충진(filling) → 예열, 탈기(exaustion)

→ 밀봉(Seaming) → 살균(sterilization) → 냉각(cooling) → 저장

그림 8-2. 통조림의 일반적 제조공정

(2) 통조림 식품의 변패 현상

통조림 식품의 부패 원인은 ① 원료의 지나친 오염, ② 불충분한 열처리 시간, ③ 용기 결함에 의한 재오염after contamination으로 대부분 압축된다. 부패한 통조림의 외관이나 부패균의 종류를 조사하여 보면 그 오염 경로를 유추할 수 있다. 혐기성 포자형성균은 대개 토양에서 유래한 것으로 원료의 세척이 잘못되었거나 전처리 공정의 결함에서 기인한다. 통조림이 부풀지 않고 변질하는flat-sour 부패의 경우는 대개 공장 내의 기구에서 오염된 내열성균에 의한다. 부패한 통조림에서 여러 가지 잡균이 관찰되면 아주 불충분한 열처리에 의한 것이거나 용기 결함에 의한 재오염에 의한 것이다. 이러한 재오염의 문제를 방지하기 위하여 레토르트에서 꺼낸 통조림의 냉각수로 염소처리된 물을 사용한다.

통조림에서 자주 발생하는 부패의 종류는 아래와 같다.

① Flat Sour 부패flat-sour spoilage

통조림의 외관은 정상이다. 부패 중 가스의 생성 없이 산이 생성되는 경우로 과일, 채소 등 산성 식품에서 주로 일어나며, 식품 중의 탄수화물이 *Bacillus stearothermophilus*와 같은 고온성 세균

에 의하여 유기산과 가스를 생산하기 때문이다. 이들은 주로 작업장에서 오염되는 고온성 세균으로 열저항성이 대단히 강하므로 불충분한 살균이나 결함이 있는 용기에 의해 부패를 일으킨다.

② 용기의 팽창을 수반한 변패

중온성 부패미생물에 의한 산과 가스의 생성으로 통조림의 외관이 부풀어 오른다. 그러나 미생물에 의하지 않고 용기의 물질과 내용물 사이의 반응에 의하여 가스가 생성되거나 내용물의 분해에 의하여 가스가 생성되는 화학적 팽창이나, 내용물의 과적over filled can이나, 냉동에 의한 부피팽창 또는 고산지대의 저기압에서 일어나는 팽창과 같은 물리적 팽창도 일어날 수 있다.

철제 용기의 외부 부식corrosion도 자주 일어나는 현상으로 열처리 후 냉각 과정에서 너무 심하게 냉각되면 용기 표면에 물이 오래 남아 있거나 공기 중의 수분이 응축되어 용기의 부식을 일으킨다. 열처리 후 통조림을 40℃까지만 냉각수로 냉각시키고 그 이후엔 실온에서 냉각시킴으로써 표면의 수분이 완전히 증발되어 건조된 캔을 얻을 수 있다.

(3) 통조림에 의한 식품의 품질 변화

일반적으로 조리cooking 이상의 열처리는 식품의 품질을 저하시킨다. 통조림 공정 중에 일어나는 식품의 품질 열화를 막기 위한 일반적 주의사항은 아래와 같다.

① 원료를 수거 후 즉시 처리

② 지나치게 높은 온도에서 데침blanching하지 말 것

③ 전처리에서부터 통조림 완료까지의 시간 단축

정상적인 통조림 공정에서 일어나는 품질의 변화를 열거하면 아래와 같다.

① 색도의 변화 - 열처리에 의하여 식품 성분이 빛을 반사, 분산, 투과시키는 성질이 변한다. 또한 자연색소 성분들이 분해되며 금속이온에 의하여 분해가 촉진된다. lycopene(토마토의 적색색소)이나 anthocyanin 등의 z-value는 세균의 z-value보다 크므로 고온 단시간처리(high temperature short time, HTST)를 하면 색소의 보존 효과가 있다.

② 당류의 캐러멜화 - 열처리공정 중에 polyhydroxycarbonyl compounds(당류,산류)의 캐러멜화caramelization가 일어나 갈색화가 일어난다. 이러한 현상은 향미의 변화를 수반한다.

③ 조직의 연화 - 일반적으로 열에 의하여 조직이 연화되어 조직감texture이 손상된다. 이러한 변화는 HTST에 의하여 손상이 적어진다.

8.4. 열처리공정의 최근 발전

열처리공정을 위한 기계적 발전은 20세기의 대량생산 체계에 발맞추어 1960년대 이후 급속히 발전하였다. 자동화 공정과 에너지 절약을 위한 여러 가지 방법을 소개하면 다음과 같다.

(1) Anderson-Barngrover cooker

1950년경부터 FMC사에서 제작, 사용된 것으로 나선형 통로를 가진 연속식 조리기spiral type continuous cooker로 〈그림 8-3〉과 같은 구조로 되어 있다.

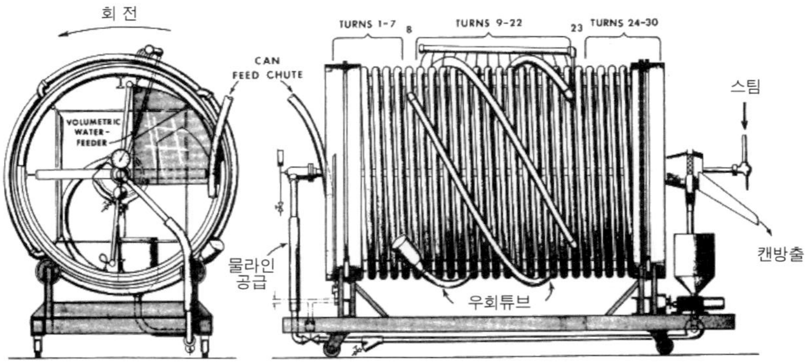

그림 8-3. Anderson-Barngrover cooker

(2) Hydrostatic sterilizer

유럽에서 개발된 것으로 물기둥water column으로 내부 스팀압을 막아 주며 예열된 캔이 과열증기실superheated steam chamber에서 살균되고 다시 냉각수 통로를 통하여 냉각되어 나오는 연속식 살균기continuous sterilizer이다. 장소의 절감, 물과 스팀의 절약, 캔의 크기를 다양하게 취급할 수 있는 이점 등이 있다.

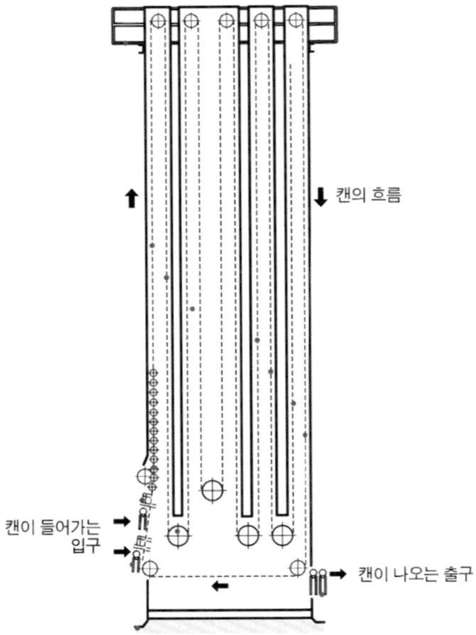

그림 8-4. Hydrostatic sterilizer

(3) Hydrolock sterilizer

압력마개pressure lock를 통하여 캔이 들어가 통로track를 따라 계속적으로 흔들리면서 살균되어 다시 압력마개를 통하여 나오는 연속살균장치이다.

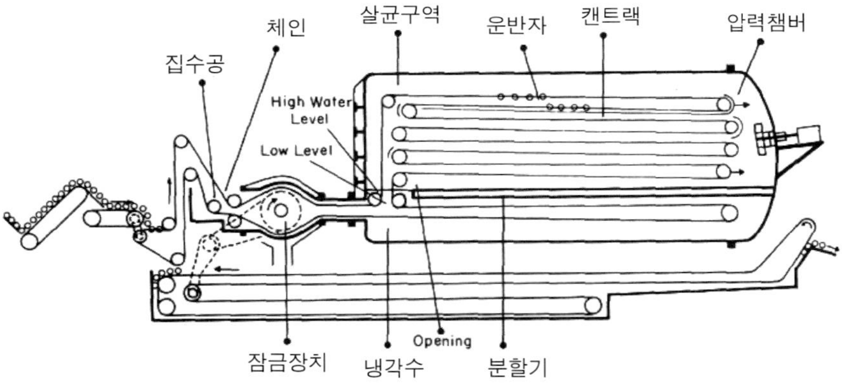

그림 8-5. Hydrolock sterilizer

(4) 불꽃살균기flame sterilizer

작고 납작한 캔에 식품을 담아 프로판 가스불과 같은 직화열 위를 회전하면서 통과한다. 양송이, 완두콩 통조림에 사용되며 저렴한 방법이다.

(5) 무균 통조림포장aseptic canning system

스프, 우유 등 액상식품을 튜브나 평판형 열교환기를 이용하여 단시간에 초고온(132.2~176.7℃) 살균처리한 후 미리 살균된 용기에 무균적으로 포장하는 방법이다. 점도가 높은 식품에는 스크루형 열교환기scraped surface heat exchanger를 쓰기도 하며 직접 스팀을 주입하여 가열하는 방법direct steam injection 등도 쓰인다. 포장실은 무균실로 보존되어야 하며 용기는 주로 과산화수소(H_2O_2)로 세척 살균한다. 〈그림 8-6〉은 평판형 열교환기plate heat exchanger를 이용하여 우유를 초고온 살균하는 공정이다. 냉각된 원료 우유를 가열된 우유의 냉각 매질로 사용함으로써 에너지 효율을 극대화한 공정이다.

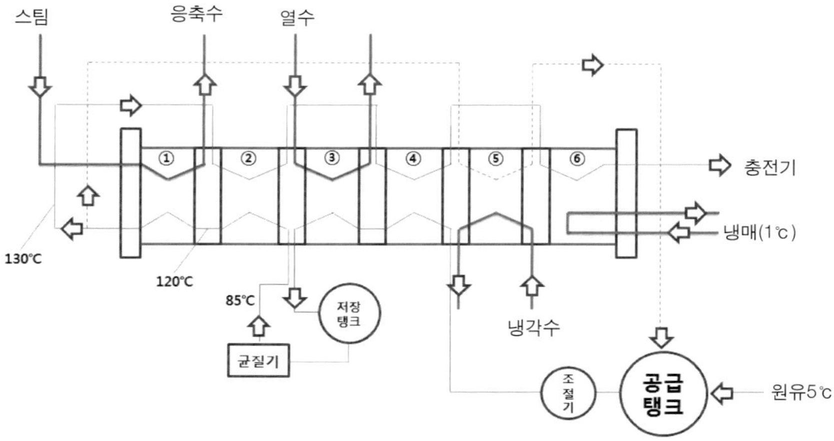

그림 8-6. 평판형 열교환기를 이용한 우유의 HTST 공정도

(6) Smith-Ball process

공장 전체를 20psig가 되도록 조절하여 물이 259°F에서 끓게 되면 식품을 이 온도로 가열하여 용기에 담아 밀봉하는 방법이다. 그러나 이러한 고압조건에서 일할 사람이 많지 않으므로 그다지 성공적으로 사용되지 않고 있다.

(7) 레토르트 파우치Retort Pouch의 개발과 이용

1960년대부터 시작된 레토르트 파우치에 관한 연구는 20여 년의 연구개발의 결과로 NASA에서의 우주식량, US Army에서의 군용식량 개발을 통하여 발전되었다. 1978년도 미국 식품공학회(IFT)의 Food Technology Industrial Achivement Award를 Retort pouch 개발에 수여하였으며 수상자는 ① U.S. Army Natick R&D Command, ② Continental Flexible Packaging, ③ Reynolds Metal Co. 3개 단체 공동수상이었다. 이들이 공동 수상한 이유는 아래와 같은 사연이 있다.

1974년 미국 USDA는 Retort pouch의 규격이 FDA 규정에 합당하다고 판정 사용허가를 발급하였으나 1975년 laminate할 때 사용하는 접착제가 retort 온도 범위에서 식품 쪽으로 이행될 수 있음이 밝혀져 FDA는 USAD에 이 허가를 취소하도록 요구하였다. 이에 Raynolds Co.와 Continental Co.가 재심을 요구하였으며 1975년 Raynolds Co.와 Continental Co.에서 열에 안정한 접착제를 개발함으로써 1976년 FDA는 이의 사용허가를 위하여 2회에 걸친 90일간의 동물 시험을 요구하였고 1977년 미국 FDA, USDA 모두 사용허가를 발급하였다.

레토르트 파우치는 겉면의 폴리에스터 필름, 중간의 알루미늄 막, 안쪽의 폴리프로필렌 필름의 세 가지 요소를 기본으로 하는 복합재질로 되어 있다. 이들 재질의 기능은 아래와 같다.

① outerlayer : polyester - 강도strength

② middle layer : aluminum foil - 수분, 광선, 가스 차단

③ inner layer : polypropylene - 열봉합heat seal, 식품과 접촉

레토르트 파우치는 여러 가지 이점을 가지고 있다.

① 살균 시간을 30~50% 단축 - 품질 및 영양 손실 감소, 에너지 절약이 가능하다.

② 상업적 멸균이 가능하므로 실온 보존이 가능하다.

③ 쉽고 안전하게 열 수 있다.

④ 무게가 가볍다 - 8온스 캔 1,000개의 무게는 109lb, pouch는 12.6lb.

⑤ 공간을 적게 차지한다 - 빈 pouch는 can 부피의 15% 이하이므로 폐기물 부피가 적고 제품의 적재 부피가 적다.

⑥ 포장 재료와 가공과정에 드는 에너지 수요가 적다 - 채소를 수확, 저장, 소비하는 과정에 드는 에너지 소비율을 보면 Retort pouch 0.4, Can 통조림 0.46, 냉동저장 1.0이다.

⑦ 군용식, 비상식, 병원, 단체 급식용으로 적합 - 상온저장, 질긴 포장, 적은 부피, 중량, 열기 쉬운 이점이 있다.

레토르트 파우치를 이용한 식품의 살균공정에서 주의할 사항은 다음과 같다.

① 파우치의 핀홀pin hole에 대한 철저한 제조자 검사가 필요하다.

② 충진장치가 정교하여 파우치의 열 밀봉 부분에 식품이 묻지 않도록 해야 한다.

③ 탈기장치Evacuation equipment가 정교해야 한다.

④ 밀봉장치는 임펄스 접착impulse sealing이나 열접착heat sealing 방법을 사용한다.

⑤ 레토르트 가열온도는 121.1~148.9℃까지 가능하며 HTST 공정도 가능하다.

8.5. 미생물의 사멸속도

미생물의 사멸속도는 제3장에서 설명한 바와 같이 1차 반응속도식으로 표현된다.

$$-\frac{dN}{dt}=kN \tag{1}$$

여기에서 $-\frac{dN}{dt}$는 미생물 수의 변화를 나타내며, 살균공정에 의해 미생물 수가 감소하기 때문에 부호는 - 이다. N은 미생물의 농도이고 t는 가열시간 min, k는 사멸속도 1차 속도상수(min^{-1})이다.

초기($t=0$)에 미생물의 수를 N_o라 하고, 임의의 시간 t에서 미생물수를 N으로 하여 (1) 식에 대입하여 적분하면

$$\ln\frac{N}{N_o} = -k \cdot t \tag{3}$$

상용대수로 표현하면 다음과 같다.

$$\log\frac{N}{N_o} = -\frac{k}{2.303} \cdot t \tag{4}$$

다음 〈그림 8-7〉은 (4)식을 그린 것으로 직선의 기울기가 $-\frac{k}{2.303}$이며, 속도상수 k는 가열온도와 미생물의 종류에 따라 달라진다. D값은 임의의 온도에서 생균수가 1대수 사이클 감소하는 데 걸리는 시간 즉 생균의 90%가 사멸하는 데 걸리는 시간을 10분의 1 감소시간decimal reduction time 또는 간단히 D값이라고 한다. D값은 미생물의 내열성을 나타내는 값으로 미생물의 초기농도에는 영향을 받지 않으며 가열온도에 따라 변한다.

식 (4)에서 $(\frac{1}{10})$ N_o에 걸리는 시간 $t=D$라 하면

$$D = \frac{2.303}{k} \tag{5}$$

식 (5)를 식 (4)에 대입하면

$$\log\frac{N}{N_o} = -\frac{t}{D} \tag{6}$$

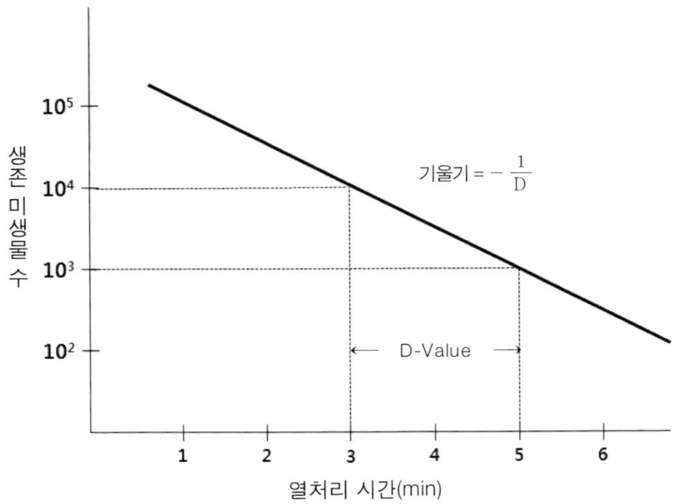

그림 8-7. 미생물 사멸곡선과 D값

(1) 확률적 개념과 기업적 살균

미생물이 일정한 온도에서 열에 의하여 대수적으로 사멸된다는 사실에는 중요한 두 가지 개념이 포함되어 있다. 첫째로 초기 농도가 낮을수록 최종농도에 도달하는 데 필요한 시간이 짧아진다. 표준 살균처리한 제품일지라도 초기 농도에 따라 살균이 충분한 경우와 불충분한 경우가 생긴다. 둘째로 식 (6)에서 N이 0(zero)이 되려면 가열시간이 무한대가 되어야 하므로 완전히 사멸시킨다는 것은 이론적으로 불가능하다. 즉 N을 1 이하의 아주 작은 값까지 감소시킬 수는 있으나 수학적으로 절대로 0이 될 수 없다. 여기에서 살균의 확률적 개념과 기업적 살균의 개념이 생긴다. N_o는 살균처리하기 전 식품에 원래 있던 미생물 수로 오염도contaminaiton level이며, N은 임의의 온도 T에서 t시간 가열했을 때 시료에 존재하는 생존 균수로서 살균수준sterility level을 말한다. $N \geq 1$이면 제품 중에 미생물이 1개 이상 생존한 것이므로 식품에서 증식하여 확실히 부패시킨다. $N < 1$이면 생균균수가 1보다 작아 제품이 반드시 변패되는 것은 아니며, 다만 변패될 확률probability of spoilage이 존재하게 된다. 즉 $N = 10^{-1}$이면 열처리공정을 거친 통조림 10개의 통조림 중에서 9개는 완전히 살균되어 미생물 포자가 전혀 없고 1개의 통조림에만 미생물 포자가 1개 살아 있다는 의미로서 열처리공정을 거친 통조림 중에서 변패될 확률은 10%이다.

확률적 개념을 구체적으로 실례를 들어 설명하면 다음과 같다. 저산성 식품의 통조림 1개 속에 *C. botulinum* 포자(D121.1℃ = 0.21min)가 1개 들어 있을 때 이 포자를 121.1℃에서 2.52분 살균한 것과 동일한 살균효과를 가질 정도로 가열처리를 하였다면 식 (6)을 이용하여 다음과 같은 값을 얻을 수 있다.

$t = D(\log N_o - \log N)$에서 가열시간과 D값 및 최종 균수를 대입하여 정리하면 다음과 같다. 즉 $2.52 = 0.21(\log 1 - \log N)$. 여기에서 N을 구하면 $N = 10^{-12}$이다.

여기서 $N = 10^{-12}$이란 것은 1개의 *C. botulinum* 포자가 이 통조림 속에 남아 있을 확률을 나타내는 것으로 10^{12}개의 통조림 중에 1개의 통조림에 포자가 있을 수 있다는 의미이다.

기업적 살균이란 어떤 식품 중에 존재하는 특정한 기준 미생물의 포자가 기업상 허용하는 정도의 낮은 값 N 이하로 감소되었을 때 그 제품은 기업적 기준으로 살균되었다고 하며, 가공도 계수(m, order of the process factor)는 다음과 같이 정의된다.

$$\log \frac{N_o}{N} = m \tag{7}$$

pH 4.5 이상의 저산성 식품의 살균공정에서는 일반적으로 m = 12 즉, 초기 균수의 10^{-12}배 만큼의 미생물 수를 감소시키는 것을 기준으로 삼고 있다.

(2) 가열치사시간(Thermal death time, TDT)과 온도의 영향

TDT 방법은 Bigelow에 의해서 소개되었으며, TDT는 가공도 계수(m)에 D값을 곱해 준 값이다 (표 8-4).

〈표 8-4〉는 여러 식품 변패미생물의 m값을 나타내었으며, m값은 미생물의 내열성, 식품의 종류 즉 식품의 pH와 식품의 초기 미생물 농도에 의해 결정된다. 일반적인 기준은 pH가 4.5 이상인 저산성 식품에서는 *C. botulinum*이 생장할 수 있기 때문에 m=12로 하여 살균을 하며

표 8-4. 주요한 식품변패 미생물의 근사적인 열처리 자료

Organism	T (℃)	D (min)	z (℃)	m	Foods
C. botulinum	121.1	0.1~0.3	8~11	12	low acid food (pH 4.5)
C. sporogenes	121.1	0.1~1.5	9~11	5	Meat
B. stearothermophilus	121.1	4~5	9.5~10	5	Vegetable and Milk
C. thermosaccharoliticum	121.1	3~4	7~10.5	5	Vegetable
B. subtilis	121.1	~0.4	6.5	6	Dairy food
B. coalgulans	121.1	0.01~0.07	10	5	pH 4.2~4.5 food
C. pasteurianum	100	0.1~0.5	8	5	pH 4.2~4.5 food

TDT값은 12D가 되며 또한 F값이 되기도 한다. 임의의 온도 T에서 TDT값을 F_T로 D값을 D_T로 표시하여 가공도계수 m과의 관계를 정리하면 다음과 같다.

$$TDT_T = F_T = D_T \cdot \log\frac{N_o}{N} = m \cdot D_T \tag{8}$$

예로서 저산성 식품에서 강력한 식중독을 일으키는 *C. botulinum*의 121℃에서의 D값은 0.21분이므로 10^{-12}(즉 m=12)만큼 감소시키는 데 걸리는 시간, 즉 가열치사시간은 2.52분($F_{121℃}$ 또는 F_0)이다. 물론 다른 온도에서도 12D값을 구할 수 있으며, 이 시간을 그 온도에서의 가열치사시간(TDT)이라 한다. *Bacillus stearothermophilus*의 경우 m = 5를 살균의 목표로 삼는다. D_{121}℃ = 4 min이므로 TDT 값은 5 × 4 = 20분(m × D121℃)이다. 앞에서도 언급을 하였지만 m값은 살균하고자 하는 식품의 초기 미생물 농도에 영향을 받는다. m값이 12(저산성 식품에서 *C. botulinum*의 경우), 또는 5(*B. stearothermophilus*)이지만 식품의 초기 미생물이 높다면 열처리공정에서 m값은 상향 조정되어야 한다. 즉 m값은 식품의 초기 오염도가 높다면 *C. botulinum*의 경우 12 이상 즉 13 또는 14가 될 수 있고, *B. stearothermophilus*의 경우 6 또는 7이 될 수 있다.

TDT값은 온도에 영향을 받는다. 실제 식품은 살균할 때 순간적으로 일정한 온도에 도달하는 것이 아니라 가열시간에 따라 온도가 변하므로 각 온도에서 미생물의 치사시간을 알아야 한다. TDT(m·D) 값은 살균온도가 증가할수록 작아지며, log TDT(log(m·D)) 값과 온도와의 관계는 다음과 같다(그림 8-8).

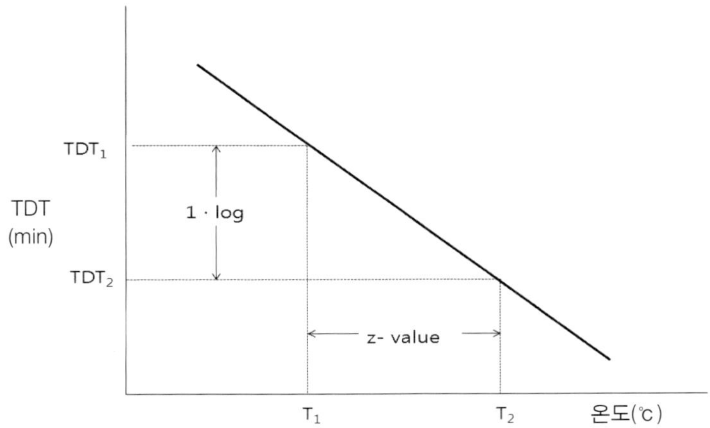

그림 8-8. 가열치사시간(TDT) 곡선과 z-value

그림에서 z값은 TDT(m·D) 값이 $\frac{1}{10}$ 만큼 변할 때 이에 대응하는 온도차(℃ 또는 °F)이다. 즉 D값은 미생물수가 1 대수 주기 logarithmic cycle 변할 때의 필요한 가열시간을 의미하며, z값은 이 D값을 1 대수 주기만큼 낮추는 데 필요한 온도의 상승분이다. 즉 z값은 미생물이 열에 의한 가열치사시간의 온도 의존성을 나타내는 것이다. 예를 들어 100°C에서 100분 가열하였을 때 사멸되는 어떤 미생물의 z값이 11°C이었다면 111°C에서는 10분에 사멸된다. z값이 적은 미생물 또는 영양성분은 사멸속도 또는 영양물질은 온도 의존성이 높으며, z값이 큰 미생물 또는 영양성분은 사멸속도 또는 파괴속도에 미치는 온도의 의존성이 낮다. 영양성분의 z값은 미생물이나 열에 민감한 효소의 z값보다 크다. 이는 열처리 온도를 상승시키면 영양성분의 파괴보다는 미생물의 사멸속도가 훨씬 증가하여 미생물은 사멸되나 식품의 영양성분은 남아 있게 됨을 의미한다.

$$\log TDT_1 - \log TDT_2 : 1 = T_2 - T_1 : z \tag{9}$$

TDT_1은 온도 T_1에서의 가열치사시간
TDT_2는 온도 T_2에서의 가열치사시간
z는 TDT 또는 D 값이 1 대수 주기 변할 때의 온도차

$$\log \frac{TDT_1}{TDT_2} = \frac{T_2 - T_1}{z} \tag{10}$$

그런데 $D = \frac{2.303}{k}$ 이므로 식 (10)은 다음과 같이 표현된다.

$$\log \frac{k_2}{k_1} = \frac{T_2 - T_1}{z} \tag{11}$$

열처리에서 기준온도 121.1℃(250°F)에서 미생물의 가열치사시간을 $F_{121.1}$(또는 F_o)라 표시하고 $F_{121.1} = F_o = D_{121.1} \times m$이다.

미생물의 사멸 속도에 미치는 인자 중에서 가장 중요한 인자는 온도이다. Arrhenius 방정식을 이용하여 온도 의존성은 다음과 같이 표시된다.

$$k = A\exp(-\frac{Ea}{RT}) \tag{12}$$

양변을 적분하면

$$\ln k = -\frac{Ea}{RT} + \ln A \qquad (13)$$

양변을 온도에 관해 미분한 다음 적분하면

$$\frac{d\ln k}{dT} = \frac{E_a}{RT^2} \qquad (14)$$

$$\int_{k_1}^{k_2} d\ln k = \frac{E_a}{R} dT \qquad (15)$$

$$\ln\frac{k_2}{k_1} = -\frac{E_a}{R}\left(\frac{1}{T_2} - \frac{1}{T_1}\right) \qquad (16)$$

다시 정리하면

$$\log\frac{k_2}{k_1} = -\frac{E_a}{2.303R}\left(\frac{1}{T_2} - \frac{1}{T_1}\right) \qquad (17)$$

식 (17)과 식 (11)을 비교해 보면

$$-\frac{E_a}{2.303R}\left(\frac{1}{T_2} - \frac{1}{T_1}\right) = -\frac{T_1 - T_2}{z} \qquad (18)$$

다시 정리하면

$$\frac{E_a}{2.303R}\left(\frac{T_1 - T_2}{T_1 T_2}\right) = \frac{T_1 - T_2}{z} \qquad (19)$$

8.6. 열침투곡선과 가열치사시간 계산법

식품을 용기에 담아 식품을 가열살균하기 위해서는 수증기 또는 끓는 물을 사용하여 살균온도까지 가열한다. 식품은 액체, 고체 및 액체와 고체의 중간 형태로 구분할 수 있으며 가열살균공정에서 오염미생물을 살균하기 위해서는 용기 내에 식품의 각 부위의 온도를 측정하여야 한다. 항상 기준은 용기 내의 가장 온도가 낮은 부분, 냉점cold point이 된다. 냉점이 원하는 살균상태에 도달하면 그 이외의 모든 부분은 이미 살균이 되었다고 판단한다.

통조림을 레토르트retort에 넣어 살균할 때 냉점의 온도와 시간과의 변화를 〈그림 8-9〉에 나타내었다.

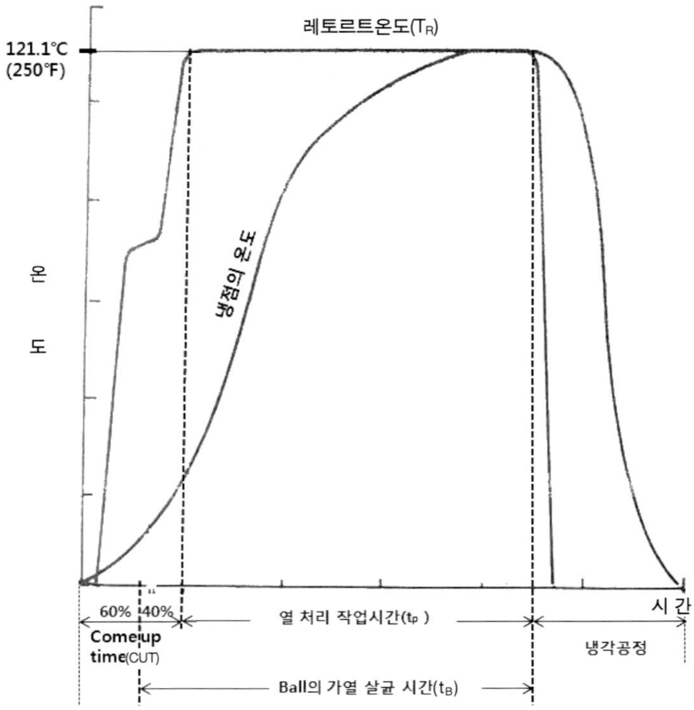

그림 8-9. 레토르트와 통조림 내의 냉점온도

(1) 일반법을 이용한 가열치사시간의 계산

임의의 온도에서 살균속도sterility rate는 그 온도에서의 TDT의 역수이다. 즉, 온도 T에서 어떤 미생물의 TDT가 t_d분인 경우에 살균속도는 $\frac{1}{t_d}$이며, 이 온도에서 t분 동안 가열하였을 때 살균은 $\frac{t}{t_d}$만큼 달성되며 이를 부분살균율partial sterility이라 한다. 연속적으로 가열할 때 각 온도에서 부분살균율은 합할 수 있으며 이것이 일반법의 기초이다.

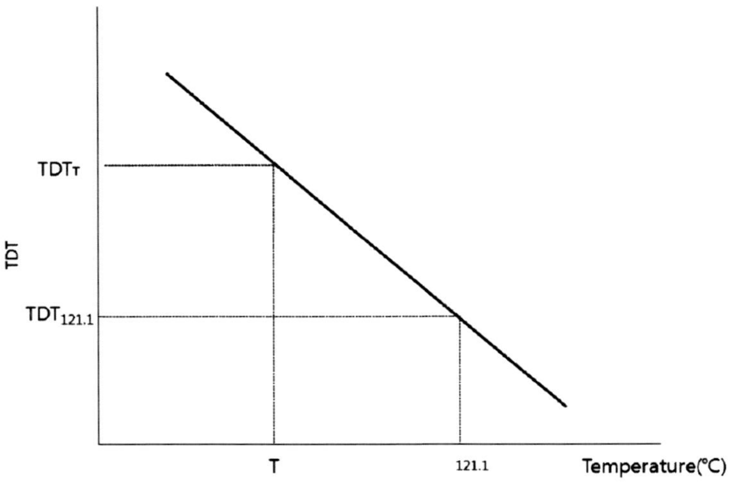

그림 8-10. 가열치사시간(TDT)과 온도와의 관계

TDT와 온도와의 관계에서 다음과 같은 비례식을 이끌어 낼 수 있다.

$$\frac{\log TDT_T - \log TDT_{121.1}}{\log 10} = \frac{121.1 - T}{z} \tag{20}$$

$$\log\frac{TDT_T}{TDT_{121.1}} = \frac{121.1 - T}{z} = \log\frac{F_T}{F_{121.1}} \tag{21}$$

여기에서 $F_{121.1}$을 1분으로 놓으면

$$\log F_T = \frac{121.1 - T}{z} = \log TDT_T \tag{22}$$

식 (22)를 다시 정리하면

$$TDT_T = 10^{\left(\frac{121.1 - T}{z}\right)} = F_T \tag{23}$$

즉 식 (23)은 임의의 온도에서의 TDT가 된다. 즉 121.1℃에서 1분간 살균하였을 때 살균효과가 임의의 온도 T에서 몇 분간 살균한 효과에 해당하는가를 나타낸 값이 된다.

예제 8-1

예를 들어 111.1°C에서 TDT값을(해당 미생물의 z값이 10℃인 경우) 구해 보면 $TDT_{111.1} = 10^{\frac{(121.1-111.1)}{10}}$ = 1분이 된다. 즉 해당 미생물의 z값이 10℃인 경우 121.1℃에서 1분간 살균하면 111.1℃에서는 10분간 살균해야 동일한 살균효과를 얻을 수 있다는 의미이다.

치사율lethal rate은 임의의 온도에서 1분간 살균했을 때 살균효과가 121.1℃에서 몇 분간 살균했는가에 해당하는지를 계산한 값이다. 즉 치사율은 TDT_T값의 역수로서 다음과 같이 표현된다.

$$\text{Lethal rate} = \frac{1}{F_T} = 10^{-\left(\frac{121.1-T}{z}\right)} \tag{24}$$

예제 8-2

예를 들면 해당 미생물의 z값이 10℃인 경우 111.1℃에서 1분간 살균하였다면 lethal rate $= 10^{-\left(\frac{121.1-T}{z}\right)} = 10^{-\left(\frac{121.1-111.1}{10}\right)} = \frac{1}{10}$ 분이다. 즉 111.1℃에서 1분간 살균하였다면 121.1℃에서는 0.1분 살균한 값에 해당된다.

일반법을 적용하기 위해서는 가열곡선으로 살균 지표 미생물의 TDT값을 각 온도에서 측정하여 TDT 곡선을 구한 다음 살균과정 중에 제품의 온도 변화를 측정하여 열침투곡선을 그린다(Bigelow, 1920). 그리고 열침투곡선에서 각 온도에서의 TDT값으로부터 부분살균율을 계산하여 시간에 따라 도시한다. 충분한 살균이 이루어지려면 다음과 같은 조건이 만족되어야 한다.

$$\int_0^t \frac{1}{F_T} dt \geq 1 \tag{25}$$

일반법은 Ball(1928)이 제시한 치사율(lethal rate, L) 개념을 도입하여, 각 온도에서 살균효과를 기준온도에서의 상응시간equivalent time으로 표시한다.

$$\int_0^t \frac{1}{F_T} dt = \int_0^t \frac{1}{F_o \cdot 10^{\left(\frac{121.1-T}{z}\right)}} dt = \frac{1}{F_o}\int_0^t 10^{\left(\frac{T-121.1}{z}\right)} dt = \frac{1}{F_o}\int_0^t L\,dt \geq 1 \tag{26}$$

또는

$$\int_0^t \mathrm{Ldt} \geq \mathrm{F_o} \qquad (27)$$

여기에서 F_0값은 어떤 미생물이 121.1℃(250°F)에서 받은 열처리량이다. 예를 들어 어떤 살균공정의 F값이 3분이었다면 그 값은 그 살균공정에서 모든 가열시간 온도 조합의 총 살균효과가 순간적으로 121.1℃까지 올려 3분간 지속한 후 순간적으로 냉각했을 때 받은 살균효과를 가진다는 의미이다.

예제 8-3

하단 그림에서 나타낸 치사율 곡선의 면적을 토대로 55분간 살균했을 때 F_o를 구하여라.

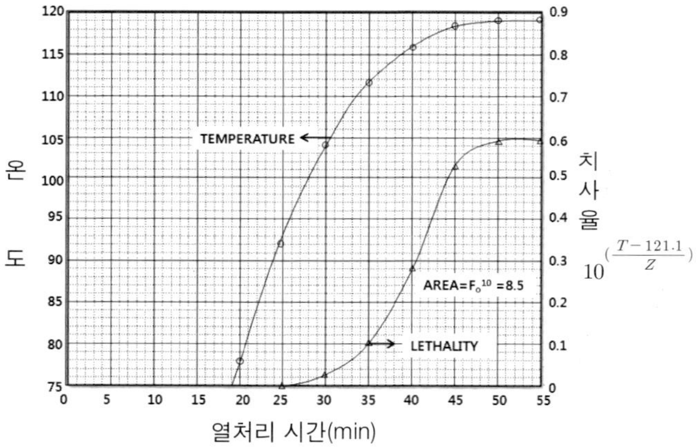

풀이

위에서 전술한 바와 같이 data가 ℃ 또는 °F로 주어질 때 치사율을 기본으로 문제를 풀 수 있다.

예제에서 사용된 레토르트의 온도는 121.1℃이며 z값이 10℃로 주어질 때 치사율 L은 다음과 같다.

$$\mathrm{L} = 10^{\left(\frac{\mathrm{T}-121.1}{\mathrm{z}}\right)}$$

가열하는 과정 중에 온도가 연속적으로 변하는 경우에는 가열시간을 미소구간$\Delta t_1, \Delta t_2 \cdots$으로 나누고 각 미소구간에서의 평균온도 T_1, T_2에 상당하는 F_o를 계산하여 합하면 주어진 살균공정의 총 F_o를 구할 수 있다.

그림에서와 같이 시간에 따른 L값은 다음과 같다.

At 20min T=77.8°C; $L = 10^{\left(\frac{77.8-121.1}{Z}\right)} = 10^{-(43.3/10)} = 0.000046$

At 25min T=93.3°C; $L = 10^{\left(\frac{93.3-121.1}{Z}\right)} = 10^{-(27.8/10)} = 0.0017$

At 30min T=103.4°C; $L = 10^{\left(\frac{103.4-121.1}{Z}\right)} = 10^{-(19.7/10)} = 0.0174$

At 35min T=111.1°C; $L = 10^{\left(\frac{111.1-121.1}{Z}\right)} = 10^{(-10/10)} = 0.1$

At 40min T=115.5°C; $L = 10^{\left(\frac{115.5-121.1}{Z}\right)} = 10^{-(5.6/10)} = 0.275$

At 45min T=118.3°C; $L = 10^{\left(\frac{118.3-121.1}{Z}\right)} = 10^{-(2.8/10)} = 0.525$

At 50min T=118.8°C; $L = 10^{\left(\frac{118.8-121.1}{Z}\right)} = 10^{-(2.3/10)} = 0.589$

At 55min T=118.8°C; $L = 10^{\left(\frac{118.8-121.1}{Z}\right)} = 10^{-(2.3/10)} = 0.589$

따라서 F_o=8.5min이다. 즉 L값과 시간으로 나타낸 열처리곡선의 면적이 8.5이다.

예제 8-4

통조림의 캔당 초기 균수 100개가 있는데 1/10,000개가 부패될 확률로 살균하고자 할 때 F_o값을 구하라. 통조림에 있는 미생물의 D_o값은 1.2분이다.

풀이

풀이: $F_o = D_o \log\frac{N_o}{N}$ 이므로 D_o = 1.2분, N_o = 100마리, N = 1/10,000을 대입하면 다음과 같다.

$$F_o = 1.2\text{min} \times \log\frac{100}{\left(\frac{1}{10,000}\right)} = 1.2\text{min} \times 6 = 7.2\text{min}$$

여기에서 가공도계수(m)는 $\log\left(\frac{No}{N}\right) = \log\left(\frac{100}{\frac{1}{10,000}}\right) = 6$이다

예제 8-5

통조림에 *C. botulinum*이 있을 수 있어 살균공정을 거쳤다. *C. botulinum*의 $D_o = 0.25\,min$ 이어서 $F_o = 12D_o$의 개념으로 살균공정을 하였으며 따라서 F_o값은 3분이다($F_o = 12\,D_o = 12 \times 1.25min = 3\,min$). 만일 이 통조림에 $D_o = 1.2$분인 내열성균이 100개가 있다면 $F_o = 3$분으로 살균공정을 처리하였을 때 이 내열성균이 생존확률을 구하라.

풀이

$$\log\frac{N}{N_o} = -\frac{F_o}{D_o}$$

식을 다시 정리하며

$\log N - \log N_o = -\dfrac{F_o}{D_o}$ 여기에 $N = 100, F_o = 3min, D_o = 1.2min$을 대입하면

$$\log N = \log 100 - \frac{3}{1.2} = 2 - 2.5 = -0.5$$

따라서 $N = 0.316$ 즉 10개의 캔 중에서 3.2개의 통조림에 이 균이 존재하게 될 확률로 살균이 된 것이다.

(2) Ball의 공식법

① 레토르트와 통조림 내의 온도변화

통조림을 레토르트retort 내에서 살균할 때 온도변화를 〈그림 8-9〉에 나타내었다. 레토르트에 수증기를 공급하면 레토르트 내부가 가열되어 곧 살균온도(일반적으로 121.1℃ 또는 250°F)에 도달된다. 이때, 레토르트가 살균온도에 도달되는 데 걸리는 시간을 come-up-time CUT라 한다. 레토르트가 살균온도에 도달된 후 냉각수가 공급될 때까지의 시간을 열처리의 작업시간(processing time, t_p)이라고 한다. 일반적으로 레토르트가 살균온도에 도달되기 전에도 살균이 일어나기 때문에 CUT의 40%를 살균시간에 가산해 준다. CUT의 60%는 통조림 가열에서 살균에 가담하지 않기 때문에 0.6 CUT 시간부터를 수정된 zero시간 또는 가상초기가열시간(pseudo-initial heating time, tpih)이라 한다.

Ball 공식에서 Ball의 가열살균시간을 t_B로 표시한다.

$$t_B = t_p + 0.4CUT \tag{28}$$

② **비정상상태에서의 열전달가열곡선**

통조림을 살균할 때 통조림 속의 식품의 가열속도를 생각해 보자. 통조림이 일정한 온도에 있는 유체(끓는 물이나 증기) 속에 놓이게 되면, 통조림 내부의 온도는 유체의 온도에 도달될 때까지 변화할 것이다. 이 경우 시스템 내의 열손실이 없다고 가정하면 유체로부터 통조림으로 전달된 열과 고체가 유체로부터 흡수한 열의 양은 같고, 공식으로 표현하면 다음과 같다. 통조림이 살균기에서 유체로부터 얻은 총열량(Q)은 다음과 같이 표현된다.

$$Q = m \cdot C_P \cdot \Delta T \tag{29}$$

여기에서
m은 질량(kg), C_P는 정압상태에서의 비열(KJ/kg · °k),
온도차(°k)이다

식 (29)를 시간에 따라 미분하면 통조림이 열을 얻는 속도식이 되며, 이 식은 살균시스템으로부터의 열전달속도와 같다.

$$q = m \cdot C_p \cdot (dT/d\theta) = UA(T_r - T) \tag{30}$$

$$m \cdot C_p \cdot \frac{dT}{d\theta} = UA(T_r - T) \tag{31}$$

여기에서
q는 열전달속도(W),
θ는 시간(sec),
u는 종합열전달계수(W/m² · K),
A는 면적(m²)이다

이 식을 다시 정리하면

$$\frac{dT}{(Tr - T)} = \frac{U \cdot A}{m \cdot C_P}\theta + C \tag{32}$$

적분하면

$$-\ln(T_r - T) = \frac{U \cdot A}{m \cdot C_p}\theta + C \tag{33}$$

초기 조건에서 $T = T_o$일 때 $\theta = 0$이므로 위 식에 대입하면

$$C = -\ln(T_r - T_o) \tag{34}$$

따라서 $-\ln(T_r - T) = \frac{U \cdot A}{m \cdot C_p}\theta - \ln(T_r - T_0)$ (35)

다시 정리하면

$$\ln\frac{T_r - T}{T_r - T_o} = -\frac{U \cdot A}{m \cdot C_p}\theta \tag{36}$$

양변을 2.303으로 나누면

$$\log\frac{T_r - T}{T_r - T_o} = -\frac{U \cdot A}{2.303m \cdot C_p}\theta \tag{37}$$

여기에서 상수에 해당하는 $\frac{U \cdot A}{2.303m \cdot C_p}$를 $\frac{1}{f_h}$로 정의하면

$$\log\frac{T_r - T}{T_r - T_o} = -\frac{1}{f_h}\theta \tag{38}$$

본 식은 $\log(c-y) = ax + \log b$의 형태로 y 축이 $\log(c-y)$이고 기울기가 $-\frac{1}{f_h}$그리고 절편이 $\log(T_m - T_o)$에 해당된다. Ball공식법을 도식화하면 〈그림 8-11〉 다음과 같다.

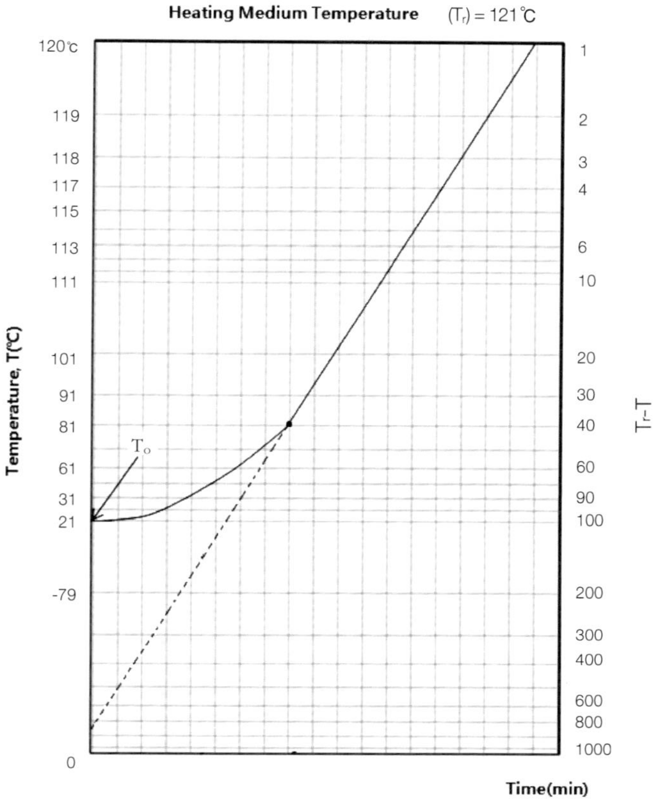

그림 8-11. Ball의 방법에 따라 도시한 단순 대수가열 열침투곡선

f_h값은 $(T_r - T)$로 표시되는 냉점의 온도차가 90% 변하하는 데 걸리는 시간을 의미하고 그래프에서는 가열곡선이 1 대수 주기가 변하는 데 걸리는 시간이다. f_h값이 작을수록 열침투속도가 빨라져 통조림 내의 온도가 빨리 상승한다. f_h값은 용기 내의 식품의 종류에 의해 크게 좌우된다.

식품의 열침투곡선은 상기의 그림과 같이 가열초기에는 곡선이므로 열침투곡선을 직선으로 나타내기 위해서는 가상가열초기온도(pseudo-initial heating tempereature, T_{pih})를 정의한다. T_{pih}는 수정된 zero시간(0.6 CUT)에서 올린 수직선과 열침투곡선의 직선부분을 연장한 선과 만나는 점이다.

통조림의 실제 초기온도를 T_o라고 하면 실질적인 초기온도차는 $(T_r - T)$이므로, 가열공정에서의 지연계수 lag factor in heating j_h를 사용하여 식으로 표현하면 다음과 같다.

$$\log\frac{T_r - T}{j_h \cdot (T_r - T_o)} = -\frac{1}{f_h}\theta \qquad (39)$$

여기에서 $j_h = \dfrac{T_r - T_{pih}}{T_r - T_o}$로 구한다.

상기의 (39) 식을 θ로 다시 정리하면 하단의 식으로 표현되며, 여기에서 θ(시간t)는 Ball 공식에서 가열살균시간은 t_B와 동일하다.

$$\theta = f_h \left[\log j_h \cdot (T_r - T_o) - \log(T_r - T)\right] = t_B \tag{40}$$

③ **비정상상태에서의 열전달 냉각곡선**

냉각곡선〈그림 8-12〉를 표시하는 식은 다음과 같다.

$$\log \frac{T - T_c}{j_c \cdot (T_g - T_c)} = -\frac{1}{f_c}\theta \tag{41}$$

여기에서 T_c는 냉매의 온도, T_g는 냉각공정에서 처음으로 기록되는 온도로서 냉각수를 도입했을 때의 온도이고, 이 시간을 시작시간 $(t=0)$이라 한다. $j_c = \frac{T_c - T_{pic}}{T_c - T_g}$로 구한다. 여기에서 가상 냉각 초기온도(pseudo-intial cooling temperature, T_{pic})는 냉각곡선의 직선부분을 연장하여 만나는 y축 $(t=0)$에서의 온도 값이다.

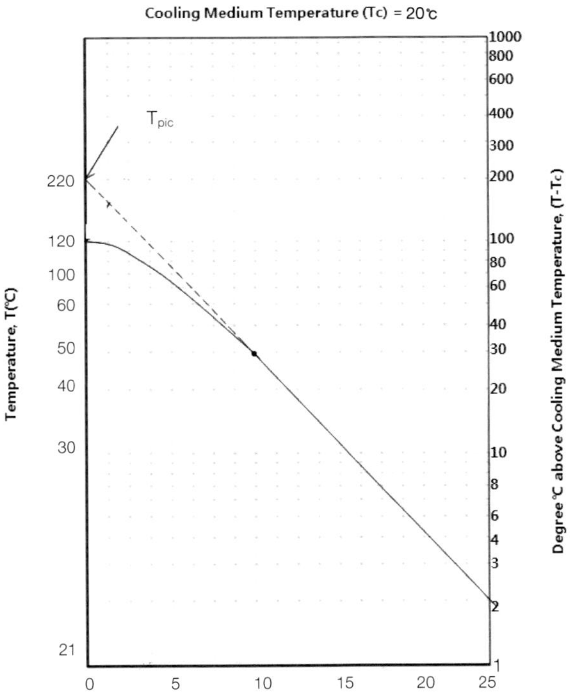

그림 8-12. Ball의 방법에 의해 나타낸 냉각곡선

여기서 f_c는 냉각곡선의 직선부분의 온도가 1대수 주기(1 log cycle) 변하는 데 걸리는 시간이다.

(3) 가열살균시간 계산

가열살균시간은 살균공정에서 충족되는 F_o값과 식품의 열침투곡선을 바탕으로 살균시간을 계산한다.

$$\theta(\text{시간 } t_B) = f_h\{\log j_h \cdot (T_r - T_o) - \log(T_r - T)\} \quad (42)$$

위 식에서 여기에서 T는 살균공정에서 가열이 완료되어 식품의 냉점이 레토르트온도에 도달하거나 일정한 최고 온도에 도달되는 온도이다. 이때 냉점 최고 온도와 레토르트의 온도차 $(T_r - T)$를 g라고 하고 $(T_r - T_o)$을 I_h라고 하면 식은 다음과 같이 표시된다.

$$t_B = f_h \cdot \log\left(\frac{j_h \cdot I_h}{g}\right) \quad (43)$$

여기에서 g값은 쉽게 결정할 수 없으며 $\left(\frac{f_h}{u}, j_c, z\right)$의 함수로서 표 또는 그래프를 이용하여 구한다(표 8-5).

표 8-5. f_h/U : g **의 관계**

	z=14		z=18		z=22	
$\frac{fh}{U}$	g	$\frac{\Delta g}{\Delta j}$	g	$\frac{\Delta g}{\Delta j}$	g	$\frac{\Delta g}{\Delta j}$
0.2	0.000091	0.0000118	0.0000509	0.0000168	0.0000616	0.0000226
0.3	0.00175	0.00059	0.0024	0.00066	0.00282	0.00106
0.4	0.0122	0.0038	0.0162	0.0047	0.020	0.0067
0.5	0.0396	0.0111	0.0506	0.0159	0.065	0.0197
0.6	0.0876	0.0224	0.109	0.036	0.143	0.040
0.7	0.155	0.036	0.189	0.066	0.25	0.069
0.8	0.238	0.053	0.287	0.103	0.38	0.105
0.9	0.334	0.07	0.400	0.145	0.527	0.147
1.0	0.438	0.009	0.523	0.192	0.685	0.196
2.0	1.56	0.37	1.93	0.68	2.41	0.83
3.0	2.53	0.70	3.26	1.05	3.98	1.44
4.0	3.33	1.03	4.41	1.34	5.33	1.97
5.0	4.02	1.32	5.40	1.59	6.51	2.39
6.0	4.63	1.56	6.25	1.82	7.53	2.75
7.0	5.17	1.77	7.00	2.05	8.44	3.06
8.0	5.67	1.95	7.66	2.27	9.26	3.32
9.0	6.13	2.09	8.25	2.48	10.00	3.55
10	6.55	2.22	8.78	2.69	10.67	3.77
15	8.29	2.68	10.88	3.57	13.40	4.60
20	9.63	2.96	12.40	4.28	15.30	5.50
25	10.7	3.18	13.60	4.80	16.9	6.10
30	11.6	3.37	14.60	5.30	18.2	6.70
35	12.4	3.50	15.50	5.70	19.3	7.20
40	13.1	3.70	16.30	6.00	20.3	7.60
45	13.7	3.80	17.00	6.20	21.1	8.0
50	14.2	4.00	17.7	6.40	21.9	8.3
60	15.1	4.3	18.9	6.80	23.2	9.0

표 8-5. 계속

$\frac{fh}{U}$	z=14 g	z=14 $\frac{\Delta g}{\Delta j}$	z=18 g	z=18 $\frac{\Delta g}{\Delta j}$	z=22 g	z=22 $\frac{\Delta g}{\Delta j}$
70	15.9	4.5	19.9	7.10	24.3	9.5
80	16.5	4.8	20.8	7.30	25.3	9.8
90	17.1	5.0	21.6	7.60	26.2	10.1
100	17.6	5.2	22.3	7.80	27.0	10.4
150	19.5	6.1	25.2	8.40	30.3	11.4
200	20.8	6.7	27.1	9.10	32.7	12.1

테이블 사용법

j = 1보다 큰 경우

$g_j = j_{j=1} + (j-1) \cdot \left(\frac{\Delta g}{\Delta j}\right)$

예를 들면 $\left(\frac{f_h}{u}\right) = 20,\ j = 1.4,\ z = 1.8$일 때

$g = 12.4 + (0.4)(4.28) = 14.11$

여기에서 U는 레토르트온도 T_r에서의 가열치사시간이다.

식 (21)에서 $TDT_{121.1} = F_o$값이고 TDT_T는 F_T이기 때문에 식을 다시 정리하면 다음과 같이 된다.

$$\log\frac{F_T}{F_o} = \frac{121.1 - T}{z} \tag{44}$$

$$\frac{F_T}{F_o} = 10^{\left(\frac{121.1-T}{z}\right)} \tag{45}$$

$$F_T = F_o \cdot 10^{\left(\frac{121.1-T}{z}\right)} \tag{46}$$

임의의 온도가 레토르트온도라면 U값은 다음과 같이 구한다.

$$U = F_o \cdot 10^{\left(\frac{121.1-T}{z}\right)} \tag{47}$$

g 값에 영향을 미치는 인자는 j_c에 따라 영향을 크게 받는다. Ball의 살균법 이론 중에서 레토르트온도 상승시간(CUT)에 대한 보정법을 보완하기 위한 연구가 계속되고 있으며, 대표적인 연구 그룹으로는 미국 럿거스대학의 Hayakawa와 그의 공동연구자들이 있다.

예제 8-6

식품살균공정에서 다음의 데이터를 얻었다.

Time(min)	Retort Temp(℉)	Can Temp.
0	80	150
1	150	150
2	215	150
3	250	150
5	250	150
10	250	170
15	250	187
20	250	200
25	250	210
30	250	218
35	250	225
40	250	230
45	250	234
50	250	237
55	250	240
60	250	242
61	100	242
63	70	242
65	70	242
70	70	215
75	70	185
80	70	161
85	70	143
90	70	128
95	70	116

1) f_h와 j_h를 구하라

2) fc와 jc를 구하라

3) 미생물 (D_o값이 2.5분이고 z값이 18℉)의 초기 균수가 100개인 경우 열처리공정 후 미생물이 부패할 확률을 구하라.

풀이

θ(시간 t_B) = $f_h\{\log j_h \cdot (T_r - T_o) - \log(T_r - T)\}$에서

1) θ = 57분 + 3×0.4분 = 58.2분

2) 하단의 그림에서 f_h = 49분

3) 하단의 그림에서 j_h = 1.2

4) $(T_r - T_o)$ = 250 F - 150 F = 100 F

5) $T_g - T_c = 242 - 70 = 172$

6) $j_c = 1.37$

7) $f_c = \frac{1}{slop} = \frac{1}{0.02} = 50min$

값들을 위의 식에 대입하면

58.2 = 49 { log(1.2 × 100) - log g }

log g = 2.0798 - 58.2/49 = 0.891

따라서 그래프나 테이블에서 g = 7.78, j_c = 1.37일 때 f_h/U값을 찾으면 8.5가 된다. 따라서 U = 49/8.5 = 5.76이 된다. 여기에서는 U = F_o가 되기 때문에 F =D ($logN_o - logN$)에 대입하면 5.76 = 2.5 (log 100 - log N)이 된다. 따라서 N = 1.89 즉 통조림은 100% 부패할 확률이다.

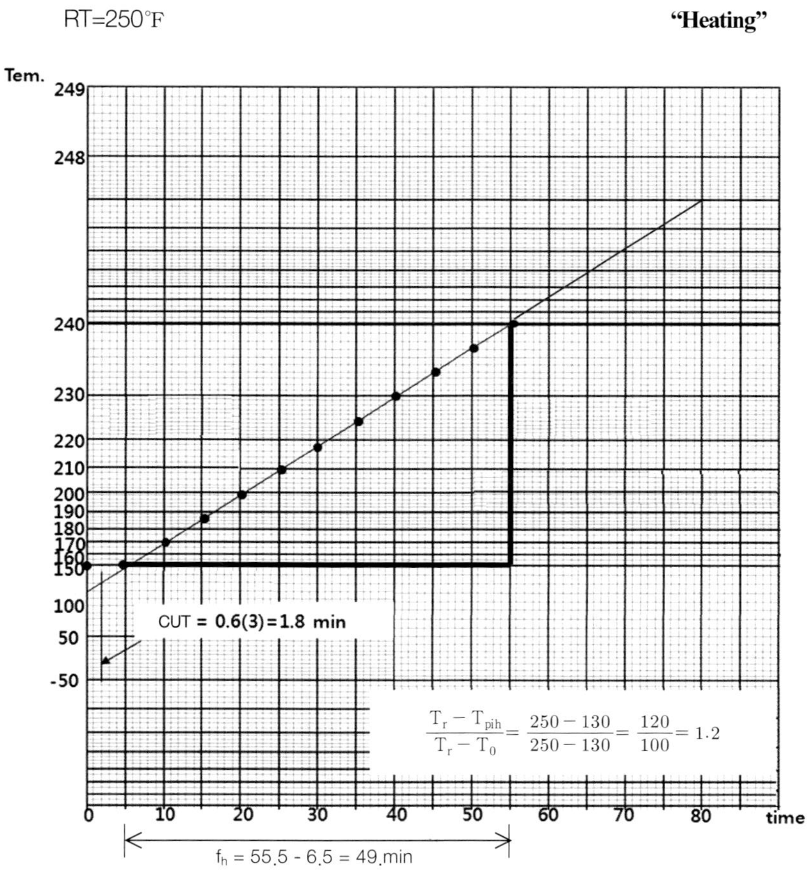

"Cooling"

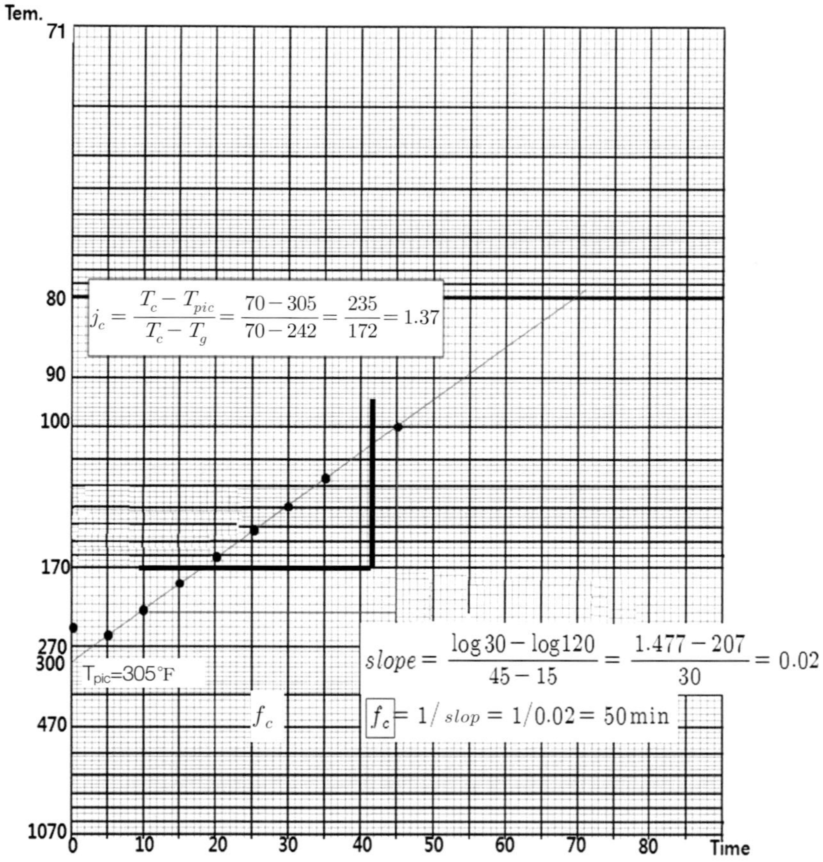

Tem.
71
80
90
100
170
270
300
470
1070
0
10
20
30
40
50
60
70
80
Time
$j_c = \frac{T_c - T_{pic}}{T_c - T_g} = \frac{70-305}{70-242} = \frac{235}{172} = 1.37$
T_{pic}=305°F
f_c
$slope = \frac{\log 30 - \log 120}{45-15} = \frac{1.477-207}{30} = 0.02$
$f_c = 1/slop = 1/0.02 = 50\,\text{min}$

참고문헌

변유량 등; 식품공학, 제4장. 식품의 가열살균, 지구문화사 (2002).

식품과학회편; 식품공학, 제5장. 식품의 가열살균, 형설출판사 (1984).

전문진, 권석태, 이철호, 임번삼; 현대의 생물공학과 생물산업, 아카데미서적 (2003).

Karel M., Fennema O., and Dary B. Lund; Principles of Food Science, Part Ⅱ, Physical Principles of Food Preservation, Dekker M, New York (1975)

Zeuthen P. and Bogh-Sorensen L.; Food preservation technique, CRC, New York (2003).

Romeo T. Toledo; Chapter 9. Thermal process calculation, in Fundamentals of Food Engineering, An Aspen Publication, Maryland (1999).

Lund DB; Heating processing. In Karel M. Fennema OR. Lund DB. eds. In: Principles of Food Science, Part Ⅱ. Physical Principles of Food Preservation. Now York: Dekker M., 1975, Chapter 3, pp.31-92.

Hayakawa I-K; New parameters for calculating mass average sterilizing value to estimate nutrients in thermally conductive food, Can Inst Food Technol J, 2:165-172 (1969).

제9장

액상식품의 농축기술

수분의 제거는 결과적으로 수분활성도를 낮추어 주게 되어 식품의 보존에 기여하게 된다. 수분제거는 수분함량이 0zero에서 15~20%일 때 완료되며 탈수공정이 수반된다. 또한 수분이 제거되어 만들어지는 농축 용액이나 반고체 제품은 수분함량이 20%를 상회하는데 이러한 방법을 농축공정concentration process이라 한다. 농축의 목적은 매우 다양하다. 농축공정은 식품가공에 있어 분리와 정제의 수단으로 이용되며, 또한 건조공정(예로서 차의 분무건조 또는 커피의 냉동건조)의 경제적인 전 단계 공정으로 활용되는 경우가 많다. 또한 식품의 부피를 줄이기 위해 사용되는데, 예로서 농축 오렌지 주스 또는 증발 농축된 우유 등이 있다. 메이플시럽과 같은 경우 농축되면 수분활성도가 낮아져 쉽게 변패되지 않으므로 농축공정만으로 그 보존성을 확보할 수 있다. 농축공정은 식품으로부터 수분을 제거하는 방법에 따라 증발농축, 동결농축 및 막분리 농축이 있다.

9.1. 증발evaporation

(1) 증발공정의 원칙

증발은 용액으로부터 용매를 증발시켜 제거하는 것이다. 증발은 결정화나 건조와 전혀 다른 공정으로 최종 제품은 고형물이 침전되기보다는 농축 분산되는 것이다.

실질적으로 증발은 용액이 끓으면서 용액에 포함된 물이 수증기로 기화되면서 수행된다. 열 민감도가 중요한 식품의 경우 증발이 일어나는 곳의 압력을 낮추면 끓는점은 낮아진다. 증발공정은 열전달과 물질전달이 동시에 일어난다. 즉 증발공정은 (a) 용매의 증발에 필요한 열을 공급하는 능력과 (b) 증발이 일어나는 용액의 표면으로부터 수증기를 효과적으로 제거하는 능력에 전적으로 의존한다. 증발농축공정은 여러 가지 공정들이 연결되어 있으며, 열전달 분석과 물질 및 에너지 평형 분석은 증발공정에 필수적이다.

증발기는 액체의 끓는점을 유지시켜 주는 열교환기와 액체로부터 수증기를 분리하는 장치로 구성된다. 물질 및 에너지 평형에 대한 전체적인 도식도는 〈그림 9-1〉에 나타내었고 본 도식도는 정상상태에서의 증발기 작동을 나타낸다.

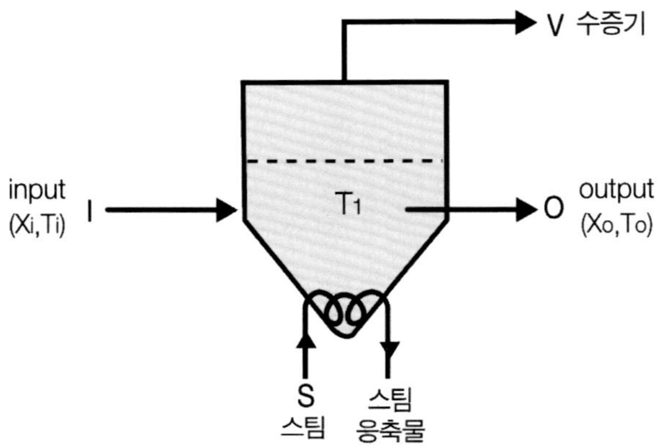

그림 9-1. 정상상태에서의 증발기의 도식화

여기에서 전체 들어가는 물질(input) I는 순간적으로 끓는점 T_1에 도달하고, 수증기 V와 제품(output) O는 이 온도에서 증발기를 떠난다.

총괄 물질수지는 다음과 같다.

$$I = O + V \tag{1}$$

여기에서 I는 들어가는 용액(kg/s), O는 나가는 용액(kg/s), V는 증발된 수증기(kg/s)이다.

고형분의 물질수지는 다음과 같다.

$$IX_i = OX_o = X_o(I - V) \tag{2}$$

여기에서 X_i와 X_o는 각각 들어가고 나가는 용액의 고형분의 질량 분율(kg/kg)이다.

따라서 식을 다시 정리하면

$$V = I(1 - \frac{X_i}{X_o}) \quad (3)$$

에너지 평형은 열손실이 없다는 가정하에 응축된 스팀으로부터 공급된 열은 용액의 품온상승과 증발에 사용되었다면 다음과 같이 표현된다.

$$IC_{pi}(T_i - 0℃) + Sh_{sfg} = OC_{po}(T_1 - 0℃) + Vh_{vg} \quad (4)$$

여기에서 $C_{pi,} C_{po}$는 각각 들어가고 나가는 물질의 비열(kJ/kg ℃)이고 S는 스팀량(kg/s), h_{sfg}는 스팀의 응축잠열(kJ/kg), h_{vg}는 증발 잠열(kJ/kg), T_1은 용액의 끓는 점(℃)이다.

열교환기에서 열교환 능력은 총괄열전달 속도에 좌우된다. 열전달 속도는 다음과 같이 표현된다.

$$q = UA(T_s - T_1) \quad (5)$$

q는 전체 열전달 속도(kJ/s), U는 총괄 열전달계수(W/m^2·℃), A는 전열면적(m^2), Ts는 응축되는 스팀의 온도(℃)이다.

여기에서 $$U = \frac{1}{(\frac{1}{h_1} + \frac{x_{wall}}{k_{wall}} + \frac{1}{h_2})} \quad (6)$$

h_1은 스팀 쪽의 대류 열전달계수(W/m^2·℃), x_{wall}은 열교환기의 두께(m), k_{wall}은 열교환기의 열전도도(W/m·℃), h_2는 용액 쪽의 대류 열전달계수(W/m^2·℃)이다.

(2) 비점 상승boiling point elevation

열전달의 추진력은 온도차인데, 온도차는 열교환기의 스팀의 압력과 액체의 비점의 차이이다. 다시 말하면 증발표면에서 압력과 용액의 농도에 의해 영향을 받는다. 이상조건에서 비점은 단위 용매의 무게당 총 입자의 수, 분자량, 이온 등에 영향을 받는다. 실질적으로 이야기하면, 식품에서의 비점은 이론적으로는 거리가 멀고 실험적으로 결정해야 한다. 따라서 Dühring plot (그림 9-2)을 사용하는데 Dühring plot은 용액의 끓는점은 용매의 비점과 대체적으로 비례관계에 있다.

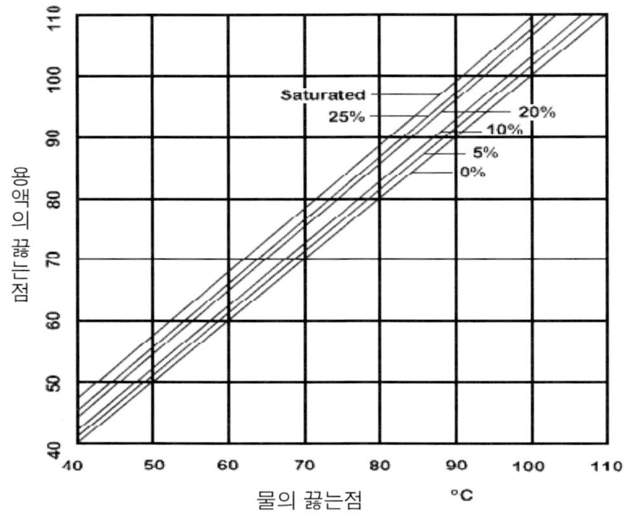

그림 9-2 물의 끓는점의 함수로서 소금물 용액의 끓는점(DÜhring plot)

예제 9-1

증발기 내 액상식품의 최초와 최종 비점을 Dühring 차트를 이용하여 계산하시오. 이 액상식품의 증기압은 소금(NaCl)용액의 증기압과 유사하다. 증발기 내부의 압력은 20kPa이며 이 압력조건에서의 순수한 물의 끓는점은 60℃이다. 액상식품은 증발기를 통해 고형분 함량이 5%에서 25%로 농축된다.

풀이

증발기 내부에서의 순수한 물의 끓는점이 주어졌으므로, 동일 조건에서 액상식품의 끓는점을 Dühring 차트(그림 9-2)를 이용하여 구할 수 있다. Dühring 차트에서 살펴보면 고형분 함량 5%를 가지는 시작점에서의 액상식품의 비점은 약 61℃이고 고형분 함량 25%를 가지는 최종점에서의 액상식품의 비점은 약 66℃이다.

(3) 식품의 성질과 증발기의 효율

증발기의 제일 중요한 점은 스팀의 효율성이다. 즉 증발기에 공급된 단위 에너지당 증발을 최대화하는 것이 제일 중요하다. 따라서 다음의 특성들을 잘 고려해야 한다.

① **점도**viscosity

증발 농축된 대부분의 식품들은 상당히 점성이 높아진다. 대부분 식품들은 비뉴튼성 유체의 성질을 따르며 단백질 변성과 같은 영향으로 특이한 온도 의존성을 나타낸다. 점도는 열전달속도에 영향을 주며 또한 펌프로 용액을 이동시키거나 처리할 때에도 영향을 준다. 매우 점성이 높은 과일 주스를 가공할 때 용액의 점성을 감소시키기 위해서 매우 특별한 처리(예로서 오렌지 농축물의 점성을 낮추기 위해서 초음파마쇄기 처리)를 하기도 한다.

② **파울링**fouling

파울링은 식품의 증발에 매우 중요한 영향을 준다. 단백질과 다당류들은 증발기 벽면에 들러붙는 성질이 있으며, 제거하기 힘들고 열전달에 나쁜 영향을 미친다. 파울링을 형성하는 일련의 반응들은 매우 복잡하다. 예로서 토마토 주스의 증발농축 동안 파울링이 발견되는데 이들은 섬유질, 펙틴 및 단백질에 의해 형성된다. 파울링을 일으키는 이러한 물질을 제거하면 증발 효율이 매우 향상된다.

③ **거품**foaming

식품 내에 존재하는 여러 종류의 천연 표면 활성제나 단백질은 대량의 거품을 형성하는 경우가 가끔 있다. 생성된 거품들은 열전달의 효율을 낮추고, 증발기에서 제품과 수증기를 제거하는 데 많은 어려움이 있다. 따라서 소포제를 사용할 수 있으나 식품첨가제로서 사용이 제한되는 경우가 있다.

④ **부식**corrosion

일부 식품 특히 주스류에 들어 있는 성분들 중에는 열교환기의 표면을 부식시키는 경우가 있다. 부식되어 생성된 금속성분이 증발 농축된 제품에 함유될 수도 있으므로 증발기 표면을 항부식성 재질인 알루미늄, 스테인리스강, 구리, 니켈 등으로 제작하여 부식을 방지하기도 한다.

⑤ **수증기로 혼입된 미세한 액체 방울의 분리**entrained liquid

증발된 수증기로 혼입된 미세한 액체 방울을 분리 회수하는 것은 종종 어렵다. 분리된 액체로부터 고형분의 손실을 피하기 위해 효율적인 분리방법이 사용되어야 한다.

⑥ **향미**flavor

식품의 기호성은 여러 가지 휘발성 향기 성분에 의해 의존하게 되는데, 이들 향기 성분들은 증발공정 중 물의 증발과 함께 소실될 수 있다. 따라서 증발공정에서는 수증기로부터 휘발성 향기 성분을 회수하거나 향기 성분의 손실을 최소화하는 방향으로 설정된다.

⑦ 열 민감도heat sensitivity

열에 민감한 식품의 손상 정도는 시간과 온도와 같은 공정인자들에 의해 결정된다.

$$D_h = \log(P)(t) \tag{7}$$

여기에서 D_h는 위해손상지수, P는 절대압력(kg_f/cm^2), t는 체류시간(s)이다.

9.2. 증발기의 종류

식품산업에서 사용되는 증발기는 여러 형태(예로 진공 또는 대기압 등의 작동압력, 효용관의 수, 대류의 형태 즉 자연대류 또는 강제대류, 공정의 연속 정도 즉 회분식인지 아니면 연속공정)가 있다. 증발기의 형태는 열전달 표면이나 액체를 교반하거나 순환시키는 방식에 따라 다양하다.

(1) 상압 가열 증발기open pan evaporator

매우 간단한 회분식 증발기로서 스팀 재킷 또는 스팀코일로 가열되는 증발기로서 소스류, 잼류, 건과류를 농축하는데 사용되며, 여기에서 생산되는 제품들은 가열온도 100℃ 이상에서도 견딜 수 있는 제품들이다.

(2) 단관형 증발기short tube evaporator

단관형 증발기는 매우 광범위하게 사용되고 있는 표준형 증발기이다. 본 증발기는 용액이 수직으로 나열된 튜브에서 끓고 튜브의 내부에서는 수증기가 응축된다. 스팀 상자는 도넛 형태로 가운데 큰 구멍을 통해 스팀이 쉽게 내려갈 수 있도록 설계되어 있다. 튜브의 직경은 5~7cm, 길이는 1~2m이다. 단관형 증발기는 점성이 낮고 부식성이 없는 액체를 증발시키는 데 사용된다. 총괄열전달계수(U)는 일반적으로 높아 약 500 W/m^2 · ℃이다.

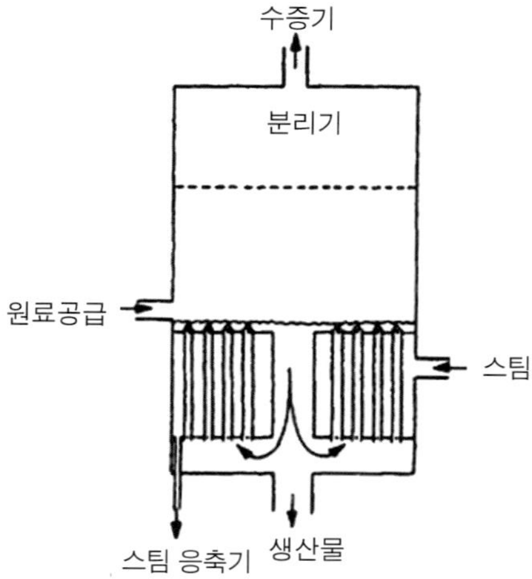

그림 9-3. 표준 단관형 증발기

(3) 장관형 증발기(박막식 증발기)long tube evaporator

장관형 증발기는 수직의 선반과 튜브 열교환기로 이루어진 매우 효율적인 증발기이다. 수직 튜브(직경이 2~5cm, 길이가 3~12m)의 내부에는 끓는 스팀이 들어 있으며 튜브 밖에서 응축된다. 튜브의 안쪽 표면에 매우 얇은 액체필름이 형성되면 열전달 속도가 매우 효과적으로 향상된다. 수증기가 튜브의 벽면을 타고 위로 흐르면서 액체필름이 형성된다. 가열된 액체가 얇은 필름상태로 튜브 벽을 상승하므로 열전달속도가 우수하며 액체의 끓는점 오름과 같은 현상도 없다. 거품이 발생되지 않을 때 가장 큰 열전달계수를 얻을 수 있다. 대부분은 액체가 흐를 때 거품이 형성되거나 튜브 안쪽에 파울링fouling이 형성되어 문제가 발생한다.

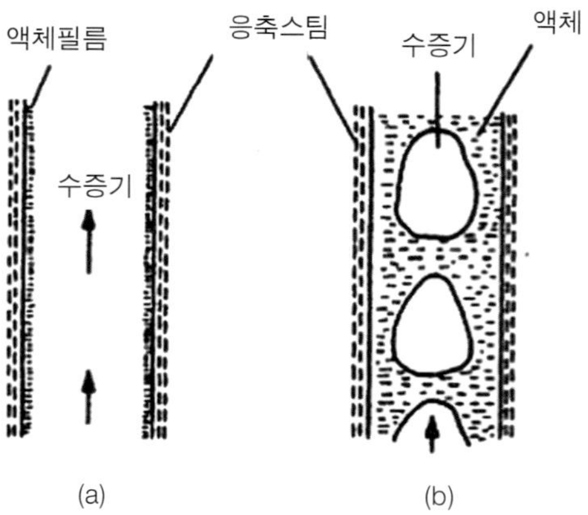

그림 9-4. 박막식 증발기. (a) 잘된 공정과 (b) 기포 형성으로 잘못된 공정

장관형 박막식 증발기는 액체가 가열면과 접촉하는 시간이 비교적 짧아 과즙이나 유가공품과 같은 열에 민감한 용액의 농축에 적합하다.

매우 점성이 높은 액체를 농축할 때는 강제 대류를 해 주는 것이 필요하며 따라서 고점성의 액체를 순환시키기 위해서 펌프를 사용하기도 한다. 강제대류는 점성이 있거나, 열에 민감한 액체를 증발시킬 경우에 사용한다.

(4) 교반 감압 증발기stirred vacuum evaporator

강제대류 증발기로서 저어 주는 교반 감압 증발기는 〈그림 9-5〉와 같고, 회분식 공정에 주로 사용된다. 교반 감압 증발기는 대부분 고점성의 액체를 증발할 때 사용되며 Wurling 증발기로 불린다. 열전달이 우수하여 고형분 함량 20~50%의 토마토 페이스트를 생산할 때 사용된다.

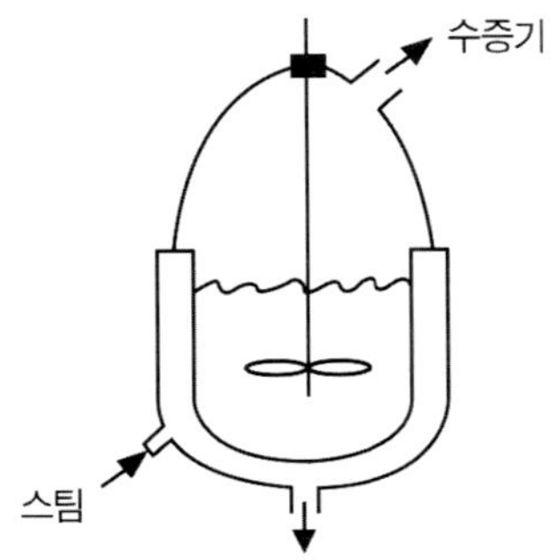

그림 9-5. 교반 감압 증발기

(5) 기계적 박막식 감압 증발기mechanically aided thin-film vacuum evaporator

열에 민감한 식품원료를 연속공정으로 농축할 때는 기계적 박막식 감압 증발기를 사용한다. 본 증발기에는 기계적으로 끓는 액체를 열교환기의 표면에 얇은 막으로 흐르게 만들며 일반적으로 고속의 증발과 낮은 온도를 유지하기 위해서 감압상태에서 작동된다. 감압 증발기에서 액체는 내부에 있는 회전 로터rotor에 의해 분산되어 얇은 막의 액체를 형성한다. 여기에 사용되는 로터는 1mm보다 작은 고정된 날개형태이거나 스프링으로 고정된 날개 형태이다. 본 증발기는 압력이 매우 낮은 상태에서 작동되고 액체의 체류시간은 10~15초 정도로 매우 짧아 매우 점성이 높은 액체에도 사용이 가능하다.

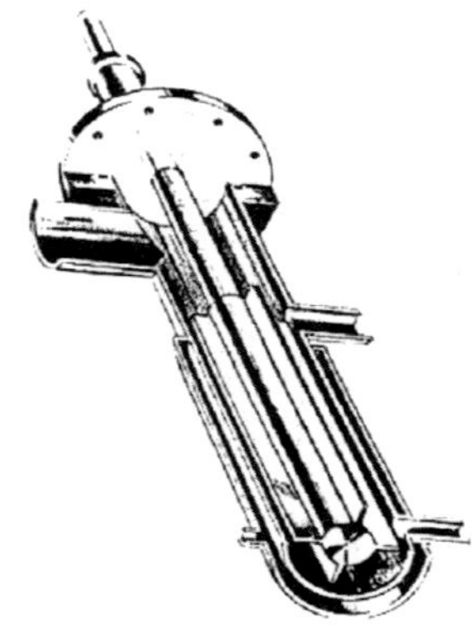

그림 9-6. 수평 박막식 농축기

원심력에 의해 액체는 가열된 벽에 붙어 있게 되어 벽면과 회전하는 로터 날개 사이에 난류의 액체 필름이 형성된다. 수증기는 액체흐름과 향류counter-current flow이거나 역류형태가 될 수 있다.

기계적 박막식 감압 증발기의 다른 형태는 원심형 증발기(그림 9-7)이다. 즉 회전하는 가열 표면에 용액이 원심력에 의해 얇은 용액필름으로 분산된다. 분산되는 필름용액의 두께는 0.1 mm 정도이며 접촉시간은 0.5~2초 정도로 매우 짧으며 주로 낮은 점성의 용액에 사용된다. 기계적 박막식 필름 증발기는 주로 열에 민감한 액체이면서 점도가 높은 용액(1~10 Pa • s) 이상이거나 거품형성이 되는 경향이 있는 용액에 사용된다(표 9-1).

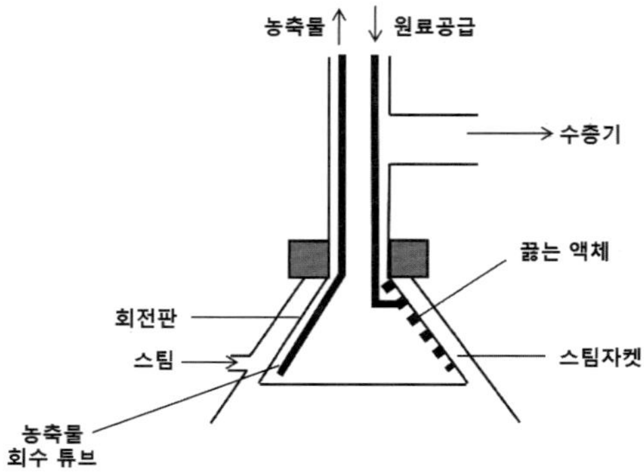

그림 9-7. 원심 증발기

표 9-1. 증발기의 특성

증발기 타입	총괄열전달계수(U)		상대적 비용	열손상 요인
	낮은 점도	높은 점도		
단관형	250	부적합	1	매우높음
장관형	2000	< 500	3	높음
판형	2500	500	7	높음
교반박막	3000	1000	15	낮음
분자막			> 100	매우 낮음

$U = (W \cdot m^{-2} \cdot ℃^{-1})$

(6) 판형 증발기plate evaporator

판형 증발기의 작동방법은 판형 열교환기의 작동과 매우 유사하다. 액체는 판의 한 부분을 통과하면서 증발되고 열교환은 판의 반대 면을 통해 이루어진다. 증발공정은 열교환기의 판에서 이루어진다. 판형 증발기는 열교환 속도가 매우 높으며 특히 열에 민감한 용액이나 고점도의 액체 농축에 매우 효과적으로 사용된다. 본 증발기의 증발용량은 튜브 증발기의 증발용량보다 낮다. 하지만 열교환기의 판 개수를 변화시켜 증발용량 및 증발능력을 조절할 수 있다.

(7) 다중효용 증발기multiple-effect evaporator

증발기에서 나가는 증기에 함유된 에너지가 다시 회수되어 다른 증발기의 열원으로 사용하게 되며 다른 증발기의 작동압력은 더 낮은 압력에서 작동된다. 상기의 경우가 다중효용 증발기에 적용되며 원료의 흐름과 증기의 흐름에 따라 세 가지 경우로 분류된다(그림 9-8).

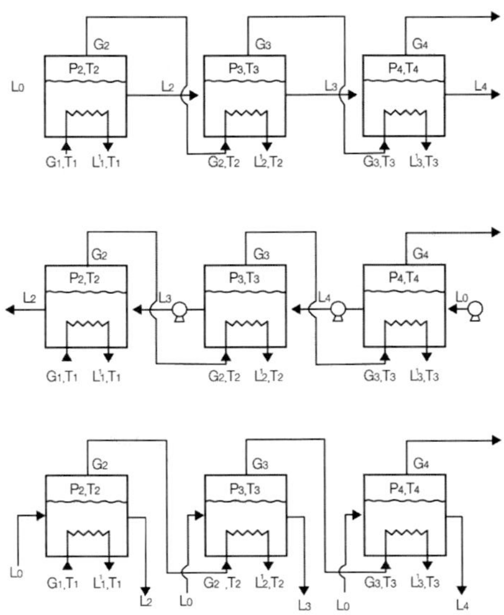

그림 9-8. 서로 다른 흐름의 다중효용 증발기

순류식 공급forward feed 배열의 경우 3중 효용 증발기에서 압력은 $P_2 > P_3 > P_4$ 순서이며 온도는 $T_2 > T_3 > T_4$ 순서가 된다.

다중효용 증발기의 경우 다음의 가정하에 모든 계산이 이루어진다.

- 첫 번째 증발기 내로 들어가는 원료(F_1)의 온도는 T_2이다.
- 주위로의 열손실은 발생하지 않는다.
- 잠열들 ($\lambda_1 \simeq \lambda_2 \simeq \lambda_3$)은 온도의 영향을 받지 않는다.
- 열교환면적은 모든 증발기에서 동일하다.
- 총 열전달계수는 모든 증발기에서 동일하다.

따라서 상기의 가정에 의해서 첫째, 전체 열전달량과 증발된 물의 양은 각각의 증발기에서 동일하고, 둘째, 공급된 스팀량당 증발된 물의 양은 각각의 증발기에서 동일하다. 그러나 실제 공정에서 상기의 가정들은 실제로는 일치하지 않으며 시행착오에 의한 방법이 실제 작동조건을 확정하기 위해 일반적으로 사용된다. 실제 공정조건에서의 스팀의 경제성은 이상적 가정하에서 계산된 스팀의 경제성보다 항상 낮다.

원료를 넣는 방향의 다양한 배열이 가능하다. 순류식 공급(co-current 또는 forward feed), 역류식 공급(counter current 또는 backward feed), 그리고 병류식 공급parallel feed 등이다. 병류식 공급parallel feed 형태의 원료공급은 일반적인 방법이 아니지만, 결정화 공정에 사용된다. 공학적인 관점에서 볼 때, 역류식 공급방법은 압력차에 따라 액체가 이동하는 장점이 있다. 대체로 첫 번째 증발기의 압력이 가장 높다. 또한 원료를 역류식 공급방향으로 투입하는 것보다 원료를 펌프에 의해 운송할 때 덜 복잡하고 비용이 절약된다. 역류식 공급방법에 의한 원료투입 방법은 공학적인 두 가지 장점이 있는데, 첫째, 원료가 상대적으로 차가운 상태에서 들어오면 스팀 소비량이 더욱 경제적이 되며, 둘째, 온도가 높아지면 액체의 점도는 감소하지만 액체의 농도가 증가하면 점도는 증가한다. 따라서 역류식 공급방향에 의한 원료투입 방법은 액체의 점도가 농축에 의해 크게 증가하지만 높은 온도에 의해 농축 용액의 점도가 감소하는 효과를 얻을 수 있다. 따라서 열전달과 흐름성이 크게 증가되는 장점이 있다.

원료의 투입 흐름에 따라서 식품품질에 영향을 주는 화학적 변화의 효과는 매우 다양하다. 대부분의 화학적 반응들 예로서 비효소 갈변화는 스팀 존재하에서 주로 발생한다. 역류 방향에 의한 원료공급 방법에서는 스팀의 온도가 매우 높고 화학적 변화가 높은 온도에서 주로 발행하게 된다. 또한 높은 온도에서는 단백질이 변성되어 파울링fouling이 높은 온도와 높은 용액의 농도에 의해 발생이 촉진될 수도 있다.

(8) 증발기에 사용되는 장비

증발기에서 사용되는 장비들은 다음과 같은 공정을 수행한다. 첫째, 액체의 흐름 (원료와 농축물을 펌프를 이용한 운송, 스팀 농축, 물 보충 등), 둘째, 열전달(증발기, 응축기, 예비가열기 등), 셋째, 가스와 증기의 제거(증발기의 진공을 유지하기 위해 펌프의 사용), 넷째, 기계적 수단에 의한 가스와 액체의 분리(수증기상에서 액체 방울을 제거하기 위한 분리기 사용)와 같은 공정이 있다.

① 진공펌프

수증기나 공기를 증발기에서 제거하기 위해 다양한 형태의 펌프를 사용한다.

a. 오일에 의해 압력이 유지되는 기계적 압축식 펌프는 공기를 제거하기 위해 사용되며, 수증기를 제거하기 위해 응축기와 연결해서 사용한다. 일반적으로 사용하는 절대압력이 1~50torr의 압력일 때 적당하다.

b. 물에 의해 압력이 유지되는 기계적 펌프는 물의 온도에 의해 진공도가 결정되며 대체로 진공도는 75torr 정도이다.

c. 스팀 분출기는 많은 양의 수증기를 제거할 때 사용되며 절대압력이 20~100torr 정도이다.

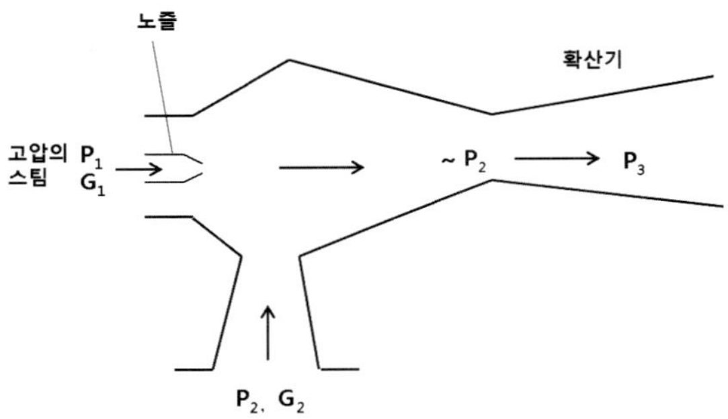

그림 9-9. 스팀 분출기

② 수증기로 혼입된 액체의 분리

수증기로 혼입된 액체 분리기는 증발기에서 수증기를 뽑아낼 때 미세한 액체 방울이 혼입되는 것을 막기 위해 사용된다. 분리된 수증기 분리의 원리는 모멘텀분리momentum separation이다. 즉 유체의 흐름을 방해하여 흐름의 속도를 급격히 변화시켜 물방울의 밀도를 증가시켜 분리하는 방법이다.

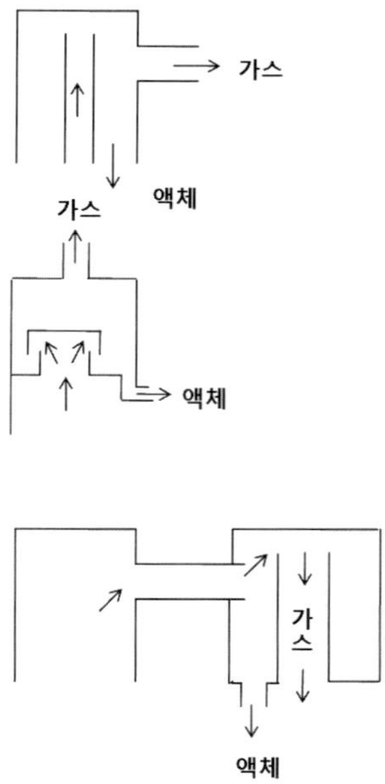

그림 9-10. 혼입액 분리기

9.3. 동결농축freeze concentration

증발은 가장 경제적이고 보편적인 방법이다. 그러나 증발농축에는 두 가지 한계가 있다. 첫째, 향기성분의 손실과 둘째로 제품의 품질에 영향을 주는 열손상의 가능성이다. 동결 농축공정은 상기의 증발 농축의 단점을 극복하기 위해 사용될 수 있는 공정이다. 동결 농축공정은 제품을 부분 냉동시키면서 순수한 얼음 결정을 분리하여 물의 함량을 감소시켜 고형분 함량을 증가시키는 공정이다. 본 공정의 가장 큰 한계는 상대적으로 고가의 공정이고, 식품의 고형분의 손실 없이 얼음결정을 분리하는 데 어려움이 있으며, 전체 고형분의 농도를 크게 증가시키기 어렵다는 것이다.

동결 농축은 일차적으로 품질에 우선을 둔 제품에 응용할 수 있으며 또한 유기 향기성분을 제품에 보존시키고자 할 때 사용된다. 즉 알코올과 향기성분 보존이 중요한 와인이나 맥주의 농축이나 냉동 건조하기 전 커피의 향을 보존하기위해 커피의 농축 등이 좋은 예이다.

(1) 공정원리

① 상평형

동결에 의한 분리는 고체-액체 상평형에 따른다. 농축하려는 용액은 용매, 물, 수많은 가용성 성분 등을 함유한다. 그러나 물속에 녹아 있는 모든 성분들을 한 가지 성분으로 생각하기 때문에 동결농축을 하려는 용액을 2성분계binary system로 가정한다.

2성분계의 상도표phase diagram는 〈그림 9-11〉에 나타내었다. 초기온도가 T_a이고 수용성 성분의 조성이 C_o인 용액을 평형을 유지하면서 냉각시키면 이 용액의 어는점 T_o에서 얼음결정이 석출한다. 더욱 냉각시키면 더 많은 얼음이 생성되고 용액은 선을 따라 점점 농축된다. e는 공융점eutectic point으로 용질과 용매가 함께 결정화된다. 즉 냉동 용질은 과포화 용액의 조성과 동일하게 된다.

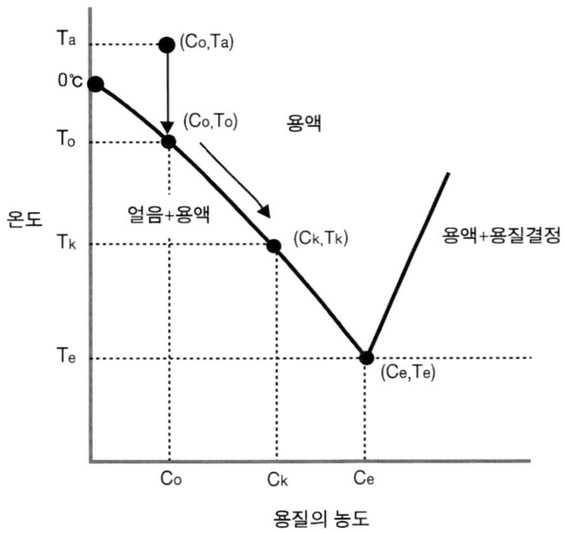

그림 9-11. 수용액의 상도표

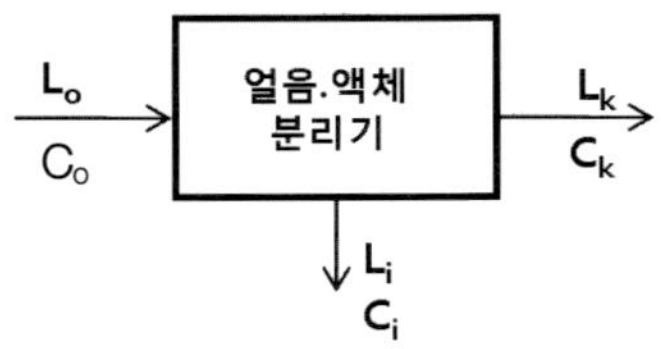

(L, 용액의 질량유속(kg/s) : C, 용질의 농도(kg/kg) ; O, FEED; K, CONCENTRATE; i, ICE)

그림 9-12. 얼음 결정 분리기에서의 물질수지

초기농도 C_o에서 C_k까지 동결농축했을 때 제거되는 수분량은 〈그림 9-12〉에서처럼 물질수지로 계산된다.

$$L_0 = L_k + L_i \tag{8}$$

$$L_0 C_0 = L_k C_k + L_i C_i \tag{9}$$

만일 분리가 완전하여 얼음 중에 용질이 전혀 포함이 안 되어 있으며 $C_i = 0$이 되므로 식은 다음과 같이 정리된다.

$$L_0 C_0 = L_k C_k \tag{10}$$

원료 단위 질량당 제거된 수분량 m_w는 다음과 같다.

$$m_w = \frac{L_i}{L_0} = \frac{L_o - L_k}{L_0} = 1 - \frac{L_k}{L_o} = 1 - \frac{C_o}{C_k} \tag{11}$$

만일 얼음 중에 용질이 상당량 포함되어 있으면 다음과 같은 식이 적용된다.

$$m_w = \frac{C_k - C_0}{C_k - C_i} \tag{12}$$

상기의 식은 2성분계에서 적용되지만 실제 식품에서는 여러 성분들이 존재한다. 만일 모든 성분들이 용액에 존재하면 2중 성분계와 동일하다고 볼 수 있지만 대부분의 식품의 동결점곡선 freezing point curve에서는 공융점을 나타내지 않는다.

액체 식품의 초기 고형분 함량은 대개 5~20%이며 동결농축공정을 거치면 최종 농축농도는 35~50%가 된다. 고형분 함량이 40%인 경우 평형 냉동온도는 대략 커피의 경우 -5℃, 오렌지 주스의 경우 -7℃ 그리고 사과 주스의 경우는 -10℃이다.

예제 9-2

동결농축공정에서 얼음결정 분리기를 통해 수분을 제거하여 초기농도 10% 용액을 최종 농도

40%로 농축하고자 한다. 분리된 얼음결정 중에 용질이 포함되지 않는다고 가정한다면 원료 용액 단위 질량당 제거된 수분의 양은 얼마일까?

풀이

C_o = 10%, C_k = 40%로 주어졌고, 최초 용액의 질량유속(L_o)을 100kg/s으로 가정한다면,

식 (8) $L_o = L_k + L_i$

100kg/s = $L_k + L_i$

식 (10)에서 $L_oC_o = L_kC_k$

(100kg/s)(0.1) = L_k(0.4)

L_k = 25kg/s이며 L_i = 75kg/s

따라서 식 (11)로부터 단위질량당 제거되는 수분의 양(m_w)은 0.75이다.

② 동결농축속도

얼음결정 성장속도와 평균 결정 크기는 여러 가지 공정 인자에 의해 결정되는데 첫 번째로, 얼음결정핵 형성 속도(얼음결정핵 형성 속도는 온도와 조성물에 영향을 받는다), 둘째로, 물분자가 얼음 결정을 키우는 표면으로 확산하는 속도, 셋째로, 얼음결정 표면으로부터 융해열을 제거하는 속도 등에 영향을 받는다.

동결농축에서는 크고 대칭인 얼음결정이 비교적 천천히 자라는 것이 바람직하다. 큰 얼음결정은 기계적인 방법으로 분리하기가 용이하고, 또한 큰 얼음결정은 단위 부피당 접촉면이 작아 분리되는 얼음 표면에 용질이 붙어 나올 확률을 줄여 주게 된다. 대칭형 얼음결정 또한 용질의 혼입을 최소화한다. 얼음결정생성기crystallizer 내에서 난류에 의한 물질전달 조건과 비교적 높은 온도에서 매우 넓은 열전달 표면을 제공하면 얼음결정을 키우는 데 매우 바람직하다.

(2) 동결농축에서 사용되는 장비

동결농축에는 다음과 같은 장비가 필요하다. (1) 얼음결정 생성기 또는 얼음결정이 생성되는 냉동기, (2) 얼음 분리기, 즉 용액으로부터 얼음을 분리하여 용액을 농축하는 장비이다. 또한 추가적인 장비들은 동결농축의 효율성을 증가시키기 위해 사용된다.

a. 얼음결정 생성기: 얼음결정이 자라는 속도와 얼음결정의 크기와 균일성은 얼음결정화 공정 중 열전달과 물질전달 조건에 영향을 받는다. 매우 큰 균일한 얼음결정을 생산하기

위해서는 매우 큰 열교환기와 얼음결정 생성기 내에 높은 난류의 흐름이 필요하다. 상기의 조건이 갖추어지면 실험실적 조건에서 3mm 정도의 직경을 갖는 얼음결정을 연속적으로 생산할 수 있다. 상업적 시설에서는 가격적인 측면이 고려되어야 하지만 0.25~0.5mm 직경의 얼음결정을 생산할 수 있으며 이 정도 크기의 얼음은 회수하기가 수월하다.

b. 분리기separator: 얼음결정분리에 원심분리기는 일반적으로 상용화되어 있다. 이 원심분리기는 최고 1,000×g의 힘을 제공하는데 이는 얼음결정으로부터 고점성의 용액을 분리할 수 있는 수준의 힘이다. 분리기의 능력은 액체의 점도에 반비례하고 결정의 지름의 제곱에 비례한다. 얼음 표면에 있는 고형분이나 알코올의 손실을 최소화하기 위해 얼음 표면을 세척하고 세척된 물은 얼음결정 생성기로 다시 보내진다(그림 9-13). 원심분리기 대신 필터를 이용한 방법이 개발되기도 하였다(그림 9-14).

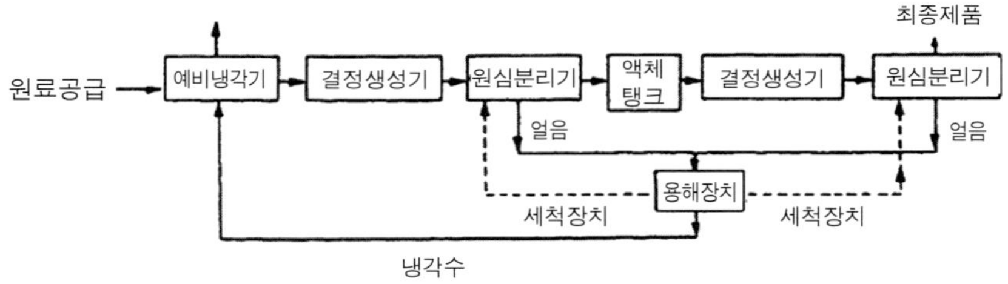

그림 9-13. 2단계 동결농축 시스템

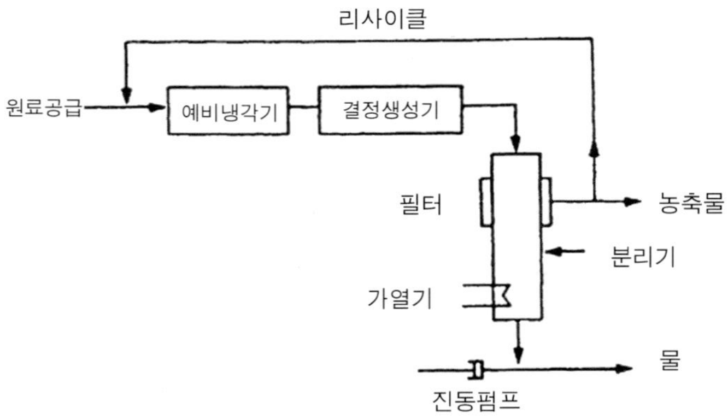

그림 9-14. 여과층(filter bed)을 사용하는 동결농축 시스템

최근의 식품의 동결농축은 세척법을 사용하여 농축액으로부터 얼음결정을 분리하고 있다(그림 9-15). 컬럼형태의 세척에 의한 분리기는 얼음의 흐름과 농축액의 흐름이 서로 다르다. 즉 얼음결정은 수직 컬럼의 상층부에서 공급되고 분리기에 의해 분리된다. 얼음의 일부분은 다시 녹게 되고 물은 세척효과를 준다. 농축액은 밑으로 흐르며 컬럼의 밑부분에서 필터를 통과한 후 분리된다.

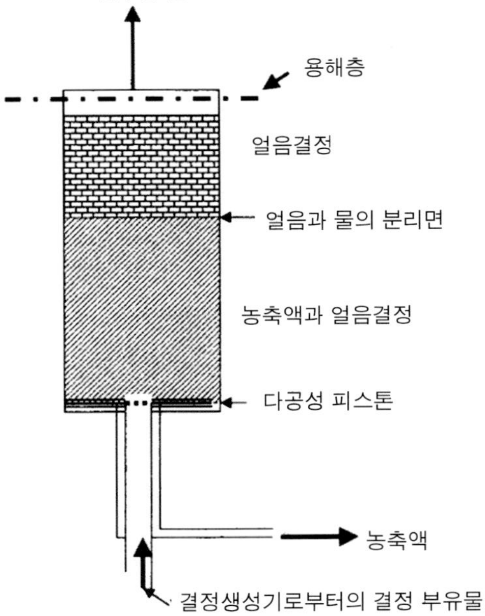

그림 9-15. 농축액으로부터 얼음결정을 분리하기 위한 세척법

(3) 식품산업에서의 적용

동결농축은 아직 식품에 널리 적용되고 있지 못하고 있으나, 다음과 같은 경우에 적용되어 사용되었다.

1. 순수 알코올을 첨가하지 않으면서 와인의 알코올량 증가를 목적으로 하는 농축
2. 안정성을 향상시키고 유통 비용을 줄이며 새로운 고농도 알코올음료의 개발을 목적으로 한 맥주의 농축
3. 고품질의 과일 농축 주스의 생산
4. 사과즙의 농축과 40% 이상의 초산함량을 지닌 식초의 생산
5. 커피의 동결건조 전의 농축과 분무건조 전의 농축(이때 고형물의 농도는 45% 이상)

9.4. 농축을 위한 막 분리공정membrane separation processes

증발은 가장 경제적이고 가장 일반적인 농축 과정이다. 증발의 한계점은 높은 온도에서의 원치 않는 영향들과 진공의 조건을 사용해 공정온도를 낮추었을 때 휘발성 성분들의 손실 등이 있다. 동결농축은 낮은 온도에서 실행되며 보다 더 고품질의 제품을 생산할 수 있다. 그러나 동결농축에서 기계적 얼음의 분리는 쉽지 않으며, 고형물의 손실을 피하려면 매우 고비용의 공정이 되어 경제적으로도 부정적인 면이 많다. 고품질의 제품 생산을 위한 또 다른 하나의 방법은 막 분리공정membrane separation process이다.

막 분리공정의 원리는 각각의 분자에 대하여 다른 투과성(선택적 투과성)을 가지고 있는 막을 통한 투과현상을 이용하여 물질을 분리하는 공정이다. 간단히 설명하면 막의 양쪽에 압력차를 두어 막을 통과하는 물질과 투과하지 않는 물질을 분리하는 것이다. 용질이 이동하는 속도는 막의 각각의 면에서의 흐름의 조건들과 막의 특성에 의존하는 저항력resistance과 이동의 구동력driving force에 달려 있다. 고품질의 제품을 얻을 가능성은 지속적으로 유지되는 성분들의 전이보다 수분의 이동에 대해 덜한 저항력을 지니는 반투과성 막의 사용에 달려 있다.

(1) 막 분리공정을 위한 추진력driving forces for membrane separation processes

막을 경계로 두 부분으로 분리될 때, 아래와 같은 추진력이 용액 내 분자나 이온들의 흐름을 유발하기 위해 사용될 수 있다.

a. 농도 차
b. 압력 차
c. 전기 전하의 차
d. 온도 차

이 같은 추진력을 적용한 막 분리 공정들을 〈표 9-2〉에 제시하였다. 〈그림 9-16〉은 투석dialysis, 삼투osmosis, 열삼투thermoosmosis, 역삼투reverse osmosis의 개념들을 도식적으로 보여 주고 있다. 삼투와 투석의 추진력은 농도 차에 그 기초를 두고 있다. 열삼투에서 높은 온도는 추진력의 생성을 위해 주입 흐름에서의 용매 부분 압을 높여 주는데, 이때 높은 온도가 사용된다. 역삼투에서 수압을 주입된 용액에 가해 주는 것은 삼투압을 상쇄시키고 더 높은 압력을 가해 주기 위해서이며, 이 때문에 역삼투가 형성된다.

이온화되는 물질(예로서 소금)들은 전기적 흐름을 이용한 분리에 사용될 수 있다. 양이온 전하를 띤 막cation membrane은 양이온에 대해서만 투과성을 가지며, 음이온 전하를 띤 막anion membrane은 단지 음이온에 대해서만 투과성을 지닌다. 전위차가 막을 가로질러 존재하면 전기적 흐름이 생기게 된다. 이러한 공정은 용액의 이온 함유량을 줄이는 데 사용되며 전기적 투석electrodialysis이라 불린다. 막을 통한 이온의 이동은 수화된 물을 이동시킨다. 따라서 이 과정은 물을 제거하는 공정, 즉 농축하는 데 사용될 수 있으며, 이러한 공정을 전기적 삼투electroosmosis라 부른다.

표 9-2. 식품 성분들의 분리를 위한 막 공정들

추진력	분리된 성분	공정의 이름
농도차	용매 용질	투과, 삼투 투석
온도차	용매	열삼투, 투과증발
압력차	용매	역삼투, 한외여과, 정밀여과
전위차	용질 용매	전기 투석 전기 삼투

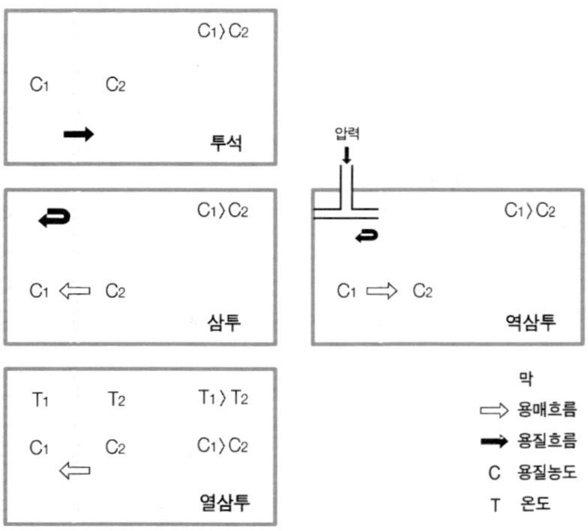

그림 9-16. 일부 막 분리공정들의 도식화

(2) 막membrane

분리공정에서 사용되는 막들은 중성 또는 합성 고분자들로 구성된다. 분리 막의 분류하는 방법은 여러 가지가 있지만 전달공정의 기능적 특성으로 분류하면 다음과 같다(그림 9-17).

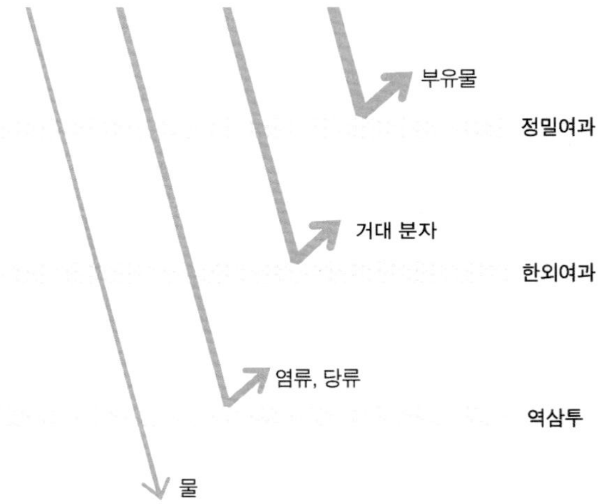

그림 9-17. 막의 종류와 막에 의해 분리되는 분자의 크기

① 한외여과ultrafiltration

한외여과에 사용되는 막은 다공성으로 10∼200Å(0.001~0.02㎛)의 미세한 세공pore를 가지고 있다. 한외여과의 경우 큰 분자량의 물질들은 막을 통과하지 못하며 소금과 설탕 그리고 대부분의 향미 성분들과 같은 작은 용질들만이 물과 함께 막을 통과하게 된다. 이때 막 주변에 존재하는 삼투압은 무시할 수 있는데, 이는 삼투압이 용액 속의 분자 수에 의존하고 거대 분자들의 영향은 적기 때문이다.

물의 흐름은 유압 흐름에 의해 일어나며 이는 적용되는 압력에 비례한다.

$$J_W = K_W \Delta P \qquad (13)$$

여기서 J_w는 물의 막 투과 흐름의 flux($m^3/m^2 \cdot S$), K_w는 물의 막 투과 상수($m/s \cdot P_a$)이고 4P는 가해 준 압력(P_a)이다. 배제인자rejection factor는 전적으로 용질의 분자 크기에 달려 있다. 그에 반하여 역삼투 막에서는 막 물질의 친화도와 극성이 동등하게 중요하다.

한외여과는 단백질 용액들의 탈염이나 탈수공정에 적합할 뿐만 아니라 생물학적 제재들의 정제에도 매우 적합하다. 전형적인 공정 압력은 50~2000kPa의 비교적 낮은 수준이다. 한외여과는 낙농산업에서 상당한 이점을 가져다주는 것으로 알려져 있으며, 낙농 산업에서의 한외여과의 주된 적용은 다음과 같다.

a. 치즈 생산공정의 부산물로서 얻어진 유청whey의 농축

b. 유청 단백질 농축액의 생산

c. 치즈 생산을 목적으로 하는 우유의 농축

일반적으로 대개는 분획 분자량moleculr cut-off이 5,000에서 50,000달턴dalton의 범위인 막을 상용한다. 분획 분자량이 50,000달턴인 막은 산성화된 탈지유skim milk에서 독일산 치즈인 쿠아르크나 다른 특정한 치즈를 생산할 때 사용되며, 분획 분자량이 25,000달턴인 막은 유청 단백질 농축액의 생산이나 산성화된 우유로부터 크림치즈의 생산에 사용된다.

② 정밀여과microfiltration

정밀여과는 한외여과의 일종으로 다공성 막으로 형성되어 있다. 정밀여과에 사용되는 막은 공극이 투과하는 물질의 분자 크기보다 더 큰 다공성 막microporous이다. 다공성 막은 기공 크기의 범위가 0.1㎛에서 10㎛까지이다. 용매와 저분자 용질이 이 막을 통과하는 반면 고분자 용질은 막을 투과할 수 없다. 정밀여과 막은 한외여과나 역삼투공정을 시행하기에 앞서 사전 여과공정으로 주로 사용된다. 용액 내의 세균, 효모, 곰팡이 등의 분리 제거에 효과적이다.

③ 이온교환ion-exchange membranes

이온교환막은 막의 층에 고정된 전하를 포함하고 있다. 결과적으로 그들은 반대가 되는 전하의 이온counter-ion을 잡고, 고정상과 같은 종류의 이온co-ions은 배출시킨다. 양이온 막들은 주로 고정된 음이온의 황산 이온sulfonate ions들을 포함한다. 그리고 음이온 막들은 주로 고정된 4가 암모니아 이온(NH_4^+)을 포함하고 있다. 막이 수화된 정도는 pH에 의해 결정된다. 용액의 농축, 탈염 등에 사용된다.

④ 역삼투reverse osmosis

역삼투법은 hyperfiltration이라 부르기도 한다. 용매인 물은 투과시키지만 용질은 투과시키지 않는 선택적 반투막을 사용하여 수분만 투과시켜 용액 중의 거의 모든 용질을 농축시킨다. 역삼투막은 수화된 Na^+나 Cl^- 이온도 투과시키지 않을 정도로 치밀한 구조를 가지고 있어 이를 통해서는

단지 작은 물분자만이 투과할 수 있다. 한외여과막을 통한 용매는 층류laminar flow로 흐르는데 비하여 역삼투막을 통한 용매의 투과는 확산과정diffusion이라 해석할 수 있다.

막을 통한 물의 흐름은 다음의 식을 따른다.

$$J_w = \frac{\overline{D_W}\,\overline{C_W}}{RT}\frac{(\triangle\mu)_W}{\triangle X} \tag{14}$$

여기서,

J는 흐름(mol/m^2)

$\overline{D_w}$는 막에서의 평균 물확산계수(m^2/s)

R은 기체상수($J/molK$)

T는 절대온도(K)

$\overline{C_W}$는 막에서의 물의 평균농도(mol/m^2)

$\triangle X$는 막의 두께(m)

$\triangle\mu$는 막 안팎의 화학적 전하의 차이

아래첨자 $_W$는 물을 의미한다.

역삼투의 경우 전하에 의한 화학적 에너지 차이는 적용된 압력과 삼투압과 관련이 있다.

$$\triangle\mu_W = \overline{V_W}(\triangle P - \triangle\Pi) \tag{15}$$

여기서 $\overline{V_W}$는 물의 몰부피(m^3/mol)이며, $\triangle P$는 적용된 압력(N/m^2)이다. 그리고 $\triangle\Pi$는 삼투압(Pa/m^2)이다. 그러므로 실질적인 차원에서 아래의 식과 같이 물의 흐름은 적용된 압력과 삼투압에 관련이 있다고 할 수 있다.

$$J_W = K_W(\triangle P - \triangle\Pi) \tag{16}$$

여기에서 J_W는 물의 막투과 흐름water flux이며, K_W는 막투과상수permeance constant로 막의 특성이며, $\triangle P$와 $\triangle\Pi$는 J_W를 압력의 단위로 표현하였다. 이동 흐름이 상대적으로 적어지면, 계산은 더욱 간단해지며 삼투압이 주입부 흐름에서의 용질의 농도에 비례한다는 것을 가정함으로써 얻어지는 막의 효율과 근사한 수치를 얻게 된다.

막을 통한 용질의 흐름은 다음 식으로 나타낸다.

$$J_S = K_S C_{S(feed)} \tag{17}$$

여기에서 J_S는 용질 흐름의 플럭스이며, K_S는 용질에 대한 투과 상수이다. 그리고 $C_{S(feed)}$는 주입부에서의 용질농도이다. 만약 배제율rejection factor이 명시되었다면 아래의 식이 성립한다.

$$Rejection\,factor = 1 - \frac{C_{S(Transfer)}}{C_{S(feed)}} \tag{18}$$

여기에서 $C_{S(Transfer)}$는 이동 흐름에서의 용질의 농도이며 배제요인은 공정의 변수와 관련이 있으며 다음의 식으로 나타낼 수 있다.

$$Rejection\,factor = 1 - \frac{K_S \rho}{K_W(\Delta P - \Delta \Pi)} \tag{19}$$

여기에서 ρ는 밀도이다.

(14)~(19)의 식들은 주입부에서 적용한 압력과 K_W가 증가함에 따라 그리고 용질의 농도의 감소에 따라 물의 흐름이 증가한다는 증거가 된다. 이 공정에서 용질이 지속되는 동안의 물의 제거능력은 K_W/K_S 비율이 증가함에 따라 향상되고 ΔP가 증가함에 따라 감소한다.

역삼투의 주된 적용은 낙농산업에서 이루어진다. 따라서 역삼투는 우유와 유청의 농축에 사용하며 종종 농축의 공정에 앞서 한외여과막ultra-filtration을 조합하여 사용하는 경우도 있다. 바닷물이나 소금기가 있는 물의 탈염은 역삼투의 대표적인 적용사례이다.

⑤ 전기적 삼투electroosmosis

전기적 삼투법은 탈염이나 이온교환 또는 농축을 목적으로 사용되며 〈그림 9-18〉에 나타내었다. 〈그림 9-18〉에서 전해질이 포함된 액체식품을 전기적 삼투법으로 농축하는 경우 두 가지 배열이 있다. 〈그림 9-18(a)〉에서처럼 유체의 흐름을 변경시키는 막은 전기회로에 연결된 음극anode과 양극cathode 사이에 위치한다. 액체의 흐름은 막에 의해서 두 개의 유체 흐름으로 나뉘게 되며, 막은 양이온 막과 음이온 막으로 구성된다. 이온과 물은 유체흐름을 타고 이동하게 되지만, 이온은 주입구의 전기장 때문에 막을 통과하지 못하고 상층부로 이동하게 되므로 물만 통과하게 된다. 원하는 만큼의 물을 제거하고 충분한 이온을 공급하기 위해 주입된 유체에 염을 첨가하기도 한다. 〈그림 9-18(b)〉는 단지 양이온막이 매우 투과성이 높은 막highly permeable membranes과 매우 투과도가 낮은 막relatively impermeable membranes의 형태로 순차배열하여 구성된다. 이온과 물의 주입구 유체의 유입이 나가는 유체의 흐름보다 낮아 결과적으로 순수한 물만 제거된다.

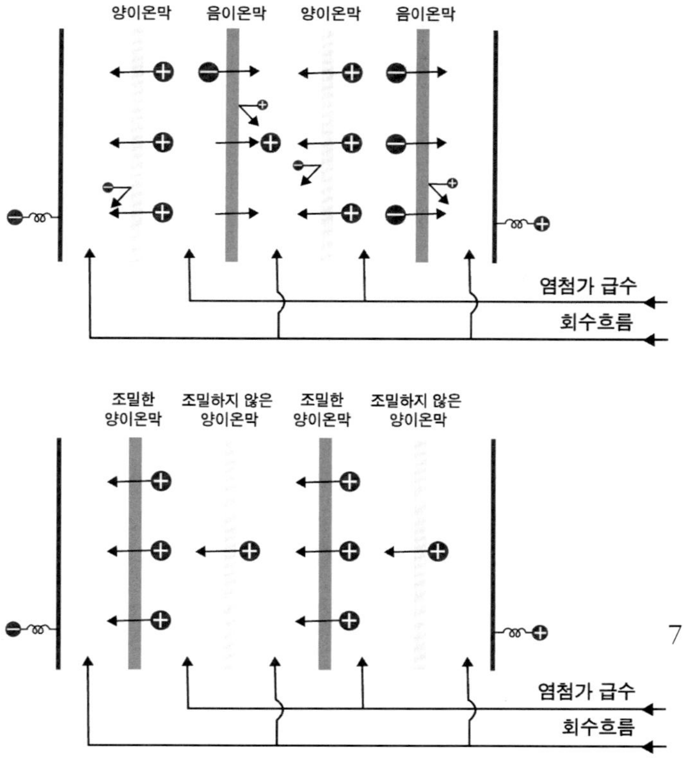

(a) 양이온, 음이온 막을 사용할 경우, (b) 양이온 막만을 사용할 경우

그림 9-18. 전기적 삼투의 도식화

막을 가로지르는 이온의 흐름은 다음의 식에 따라 일어난다.

$$J_i = K_i \frac{\Delta C_i}{\Delta x} + K'_i \frac{\Delta \psi}{\Delta X} \quad (20)$$

여기에서 ΔC_i는 이온의 농도의 차

K_i는 농도구배를 통한 막의 투과도

K'_i는 전기적 전하 구배에 따른 이온의 흐름에 관여하는 상수

ΔX는 막의 두께

J_i는 이온의 흐름

$\Delta \psi$는 전기적 전하의 차

조합된 물의 흐름은 이온의 타입과 농도, 막의 특성 그리고 다른 요인들에 의존한다. 전형적인 수준은 이온의 몰당량 당 물 100~1,000cm^{3}이다.

얻어지는 제거의 비율은 밀도에 의존한다. 예를 들면 〈그림 9-18(a)〉에 나타난 배열과 1 farad/ft^2·h의 밀도가 가정되었을 때, 양이온 막의 ft^{2}당 양이온의 1몰당량 그리고 음이온 막의 ft^{2}당 음이온 1몰당량이 전이되었다. 우리가 각 몰당량이 0.5l 의 물을 전이시킨다면 우리는 각 시간마다 한 쌍의 막에서 1l/ft^{2}의 흐름을 얻을 수 있을 것이다. 여기서 분리가 성립되기 위해선 소금이 주입부 흐름에 첨가되어야 하며 이는 천연물의 전해질 함량이 전기삼투의 흐름을 위해 필요한 양보다 더 적기 때문이다. 전기적 삼투법 농축은 유청단백질의 농축, 그리고 다양한 생물학적 조제물질의 농축을 위해 제안되어 왔다. 전기적 삼투장치의 작동에 있어 문제점들은 역삼투장치의 문제점(막부착물, 공중위생 문제들, 경제성 등)과 동일하다.

참고문헌

식품과학회편; 식품공학, 제7장. 증발 및 농축, 형설출판사 (1984).

전문진, 권식태, 이철호, 임번삼; 현대의 생물 공학과 생물 산업, 아카데미 서적 (2003).

Coulson JM and Richardson JF; Chemical Engineering, Vol.2, Oxford: Pergamon Press, 1954.

Dinnage DF; Multistage evaporation. Food Eng, 62-64, April, 1970.

Douglas J; Freeze-concentration: an energy-efficient separation process. EPRI J Jan/Feb:17-21, 1989.

Gouw TH. In Perry E; ed. Progress in Separation and Purification. New York: Wiley, 1968, pp.187-246.

Hartel RW; Evaporation and freeze concentration. In: Heldman DR and Lund DB, eds. Handbook of Food Engineering. New York: Marcel Dekker, 1992, pp.341-392.

Huang CP, Fennema O, and Powrie WP; Cryobiogy 2:240, 1966.

Kepner RF; Van Straten S, and Weurman C. Agr Food Chem 17: 1123, 1969.

Loncin M; Die Grundlagen der Verfahrenstechnik in der Lebensmittelindustrie.

Karel M. and Lund D; Chapter 9, Concentration. In Physical principles of food preservation. New York (2003).

Romeo T. Toledo; Chapter 11. Evaporation. Chapter 12. Dehydration. In Fundamentals of Food Engineering, An Aspen Publication. Maryland (1999).

Melson RL and Morgan Al; Jr. Food Technol 22:631, 1968.

Merten U; Desalination by reverse osmosis. MIT Press, Cambridge, Ma: 1966.

Mizrahi S. Sc. D; Thesis Israel Institute of Technology, Haifa, Israel, 1968.

Morgan AJ, Jr; Chimia 21 :280, 1967.

Morgan Al, Jr. Lowe E, Nelson RL, and Durkee EL; Food Technol 19: 1970, 1965.

Ostergaard B; Applications of membrane processing in the dairy industry. In: MacCarthy D' ed. Concentration and Drying of Foods. London: Elsevier Applied Science,1986, pp. 133-146.

Schwartzberg HG; Freeze concentration. In SchwartBberg HG and Rao MA, eds. Biotechnology and Food Process Engineering. New York; Marcel Dekker, 1990,127-202.

Thijssen HAC; Food Technor 5:211, 1970.

Thijssen HAC; Freeze concentration. In Spicer A, cd. Advances in preconcentration and dehydration of foods. Applied Sci Publ, London: 1974.

Thijssen HAC and Paardekooper EJC; US Patent,3,367,781, 1964.

Van Pelt WHJM and Swinkels WJ; Recent developments in freeze concentration. In Le Maguer M and Jelen P; eds. Biotechnology and Food Process Engineering. New York: Marcel Dekker, 1986, 127-202.

Werezak GN, In Gerster J; ed. Unusual methods of separation. AIChE Symposium Ser.Vol.91. Washington, DC: AIChE, 1969, p.6.

제10장

건조기술

건조는 식품 보존방법 중에서 가장 오래된 방법 중의 하나이다. 건조의 일차적인 목적은 미생물의 활동에 의해 일어나는 식품의 바람직하지 않은 변화 또는 위험한 요소의 발생을 억제하는 것이다. 이러한 목적은 미생물의 활동을 제한하는 수분활성도를 낮춤으로 해서 얻을 수 있다. 수분함량과 수분활성도를 낮추면 미생물에 의한 변화 외에도 효소작용에 의한 변화, 비효소 갈변화, 가수분해작용 등과 같은 식품의 품질을 낮추는 변화 등을 줄일 수 있다.

건조공정은 방법, 응용 및 다양성, 및 건조공정의 원리의 관점에서 다양하다. 식품의 건조는 식품을 수분의 부분압력이 낮은 곳에 두어 수분함량을 감소시키는 방법이다. 건조공정의 매체는 주로 공기이지만, 그 외에도 스팀, 가열된 오일, 용매, 용액 등을 사용할 수 있다. 고체 건조제(예로서 염류)가 사용되기도 하지만, 식품에 접촉하는 매질은 용액이거나 공기이다. 제거되어야 할 물은 액체상태 또는 얼음형태로 식품에 존재한다.

건조공정은 두 가지 관점에서 중점을 두어야 한다.

첫째, 액체 또는 수증기 상태에서 물의 전달을 일으키는 물질전달 현상을 이해하는 것이 매우 중요하다.

둘째, 수분 전달(예로서 증발, 흡착 또는 승화)을 일으키기 위해 에너지 공급이 필요하므로 열전달 기작을 잘 이해해야 한다.

10.1. 수분을 포함한 공기의 성질

(1) 습윤공기의 정의

건조공정은 식품의 수분을 다른 매체 즉 대부분의 경우 공기로 전달하면서 이루어진다. 공기와 수분 혼합물은 건조한 공기 1kg을 기준으로 하며 건조한 공기는 질소 78%, 산소 21% 그리고 1% 기타 다른 가스로 이루어지며 평균 분자량은 29Dalton이다. 수분을 포함한 습윤공기의 성질을 나타내는 여러 가지 정의들을 열거하면 아래와 같다.

① **절대습도(absolute humidity, HA)**는 1kg의 건조공기에 함유된 수분량(kg H_2O/kg 건조공기)으로 정의되며 다음과 같은 수식으로 표현된다.

$$H_A\left(\frac{\text{kg water}}{\text{kg dry air}}\right) = \frac{P_W}{P-P_W} \times \frac{18}{29} \qquad (1)$$

여기에서 P_W는 수증기 부분압력, P는 전체압력이다.

공기가 수분으로 포화되면 포화상태에서 공기 중의 수분의 분압은 그 온도에서 물의 포화수증기압과 같게 되며 이때의 습도를 포화습도(saturated humidity, H_S)라 한다. 포화습도는 주어진 온도와 압력에서 건조 공기 1kg에 동반될 수 있는 최대 수증기량으로 정의되며, 위의 식은 다음과 같이 된다.

$$H_S = \frac{18}{29} \times \frac{P_S}{P-P_S} \qquad (2)$$

여기에서 P_S는 포화수증기압이다.

② **상대습도(relative humidity, RH)**는 동일 온도에서의 물의 포화수증기압(P_S)에 대한 공기 중의 수증기 분압(PW)의 비로 정의된다.

$$RH(\%) = \frac{P_W}{P_S} \times 100 \qquad (3)$$

③ **건구온도(dry bulb temperature, Ta)와 습구온도(web bulb temperature, Tw)**

건구온도는 일반적인 온도계에서 읽는 온도를 건구온도라고 한다. 습구온도는 일반온도계를 젖은 면으로 된 천으로 감은 다음 임의의 온도 T와 습도 H인 공기가 흐르는 공기 중에 방치하면 수분이 증발하고 증발에 필요한 잠열은 젖은 천에서 얻어가므로 물은 냉각되어 온도가 공기의 온도(건구온도)보다 낮아져 거즈와 물의 온도는 일정한 온도에 도달한다. 이 온도를 습구온도, T_w라 한다. 공기-물 시스템에서는 습구온도와 단열 포화온도가 거의 동일하다(그림10-1).

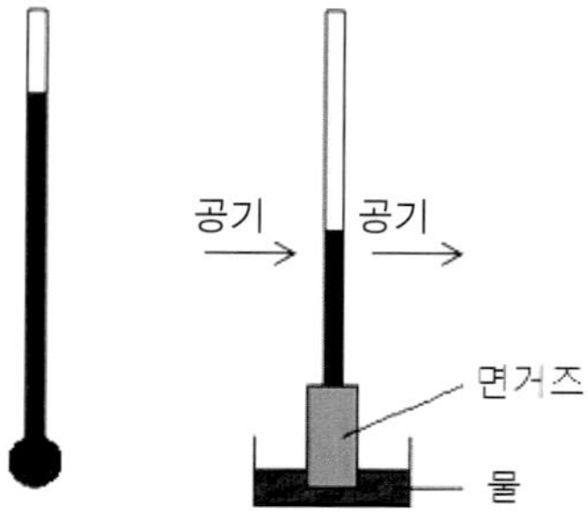

그림 10-1. 건구습구온도계

④ 습윤공기의 비열humid heat

건조공기 1kg과 이 건조공기에 함유된 수증기의 온도를 1℃ 올리는 데 필요한 열량으로 다음과 같이 표현된다.

$$C\left(\frac{\text{kcal}}{\text{kg 습윤공기 ℃}}\right) = C_a + C_w = 0.24 + 0.45H_A \quad (4)$$

$$C\left(\frac{\text{kJ}}{\text{kg 습윤공기 ℃}}\right) = 1.005 + 1.88H_A \quad (5)$$

여기에서 C_a는 건조공기의 비열이고 C_w는 수증기의 비열이다.

⑤ 습윤공기의 총 엔탈피

건조공기 1kg의 엔탈피와 이에 함유된 수증기의 엔탈피를 더한 값으로 다음과 같이 표현된다.

$$H\left(\frac{\text{kcal}}{\text{kg 습윤공기}}\right) = C(T - T_0) + H_A\,\delta_0 \quad (6)$$

여기에서 T_o는 엔탈피의 기준온도이고 δ_0는 기준온도에서의 증발잠열이다. 기준온도를 0℃로 하면 위 식은 다음과 같이 된다.

$$H\left(\frac{\text{kJ}}{\text{kg 습윤공기}}\right) = (1.005 + 1.88H_A)T + 2{,}501.6H_A \quad (7)$$

⑥ **습윤공기의 용적humid air volume**

건조공기 1kg과 이에 함유된 수증기가 차지하는 부피를 습윤공기 용적이라 하고 다음과 같이 정의된다.

$$V_{ha}\left(\frac{m^3}{kg\ 건조공기}\right) = 22.4\left(\frac{T}{273}\right)\left(\frac{1}{29}+\frac{H_A}{18}\right) \tag{8}$$

⑦ **이슬점dew point**

이슬점은 일정한 습도의 공기를 냉각하여 공기 중의 수분이 응축될 때의 온도 또는 공기가 냉각되어 수분으로 포화될 때의 온도이다.

(2) 단열건조adiabatic drying

하단의 그림은 단열포화공정을 나타낸다(그림 10-2).

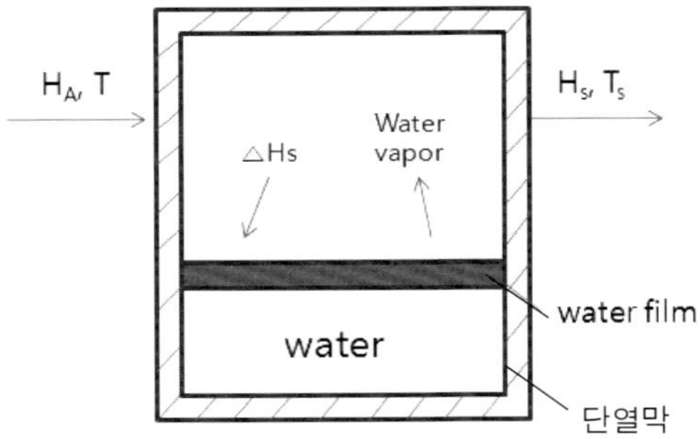

그림 10-2. 단열건조공정

공기가 일정한 부피의 수조를 지나면서 충분한 물을 흡수하면 공기는 포화상태에 도달되고, 수분이 증발되면서 제거된 열량은 공기의 온도를 낮추는 데 사용된다. 수조 안의 물은 일정한 온도를 유지하게 되고 나가는 공기의 온도도 동일하다. 열에너지 평형을 다음 식으로 표현된다.

$$(H_S - H_A)\Delta H_V = (T - T_S)(C_{PA} + C_{PV}H_A) \tag{9}$$

여기에서 H_A는 공기의 절대습도(kg water vapor/kg of dry air)

H_S = 온도 T_S에서 포화습도

$\triangle H_V$ = 증발 잠열(kJ/kg)

C_{PA} = 건조공기의 비열(kJ/kg℃)
C_{PV} = 수증기의 비열(kJ/kg℃)
(C_{PA} + $C_{PV}H_A$)는 습열 또는 습윤비열(humid heat, C_h)이라고 부른다.

위의 식을 재배열하면 다음과 같다.

$$H_S - H_A = \frac{C_h}{\triangle H_v}(T - T_S) \tag{10}$$

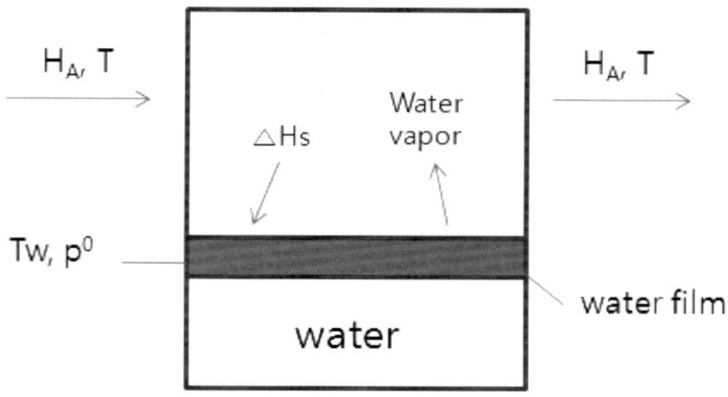

그림 10-3. 과량의 공기 유입에 의한 증발공정

〈그림 10-3〉에서 수분이 증발되고 증발된 열은 공기의 온도를 낮추는 데 사용된다. 만일 공기의 유입이 충분히 크다면 공기의 온도와 습도는 일정하다고 가정할 수 있다. 이 경우 물의 가장자리 표면은 일정한 온도에 도달하게 되며, 이 온도는 습구온도와 동일하다. 습구온도는 공기의 온도, 공기의 습도, 증발열($\triangle H_V$), 공기의 열전달 및 물질전달 계수에 영향을 받는다. 상기의 관계를 식으로 표현하면 다음과 같다.

$$\frac{dw}{dt} = k_g \times A \times (P^0 - P) = k_{g*} \times A \times (H_S - H_A) \tag{11}$$

W = 수분량(kg)
t = time(s)
k_g = 공기의 물질전달계수(kg m^{-2} s^{-1} Pa^{-1})
k_{g*} = 습도 차에 의한 물질전달계수(kg m^{-2} s^{-1} Pa^{-1})
A = 물 표면의 증발 면적(m^2)
P^0 = 물의 수증기 압력(P_a)
P = 전체 압력(P_a)

(3) 습도도표Psychrometric chart

습도도표는 공기와 수증기의 혼합물의 여러 가지 성질을 온도의 함수로 나타낸 것이다. 공기의 상태를 알기 위해서는 건구온도, 습구온도, 상대습도, 절대습도, 포화습도, 이슬점, 습윤공기의 용적, 습윤공기의 엔탈피 중에서 두 가지만 알면 나머지 여섯 가지 특성을 알 수 있게 된다.

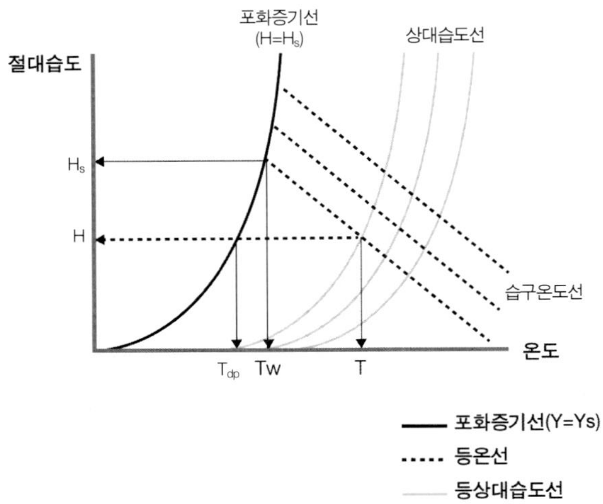

그림 10-4. 습도도표의 파라미터들

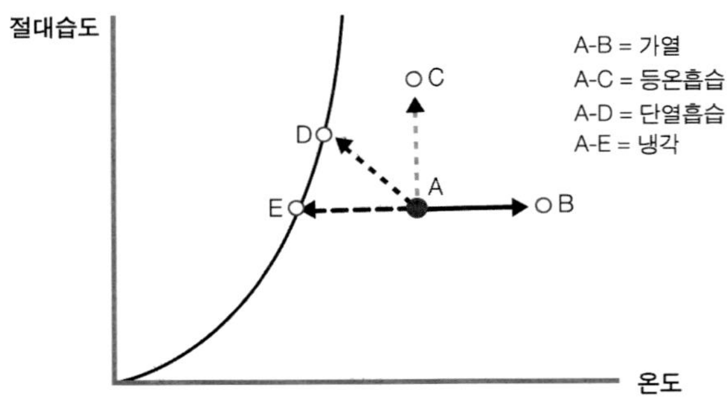

그림 10-5. 습도도표상 공기의 이동

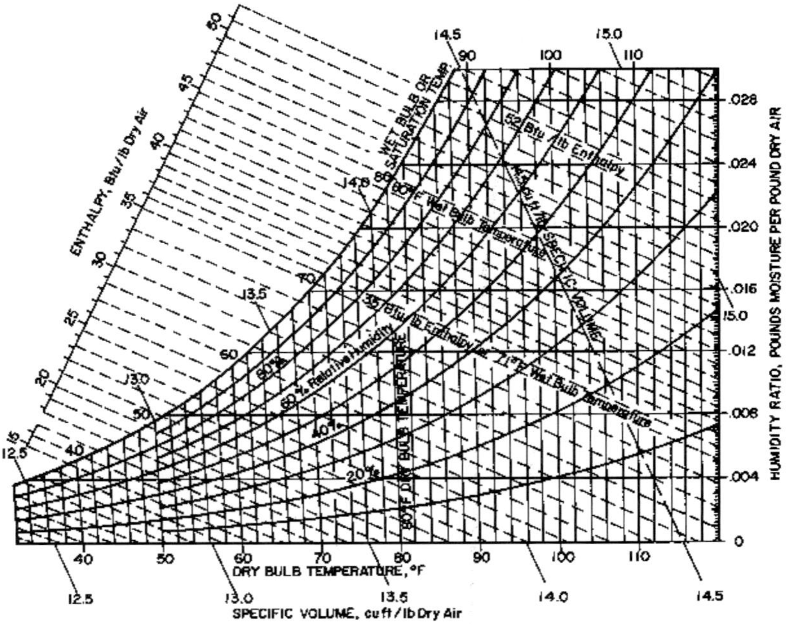

그림 10-6. 습도도표(pyschrometric chart)

〈그림 10-4〉는 습도도표의 개괄적인 그림으로 절대습도와 온도와의 관계를 도식화한 것이다. 절대습도와 건구온도를 알면 습구온도 포화습도, 상대습도와 이슬점을 그림과 같이 알수 있다. 그림과 같이 건구온도와 절대습도를 알면 나머지 값을 동시에 도표에서 찾을 수 있다. 〈그림 10-5〉은 여러 가지 공정과정 즉 가열, 냉각, 단열흡습, 등온흡습 등의 공정들을 쉽게 형상화할 수 있다. 〈그림 10-6〉은 공기-물의 혼합물의 여러 인자들을 측정하기 위한 습도도표이다(부록 6 참조).

10.2. 식품의 수분

(1) 수분함량

식품에 함유된 수분함량은 총량기준 또는 습량기준 wet weight basis과 건량기준dry weight basis으로 나타내며 다음과 같이 정의된다. 식품공정에서는 계산의 단순화를 위해 건량기준을 사용한다. 식품에 포함된 수분의 무게를 W_W라 하고, 건물의 무게를 W_S라 한다면 습량기준과 건량기준 수분함량은 다음과 같이 표현된다.

$$총량기준(습량기준)\ 수분함량(\%) = \frac{W_W}{W_W + W_S} \times 100 \tag{12}$$

$$건량기준\ 수분함량(\%) = \frac{W_W}{W_S} \times 100 \tag{13}$$

(2) 자유수와 결합수

식품 중의 수분은 식품 내에서 가용성 성분의 용매로 존재하거나 또는 식품의 구성성분과 화학적으로 결합된 상태로 존재하고 있다. 이들을 각각 자유수 free water와 결합수bound water라 부른다.

자유수는 일반적으로 가용성 성분의 용매로 작용할 수 있으며, 식품 내 화학반응을 매개하며, 증발이 가능하여 수증기압에 기여하며, -18°C에서는 동결상태로 존재하며, 미생물들이 이용할 수 있는 수분을 일컫는다. 반면에 결합수는 수분이 분자상태로 식품의 구성성분 혹은 염들과 결합되어 있는 형태이므로 수분의 성상을 나타내지 않고, 화학반응의 매개나 증발이 불가능하며, 이러한 수분은 미생물들이 생육을 위해서 이용할 수가 없으며, -18℃에서도 동결되지 않아 부동수不凍水라고도 불린다.

자유수만이 미생물의 생육을 위해 이용 가능하므로 자유수의 조절은 식품저장을 위해 매우 중요하다고 할 수 있겠다.

(3) 평형수분함량과 수분활성도

수분을 함유한 식품은 식품 내 수분의 증발로 인해 수증기압이 존재한다(P_F). 공기 중에 식품이 노출되어 있다면 공기의 수증기압(P_W)과 식품의 수증기압(P_F)의 차이에 의해 식품 혹은 공기 중으로 수분의 이동이 발생한다.

이때 식품의 수증기압이 공기의 수증기압보다 큰 경우($P_F > P_W$)에는 식품 중의 수분이 공기 중으로 증발되어 식품의 수분함량은 낮아지며 따라서 식품의 수증기압도 낮아지게 된다. 한편 식품의 수증기압이 공기의 수증기압보다 작은 경우($P_F > P_W$)에는 공기 중의 수분이 식품 중으로 흡습되어 식품의 수분함량은 높아지며 따라서 식품의 수증기압도 높아지게 된다. 만약 식품이 놓여 있는 공기의 양이 충분히 많아서 공기의 수증기압이 식품에서부터 나오거나 식품으로 흡습되는 수분의 양에 영향을 받지 않는다면 위의 흡습 또는 탈습은 수증기압의 차이에 기인하여 발생하므로 서로 같은 수증기압($P_F = P_W$)하에서는 더 이상 수분의 이동이 발생하지 않을 것이다. 이를 평형상태eqilibrium state라고 한다. 실제로 평형상태에서도 식품의 흡탈습은 지속적으로 일어나고 있으며 다만 흡습속도와 탈습속도가 동일한 속도로 일어나는 동적 평형dynamic equilibrium을 이루고 있는 것이다(그림 10-7).

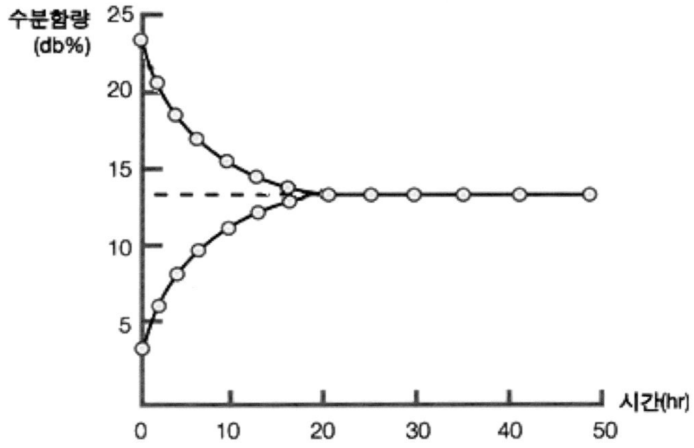

그림 10-7. 식품의 수분흡습곡선

흡습 혹은 탈습은 초기에는 식품과 공기의 수증기압의 차이가 크므로 빠른 속도로 일어나지만, 시간이 경과함에 따라 속도가 느려지면서 평형에 이르게 된다. 이때의 수분함량을 평형수분함량(Equilibrium moisture content, EMC)이라 하며, 이때에는 식품과 공기의 수증기압이 서로 같아지므로($P_F=P_W$) 평형상태에서 공기의 상대습도를 평형상대습도(Equilibrium relative humidity, ERH)라고 한다.

$$평형상대습도(ERH, \%) = \frac{P_W}{P_S} \times 100, \ (단, P_W = P_F) \qquad (14)$$

여기서 P_W는 공기의 수증기압, P_F는 식품의 수증기압, P_S는 같은 온도에서 포화수증기압을 의미한다.

또한 식품과 같은 온도인 순수한 물의 수증기압, 즉 포화수증기압(P_S)에 대한 공기와 평형상태를 이루고 있는 식품의 수증기압(P_F)의 비를 수분활성도(water activity, a_w)로 정의한다. 이 수분활성도는 식품 내 수분들의 증발 경향을 나타내는 값으로 0에서 1사이의 값을 갖는다. 이 값은 평형상대습도를 100으로 나눈 값과 같다.

$$수분활성도(a_W) = \frac{P_F}{P_S} = \frac{ERH}{100} \qquad (15)$$

이 수분활성도는 식품품질에 중요한 의미를 지니는데 제2장에서 언급한 바와 같이 식품의 수분활성도에 따라 미생물의 생육한계가 존재하기 때문이다. 일반적으로 미생물의 생육한계가 되는 수분활성도는 세균의 경우 0.9, 효모 0.8, 그리고 곰팡이는 0.7 부근인 것으로 알려지고 있다.

(4) 수분의 흡습 및 등온흡습곡선

공기 중에 노출된 식품의 흡습 및 탈습은 식품의 수분활성도와 주위의 상대습도에 의해 결정된다. 식품의 수분활성도에 비해 주위의 상대습도가 큰 경우 식품은 흡습과정에 들어가며 시간이 지남에 따라 수분함량이 증가하게 되며 결국 평형에 도달하게 된다. 위 〈그림 10-8〉의 흡습 경향을 수식으로 나타내면

$$M(t) = M_0 + \frac{t}{k_1 + k_2 t} \tag{16}$$

여기서 M(t)는 t시간 후 식품의 수분함량(건량기준 %), Mo는 초기수분함량(건량기준 %), k1과 k2는 각각 상수로서 단위는 (시간/%)와 (1/%)이다.

일정 온도에서 식품이 주위 공기와 평형상태를 이루고 있을 때 공기의 평형상대습도와 식품의 평형수분함량이 존재한다. 여러 평형상대습도에서는 이에 상응하는 여러 평형수분함량이 존재하는데 일정 온도에서 평형상대습도와 평형수분함량의 관계를 도시한 그래프를 등온흡습곡선 sorption isotherm이라 한다.

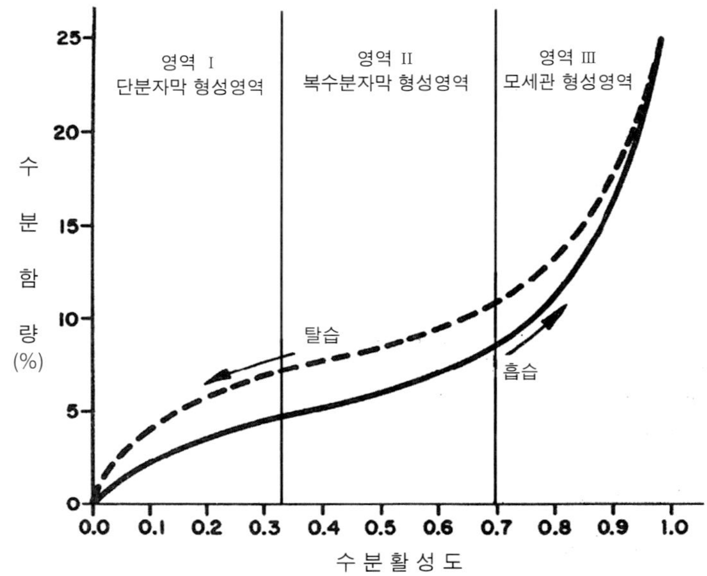

그림 10-8. 등온흡습곡선과 히스테리시스

식품 주위의 평형상대습도 즉, 수분활성도가 감소함에 따라 식품의 평형수분함량은 증가하는 경향을 지니는데, 흡습의 경우 흡습에 따른 수분의 식품 내 존재방식은 건조한 식품에 수분이 흡착함에 따라 수분은 식품의 표면에 단분자막을 이루고(영역 I), 흡습이 진행됨에 따라 복수분자막을 이루다(영역 II). 식품 표면의 수분이 식품 내부의 모세관을 따라 이동하여 모세관 흡수영역에서는 급격한 수분함량의 증가를 보인다(영역 III). 모세관 영역의 급격한 수분함량 증가로 인해 전형적인 식품의 등온흡습곡선은 S자형의 형태의 시그모이드 곡선sigmoidal curve을 보인다.

탈습과정을 거친 식품은 원상태의 평형상대습도에서 흡습시키더라도 수분함량을 원래의 평형수분함량으로 되돌릴 수는 없는데 이렇게 흡습 및 탈습과정에 기인하여 생기는 특정 수분활성도에서 평형수분함량의 차이를 히스테리시스hysteresis라고 부른다. 히스테리시스의 원인은 탈습으로 인해 표면이 수축되고 활성 부위가 감소하기 때문이라는 이론과, 식품으로부터 탈습된 수분 전량이 다시 식품으로 흡수되지 않는다는 잉크병 이론ink-bottle theory으로 설명하고 있다.

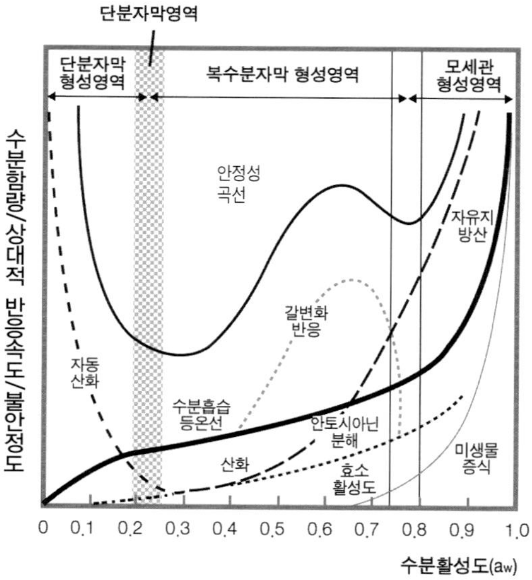

그림 10-9. 식품의 등온흡습곡선과 물리화학적 반응속도

식품의 저장성에 있어서 등온흡습곡선의 중요성은 저장 중 식품의 품질열화에 관여하는 영향인자들인 미생물의 생육, 갈색화반응, 유지산패반응, 효소의 활성 등이 식품의 수분활성도에 의해 크게 영향을 받는다는 것이다. 〈그림 10-9〉에서 보는 바와 같이 식품의 수분활성도가 낮아짐에

따라 미생물의 생육이 저해되며 효소반응속도가 느려지고 유지산화속도가 감소한다. 갈색화속도는 식품중 수분이 많아 모세관에 흡수된 상태로 존재할 때에는 갈변속도가 느렸지만 식품 중 수분활성도가 감소하여 복수분자막을 형성할 때 갈변속도가 급격히 증가하다가 수분활성도가 감소하면서 다시 갈변속도도 느려지는 것으로 관찰되었다. 또한 유지산화속도는 수분활성도가 감소하면서 유지 산화속도도 감소하여 단분자막 수분함량까지는 감소하다가 수분함량이 단분자막수분함량 아래로 내려가면 식품이 직접 공기에 노출되어 유지산패속도가 급격히 증가하였다. 따라서 건조식품의 수분함량이 단분자막형성 수분량에 해당하는 경우가 가장 저장 안정성이 우수한 건조식품을 생산하는 최적의 수분함량임을 알 수 있었으며, 건조공정을 위하여는 단분자막수분함량의 결정이 필수적일 것이다.

등온흡습곡선을 도출하기 위해서는 포화염용액으로 상대습도가 조절된 항온항습조에 식품을 넣고 평형에 도달하도록 흡탈습시킨다. 이때 식품의 경시 무게변화를 측정하여 평형유무를 확인하고 평형에 도달하였을 때 식품의 수분함량을 측정하여 이를 평형수분함량으로 한다. 도표상에서 여러 평형상대습도와 평형수분함량의 데이터쌍을 지나도록 곡선을 도시하거나 또는 등온흡습곡선의 모델로 제시된 모델식에 적용fitting하여 식품의 등온흡습곡선을 도출한다. 이로부터 단분자막 형성 수분함량을 구하는데 그 방볍 중 가장 널리 알려진 방법이 BET(Brunauer-Emmett-Teller)식을 이용하는 방법이다.

$$\frac{a_W}{M_{Eq}(1-a_W)} = \frac{1}{M_1C} + \frac{C-1}{M_1C}a_W \tag{17}$$

여기서, M_{Eq}는 평형수분함량(건량기준 %), M_1은 단분자막 수분함량(건량기준 %), C는 에너지 상수이다.

이 BET식은 모세관 흡수영역이 없는 화합물에 대하여 제시된 식이므로 이 식은 모세관 영역 수분의 영향이 없는 수분활성도가 0~0.45의 낮은 수분활성도 영역에서만 적용된다. 단분자막 수분함량은 위 직선식의 기울기와 절편값의 합의 역수로 구한다.

근래에는 전 범위 수분활성도 영역까지 범위를 확장한 GAB(Guggenheim- Anderson-De Boer) 등온흡습 모델식을 사용하여 등온흡습곡선의 도시와 단분자막수분함량 산출에 적용하고 있다.

$$M_{Eq} = \frac{M_1 C\, k\, a_W}{(1-k\, a_W)(1-k\, a_W+C\, k\, a_W)} \tag{18}$$

여기서, M_{Eq}는 평형수분함량(건량기준 %), M_1은 단분자막 수분함량(건량기준 %), C와 k는 상수이다.

따라서 저장 중 품질 안정성 유지를 위해서는 식품의 등온흡습곡선을 구하고 단분자막 수분함량을 계산한 후 건조식품의 수분함량이 단분자막 수분함량이 되도록 식품의 건조공정을 조절하여야 할 것이다.

10.3. 식품의 건조 기작

(1) 열풍건조기의 물질 및 에너지 수지

〈그림 10-10〉은 정상 상태의 환류 연속 건조공정을 도식화한 모델이다. 시스템을 들어가고 나가는 수분의 물질수지는 다음과 같다.

$$WM_1 + AH_{A1} = WM_2 + AH_{A2} \tag{19}$$

여기에서 W(고체무게, kg), M_1(건량기준 수분함량 = 수분무게/고체무게, kg/kg), A(건조한 공기무게, kg), H_A(절대습도 = 건조한 공기에 함유된 수분량/건조한 공기무게, kg/kg)

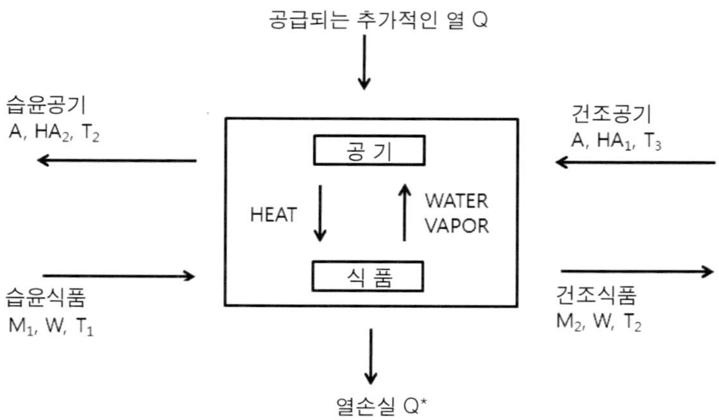

그림 10-10. 정상 상태의 환류 연속 건조공정

열풍이 건조기를 통과하면서 건조기에 주어진 에너지와 더불어 식품의 품온을 상승시키고 수분을 증발시키는 데 에너지를 소비하게 된다. 또한 남은 에너지는 열의 상태로 손실된다. 그래서 건조기에서 배출되는 공기는 수분을 포함하는 습한 공기상태로 변화한다. 수분증발이 온도 T_2에서 일어난다면 이러한 공정을 염두에 두고 위와 같은 에너지 수지를 표현하면

건조기에 투입된 에너지 + 열풍이 건조기를 통과하면서 잃은 에너지
= 식품의 품온을 증발온도까지 상승하는 데 사용된 에너지 + 수분증발에 사용된 에너지
+ 증발된 수분의 온도를 배출공기의 온도까지 올리는 데 사용된 에너지

로 표현할 수 있으므로 시스템을 들어가고 나가는 에너지 수지는 다음과 같다. 여기에서 편의를 위해서 0℃에서 엔탈피 기준값을 0zero으로 가정하면 식을 간편하게 할 수 있다.

$$Q + AC_{Pa}(T_2 - T_3) + (AH_{A1}C_{PW}T_3 - AH_{A2}C_{PW}T_2) = Q^* + WC_{PS}(T_2 - T_1) + WM_1C_{PW}(T_2 - T_1) + W(M_1 - M_2)H_V + W(M_1 - M_2)C_{PW}(T_2 - T_2) \quad (20)$$

이때,

Q: 건조기에 투여하는 에너지
Q^*: 건조기 벽을 통한 열손실
$AC_{Pa}(T_2 - T_3)$: 건조기를 통과하는 건조공기의 엔탈피 차이
$AH_{A1}C_{PW}T_3 - AH_{A2}C_{PW}T_2$: 건조기를 통과하는 공기 중 수분의 엔탈피 차이
$WC_{PS}(T_2 - T_1)$: 건조기 통과 후 식품 고형분의 증발온도 T_2까지 품온상승에 의한 엔탈피차이
$WM_1C_{PW}(T_2 - T_1)$: 건조기 통과 후 식품 중 수분의 증발온도 T_2까지 온도 상승에 의한 엔탈피 차이
$W(M_1 - M_2)H_V$: 온도 T_2에서 증발에 사용된 에너지
$W(M_1 - M_2)C_{PW}(T_2 - T_2)$: 온도 T_2에서 증발된 수분이 T_2의 온도로 건조기에서 배출될 때의 에너지

또한, C_{PW}는 식품에 들어 있는 수분의 비열(kJ/kg℃)이고 C_{PS}는 고체의 비열(kJ/kg℃)이다.

(2) 식품에서의 물의 이동

건조는 열전달과 물질전달이 동시에 일어나는 공정이다. 물론 식품의 건조 중 식품 내부의 물이 이동하는 기작을 아는 것이 매우 중요하다. 수분의 이동은 수분의 확산, 모세관 이동, 그리고 수증기의 확산에 의해 주로 이루어진다.

수분의 확산은 Fick의 법칙에 의해 정의된다.

$$\frac{dw}{dt} = -DA \times \frac{dc}{dx} = -DA \times \rho_s \times \frac{dw}{dx} \quad (21)$$

여기에서

D는 식품에서의 수분확산계수(m^2/s)
dw/dt는 수분의 확산(kg/s)
A는 확산의 단면적(m^2)
C는 수분의 농도(kg/m^3)

ρ_s는 고체의 밀도(kg/m^3)
w는 수분함량(kg 수분/kg 고체)
x는 확산의 길이(m)

모세관에 의한 물의 이동은 모세관의 반경에 영향을 받으며 다음 식으로 표현된다.

$$l = \frac{2\gamma}{r \cdot g \cdot \rho_L} \tag{22}$$

여기에서

l = 압력에 의한 물기둥의 길이(m)
r = 모세관의 반경(m)
g = 중력가속도(m/s^2)
ρ_L = 액체의 밀도(kg/m^3)
γ = 표면의 자유에너지

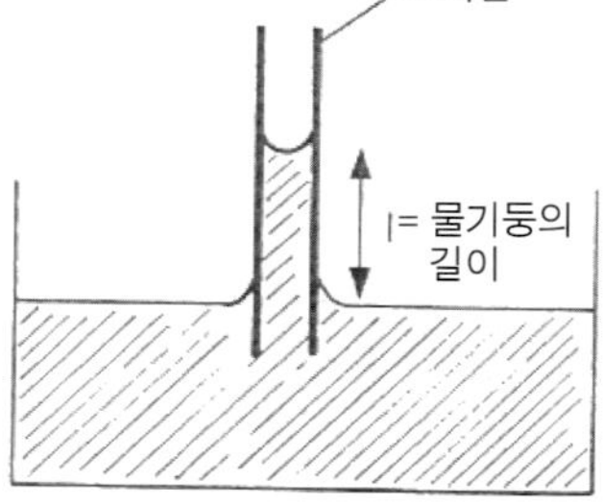

그림 10-11. 모세관에 의한 물의 이동

식품에서 모세관력에 의한 물의 흐름은 매우 복잡하며 그 이유는 식품 내에 매우 복잡하고 다양한 모세관들이 존재하기 때문이다. 이런 이유로 식품에서 물의 전달은 종합수분 확산계수(D_L)로 모세관력과 확산 개념이 함께 포함된 물의 전달을 설명한다.

$$\frac{dw}{dt} = -D_L \times A \times \frac{dC}{dX} = -D_L \times A \times \rho_s \times \frac{dw}{dx} \tag{23}$$

(3) 건조속도

일반적으로 공장에서 건조공정을 수행하는 데 있어서 공정 완료의 척도는 수분함량이다. 그런데 실제로 건조공정 중 지속적으로 수분함량을 모니터링하여 건조식품의 수분함량을 경정하는 것은 비효율적이다. 따라서 미리 특정 조건에서 건조시간 경과에 따른 수분함량의 변화를 측정하고 이로부터 건조속도를 구하여 시간의 경과에 따른 수분함량의 변화를 예측할 수 있도록 한 다음 건조시간을 조절함으로써 건조식품의 수분함량을 결정하게 된다. 이 방법은 매번 식품의 수분함량을 모니터링하는 경우보다 효율적이다.

식품의 건조공정은 식품 중의 수분이 주위 공기 중으로 이동하도록 만들어 주는 공정으로 이때 수분이동의 구동력은 수증기압이다. 식품의 수증기압이 주위 공기의 수증기압보다 높은 경우 수분이 식품에서 공기 중으로 이동하여 건조가 진행되며 이는 식품과 공기 중의 수증기압이 같아질 때까지 즉, 평형이 이루어질 때까지 진행된다.

① 항속 건조constant rate of drying

식품 중에 존재하는 수분은 식품의 표면과 식품의 모세관에 자유수의 형태로 있으며 또한 단분자막 형성 수분함량 이하에서는 식품과 여러 가지의 형태로 결합되어 있다. 건조가 진행됨에 따라 초기에는 식품의 표면에 있는 자유수들이 증발한다. 이때에는 물이 증발할 때와 비슷하게 일정한 속도로 증발이 일어난다. 이 경우는 과일, 육류 등 수분함량이 비교적 높은 식품에서 비교적 건조 초기 짧은 시간 동안 관찰되는 현상이며 건조속도는 수분의 증발속도에 의해 결정된다.

건조속도는 다음의 원칙에 따른다. 즉 건조속도 = 추진력/저항이다. 건조공정의 추진력은 식품 내의 수분 부분압력에서 공기 중의 수분 부분압력의 차의 크기이다(P_{food} - P_{air}). 식품의 건조모델에서는 공기의 조건 즉 건구온도, 상대습도가 항상 일정하다고 가정하기 때문에 공기 중 수분의 부분압력(P_{air})은 건조공정 중 일정하다. 항속건조에서는 식품 내 수분의 부분압력(P_{food})은 일정하고, 식품표면이 물로 포화되어 있어 식품표면의 온도는 습구온도(T_w)이고 압력은 수증기의 압력(P^o)이다. 항속 건조공정에서 식품 내의 내부저항은 매우 낮아 식품 표면을 포화시키는 데 수월하여 항속 건조공정의 저항은 공기에 있다. 이 공정에서 공기의 조건이 일정하고, 공기 저항이 일정하기 때문에 전체 건조속도는 열전달과 물질전달에 의해 조절된다.

식품단위면적당 물의 손실량은 다음과 같다.

$$-\frac{dw}{dt} = k_g \times A \times (P^0 - P) = k_g^* \times A \times (H_S - H_A) = h \times A \times \frac{(T_a - T_W)}{\Delta H_V} \qquad (24)$$

본 항속 건조기간은 식품 내부의 수분이 표면으로 충분하게 공급되어 표면이 포화상태를 유지하는 한 지속된다. 즉 식품 표면의 온도가 습구온도를 유지할 경우이다. 상기의 식은 식품 표면의 물 표면에 동일하게 분포되어 있어야 한다는 가정하에 성립되며, 〈그림 10-12〉의 B-C 구간이 이에 해당한다.

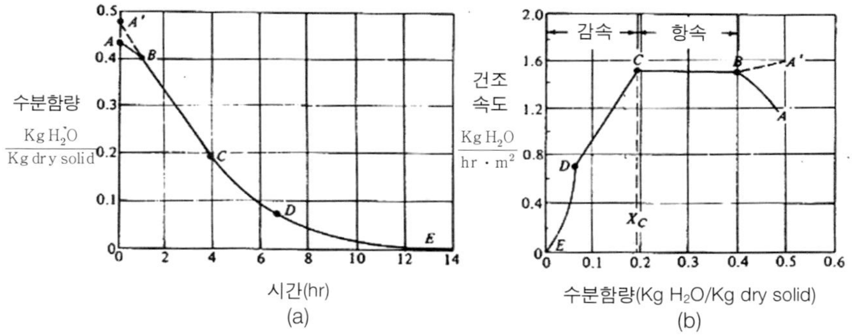

그림 10-12. 일정한 건조조건에서의 건조속도곡선. 건조시간과 수분함량과의 관계 (a) 및 수분함량과 건조속도와의 관계 (b)

② 감속 건조falling rate of drying

건조가 진행됨에 따라 식품 표면의 자유수 증발이 완료되면 식품 중 표면의 수분함량이 내부의 수분함량보다 낮아진다. 이와 같은 식품 내 수분함량의 차이gradient로 말미암아 식품 내 모세관에 존재하는 수분들이 식품 표면으로 이동하는데 이 이동하는 속도는 표면에서 수분이 증발하는 속도보다 느리므로 이 경우 건조속도는 모세관이동에 의한 내부의 수분이동속도에 의하여 결정되며 그 속도는 건조가 진행됨에 따라 점점 느려진다. 또한 건조가 더욱 진행되면 식품이 수축되어 수분이 더 이상 모세관을 따라 이동할 수 없어지며 이 상태에서는 수분이 모세관 내에 존재하지 않으며 확산에 의하여 수분이 이동하므로 이동속도가 느리며 식품을 건조하는 데 시간도 많이 걸려 효율도 낮아지게 된다. 이렇게 내부의 수분들이 표면으로 이동하여 표면에서 증발하여 건조가 이루어지는 경우 감속 건조라고 한다.

감속 건조를 설명하기 위해서 식품 중 수분이 증발되면서 가용성분이 농축되어 수증기압이 감소하는 흡습성 식품과 수분증발이 되더라도 수증기압의 변화가 없는 비흡습성 식품으로 나눌 수 있다. 비흡습성 식품의 경우 수분의 증발이 일어나더라도 수증기압은 $p = p^{o}$로 일정하다. 반면 흡습성 식품의 경우에는 수분함량이 많은 경우에는($W_c < W$) 식품의 수증기압이 순수한 물의 수증기압과 같지만($p = p^{o}$) 건조가 진행됨에 따라 수분함량이 W_c 이하로 감소하는 경우($0 < W < W_c$)에는 $p < p_o$이다.

〈그림 10-13〉은 흡습성 식품과 비흡습성 식품의 시간에 따른 수분함량의 변화(a와 b), 건조속도의 변화(c와 d), 그리고 수분함량에 따른 건조속도의 변화(e와 f)를 도식하였다. 초기 수분함량 W_i인 식품을 건조하면 시간 t가 경과함에 따라 t_c까지 일정속도($-dw/dt$)로 수분함량이 W_c까지

감소한다. 건조시간 t_c시간 이후에는 감률건조로 건조가 일어나며 비흡습성 식품의 경우는 식품 내부의 수분이 모세관에 존재하여 모세관이동에 의한 감속 건조가 일어나므로 그림 (f)에서 보는 바와 같이 W_c 이하의 수분함량에서 건조속도가 지속적으로 감소하여 수분함량 0에서 건조속도 0에 도달한다. 반면에 흡습성 식품에서는 모세관 건조에 의한 감속건조 및 확산에 의한 감속건조가 일어나므로 건조가 진행됨에 따라 그림 (c)와 (e)에서 보는 바와 같이 2중의 감속 건조현상이 나타난다. 또한 건조가 완료되더라도 이 식품은 흡습성이 있으므로 수분함량은 0이 되지 않고 주위 공기의 상대습도와 평형을 이루는 평형수분함량(W_f)에 도달하게 된다. 〈그림 10-13〉은 다음의 그림(그림 10-14)으로 나타낼 수 있다.

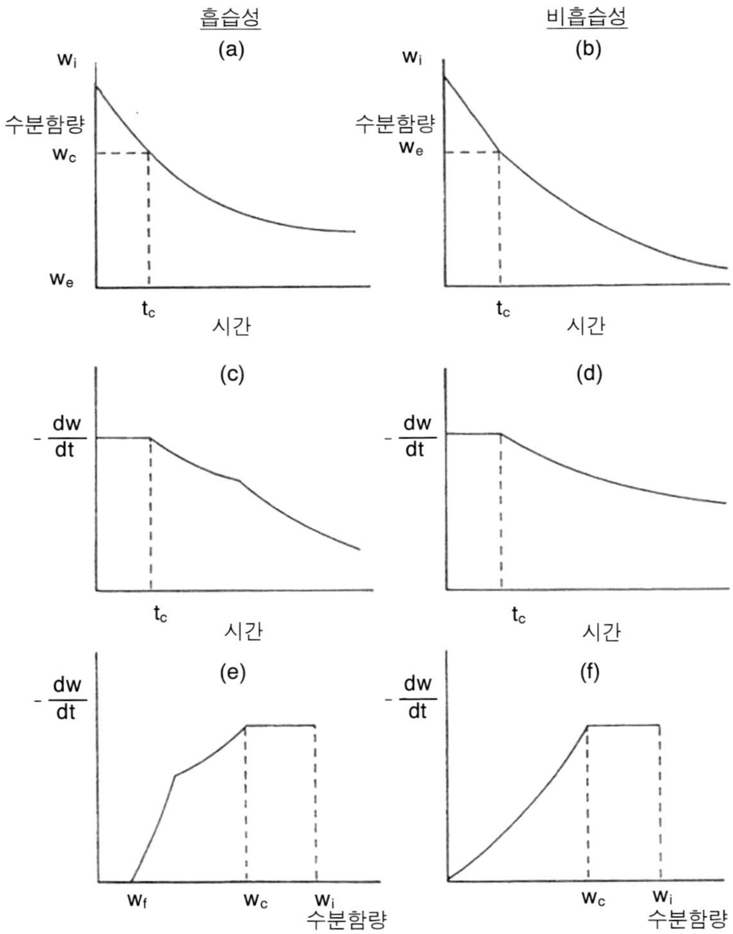

그림 10-13. 흡습성 식품과 비흡습성 식품의 건조속도

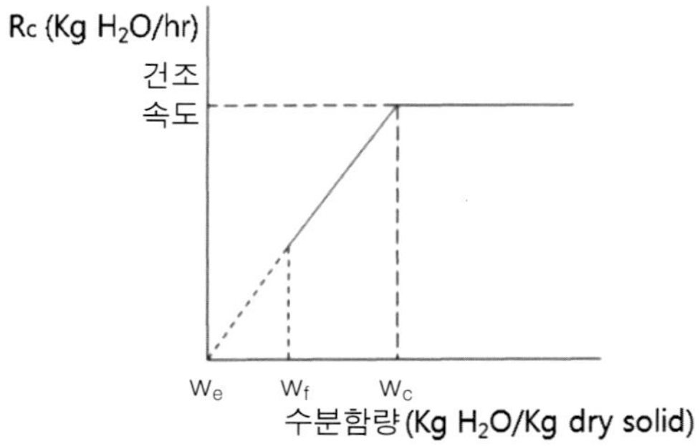

그림 10-14. 수분함량에 따른 식품의 건조속도

이때 R_c는 단위면적당 건조속도(kg H_2O/h), W_c는 항속건조의 임계수분함량(kg H_2O/kg dry solid), W_f는 평형수분함량(kg H_2O/kg dry solid)이며 W_d를 건물의 무게(kg)라고 한다면, 제거되는 수분의 양은 $W_d(dw/dt)$이 된다. 감률건조에서 수분함량과 건조속도의 기울기는 $Rc/(W_c-W_e)$이며, 이를 제거되는 수분의 양으로 표현한다면

$$수분제거속도 = \frac{R_c}{W_c - W_e} W \qquad (25)$$

이므로,

이를 다시 정리하면

$-Wd\frac{dW}{dt} = \frac{R_c}{W_c - W_e}W$이며 시간 t가 0일 때 수분함량 $W = W_c - W_e$이며 $t = t$일 때 $W = W_f - W_e$이므로 이 식의 미분방정식을 풀이하면

$-\int_t^0 dt = \frac{W_d(W_c - W_e)}{R_c}\int_{w_f - w_e}^{w_c - w_e}\frac{dW}{W}$로 풀 수 있다.

즉, 감속건조에서 건조시간은

$$t = w_d\frac{(W_c - W_e)}{R_c}\ln\frac{(W_c - W_e)}{(W_f - W_e)} \qquad (26)$$

이다.

10.4. 건조기의 종류

식품과 생물체의 건조공정은 매우 복잡 다양하다. 건조공정과 건조기는 여러 가지 방법 즉 열전달 형태, 압력의 조절, 물체의 이송 방법 등으로 구분된다.

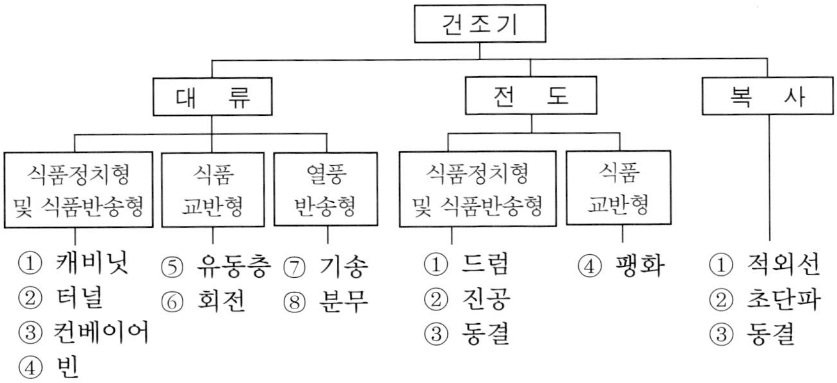

그림 10-15. 외부열전달방식에 의한 건조장치의 분류

각기 다른 형태를 지닌 건조기의 차이점은 건조기 내에 머무르는 시간이다. 빠른 시간 내에 건조시키는 건조기로는 분무건조기, 드럼건조기 등이 있는데 대체로 건조시간이 1시간 내외이다. 또한 연속건조기의 건조시간도 1분 내외이지만 회분식 형태의 건조기는 건조시간이 여러 시간에 달한다.

(1) 대류 건조기convective dryers

대류 건조기에는 여러 가지 운전 원칙이 있으며 다음의 공통적인 특징을 갖는다.

- 건조할 식품이 고체이거나 매우 점성이 높은 물질이다. 또한 건조형태가 분말, 조각, 슬러리 형태이다.
- 물질은 공기 중의 스팀으로 건조된다.
- 열전달의 주 형태는 대류이고, 대부분의 에너지가 공기를 통해 전달된다. 일부 건조기에서 조사radiation에 의해 추가 열이 공급된다.
- 물질은 벨트, 컨베이어, 트레이, 트럭에 의해 운반되거나 공기에 의해 운반된다.

건조기 선택은 크기, 디자인 및 작동 특성 등을 고려해서 선택해야 한다. 예로서 작은 캐비닛 또는 선반형 건조기는 여러 시간에 약 100kg의 젖은 식품재료를 건조하는 데 적합한데 즉 건조용량이 2~3g/hr의 건조식품을 건조할 때 사용한다. 산업체에서 사용하는 연속 건조공정은 수 톤의 식품재료를 시간당 처리할 때 즉 시간당 수백 킬로그램의 건조식품을 제조할 때 사용한다.

회분식 형태의 건조기는 적은 양을 건조하는 공정 또는 시즌에만 건조제품을 만드는 공정에 사용된다. 예로서 킬른 건조기Kiln dryer의 경우 양층으로 구분되어 아래층에는 공기를 가열시키는 버너가 있고 위층에는 건조할 식품을 놓는 마루가 있는 건조실이 있다(그림 10-16). 가열된 공기가 건조할 식품(주로 과일류)가 위층 마루에 20~40cm 깊이로 놓여 있으면서 주기적으로 뒤집기와 다시 쌓기가 반복한다. 노동 집약적이라 건조비용이 많이 든다. 건조시간이 오래 걸리고 중간수분 제품(수분함량 20% 정도)을 생산하는 데 사용된다. 대체로 중간수분함량의 과일제품은 비효소 갈변화를 일으키기 때문에 건조하기 전에 SO_2로 처리한다. 전통적인 방법은 황sulfite을 태워서 SO_2 가스를 생산한다. 최근에는 황용액에 침지하여 비효소 갈변화를 억제한다. 이렇게 생산된 중간수분함량의 과일들은 최종적으로 터널건조기나 진공건조기에서 최종적으로 건조된다. 비슷한 공정이 빈건조기Bin dryer에서 곡류를 건조할 때 사용된다. 또한 캐비닛 건조기나 선반건조기 역시 소규모의 건조공정에 사용된다(그림 10-17).

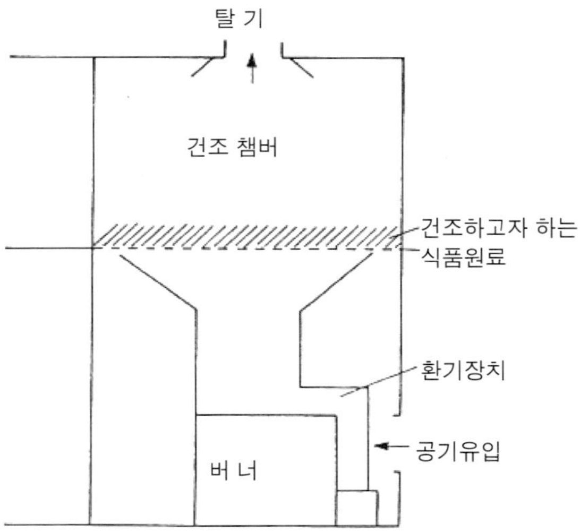

그림 10-16. 킬른 건조기

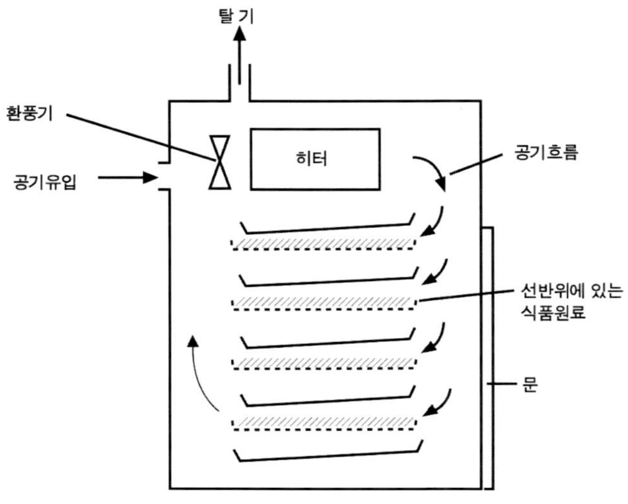

그림 10-17. 캐비닛 건조기

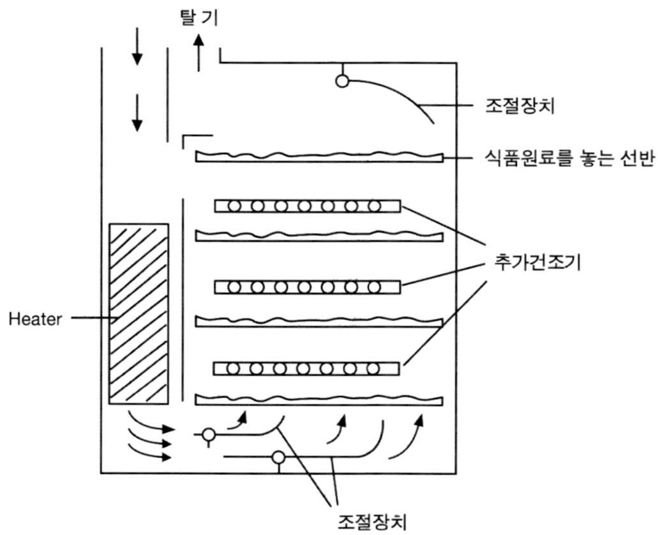

그림 10-18. 추가 건조기가 설치되어 있는 캐비닛 건조기

〈그림 10-17〉은 대류 선반건조기의 단면구조이다. 이 경우 건조기의 단열상태가 양호하다면 선반 내의 건조는 단열공정이다(그림 10-5에서 A-D 라인). 캐비닛 건조기에 〈그림 10-18〉처럼 추가 건조기를 설치할 수 있다. 이 경우 추가 열교환은 공기와 건조식품 사이에 이루어지고 〈그림 10-5〉에서 라인 A-D와 A-C 사이에 놓이게 된다. 회분식 건조기는 건조식품의 건조특성을 이해하는 데 도움이 되고 건조공정을 작동하는 데 변수들의 효과를 이해하는 데 도움이 된다. 이러한 공정들의 이해는 연속공정의 대량 공정을 설계하는 데 도움을 준다.

식품 또는 식품재료를 회분식 대류 건조기의 선반에서 건조할 때 영향을 주는 여러 가지 공정 인자들을 〈표 10-1〉에 나타내었다. $(-dw/dt)_c$는 항속건조기간 중의 건조속도이고, t_c는 항속건조 시간, $(-dw/dt)_f$은 감속건조 기간 중의 건조속도이다.

표 10-1. 대류 건조기를 이용한 건조 공정 중 인자들

인자	항속건조속도, $(-dw/dt)_c$	항속건조시간, t_c	감속건조속도, $(-dw/dt)_f$
공기 유속(G)	$G^{0.8}$에 따라 변동	감소	약한 효과
공기 온도(T)	$T-T_w$에 비례	감소	증가
공기 습도(H)	감소	증가	감소
시료 크기	감소	감소	감소
시료 깊이	증가	변동	변동

식품의 종류와 건조공기의 흐름에 따라 연속 대류건조기에 여러 가지 변수가 있다(그림 10-19 그림 10-21). 다음 그림은 건조식품과 건조공기의 흐름의 다른 배열을 보여 준다. 실제로 식품산업체에는 여기에서 보여 주는 것보다 훨씬 복잡하다. 컴퓨터가 달린 장비와 최신식 센서가 건조기 내의 시간과 거리에 따라 다양한 공정의 인자들의 변수를 측정할 수 있다. 〈그림 10-22〉은 대류건조기에서 예측되는 온도의 패턴을 거리에 따라 보여 준다.

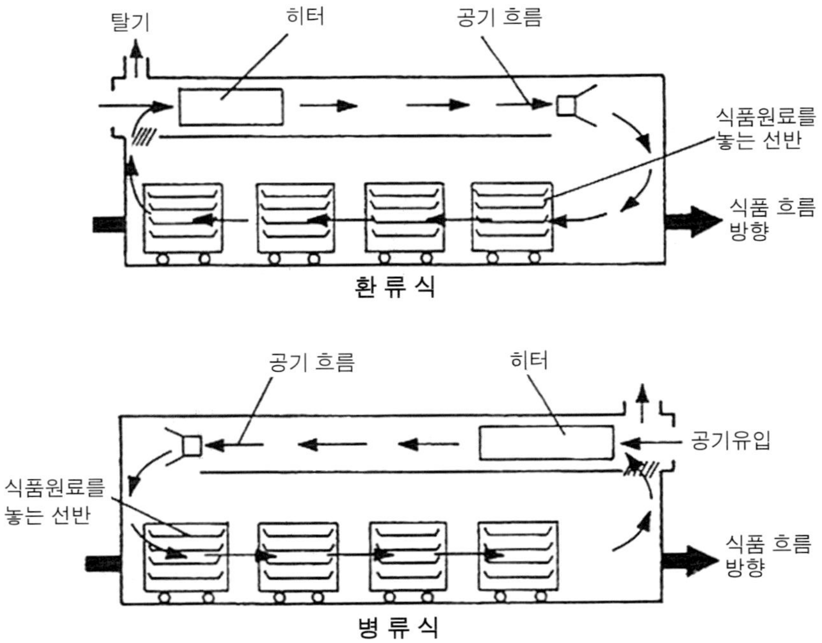

그림 10-19. 환류식(counter-current), 병류식(co-current) 터널 건조기

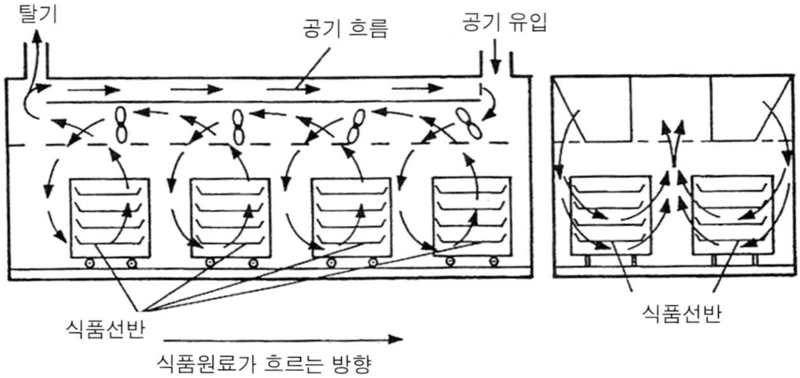

그림 10-20. 혼합식 터널 건조기

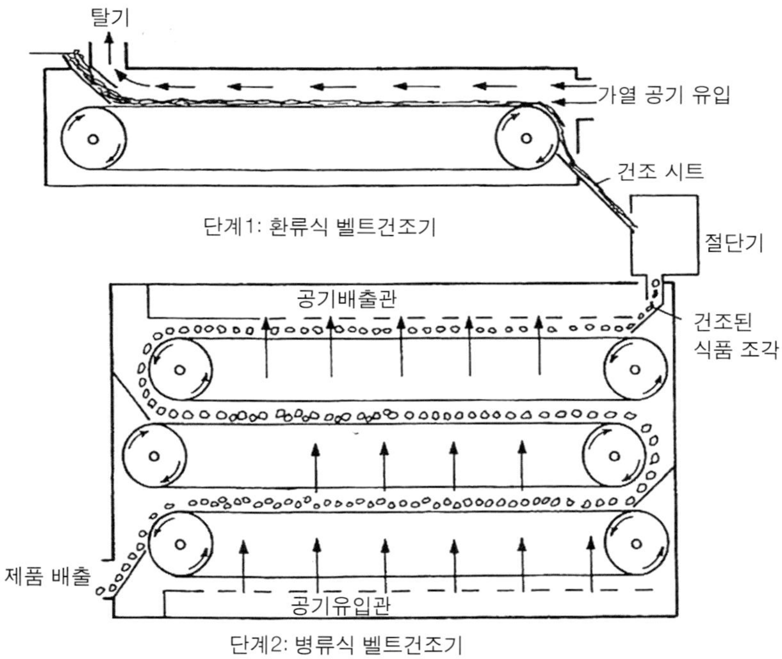

그림 10-21. 벨트식 건조기

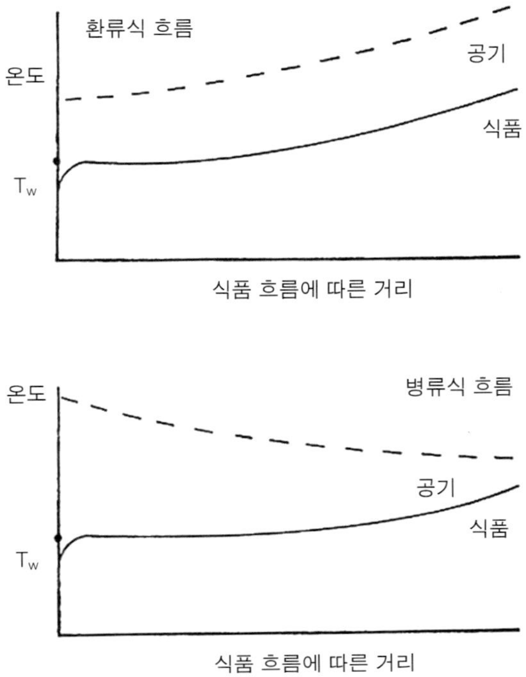

그림 10-22. 대류건조기에서 거리에 따라 예측되는 온도변화

예제 10-1

시간당 1,000kg의 썰은 양파를 연속 대류건조기에서 건조하고자 한다. 초기 수분함량은 83%이고 최종 수분함량은 8%이다. 건조기로 들어가는 공기의 온도는 120℃이고 상대습도는 1.2%이다. 건조기에서 나가는 공기의 온도는 50℃이고 상대습도는 55%이다. 건조기 내에서 열손실이 없다고 가정하고 건조기 내의 식품의 표면온도는 습구온도이다. 본 공정을 수행하기 위해 공급되어야 하는 공기의 양을 구하라.

해설

물질수지식을 세우면 다음과 같다.

$$S \cdot W_i + GY_i = S \cdot W_e + GY_e \qquad (27)$$

들어가는 식품의 고형분양은 s = 0.17 × 1000 = 170kg/hr이다. 초기 수분함량은 W_i = 83/17

= 4.9kg water/kg solid이다. 나가는 식품의 수분함량 W_e = 8/92 = 0.087kg water/kg solid이다. 〈그림 10-5〉의 습도도표에서 들어가는 공기의 절대습도 H_i와 나가는 공기의 절대습도 H_e는 각각 0.015와 0.045kg water/kg air이다.

따라서 $G = S \cdot (W_i - W_e) / (H_e - H_i)$ = 170 (4.9 - 0.087) / (0.045 - 0.015) = 27,250kg dry air/hr

여기에서 공기의 밀도가 1.2 kg/m^3이므로 G를 공기의 밀도로 나누어 주면 공기의 유속이 된다. 따라서, 공기의 유속 = G/공기의 밀도 = 22,710m^3/hr이다.

예제 10-2

예제 1에서 공기의 유속을 감소시키고자 한다. 그런데 투입되는 초기 공기의 온도가 120℃를 넘어서는 안 되고 또한 나가는 공기의 온도가 50℃ 이하가 되어서는 열전달의 추진력이 너무 낮아 안 된다. 그럼 어떤 방법을 사용할 수 있을까? 확실한 것은 공기 kg당 물의 흡수력을 증가시켜야 한다. 그러나 들어가는 공기의 습도가 매우 낮기 때문에 나가는 공기의 상대습도는 증가시켜야만 된다. 이러한 공정에서는 추가열이 필수적이다. 추가 에너지 양을 계산하라.

만일 나가는 공기의 상대습도를 80%로 한다면 He값은 0.045kg water/kg air에서 0.065kg water/kg air로 증가하고 위의 G값은 다음과 같은 값으로 줄어든다.

$$G = \frac{S \cdot (W_i - W_e)}{H_e - H_i} = \frac{170(4.9 - 0.087)}{0.045 - 0.015} = 27{,}250\,\text{kg dry air/h}$$

따라서 본 공정에서는 공기의 유속을 27,250-16,500 = 10,750kg dry air/hr만큼 줄일 수 있다. 따라서 추가열을 제공하기 위한 에너지의 양은 다음과 같다.

추가로 사용될 에너지 양 = G { (enthalpy at 50°C, 80% RH) - (enthalpy at 50°C, 55% RH) } = (16,500kg dry air/hr) (220 - 180) kJ/kg dry air = 660MJ/hr = 183kJ/s = 183kW이다.

(2) 섬광 건조기flash dryer와 유동층건조기fluidized bed dryer

작은 입자들을 뜨거운 공기로 건조하는 방법으로 분사건조기를 이용하는데 매우 빠른 건조속도를 가진다. 이런 건조기에는 여러 가지 종류가 있는데 그중에는 섬광 건조기, 유동층 건조기, 분무 건조기 등이 있다.

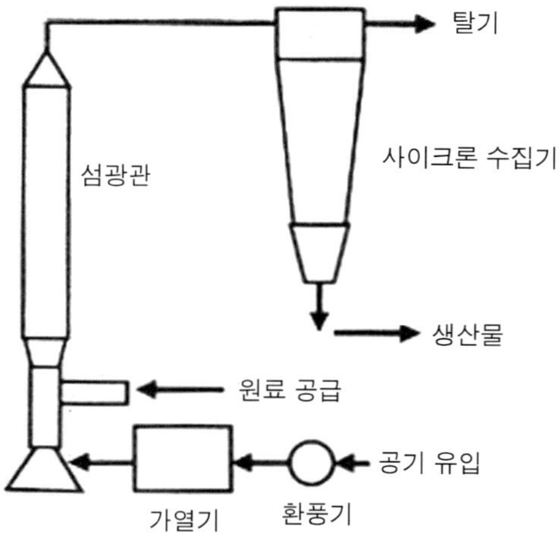

그림 10-23. 섬광 건조기

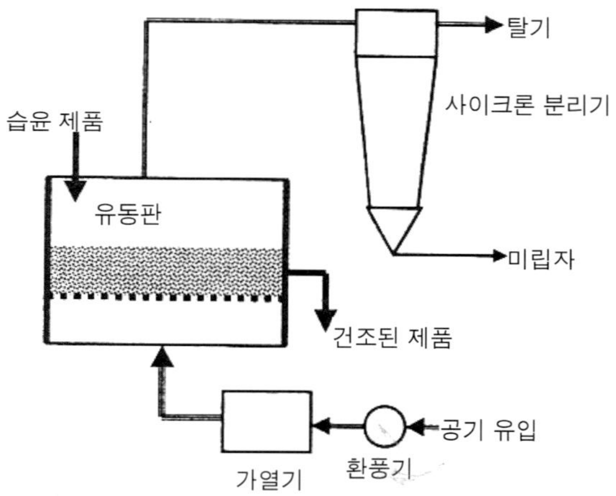

그림 10-24. 유동층 건조기

섬광 건조기를 사용하면 매우 빠른 건조속도를 얻을 수 있다. 뜨거운 수증기 가스의 속도가 10~30m/s이고 입자가 1~2 mm보다 작을 때 사용된다. 건조기 내에 체류 시간은 매우 짧으며 대체로 1초 또는 그 이하이다. 건조속도는 일반적으로 항속건조에서 발생한다. 임계수분함량 critical moisture content은 입자의 반경에 비례하나 입자의 반경이 매우 작기 때문에 섬광건조기 내에서 입자는 낮은 수분함량에 도달할 수 있다. 배출되는 입자의 수분함량이 원하는 수준보다 높으면 건조공정은 유동층 건조기로 마무리한다.

유동층 건조기는 건조한 공기를 건조하고자 하는 입자 사이로 통과시키는 것이다. 간단한 유동층 건조기는 〈그림 10-24〉와 같다. 뜨거운 공기와 입자와의 작용은 입자의 크기와 공기의 유속에 따라 달라진다. 낮은 속도에서 공기는 쌓인 입자 사이를 통과한다. 공기의 유속이 증가되면 입자들은 공기의 흐름 사이에 부유하고 입자는 건조기 내에서 유체처럼 행동한다. 입자가 유체처럼 행동하는 속도를 초기유체속도라고 하며, 이 값은 유동층 건조기 사이의 압력차로 측정된다. 즉, 이 압력은 유동층 건조기의 단위 면적당 입자의 무게와 동일하다. 열 및 물질전달은 입자의 유동에 의해 이루어지고, 수분의 증발에 필요한 에너지는 뜨거운 공기에 의해 공급된다. 이때 건조공정은 단열포화공정이다.

(3) 분무 건조기spray dryer

① 분무 건조기의 원리

분무 건조는 대부분 액체(용액과 분산액 포함)의 건조에 주로 사용되는 매우 중요한 건조방법이다. 분무 건조는 식품산업에서 유제품(탈지유, 분유), 커피 등의 제조에 사용된다. 또한 과일주스, 퓨레, 계란 단백질, 전분분해물 등의 분말제조에도 사용된다.

분무 건조기의 원리는 매우 간단하지만 실제적인 작동방법은 매우 복잡하고 기술집약적으로 대부분 식품가공기술자들에 의해 수행된다. 액체 또는 슬러리들이 건조기 안에서 분무되고 분무된 액체입자는 온도와 습도가 조절된 공기와 접촉하게 된다. 건조된 분말은 공기와 분리되어 포집되고 포장되거나 다음 공정(예로서 인스탄트화 공정)으로 옮겨진다(그림 10-25).

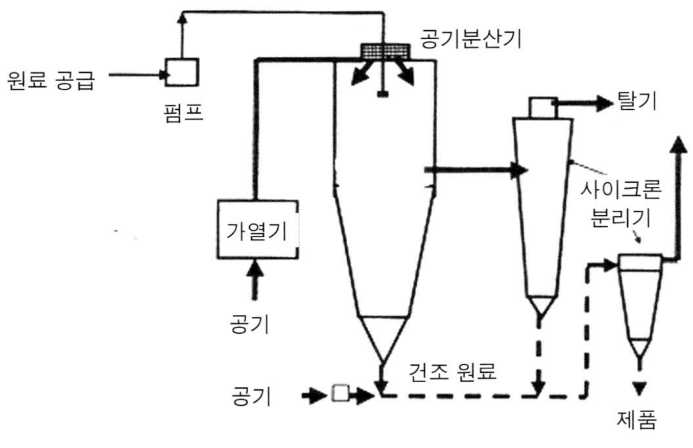

그림 10-25. 분무 건조기

앞에서도 언급했듯이 분무 건조에 모든 공정들은 매우 복잡하고 민감한 공정이기 때문에 세심한 주의가 필요하다. 주입되는 액체의 특성, 즉 온도, 점도, 표면장력, 화학적 구성 등의 성질들을 알고 있어야 한다. 첫 번째 할 일은 모든 공정의 모든 순서와 최종 제품의 품질 등을 최적화하는 것이다. 예로서 주입되는 액체의 균질화, 분무화하기 전 공기의 주입 등이다. 미세 분무화는 매우 중요한 공정으로 특별한 장비가 필요하다. 건조기 내에서의 열 및 물질전달은 매우 복잡하며 공기의 흐름 및 입자의 흐름에 의해 영향을 받는다. 입자 물질의 특성상 중간 수분함량에서 건조기 표면에 들러붙을 수 있기 때문에 특별한 디자인 즉 공기빗자루air brooms를 사용하여 벽에 붙을 수 있는 입자들을 날려 버린다.

미세 분무atomization는 분무 건조에서 매우 중요한 부분으로 건조기 내의 입자가 떨어지면서 그리는 패턴과 입자 크기의 분포를 결정하게 된다. 미세 분무기atomizer로서는 3가지 형태가 있다.

a. 회전 미세 분무기

회전 미세 분무기는 회전판을 가지고 있다. 액체가 회전판 내부로 공급되면 액체는 원심력에 의해 미세 분무가 되어 매우 빠른 속도(100m/s 또는 그 이상)로 떨어진다. 입자의 크기는 회전판의 속도, 액체주입속도, 액체의 성질, 미세 분무 장치의 디자인 등에 의해 결정된다. 액체의 입자는 1~600μm 정도이다.

액체의 입자 크기를 구하는 공식은 다음과 같다.

$$d_{av} = C_1 N^{-0.53} M^{0.21} (2r)^{-0.39} \qquad (28)$$

여기서,

d_{av} = 액체의 직경(m)
C_1 = 액체상수
N = 회전판 속도(rps)
M = 액체주입속도(kg/s)
2r = 회전판 직경(m)

b. 압력노즐 미세 분무기

압력노즐 미세 분무기는 노즐에 고압을 걸어 액체를 분사하는 것이다. 이러한 미세 분무기는 입자 크기의 분포를 최소화할 때 사용되며 분사 입자의 크기는 10~600μm이다.

분사되는 입자의 크기는 다음과 같다.

$$d_{av} = \frac{C}{\Delta P^{0.33}} \quad (c는\ 상수) \tag{29}$$

c. 두 개 유체 노즐 미세 분무기

두 개 유체 노즐 미세 분무기는 제2차 유체 예로서 압축 공기나 스팀으로 분무하려는 용액을 분무하는 것이다. 입자의 크기는 6~600㎛이며 액체 입자의 크기는 공급되는 용액의 용적유량과 분무액의 속도에 의해 다음과 같이 표현된다.

$$d_{av} = \frac{C'}{U} + C''\left(\frac{V_F}{V_{air}}\right)^{1.5} \tag{30}$$

여기서,

C', C'' = 유입되는 액체에 따른 상수

U = 공기의 속도

V_F = 공급되는 용액의 유속

V_{air} = 공급되는 공기의 유속

분무 건조된 입자는 여러 가지 형태로 뜨거운 공기의 흐름과 접촉하게 된다. 공기는 병류, 환류 및 이들의 혼합 형태로 흐르게 할 수 있다. 온도분포와 초기 건조속도에 따라 공기의 흐름이 결정된다. 〈그림 10-26〉은 분무 건조에 의해 생성될 수 있는 입자형태를 보여 준다.

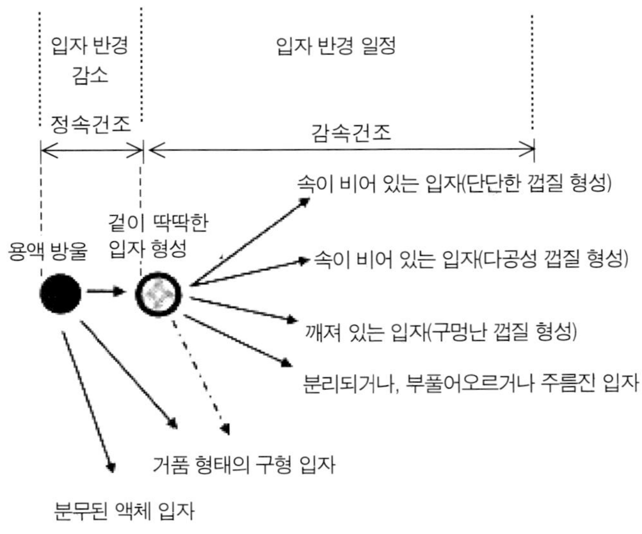

그림 10-26. 분무 건조에 의해 생성될 수 있는 입자 형태

② **인스턴트 분말제조**

분말식품의 가장 바람직한 성질은 물에서 빠르게 완벽하게 분산되는 것이고 이러한 성질을 분말의 인스턴트화라 한다.

분말식품의 인스턴트 성질은 다음과 같은 성질을 가지고 있다.

- 넓은 습윤면적
- 침강성
- 분산성 또는 용해성
- 침전 저항성

습윤도는 입자의 전체 표면적과 표면성질에 의존한다. 〈그림 10-27〉은 고체 표면에 놓여 있는 액체입자에 작용하는 힘을 나타내었다. 힘의 균형에 의하여 접촉각(contact angle, θ)이 형성되며 접촉각은 다음 관계를 갖는다.

$$\cos\theta = \frac{\gamma_s - \gamma_{sl}}{\gamma_l} \quad (31)$$

여기에서 γ는 자유표면에너지(mJ/m^2), s는 고체-공기 접촉면, sl은 고체-액체 접촉면, l은 액체-공기 접촉면이다.

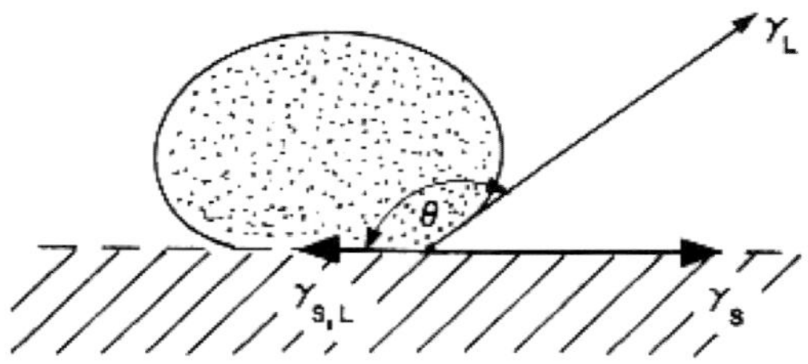

그림 10-27. 고체 표면 위의 액체 방울의 접촉각

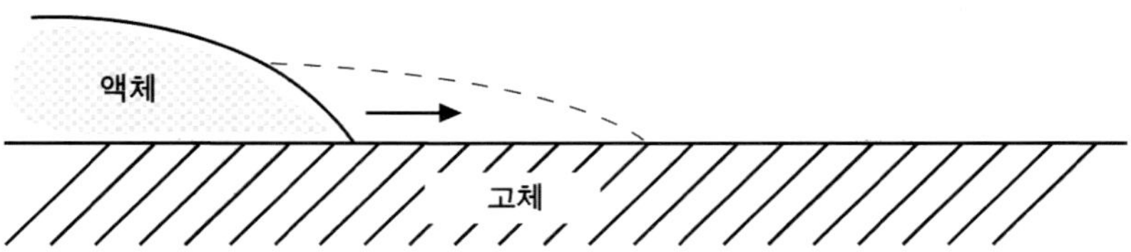

그림 10-28. 고체 표면의 젖음

$$S = \gamma_s - \gamma_{sl} - \gamma_l \tag{32}$$

$$S = \gamma_l(\cos\theta - 1) \tag{33}$$

액체에 의한 고체의 습윤은 〈그림 10-28〉에 나타내었는데 습윤은 확장계수 S가 양의 값 positive일 때 발생한다. 위의 식에서 S값이 양이 되기 위해서는 접촉각이 0zero가 되어야 한다. 확장계수를 증가시키기 위한 방법으로 첫째는 고체의 표면자유에너지를 증가(고체 표면의 극성을 증가)시키거나, 둘째 액체의 표면자유에너지를 감소(예로서 리시틴과 같은 계면활성제를 첨가)시키는 방법이 있다.

분말식품에 가장 효과적으로 사용하는 인스탄트화 방법은 조립agglomeration이다. 조립은 매우 작은 분말 입자를 붙여서 큰 과립으로 만들어 전체 표면적이 습윤이 가능하게 만드는 것이다. 조립자agglomerated particle는 매우 안정해서 다공성 입자 구조를 유지할 수 있으며 용액에 넣으면 모세관력에 의해서 용액이 조립자의 내부로 침투하여 작은 입자로 다시 분산시키는 것이다 (그림 10-29). 예로서 조립화된 유제품 분말은 크기가 200~1,000μm이다. 인스턴트 분말은 부분적 재습윤 공정에 의해 표면 연화과정에 의하여 생성된다. 부분적 재습윤 식품분말(예로서 유제품과 커피)은 서로 접촉하여 붙게 한 후 빠른 건조나 냉각에 의해 안정한 조립입자를 만든다. 본 조립공정은 〈그림 10-30〉에 나타내었다.

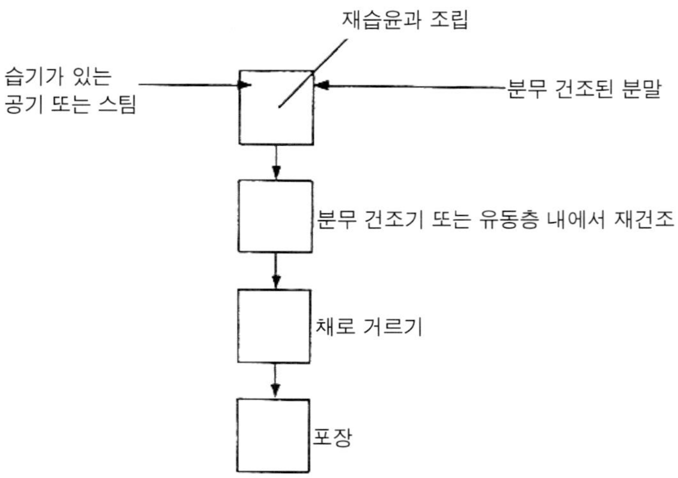

그림 10-29. 조립입자의 형성 과정

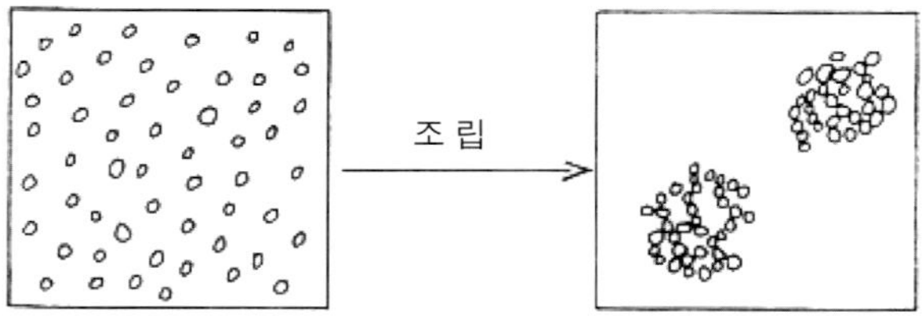

그림 10-30. 조립입자

(4) 드럼 건조기drum dryer

건조기의 형태 중에서 드럼 건조기는 전도에 의한 연전달이다. 드럼 건조기는 속이 빈 높은 강도의 철판 드럼, 크롬합금 철판드럼이나 스테인리스 스틸 드럼으로 만들어진다. 드럼은 내부에서 스팀으로 가열된다. 드럼 건조기에 들어가는 식품의 형태는 액체 또는 슬러리 형태로 드럼의 겉 표면에 공급된다. 드럼이 회전하면서 표면이 건조되며 식품을 공급한 점에서 1/2~3/4 정도 회전한 곳에 설치된 제거 날scraper knife에 의해 건조된 막을 표면에서 제거하여 드럼 건조된 식품이 제조된다. 〈그림 10-31〉에서 보여 주듯이 드럼 건조기에 공급되는 식품의 형태는 침지, 뿌림, 분무, 스프레딩 롤러로 입히든가 하는 형태이다. 드럼 건조기는 드럼이 한 개, 두 개 또는 쌍둥이 형태의 드럼 등으로 구성된다(그림 10-32).

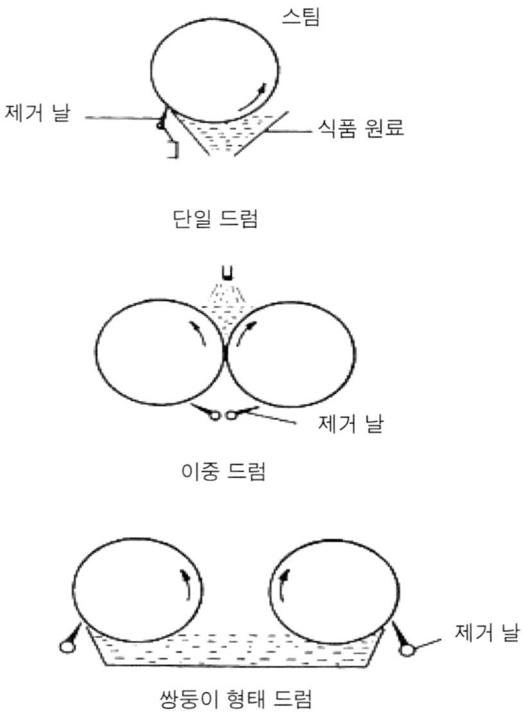

그림 10-31. 드럼 건조기 종류

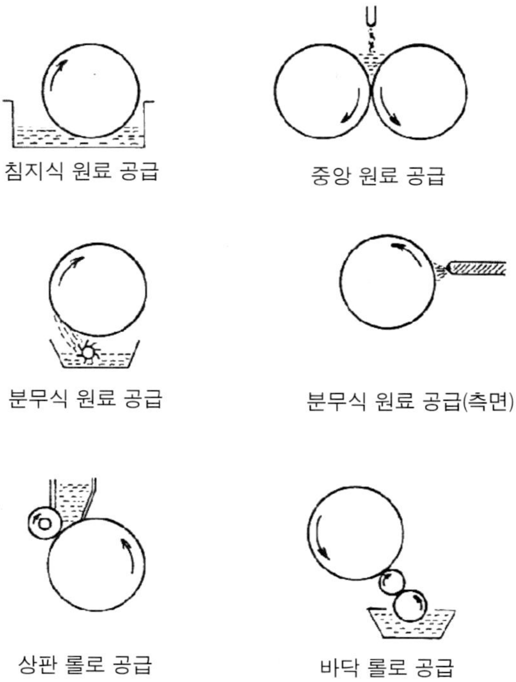

그림 10-32. 드럼 건조기에 공급되는 식품 원료의 형태

드럼 건조기 표면에 입혀지는 용액의 두께는 용액의 성질과 드럼의 표면 회전속도에 의해 결정된다. 또 다른 중요한 물리적인 인자들은 드럼 표면의 표면장력과 접촉각이다. 드럼 표면에 효과적인 필름의 도포는 낮은 접촉각과 낮은 용액의 표면장력이 필수적이다. 기름에 오염된 표면이나 드럼 표면에 점들이 있을 경우 건조속도에 좋지 않은 영향을 준다.

효과적인 드럼 건조 공정에서 건조속도는 내부 드럼으로부터 드럼 표면의 식품필름의 열전달에 의해 조절되며 식은 다음과 같이 표현된다.

$$-\frac{dw}{dt}=\frac{U\cdot A\cdot \triangle T}{\triangle H_V} \qquad (34)$$

여기에서 U는 총괄열전달계수(kJ/m^2 ℃ hr), A는 드럼의 면적(m^2), △T는 온도차이다. U(총괄열전달계수)는 필름의 두께, 드럼의 벽 두께, 드럼의 열전도도, 드럼 내부 응축물의 성질과 두께, 그리고 드럼 표면과 식품필름의 접촉성 등에 의해 영향을 받는다.

(5) 적외선 또는 태양열 건조기infrared and solar dryers

식품의 건조는 복사열에 의해서도 일어날 수 있다. 복사열은 수정관 내에 위치한 텅스텐이나 크롬-니켈 합금 등의 물질을 전기적으로 가열하면 방출된다. 이때, 복사에너지를 방출하는 물질의 온도는 1,000℃에서 2,000℃ 사이이다. 복사체들은 가스를 이용한 발화가 가능하며 복사체의 표면온도를 1,000℃ 부근까지 화염가열할 수 있다.

복사열에 의한 건조 역시 열전달은 복사열전달의 이론을 따르며, 이는 다음과 같이 나타낼 수 있다.

$$q = K(T_1^4 - T_2^4) \tag{35}$$

이때,

T_1은 복사체 표면의 온도

T_2는 식품 표면의 온도

K는 복사체와 식품의 특성 및 장치구조 등에 의해 결정되는 상수

q는 열 플럭스(kJ m^{-2} s^{-1})

건조기의 건조속도는 거의 대부분 열전달 속도의 영향을 받는다.

건조에 필요한 복사열 공급은 태양으로부터도 얻을 수 있다. 태양열을 이용한 건조는 수천 년 동안 수확한 제품의 건조에 이용되어 온 방법이며, 이는 볕이 잘 들고 습도가 낮은 지역에서 노지 일광건조는 간편하고 저렴한 건조방법으로 사용되어 왔다. 어떠한 작물에 대해서는 이러한 방식의 건조가 전 세계적으로 이루어지고 있으며 선진국에서도 일부 행하여지고 있다. 현대적으로 제조된 최근의 태양열 건조기는 태양열 건조공정을 더욱 효율적이며 고품질의 제품을 생산할 수 있도록 제작되었다. 건조장치는 태양열 집열장치와 공기의 흐름을 유지하기 위한 송풍장치, 에너지 저장장치, 추가 에너지 생성장치로 구성되어 있다. 〈그림 10-33〉에 간단한 구조의 태양열 건조장치를 소개하였으며, 이 장치는 간단한 건조실과 태양열 집광장치, 공기가 건조선반의 제품으로 대류에 의해 이동하도록 유도하는 덕트로 구성되어 있다. 더욱 복잡한 장치들이 많이 개발되었지만 이론적으로 작동원리는 같다.

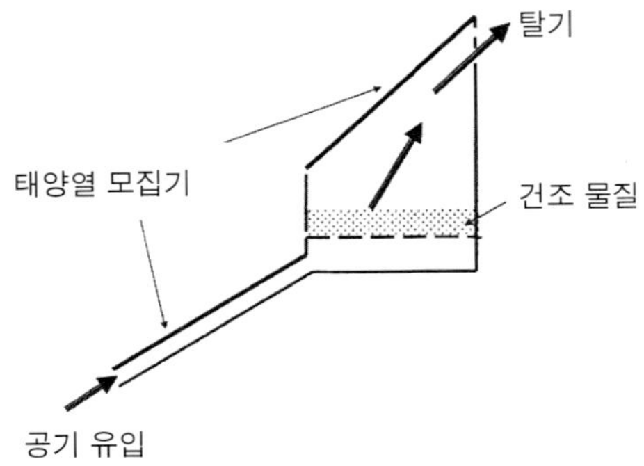

그림 10-33. 태양열 건조기의 모식도

(6) 냉동 건조기freeze dryers

냉동 건조는 냉동식품에 존재하는 얼음이 수증기로 승화하면서 발생하는 공정이다(그림 10-34). 동결 건조를 수행하기 위해서는 온도와 압력이 물의 상중점 이하에 있어야 한다. 동결 건조기는 공기차단 용기, 진공펌프, 수증기 포집 장치condenser, 공기차단 용기 내의 열원 등이 필요하다. 얼음의 수증기 압력과 온도와의 관계는 〈그림 10-35〉에 나타내었다. 평형상태에서 얼음결정을 가지고 있는 식품의 물의 부분압력은 얼음의 수증기 부분압력과 동일하다. 따라서 〈그림 10-35〉는 얼음결정을 함유한 식품의 모든 부분에서 물의 압력의 관계를 나타낸다. 식품의 구조는 다른 건조기에서 이루어지는 건조형태와 전혀 다른데 그 이유는 공정 중 식품 내에 얼음만 존재하고 물이 존재하지 않기 때문이다.

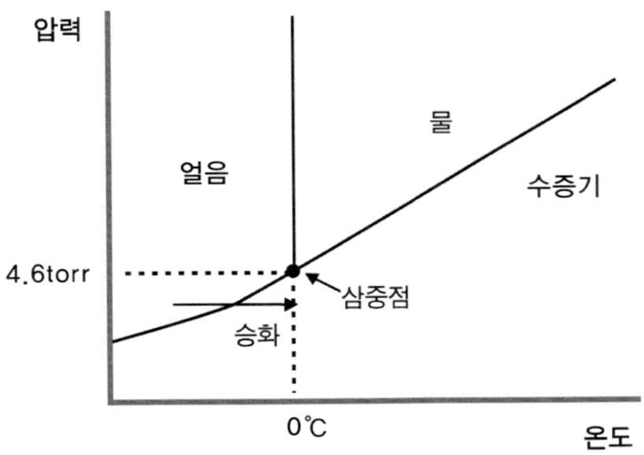

그림 10-34. 물의 삼중점과 냉동건조 시 승화

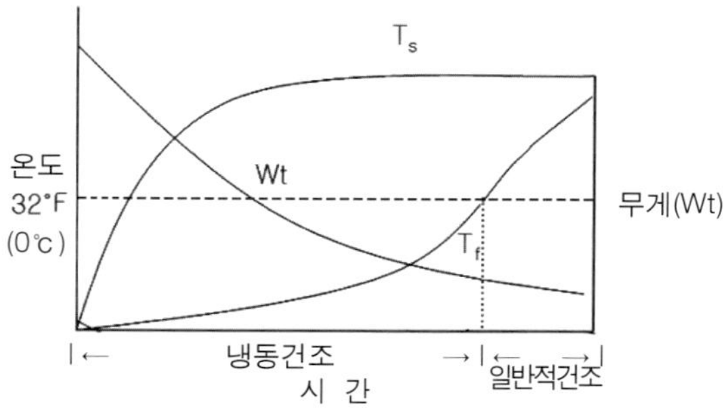

그림 10-35. 동결 건조되고 있는 식품의 온도변화
(Ts = 식품의 표면온도, Tf = 식품 내부 동결층의 온도)

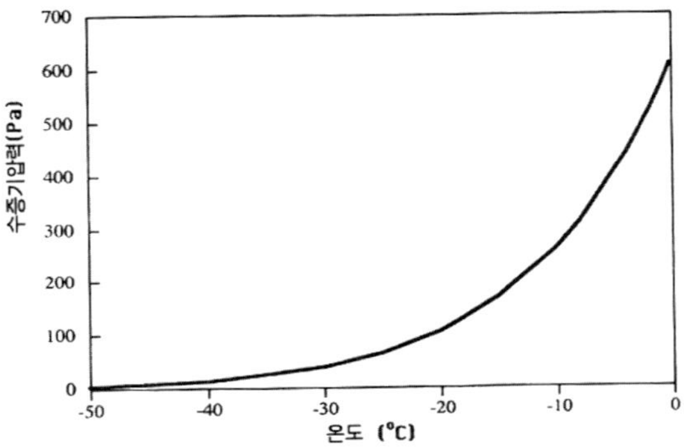

그림 10-36. 얼음의 온도와 증기압

〈그림 10-36〉은 동결건조되고 있는 식품을 나타낸다. 열원으로부터 열은 전도, 대류 및 복사에 의해 건조층의 표면에 도달된 다음 전도에 의해 건조층을 통하여 승화면으로 전달된다. 여기에서 동결층의 온도는 얼음이 녹지 않도록 충분히 저온을 유지해야만 동결건조가 된다. 혹시 동결층

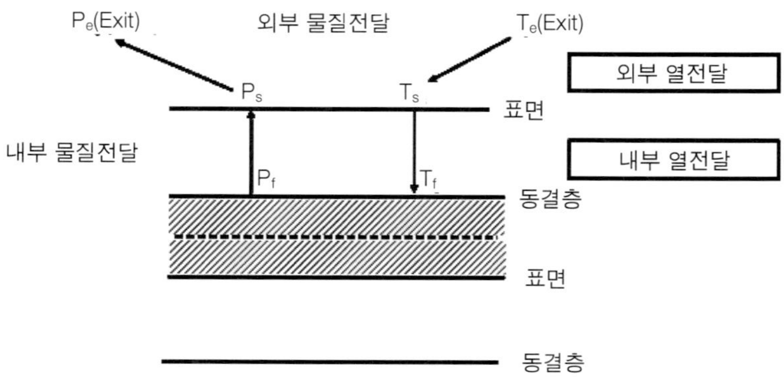

그림 10-37. 식품의 동결건조 중 물질 및 에너지 전달

이 녹으면 일반 건조의 형태가 된다. 가장 많이 사용되는 모델은 승화 잠열이 주위 기체로부터 식품 표면으로 전달된 다음 건조층을 통해 일정한 식품의 승화면으로 전달되고 일정한 깊이로 냉동건조가 일어난다는 URIF uniformly retreating ice front 모델이다(그림 10-37).

① 열전달 및 물질전달

냉동건조는 열전달과 물질전달이 동시에 일어난다(그림 10-38). 물질전달의 중요성과 열전달의 제한성은 무차원 상수인 루이스 넘버(Lewis number; $Le = \alpha / D$)로 표시한다. 여기에서 α는 열확산 계수이다($\alpha = k/C_p \cdot \rho$).

일반적으로 공기건조에서 Le 값이 크면 건조는 일반적으로 물질전달에 의해 제한되고, 공기건조에서 온도차는 미미하나 수분함량차는 매우 크다. 대부분의 동결건조는 다공성 층에서 확산속도가 매우 크고 열전도도는 매우 낮다. 이 경우 루이스 상수는 낮아지고 결국 열전달이 전체 공정을 제어하게 된다.

② 열전달이 전체 공정을 제어하는 경우heat transfer control

고형분의 함량이 대체로 낮아 밀도가 낮은 식품을 냉동건조하는 경우이다. 이 경우 열전달속도는 낮지만 물질전달속도는 대체로 높은 편이다. 대부분의 식품의 냉동건조는 열전달이 전체 공정을 제어하는 경우에 속하며 보다 경제적이다.

$$\text{Heat transfer} = h_i A (T_s - T_f) = h_e A (T_e - T_s) = \frac{1}{\frac{1}{h_i} + \frac{1}{h_e}} A (T_e - T_s) \qquad (36)$$

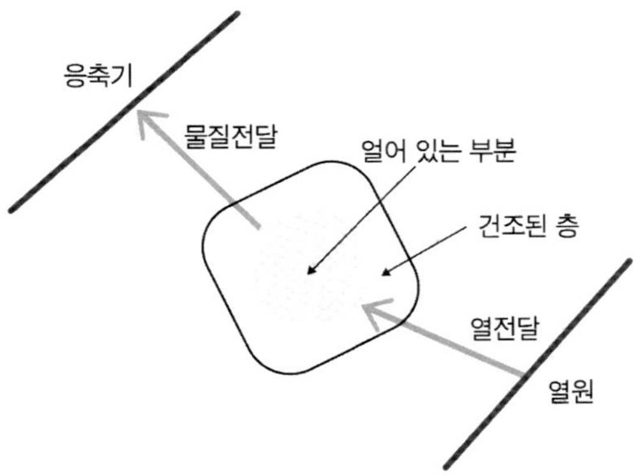

그림 10-38. 열전달과 물질전달

URIF 모델에서 시간 Δt 동안 건조층이 ΔX만큼 이동한다면 다음 식으로 표현된다. 증발된 물의 양은 다음 식으로 정리된다.

$$A.\ \Delta X \cdot \rho \cdot (W_i - W_f) = \Delta W = \frac{Q}{L_s/M_w} \cdot \Delta t = \frac{K \cdot A \cdot (T_s - T_f)}{X} \frac{M_w \cdot \Delta t}{L_s} \tag{37}$$

$$\lim_{\Delta t \to 0} \frac{\Delta X}{\Delta t} = \frac{dX}{dt}$$

$$A.\ dX \cdot \rho \cdot (W_i - W_f) = \frac{K \cdot A(T_s - T_f)}{X} \frac{M_w}{L_s} \cdot dt \tag{38}$$

$$\int_0^t dt = \frac{L_s \cdot \rho \cdot (W_i - W_f)}{K(T_s - T_f) \cdot M_w} \int_0^{(\frac{X_2}{2})} X\, dx \tag{39}$$

적분하여 정리하면 열전달속도가 동결건조속도를 결정하는 경우, 동결건조에 소요되는 시간 t는 다음과 같다.

$$t = \frac{1}{8} \frac{L_s}{M_w} \frac{W_i - W_f}{K(T_s - T_f)} X_L^{\,2} \tag{40}$$

③ 물질전달이 전체 공정을 제어하는 경우 mass transfer control

고형분 함량이 대체로 높아 밀도가 높은 식품을 냉동 건조하는 경우이다. 이 경우 열전달속도는 대체로 높지만 물질전달 속도는 매우 낮다. 물질전달이 전체 공정을 제어하는 경우에 속하며 동결 건조는 비경제적이다.

식품의 동결 중 물질전달은 다음과 같이 나타낼 수 있다.

$$N_a = k_{gi} A(P_f - P_s) = k_{ge}(P_s - P_e) \tag{41}$$

다시 정리하면

$$N_a = \frac{1}{(1/k_{gi} + 1/k_{ge})} A \times (P_f - P_e) \tag{42}$$

$$(k_{ge} \gg k_{gi} \leftrightarrow \frac{1}{k_{ge}} \ll \frac{1}{k_{gi}})$$

다시 정리하면

$$N_a = k_{gi} A(P_f - P_e) \tag{43}$$

이때, k_{gi} : 내부물질 전달계수
k_{ge} : 증발표면 전달계수
P_s : 표면에서 수증기분압
P_e : 외부 기체 벌크에서의 수증기 분압
P_f : 승화면과 평형상태를 이루고 있을 때 수증기 분압
N_a : 단위면적 A를 통해 전달되는 수분

Δt 시간 동안 제거되는 수분량(ΔM)은 다음과 같으므로

$$\Delta M = N_a M_w \Delta t = A \cdot \Delta X \cdot \rho \cdot (W_i - W_f) \tag{44}$$

정리하면

$$dt = \frac{A \cdot \rho \cdot (W_i - W_f)}{kg_i A (P_f - P_e) M_w} dx \tag{45}$$

여기에서

$$k_{gi} = \frac{D}{RTX} \quad (\text{R: 가스상수})$$

위의 미분방정식을 풀이하면

$$\int_0^t dt = \frac{A \cdot \rho \cdot (W_i - W_f) \cdot R \cdot T}{DA (P_f - P_e) M_w} \int_0^{\frac{X_L}{2}} X\, dX \tag{46}$$

정리하면

$$t = \frac{R \cdot T \cdot \rho \cdot (W_i - W_f)}{8D (P_f - P_e) M_w} X_L^2 \tag{47}$$

즉, 물질전달 속도가 동결건조 속도를 결정하는 경우, 동결건조에 소요되는 시간 t는 수증기압의 차이와 반비례하고 식품의 두께의 제곱에 비례한다.

10.5. 건조식품의 품질 특성

건조된 식품의 품질과 보존성은 건조조건과 저장조건과 기간에 따라 달라진다.

건조공정에서 3가지 품질변화가 발생한다.

① 건조공정 중 구조와 조직감의 변화
② 건조 중 화학반응에 의한 변화
③ 휘발성 유기물과 다른 특별한 향미성분의 증발

건조된 식품의 품질은 조직감과 재습윤 능력에 의한 제한을 받는다. 단단하고, 나무 같은 조직감, 느리거나 완전하지 못한 재습윤, 신선한 식품 즙액의 손실 등은 이러한 건조식품의 가장 흔한 결격사유이다. 물리화학적인 이러한 변화는 매우 복잡하다. 식물성 원료의 경우 세포의 구조특성 소실, 결정화, 다당류고분자의 결합, 구성 성분들의 흐름 또는 재배치 등에 의해 이러한 결점들이 생성된다. 전분질과 다른 다당류의 결정화는 결합된 물을 제거하면 촉진되는 것으로 알려져 있다. 예로서 구운 식빵에서 전분의 노화 기작은 잘 알려져 있다.

건조된 동물성 식품의 경우 고유의 부드러움이 없어지는데 그 이유는 근육 단백질이 뭉쳐지기 때문이다. 이러한 품질저하는 주로 공기건조나 냉동건조된 제품에서 발견되며 그 이유는 수분이 소실로 발생한다. 만일 건조가 유리전이 온도glass transition temperature 이하에서 진행된다면 대부분의 구조변화는 최소화된다.

냉동건조된 사과 얇은 조각sliced apple의 경우 수축이나 조직 붕괴는 유리온도 이하에서 건조가 수행되었을 때 방지되었다. 또한 냉동건조를 하기 전에 사과의 총 고형분함량을 삼투압 건조를 하여 증가시키면 크게 조직 붕괴를 감소할 수 있다. 비슷한 결과는 감자, 당근 및 바나나의 경우에서도 동일하게 관찰되었다.

(1) 건조 중 발생하는 화학변화에 의한 품질 변화들

건조에 의한 반응들은 특히 비효소적 갈변화로 알려진 일련의 복잡한 반응에 의해서 품질의 손실로 이어진다. 이러한 일련의 반응들은 온도와 수분함량이 변화하는 시간에 의해 주로 좌우된다. 만일 중요한 위해적 반응의 온도와 수분함량 의존성과 건조 중 온도와 수분함량의 변화도를 안다면 건조공정 중 품질손실 정도를 계산할 수 있을 것이다.

(2) 휘발성 유기물, 향기성분의 보존

건조식품의 향기성분의 보존은 품질에 매우 중요한 역할을 한다. 예를 들어 커피의 경우 향기성분의 보존은 품질적인 측면에서 가장 중요한 인자이다.

건조공정 중 휘발성 유기물의 보존 원칙은 이러한 유기물을 각각의 분자들로 또는 비수용성 용액 방울로 친수성 식품구조물을 투과하지 못하게 하여 포집하는 것이다. 향기성분을 포집하는 구조물은 오랫동안 단단한 상태로 남아 있어야만 향기성분을 포집할 수 있다. 향기물질의 보존은 물의 수증기 압력보다 향기성분의 압력이 높아야만 가능하며, 물은 선택적 투과에 의해 구조물에서 서서히 제거되고, 따라서 수분함량은 감소하게 된다. 유리온도에 도달되면 여러 가지 친수성 물질들 즉 설탕, 다당류 및 단백질 들은 구조막을 형성하게 되어 물을 포함한 모든 성분의 투과도를 감소시킨다.

참고문헌

김동훈; 식품화학, 탐구당 (1994).

박현진. 이철; 조립화된 분말식품의 인스턴트성질에 미치는 인자, 한국식품과학회지 18(10): 48-54 (1986).

한국식품과학회편; 식품공학, 형설출판사 (1984).

Christie J. Geankoplis; Transport Processes and Separation Process Principles (Includes Unit Operations (4th Edition), Prentice Hall PTR, Upper Saddle River, JN (1993).

Romeo T. Toledo; Chapter 12. Dehydration, in Fundamentals of Food Engineering, An Aspen Publicition, Maryland (1999).

J. A. Troller, and J.H.B. Christian; Water Activity and Food, Academic Press, New York (1978).

Theodore P. Labuza; Sorption Phenomena in Foods, Food Technology, 22(3): 15 (1967).

Theodore P. Labuza, and C. R. Hyman; Moisture migration and control in multi-domain foods, Trends in Food Science and Technology, 9(2): 47-55 (1998).

Pietsch W; Successfully use agglomeration for size enlargement, Chem Eng Prog 92(4): 29-45 (1996).

제11장

방사선 조사(照射) 기술

인류가 지구상에서 처음 발견한 에너지원은 불의 사용이었으며 그 이후 수만 년이 경과하여 18세기에 새로운 에너지원으로 전기의 사용방법을 터득하였다. 벼락으로 알던 전기를 생활에 이용하는 것은 그때 사람들에게는 놀라움과 두려움이었으며 이를 반영하여 《프랑켄슈타인》이라는 괴기소설이 씌어지기도 했다. 전기를 발견한 지 불과 2세기도 안 되어 인류는 다시 강력한 에너지원인 방사선 핵에너지radiation nuclear energy를 발견하였다. 1896년 헨리 바크렐Henri Bacquerel이 방사능radioactivity을 발견하였으며, 같은 해 뢴트겐Roentgen이 인공으로 생산되는 방사선 X-Ray를 발견하였다. 1898년 퀴리Curie 부부가 방사능 물질인 라듐radium 분리에 성공함으로서 방사능 물질의 이용이 가능해졌다. 그러나 불행하게도 방사능 물질을 이용한 첫 번째 도구가 인류의 대량살상 무기인 핵폭탄이었으며 1945년 일본 히로시마와 나가사키에 떨어진 핵폭발로 인류는 다시 핵에너지의 공포에 휩싸이게 되었다.

방사선에 의한 살균효과 연구는 1904년 MIT의 사무엘 프레스코트Samuel Prescott 교수가 수행한 전리방사선ionizing radiation의 살균효과에 대한 연구에서 시작된다. 1920~30년대 미국과 유럽에서 살균을 목적으로 한 전리방사선에 대한 특허가 출원되었으며, 1943년 MIT 연구원들은 x-ray를 이용한 방사선 조사照射에 의한 육제품 살균의 적용 가능성을 발표하였다. 제2차 세계대전 이후 핵에너지의 평화적 이용 가능성에 대하여 많은 과학자들이 연구하게 되었고 전기를 생산하는 발전 분야와 보건의료 및 농업식품 분야에서 괄목할 만한 성과를 거두었다. 방사선의 식품 저장에의 이용은 1945년경부터 미국의 MIT, 미 국방연구소, 미시간주립대학, 독일의 칼스루에Karlsruhe 식품연구소 등을 중심으로 연구가 시작되었다.

1958년 미국 식품의약청FDA은 방사선 조사irradiation를 일종의 식품 첨가물food additive로 규정하여 철저한 안전성 시험을 요구하였다. 그 후 전 세계적으로 방사선 조사식품irradiated food의 안전성에 대한 장단기 시험이 광범위하게 수행되었으며 일정 수준 이내의 방사선 조사는 열처리와 같이 인체에 무해함이 입증되었다. 1980년 스위스 제네바에서 개최된 식품조사공동전문위원회JECFI에서는 평균 10kGy까지 방사선 조사를 한 경우 어떠한 식품도 독성학적 장해를 일으키지 않으며, 독성실험은 더 이상 필요가 없고, 영양학적 및 미생물학적 문제도 일으키지 않는다고 발표하였다. 연이어 유엔 식량농업기구FAO와 세계보건기구WHO의 연합 국제식품법위원회(Codex Alimentarius Commission, CAC)에서 국제적 기준을 제정하였다. 130개 국가의 대표들이 모인 1983년 CAC회의에서 'Recommended International Code of Practice for Operation of Radiation Facilities Used for Treatment of Food'를 Codex식품규격으로 채택하였다. 1984년 Codex식품규격위원회는 10kGy 이내의 방사선 조사를 허용할 것을 각국에 권장함으로써 방사선 조사에 의한 공업적 식품저장이 시작되었다. 소비자들의 알 권리를 위하여 각국에서는 방사선 조사 식품에 RADURA 표시를 하여 판매하도록 하고 있다.

식품의 방사선 조사에 관한 연구와 기준이 지난 50여 년간 발전해 온 과정을 약술하면 다음과 같다.

1900-1930년대: 전리방사선의 살균효과 발견

1940년대: 식품 방사선 조사의 원칙 발견

1950년대: 선진국에서 연구 개시

1960년대: 선진국과 개발도상국의 60여 국가에서 연구개발이 강화됨

1970년대: 방사선 조사된 식품의 건전성 확인

1980년대: 방사선 조사에 관한 FAO/WHO Codex 기준 설정

1990년대: 상업화와 국제무역 시작

현재에는 50여 개국에서 무조건적 또는 제한적 근거에 기초를 두고 200여 가지 식품 항목 또는 식품군에 대한 방사선 조사를 허용하고 있다. 1997년 제네바에서 열린 FAO/WHO 공동전문가회의에서 고선량(70-100kGy) 방사선 조사의 안전성에 대하여 평가한 결과 방사선 조사로 유해물질이 발생하기 이전에 식품의 관능적 품질이 손상되어 먹을 수 없으므로 열처리와 마찬가지로 조사선량의 허용한계를 제한할 필요가 없다는 결론을 내렸다. 2007년 미국 FDA는 방사선 조사가 식품의 성분을 변화시키지 않는 수준이면 실질적 동등성substantial equivalence 원칙에

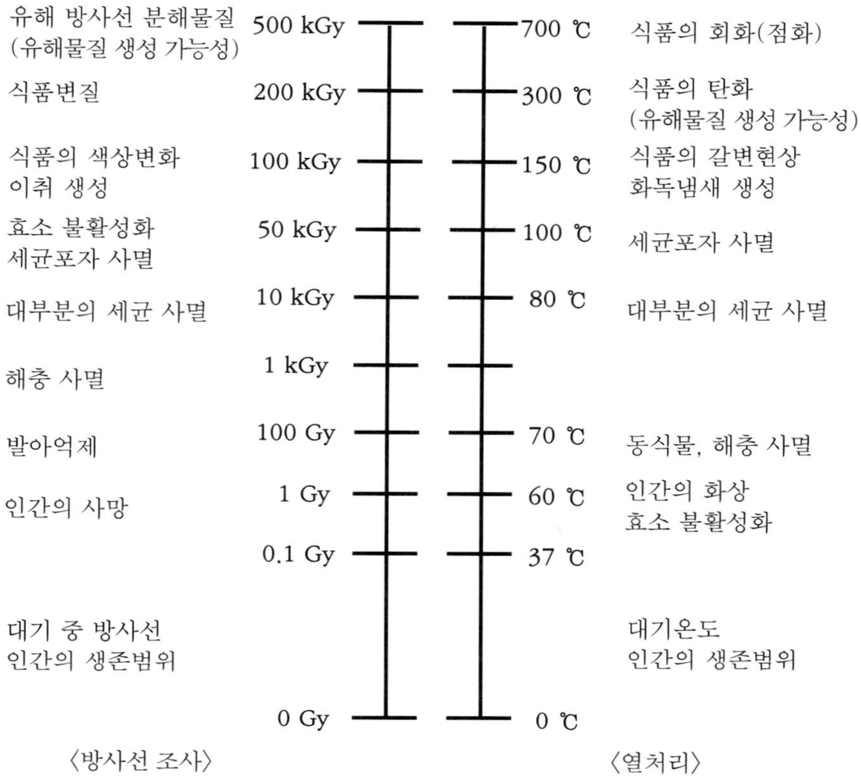

그림 11-1. 방사선 조사선량과 열처리 온도가 식품에 미치는 영향의 비교

따라 표시 없이 판매하는 것을 허용하는 법안을 상정하였다. 〈그림 11-1〉은 방사선 조사와 열처리가 식품에 미치는 영향을 비교한 것이다.

11.1. 방사선Radiation의 종류

방사능 물질을 자기장magnetic field에 노출시키면 에너지 수준이 다른 여러 가지 입자들이 방출된다(**그림 11-2**). α선은 헬륨(He)으로 양전하(+)를 가지며 10^6~10^7eV의 에너지 수준을 가진 침투력이 아주 낮은(0.005cm) 입자이다. β선은 음전하(-)를 띤 전자electron로 10^4~10^6 eV 수준의 에너지를 가지고 있으며 0.1~0.5cm의 침투력을 가지고 있다, γ선은 광입자photon로 10^5~10^6eV 에너지 수준이며 30~100cm의 침투력을 가지고 있다. 이외에도 양전자protons, 수소핵hydrogen nuclei, 중성자neutrons 등이 있으나 α선을 비롯한 이들 입자는 에너지 수준이 매우 높아 식품에 손상을 너무 많이 일으키고 유도방사선induced radioactivity을 식품에 남길 수 있으므로 사용할 수 없고 γ-ray와 β-ray만이 사용된다. 〈표 11-1〉은 전리방사선ionizing radiation의 종류와 특성을 모은 것이다.

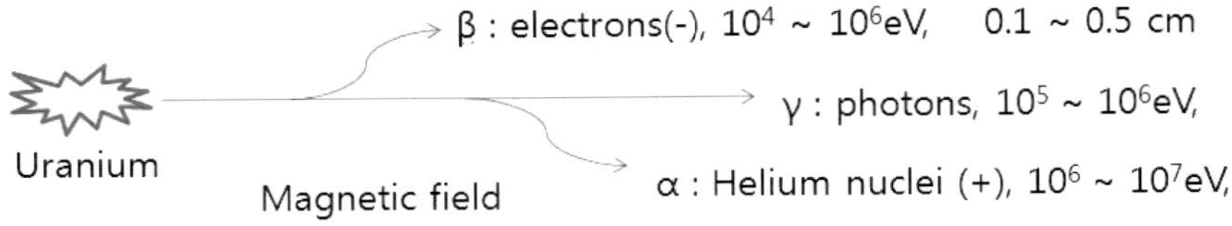

그림 11-2. 자기장에서 방사되는 우라니움 방사선의 종류

표 11-1. 전리방사선의 종류와 특성

Radiation	Nature of rays	Typical energy (MeV)	Penetration[a]
x rays	Man-made photons	0.01-10	20-150
γ rays	Photons from isotopes	0.1-several MeV	30-100
β rays	Electrons from isotopes	0.01-1	0.1-0.5
Cathode rays	Electrons from accelerators	0.1-10	0.1-5
Protons	Protons from accelerators	MeV range	0.003
Neutron	Neutrons from fission or isotopes	MeV range	~10
α rays	He nuclei from isotopes	1-10	~0.005

[a] Depth of absorber of unit density (water) required to reduce radiation intensity by a factor of 100(단위 cm).

(1) 감마선(γ-ray)

코발트60(^{60}Co)이나 세슘137(^{137}Cs)에서 방사되는 전자기파electromagnetic radiation로 상업적으로 사용되는 방사성동위원소는 ^{60}Co이다. 코발트60은 ^{59}Co를 핵반응기nuclear reactor에서 조사하여 ^{60}Co으로 만드는데 반감기halt-life는 5.27년이며, 에너지 수준은 1.17~1.33MeV이다.

양자론quantum theory에 의하면 전자기파는 주파수(frequency, ν)와 파장(wavelength, λ)을 가지는 파wave의 성질을 가지는 동시에 에너지 입자의 성질도 가지고 있어 광입자photon라고도 한다. 광속도(C)는 주파수와 관계없는 일정 값(진공에서 3×10^{10}cm/sec)을 갖고 있으므로 전자파의 에너지량(E)은 아래와 같이 계산할 수 있다.

$$\nu = c/\lambda$$

$$E = h\nu \quad (1)$$

ν : frequency (sec^{-1})

h : Plank's constant (6.626×10^{-27} erg·sec)
E : Radiation energy (eV)

전자파의 에너지 수준을 나타내는 단위는 eV(electron volt)로 1V 포텐셜을 통하여 떨어지는 한 개의 전자가 얻는 에너지로 정의되며 1.602×10^{-12}erg에 해당한다.

1eV = 1V potential을 통하여 떨어지는 한 개의 전자가 얻는 energy

= 1.602×10^{-12} erg (혹은 dyne · cm)

그러므로 전자기파의 에너지 수준은 주파수가 클수록 혹은 파장이 짧을수록 커진다.

어떤 물질에 작용하는 전자기파의 영향은 각 광입자의 에너지 수준과 그 물질에 충돌하는 광입자의 수에 의하여 결정된다. 광입자의 에너지 수준에 따라 전자기파가 물질에 작용하는 형태가 달라지며 대개 아래의 3가지로 구분한다(그림 11-3).

① 광전효과photoelectric effect : 0.1MeV 이하의 photon energy에 조사된 원소가 photon을 흡수하고 하나의 전자를 방출하는 것

② 콤프턴효과Compton effect : 0.1~10MeV 에너지 수준의 photon에 부딪힌 원소가 한 개의 전자와 에너지 수준이 낮은 photon을 방출하는 것

③ 양전자 생산pair production : 방사선 에너지 수준이 1.02MeV 이상일 때 일어날 수 있으며 특히 5~12MeV 이상일 때 photon이 원소에 충돌하여 하나의 전자와 하나의 양전자 positron을 형성하는 것

양전자 생산pair production은 식품저장에 사용하기에는 너무 큰 에너지 수준이며 유도방사능 induced radioactivity을 생성할 수 있으므로 식품저장 분야에서는 고려되지 않는다.

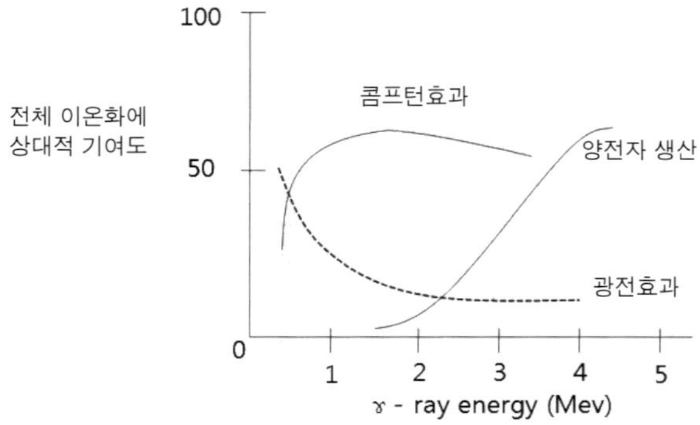

그림 11-3. 광입자의 에너지 수준에 따른 작용 형태

〈그림 11-4〉는 콤프턴효과compton effect를 도식화한 것이다. 광전효과는 photon의 에너지가 원소의 전자각으로부터 전자를 떼어 내어 일정 운동에너지를 갖게 하는 데 모두 소모되는 현상이므로 식 (2)와 같이 표현되며 콤프턴효과의 에너지 밸런스는 식 (3)과 같다.

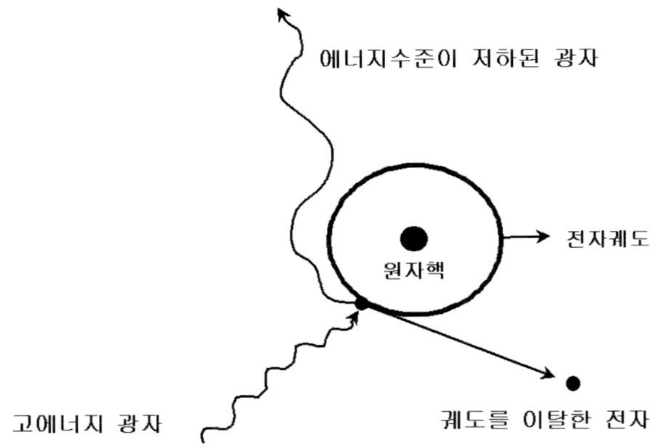

그림 11-4. 콤프턴효과의 모식도

광전효과에서 $$E = h\nu = \phi + \frac{1}{2}mv_1^2 \qquad (2)$$

ø : 전자의 결합에너지(erg)
m : 전자(electron)의 질량(g)
v_1 : 전자의 속도(cm/sec)

콤프턴효과에서 $$h\nu = \phi + \frac{1}{2}mv_1^2 + h\nu' \qquad (3)$$

ν' = 방출된 새 photon의 주파수

γ-ray, x-ray 및 β-ray 들은 서로 다른 작용 기작을 가지지만 물질에 흡수되는 성질은 동일한 식으로 표시할 수 있다.

$$I = I_o e^{-\mu x} \qquad (4)$$

I : 물질(absorber) 내로 진입한 거리 X에서의 방사선 강도(radiation intensity)
I_o : 흡수되는 물질의 표면에서의 방사선 강도
μ : 흡수계수(coefficient of absorption)

μ는 방사선의 주파수와 흡수되는 물질의 성질에 의하여 결정되며 흡수치는 물질의 밀도에

비례한다(**표 11-2**). 강도Intensity가 1/2로 줄어드는 데 필요한 흡수체absorber의 두께를 반감거리(half-thickness, th)라 하며 γ-ray의 물에 대한 반감거리는 10.3cm, 납lead의 경우 0.9cm이다(**그림 11-5**).

$$th = \frac{0.693}{\mu} \tag{5}$$

표 11-2. 흡수계수μ (cm)

물질명	Energy of photons (MeV)		
	0.5	1.0	4.0
공기	0.00008	0.00005	0.00004
물	0.09	0.067	0.033
알루미늄	0.23	0.16	0.082
철	0.63	0.44	0.27
납	1.7	0.77	0.48

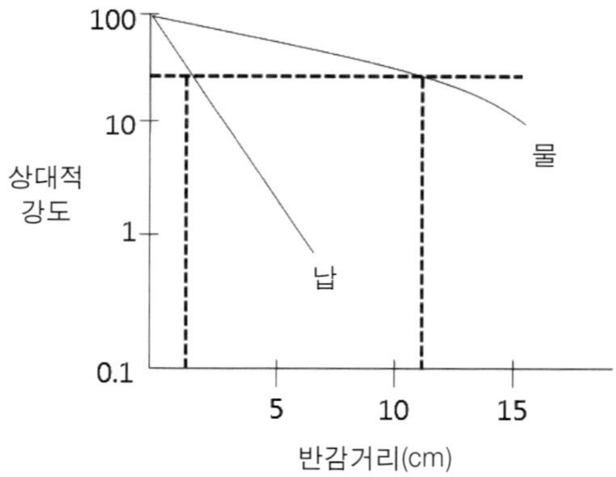

그림 11-5. 감마선에 대한 물과 납의 반감거리(half-thickness)

(2) 고에너지 전자High energy electrons

방사능물질에서 방출되는 β-선은 고에너지 전자로서 이것은 기계적으로 가속화 장치accelerator에서도 만들어 낼 수 있다. 따라서 고에너지 전자는 방사능 물질에서 방출되는 β-ray와 기계적으로 생산되는 음극선cathode-ray으로 구분된다.

① β-ray : 방사성 물질의 붕괴에 의하여 생성되는 고에너지 전자로 예를 들면 ^{24}Na가 하나의 electron을 방출하고 ^{24}Mg로 된다. 음극선은 동일한 에너지를 지니도록 만들어질 수 있지만, β선은 에너지 스펙트럼을 가진다는 차이점이 있다.

전자는 물질과의 상호작용을 통해 에너지를 잃고 속력이 느려진다. 고속의 전자들의 수는 흡수제의 깊이에 따라 감소한다. 전자의 단일 에너지빔이 흡수제에 가해지면, 초기 조사된 전자에 대한 남은 전자의 상대적인 수는 흡수제의 깊이에 따라 감소한다. 그러나 일정 깊이에서의 모든 전자들이 같은 에너지를 가지는 것은 아니다. 그 결과 특정 지점에서의 상대적 이온화(또는 관련되어 있는 에너지의 손실)는 거리에 따라 1차원적으로 변하지 않는다. 〈그림 11-6〉은 상대적인 수와 이온화가 흡수제에서 깊이에 따라 어떻게 변하는가를 보여 준다. 단일에너지와 달리 β선의 경우, 이것들이 흡수제로 들어갔을 때 〈그림 11-5〉에서 보이는 것처럼 흡수제의 깊이 감소는 γ선과 유사하다. 전자선의 최대 범위는 Feather식에서 보는 바와 같이 에너지와 상관관계가 있으며 이 식은 0.5MeV 이상의 에너지에 대해 성립된다.

$$R_{\max} = \frac{0.542E - 0.133}{\rho} \qquad (6)$$

$R_{\max}$가 최대 범위(cm)라 하면, E는 에너지(MeV), ρ는 흡수제의 밀도(g/㎤)이다.

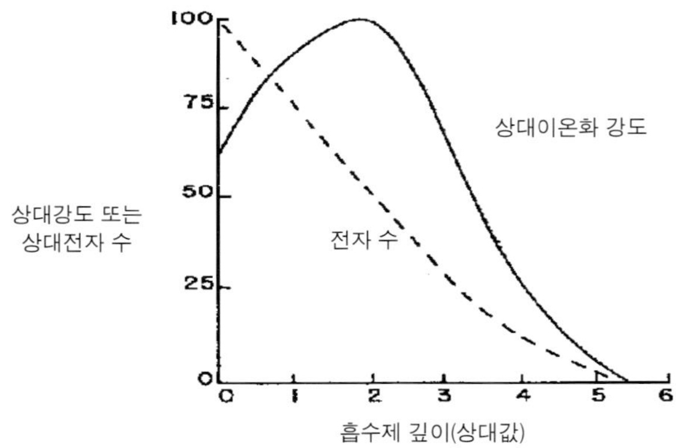

그림 11-6. 물질에 대한 단일에너지 전자빔의 흡수

② **cathode-ray** : 인공적으로 만들어 내는 고에너지 전자인데 여러 가지 고안으로 전자를 고속으로 가속화시키면 다른 물질에 부딪쳐 이온화 반응ionization effect을 일으킨다. 전자의 무게(m)는 9.1×10^{-28}g이며 에너지는 mV^2에 비례하므로 전자의 속도가 커지면 커질수록 에너지 수준이 높아진다. 전자의 속도가 1.1×10^{10}cm/sec로 가속화되면 전자의 에너지는 5×10^4eV가 되고 속도 2.994×10^{10}cm/sec일 때 에너지는 10^7eV가 된다. 전자속도와 에너지 사이의 관계를 보면 〈표 11-3〉과 같다.

표 11-3 전자속도와 에너지 사이의 관계

Velocity (% of speed of light)	Energy(MeV)
13.9	0.005
36.6	0.05
86.7	0.5
94	1.0
99.6	5.0
99.87	10.0

이들 고에너지 전자는 물질과 부딪치면 이온화를 일으킨 후 에너지를 잃게 되며 물질의 내부로 침투하여 들어갈수록 고속도 전자의 숫자는 비례적으로 감소된다. 음극선cathode-ray 균일한 에너지 수준을 가진 전자빔electron beam을 형성하다. β-ray는 여러 수준의 에너지 분포를 가진 복합체로 생산된다. 음극선을 생산하는 가속기는 electrostatic accelerator와 linear accelerator 등이 있으며 이들이 상업적으로 사용되고 있다(그림 11-7).

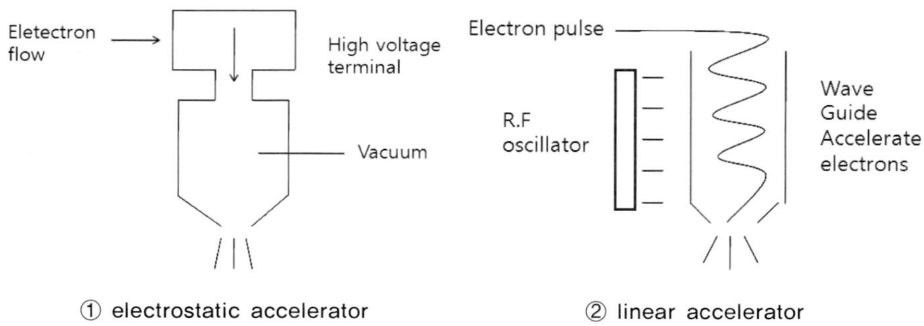

그림 11-7. Cathode-ray 생산 가속기

11.2. 방사선량Radiation의 측정과 단위

(1) 방사선량 단위Radiological units

물질이 흡수한 에너지와 생성된 이온화ionization의 양은 아래 세 가지 조건에 따라 결정된다.

① 물질에 투여된 입자particle의 수

② 입자의 에너지 수준

③ 흡수되는 물질의 성질

그러므로 어떤 물질에 조사되는 조사선량radiation dose을 결정하는 것은 복잡한 문제이다. 따라서 여러 가지 단위들이 제시되었다.

① **Roentgen**(R) : 기준상태의 공기 1cm^3 내에서 1정전단위electrostatic unit을 생성하는 방사선량. X-ray 나 γ-ray의 경우 1R은 1g 건조공기에 대하여 83.8erg의 에너지를 발생시킨다.

$$
\begin{aligned}
1\text{erg} &= 1\text{dyne} \cdot \text{cm} \\
&= 10^{-7}\ \text{Joule} \\
&= 6.2415 \times 10^{11}\text{eV}
\end{aligned}
$$

② **rep**(Roentgen equivalent physical) : 1rep는 1R에 노출된 생물 조직이 흡수하는 열량. 이 양은 최초에 83erg/g air로 규정되었으나 물에서는 93erg/g, 뼈에서 150erg/g 등 흡수물질에 따라 크게 변하는 것이 후에 알려졌다.

rem : rad ×(quality factor, distribution factor) (작업자 피노출량)

③ **rad** : 어떤 물질에 조사되어 100erg/g 의 에너지 흡수를 일으키는 방사선량. 국제원자력기구(IAEA)에서 방사선량 단위로 제안된 것으로 1986년 이전까지 가장 널리 통용된 것이다.

④ **Gy(Gray)** : 1986년부터 국제원자력기구에서 사용하기 시작한 단위로 100rad를 단위로 한 것으로 현재 사용되고 있는 방사선의 흡수선량 단위이다.

1Gy = 100rad = 1J/kg

이상의 것은 방사선에 조사된 물질에 기준하여 측정되는 단위이며 방사선 물질 자체의 방사능 강도를 나타내는 단위로는 큐리(curie, Ci)가 있다. Ci는 대단히 큰 값이므로 Ci의 10^{-11} 수준인 바크렐(Bg)을 사용한다.

$1\text{Ci} = 3.7 \times 10^{10}$ disintegration/sec

$1\text{Bg} = 2.7 \times 10^{-11}\text{Ci}$

이 단위는 방사되는 입자의 에너지 수준과 분포를 나타내지 않으므로 같은 Ci라도 물질에 따라 radiation flux의 크기가 크게 다를 수 있다.

(2) 방사능 측정 장치Dosimetry

방사능 측정 장치를 도시미터dosimeter라고 한다. 도시미터는 그 사용 목적에 따라 여러 가지 종류가 있다, 주요 측정기의 종류와 측정원리는 다음과 같다.

① Geiger-Muller counter

이온화통Ionization chamber을 이용하여 전극electrode에 와서 부딪치는 전하를 띤 입자charged particle의 수를 진동pulse에 의하여 측정한다. 원주형 통 가운데 직경 0.005인치의 가는 텅스텐 줄로 된 수집전극을 위치시켜 주위의 방사선 입자가 와서 부딪히는 빈도를 가지고 방사선 강도radiation intensity를 측정한다. 일정 방사선에 의하여 생기는 진동의 크기는 사용된 전압voltage의 크기에 따라 달라지는데 Geiger-Muller counter는 좁은 전압 범위를 사용하여 볼트의 크기에 의한 진동크기pulse size의 변화를 무시하게 한다. 원자로를 비롯한 방사선 물질 오염지역에 대한 조사 목적으로 가장 많이 사용되는 도시미터이다.

② Fricker dosimeter

화학측정장치chemical dosimeter의 대표적인 예이다. 방사선에 의한 이온화 물질이 황화철 ferrous sulfate을 산화하여 일으키는 변색을 측정한다.

$$H_2O \rightarrow H_2O^+ \rightarrow OH + H^+$$
$$OH + Fe^{++} \rightarrow OH^- + Fe^{+++}$$

2가 철이 3가 철(ferric ion, Fe^{3+})로 변한 양을 흡수분광기absorption spectrophotometer 305nm에서 측정하여 계산한다. 100eV의 에너지 흡수에 의하여 15.45±0.11 ferric ion이 형성된다. 방사선량을 정량적으로 측정하는 대표적인 도시미터이다.

③ **열량측정법calorimetric method**

식품이나 물이 방사선 조사에 의하여 받은 열량의 크기를 측정한다. 가장 부정확하지만 가장 실용적인 기초단위primary standard로 쓰일 수 있는 자료이다. 1g의 물이 10^6rad의 방사선 조사에 의하여 얻는 열량은 물의 온도 2.68°C 증가하는 데 필요한 열량과 같다.

④ **유도방사선량Induced radioactivity의 계산**

유도방사선량의 계산을 위한 허쉬만식Herschman equation은 다음과 같다.

$$Q = \frac{30DEN}{T} \quad (7)$$

Q = 유도방사선량(10^{-12} curies)

D = 총 조사량(Mrad)

E = 방사선 에너지(Mev)

N = 붕괴상수

T = 형성된 동위원소의 반감기

11.3. 이온화 방사선ionizing radiation의 작용 기작

생물체에 대한 방사선의 작용기작은 크게 2가지 즉 직접적인 영향direct effect과 간접적인 영향 indirect effect으로 설명된다.

① 직접효과: Target theory라고도 하는데 고속으로 움직이는 물질이 생물체의 복합 분자 구조에 부딪히면 그 물질의 생물학적 기능이 변화된다는 학설. 그러나 이러한 직접적인 영향은 극히 특수한 경우에만 설명되는 것으로 알려져 있다.

② 간접효과: 이온화 방사선 효과가 여기에 해당되며 방사선이 기체, 액체, 고체 물질에 여러 가지 화학반응을 유발하는 것을 말한다. 특히 물을 방사선 분해radiolysis함으로써 물을 포함하는 생물체를 비롯하여 식품이나 생물소재에 큰 변화를 일으킬 수 있다.

(1) 물의 방사선 분해 경로와 관련 반응

물이 방사선에 조사되면 물 분자는 여기상태exited water가 되어 수산기(OH) 및 수소기(H)의 자유기free radical를 만들고 이들은 이온화된 물분자(H_2O)와 수화전자(Hydrated electron, e-aq)를 만든다. 이 과정에서 만들어진 하이드로니움이온(H_3O^+), 수산기(OH^-) 등 자유기들은 강한 반응성을 가지는 물질로 이들이 식품의 주요 성분인 단백질, 탄수화물, 지방, 색소, 효소, 비타민 등과 반응하여 산화, 환원 반응, 지방 산패반응, 단백질의 탈아미노산 또는 중합 반응, 탄수화물의 비효소적 갈변반응 등을 일으킨다. 또한 물, 공기, 다른 화합물에 작용하여 수소, 과산화수소, 하이드로니움이온, 수산이온 등을 생산하는 연쇄반응을 일으킨다(그림 11-8).

방사선 조사 에너지 ⟶ 흥분 상태의 물$(H_2O)^*$

↓

$OH^{\cdot}$ 및 $H^{\cdot}$의 자유기 형성

↓

이온화 물분자 형성 $(H_2O)^+$

↓

이온화물의 전자가 다른 화합물과 작용

↓

수소(H_2), 과산화수소(H_2O_2), H_3O^+, OH^- 등을 형성

그림 11-8. 방사선에 의한 물의 분해 경로

이온화 방사선이 식품에 작용하여 반응할 수 있는 가능성과 생성물질의 종류는 너무 많아 다 기록할 수 없을 정도이다. 방사선 조사는 물의 방사선 분해뿐만 아니라 물 이외의 화합물에 작용하여 이들의 결합을 끊어 자유 라디칼을 생성할 수도 있다. 가장 중요한 반응은 식품 내 폴리머와 단백질에서 -CH, -SH, -NH 결합을 끊어 라디칼이 생성되는 것이다. C-C 결합은 끊어져서 alkyl radical을 생산한다. 단백질과 다당류를 포함한 식품고분자 그룹은 각각 다른 방사선감도를 가지고 있다. 식품의 주요 성분인 단백질, 탄수화물, 지방, 색소, 효소, 비타민 등 모든 것은 이들 활성화된 중간 생성물과 반응하여 다른 중간 생성물을 형성하여 나간다. 특히 산화, 환원 및 자유기free radical 등의 연쇄반응이 일어나 식품에 큰 변화를 준다.

① 지방이나 포장재의 중합체polymer를 구성하는 탄화수소 결합에 대하여 free radical을 형성하게 한다.

$-(CH_2)- \rightarrow -(CH^{\cdot})- + H^{\cdot}$

이들 free radical은 공기 중이나 식품 중의 산소와 반응하거나 가교cross rink를 형성함으로써 산패oxidation rancidity를 일으키게 된다.

② 단백질은 그 종류에 따라 방사선에 대한 민감성이 달라지는데 탈아미노반응deamination, 산화oxidation, 중합polymerization, 탈탄산decarboxylation 반응 등을 일으키며 이로써 효소의 불활성화와 미생물의 파괴를 일으킬 수 있다(그림 11-9).

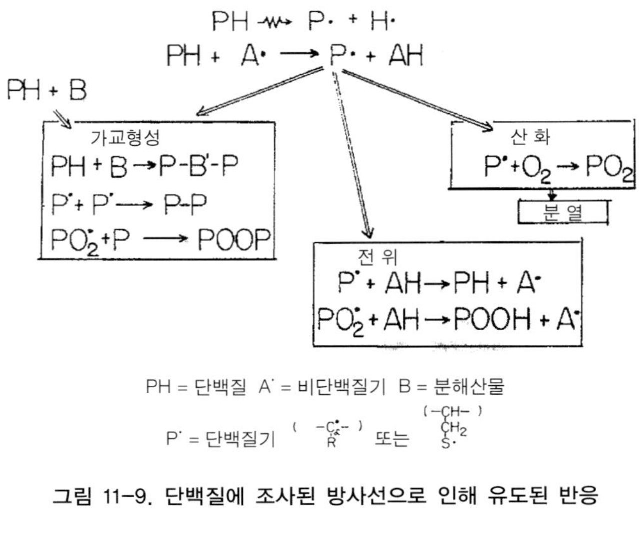

그림 11-9. 단백질에 조사된 방사선으로 인해 유도된 반응

③ 당류 중에 전분과 펙틴이 특히 민감하며 산화, 축합반응 등에 의하여 비효소적 갈변반응을 유발한다.

(2) 생물체에 대한 방사선의 영향

X-ray의 발견 이후 방사선의 생물체에 대한 치사 효과가 알려졌다. 생물체가 많이 진화된 것일수록 방사선에 대한 민감성이 증가된다. 즉 사람은 불과 수백 rad에 치명적인 영향을 받으나 어떤 미생물은 수백만 rad에서 비로소 사멸하게 된다. 방사선이 생물체를 죽이는 기작은 직접적인 영향과 간접적인 효과 모두가 작용한다고 본다. 〈그림 11-10〉은 생물체의 사멸을 유발하는 방사선 조사선량 범위를 나타내고 있다.

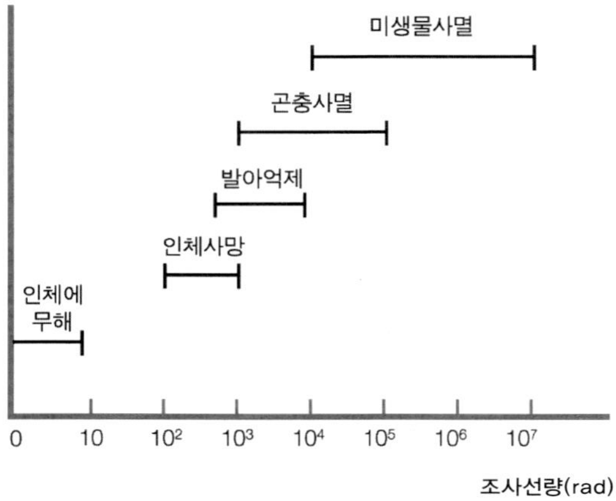

그림 11-10. 생물체에 대한 방사선의 영향

(3) 미생물에 대한 치사 효과

방사선에 의한 미생물의 사멸속도는 열에 의한 경우와 마찬가지로 지수적 사멸속도logarithmic destruction rate를 나타내는 1차 반응식에 따른다. 열에 의한 미생물의 사멸은 온도와 가열시간에 의하여 결정되나 방사선에 의한 세균의 사멸은 조사선량dose에 의해서만 결정된다.

$$N = N_0 e^{-D/D_0} \tag{8}$$

$$\ln N/N_0 = - D/D_0$$

N : 생존 세균 수

N_0 : 초기 세균 수

D : 방사선 조사량(rad)

D_0 : 세균의 종류와 환경 요소에 의한 상수
(90%의 초기 세균을 사멸시키는 데 필요한 조사량, rad)

방사선에 의한 미생물의 사멸속도는 미생물의 종류에 따라 다르다. 〈그림 11-11〉에서 보는 바와 같이 세균포자의 방사선 저항성이 가장 커 사멸속도가 느리며 영양세포의 사멸속도가 빠르다.

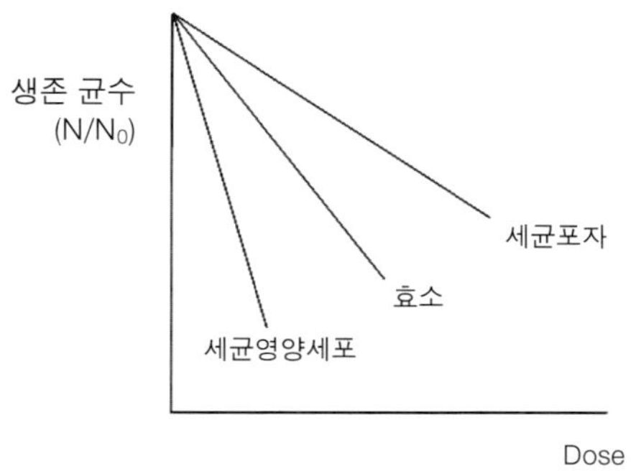

그림 11-11. 미생물의 종류에 따른 방사선 사멸속도

열처리에서와 마찬가지로 미생물의 방사선 민감도를 나타내는 수치로서 D_{10} 값을 사용한다. D_{10}값은 최초 세균 수를 1/10로 줄이는 데 필요한 조사량으로 정의된다. 〈그림 11-12〉는 세균 *Clostridium botulinum*과 효소의 D_{10}값을 비교한 것이다. *Cl. botulinum*의 D_{10}값은 0.37 Mrad이며 멸균을 위한 12D를 위해서는 4.5Mrad의 조사선량이 필요하다. 반면 효소는 D_{10}값이 5 Mrad이므로 *Cl. botulinum*을 멸균하는 조건에서도 초기 효소 활성의 1/2이 감소할 뿐이다. 따라서 방사선 조사에서 효소의 불활성화를 위한 각별한 조심이 필요하다. 이러한 이유에서 저온(60-70℃) 가열처리에 의한 효소의 불활성화와 방사선 조사를 병행하는 경우가 많다. 이와 같이 미생물의 열에 대한 민감성과 방사선에 대한 민감성은 일치하지 않는다.

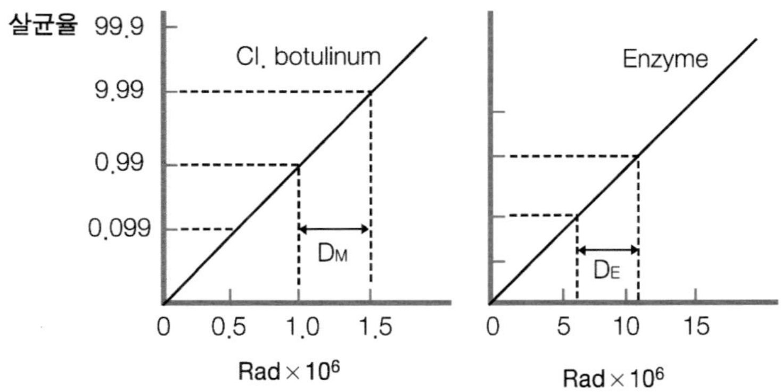

DM=0.37 Mrad
12D=4.5 Mrad
DE=5 Mrad

그림 11-12. 세균 *Cl. botulinum*과 효소의 D_{10}값 비교

〈표 11-4〉는 식품 공정에서 중요한 미생물들의 방사선 조사 치사율 상수를 나타내고 있다.

표 11-4. 미생물의 일반적인 치사율 상수값

미생물	D_{10}(Gy) 범위
세균의 영양세포	100-2000
Campylobacter species	100-300
E. coli (including O157:H7)	200-500
Micrococcus radiodurans	2500-6000
Pseudomonas fluorescens	50-200
Salmonella species	250-2000
Staphylococcus aureus	200-600
세균포자	300-6000
Bacillus subtilis	300-3000
Clostridium botulinum (Type A)	3000-6000
C. botulinum (Type E)	1000-1500
C. perfringens	1100-2200
C. sporogenes PA3679	-2200

식중독균에 방사선 조사를 했을 때, 미생물 살균효과는 방사선 조사 전에 생긴 독소까지 제거하지는 못한다. 효모와 곰팡이는 방사선 조사로 통제가 가능하다. 그러나 개별 세포의 생존에 대한 측정은 박테리아의 경우보다 간단하지 않기 때문에 충분한 조사량이 필요하다. 예를 들면 효모는 5,000~20,000Gy, 곰팡이는 1,000~10,000Gy 정도가 적용된다.

원생동물과 병원균을 포함한 장내 기생충은 낮은 방사선량(500Gy 이하)에서도 쉽게 불활성화된다. 선모충(*Trichinella*)을 포함하는 장내 기생충과 몇몇 촌충(*Taenia* 류)과 디스토마는 높은 방사선량(5,000Gy 이상)을 필요로 한다. 바이러스는 방사선 조사에 의해 불활성화하기 어려우며 이들의 D_{10}값은 5,000Gy 이상이다. 바이러스는 일반적으로 열에 매우 민감하기 때문에, 열과 방사선 처리를 병용하는 것이 효과적이다.

방사선 조사된 미생물의 생존에 영향을 주는 요인들은 다음과 같다.

① 일반적으로 수분함량이 높을수록 방사선 조사로 사멸될 확률이 높다. 이는 물에서 생성된 방사선 물질의 농도가 상대적으로 높아지기 때문이다. 동결 상태에서 미생물의 방사선 민감도radiosensitivity가 떨어진다. 즉 냉동 상태에서 살균하려면 더 높은 조사량을 사용하여야 한다.

② 배양액의 특정 성분이 보호효과를 가져 감도에 영향을 준다. 유기용매에서는 미생물의 방사선에 대한 저항력이 증가되며 무기염 용액은 크게 영향을 미치지 않는다. pH는 감도에 영향을 주는 중요한 요소이고, 배양액의 높은 산소 농도 또한 방사선 조사에 따른 치사효과를 높이는 역할을 한다. 산소의 존재에 의하여 민감성이 2~3배 증가한다.

③ 온도가 높아질수록 방사선 조사의 효과도 강해지는 경향이 있다. 열과 방사선 조사는 상승적인 살균효과를 나타낸다. 열처리 전 시행하는 방사선 조사preirradiation는 미생물의 열에 대한 저항성을 감소시킨다.

④ 방사선의 종류(전자, γ선, x-ray)는 조사량과 관련된 치사율에 큰 영향을 주는 요인은 아니다. 즉 방사선의 종류에 관계없이 같은 선량의 방사선은 같은 살균효과를 낸다.

⑤ 조사속도dose rate 혹은 방사선의 강도intensity of radiation는 치사율에 큰 영향을 미치지 않는다. 즉 총 조사량에 의하여 치사 효과가 결정된다.

⑥ 전처리는 중요한 영향을 미친다. 포자 발아와 같은 특별한 상황에서 포자를 형성하는 생물의 방사선에 대한 감도가 증가하게 된다.

(4) 효소에 대한 영향

〈그림 11-12〉에 보인 것과 같이 일반적으로 효소는 세균포자보다 5~10배 방사선에 대한 저항성이 크다. 이것은 열에 의한 효소의 민감성과 반대되는 현상이다. 효소는 미생물이 사멸하는 온도 이전에, 일반적으로 60℃ 부근에서 불활성화된다. 따라서 열처리에 의하여 미생물을 사멸하면 효소에 의한 식품의 변질을 염려하지 않아도 된다. 그러나 방사선 조사에 의하여 멸균하여도 저장 중에 효소에 의한 변질이 일어날 수 있다. 그러므로 열에 의한 효소의 불활성화와 방사선 조사에 의한 세균포자의 파괴를 병행하는 것이 효과적이다.

(5) 곤충에 대한 영향

곤충은 미생물보다 방사선에 약하며 특히 곤충의 생식 능력은 불과 수천 rad의 조사에 의하여 중단시킬 수 있다. 〈그림 11-13〉은 두 가지 다른 성충의 방사선 조사 효과를 보여 주고 있다. 유충이든 성충이든 1,000~3,000Gy의 조사량을 가했을 때 1~2일 안에 죽게 된다. 곤충이나 진드기들의 발육은 100~1,000 Gy의 조사량에 의해 억제될 수 있다. 곤충의 방제는 일반적으로 살충제나 살균제 또는 훈증제를 사용하나 방사선 조사를 하면 이들 맹독성 화학약품을 사용하지 않아도 되므로 가장 효과적인 방사선 이용 분야이다.

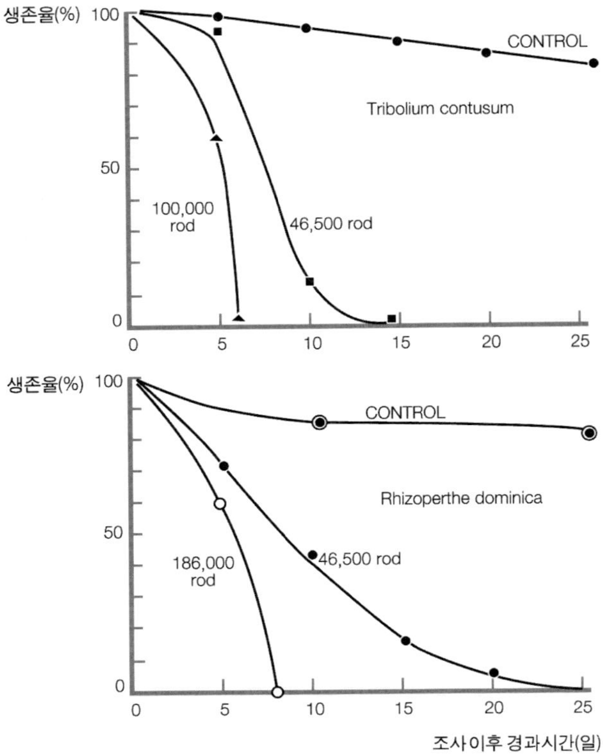

그림 11-13. 방사선 조사된 두 가지 성충의 생존곡선

11.4. 방사선의 식품 산업적 이용

방사선 조사에 의하여 저온에서 식품 중의 미생물을 사멸할 수 있으므로 열처리에 의한 영양소 파괴, 색소의 변화, 조직감의 변화 등 여러 가지 품질손상을 경감할 수 있다. 그러나 방사선 조사에 의하여서도 식품은 여러 가지 품질손상이 일어난다. 특히 과도한 조사량은 식품의 품질을 크게 떨어뜨릴 수 있다. 방사선 조사가 식품의 품질에 미치는 영향을 열거하면 다음과 같다.

① 이취off-flavor의 발생: 쇠고기, 돼지고기, 생선 등 동물성 식품은 10^6rad(10kGy) 이상의 조사량을 가할 경우 악취를 낸다. 우유는 10,000~50,000rad에서 이취를 형성한다. 방사선 조사에 의한 이취의 발생기작은 잘 알려져 있지 않지만 지방의 산화나 단백질의 분해에 기인하는 것으로 생각된다.

② 조직연화softening : 방사선 조사에 의하여 육류나 채소의 조직 연화가 일어난다. 채소와 과일은 1Mrad(10kGy) 정도에서 연화가 일어난다.

③ 색상의 변화color change : 방사선 조사에 의하여 육류는 갈변현상을 일으켜 품질이 크게 저하된다.

$$\text{Red meat color} \xrightarrow{Irradiation} \text{brown}$$

방사선 조사에 의한 식품의 품질손상을 막기 위하여 여러 가지 방법들이 사용되고 있다. 조사에 의한 품질 손상을 막기 위한 방법들을 열거하면 아래와 같다.

① 방사선 조사량의 감소: 방사선 조사에 의한 식품의 품질열화는 고선량(10kGy 이상)에서 주로 일어나므로 조사선량을 낮추는 데 초점을 두고 있다. 동일한 조사 효과를 얻으면서 조사선량을 낮출 수 있는 방법은 열처리나 화학보존제의 사용을 병행함으로서 가능하다.

② 냉동된 상태에서 조사: 식품을 냉동된 상태에서 조사할 경우 이취off-flavor의 형성을 크게 줄일 수 있다.

③ 산화방지 조건에서 조사: 불활성 기체나 아스코브산ascorbic acid과 같은 자유기 제거제free radical scarbenger를 사용함으로써 이취의 발생을 방지할 수 있다.

(1) 방사선을 이용한 식품가공 기술

방사선 조사에 의한 식품의 살균, 해충의 사멸, 발아 억제 등이 산업적으로 널리 이용되고 있으며 앞으로 그 용도는 더욱 확장될 것으로 보인다. 방사선 조사가 이용될 수 있는 식품가공 기술들을 열거하면 아래와 같다.

① 식품의 멸균

Radappertizing 또는 cold sterilization이라고도 한다. 대부분의 세균포자들은 20~60kGy (2~6Mrad) 수준의 방사선 조사에서 사멸하므로 식품의 멸균에 사용된다. 열처리에 의한 통조림과 마찬가지로 밀봉 포장된 식품을 20~60kGy 수준으로 방사선 조사하면 실온에서 장기 저장할 수 있다. 또한 육가공 제품에서 아질산염의 사용을 줄일 수 있다.

방사선 조사 멸균식품에서는 포장재 선택이 중요한데 방사선 조사에 안정해야 하며, 조사 중에 식품으로부터 발생하는 가스(수소)에 의한 용적변화를 견딜 수 있어야 하며, 예열하거나 냉동 후 조사하는 경우가 많으므로 온도변화에 견딜 수 있어야 한다. 미국 FDA가 허가한 방사선 조사용 포장재는 아래와 같다.

polyethylene, polyethylene terephthalate, Nylon-6, polyvinyl chloride-polyvinyl acetate, parchment paper(양피지), 락카 칠을 한 금속 캔.

일반적으로 여러 가지 재질을 덧붙인laminated필름 파우치를 사용하는데 일례를 들면, Nylon 6(0.001인치), aluminium foil(0.00035인치), Mylon (0.0005인치), medium density polyethylene(0.002인치) 복합재질을 들 수 있다.

② 부패균이나 병원성 세균의 살균pasteurization

대부분의 부패균이나 병원성 세균은 10kGy(1Mrad) 이하의 조사선량으로 사멸한다. 따라서 냉장 식품의 저장성 연장을 위하여 생선, 신선육, 채소, 과실, 우유, 계란, 치즈 등의 저온살균 pasteurization과 같은 효과를 10kGy 이하의 조사로 얻을 수 있다. 특히 표면의 곰팡이나 효모의 사멸에 효과적이다.

③ 공업용수 및 폐수의 처리

10kGy 내외의 방사선 조사로 폐수 및 공업용수의 세균을 살균할 수 있다. 원양어업 선상에서 생선의 냉각수를 방사선 조사하여 살균 후 사용하면 생선의 저장성이 향상된다.

④ 곡물 및 과실의 살충

0.25kGy의 조사로 해충의 사멸과 생식 능력을 중단시킬 수 있다. 해충의 사멸을 위하여 화학 훈증제로 사용하던 메틸브로마이드methyl bromide가 대기의 오존층을 파괴한다는 주장에 따라 사용이 제한되면서 방사선 조사가 최선의 대안으로 대두되고 있다. 농산물의 수출입 검역과정에서 해충사멸을 위하여 방사선 조사 시설을 설치하고 있다.

⑤ 발아 억제

양파, 고구마, 감자, 당근의 발아 능력이 0.15kGy의 비교적 낮은 조사량으로 완전히 상실된다(그림 11-14). 방사선 조사로 근채류 식품의 저온 장기저장이 가능해진다. 1회의 조사만으로 발아억제 효과를 얻을 수 있어 기존에 사용하던 화학약품(예로 maleic hydrazide 등)을 대체할 수 있다. 일부 지역에서는 코발트-60을 장착한 트럭을 이용하여 이동형 조사시설을 운영한 바 있다. 그러나 용적이 큰 근채류를 조사시설에 적재하고 하역하는 물류비가 너무 커서 경제성이 낮다.

비조사구　　　　0.15kGy

그림 11-14. 방사선 조사에 의한 감자의 발아 억제

⑥ **건조식품의 복원능력 증대**

비교적 낮은 수준의 방사선 조사에 의하여 건조식품의 재흡수성rehydration property이 높아져 물에 담갔을 때 빠르게 복원된다. 이는 방사선 조사에 의하여 조직의 분자 간 결합이 손상되어 물과의 결합이 용이해지기 때문이다.

⑦ **위스키의 숙성 촉진**

비교적 낮은 수준의 방사선 조사에 의하여 위스키와 같은 발효 증류주의 숙성이 촉진된다고 한다. 이는 방사선 조사가 산화반응 등 발효 숙성 과정에서 일어나는 여러 가지 화학반응을 촉진하는 데 기인하는 것으로 판단된다.

표 11-4. 방사선 조사의 용도와 조사선량

용도	조사선량
발아억제(감자, 양파, 밤)	0.05 - 0.15 kGy
곡류 및 건조과실의 살충효과	0.1-1.0 kGy
과일, 야채의 숙도 지연	0.5 - 1.0 kGy
신선식품의 살균	1-10 kGy
환자 식이 등의 멸균	25 kGy - 40 kGy

(2) 방사선 조사 식품의 안전성

방사선 조사된 식품의 안전성을 결정하는 5가지 조건을 열거하면 아래와 같다.

① 조사 과정에서 새로운 방사능이 유도될 수 있는가?

② 작업 인원의 방사선 노출을 보호할 수 있는가?

③ 처리 후 잔존 미생물의 위험을 일으키지 않는가?

④ 처리에 의한 영양손실이 너무 크지 않은가?

⑤ 조사에 의한 화학반응으로 발암성 혹은 독소 물질이 생성되지 않는가?

①~④까지는 비교적 짧은 시간의 시험으로 판정될 수 있으나 ⑤의 문제는 장기 동물 시험을 요구한다.

① 유도방사능Induced radioactivity

조사과정에서 일어날 수 있는 새로운 방사능 물질의 생성 여부는 ① 방사선의 종류와 에너지 수준, ② 조사선량dose level, ③ 식품 성분 중의 반응성 물질의 농도, ④ 유도된 방사선 동위원소radioisotope의 반감기 등에 의존한다. 코발트-60에서 생산되는 γ-ray는 유도방사능을 생성하지 않는 안전한 방사선이다. 고에너지 전자의 경우에는 10MeV 이하에서는 방사선을 유도를 하지 않으나 20MeV 이상에서는 다른 방사능 물질을 생산할 수 있다. 특히 Na, P, S, Fe의 동위원소를 생산하나 무시할 수 있는 양이다.

② 작업 인원의 안전성

방사선 조사를 산업적으로 이용하기 위해서는 비교적 저렴한 장치로 안전한 조사 시설을 만들 수 있어야 한다. 산업적 조사 시설은 작업 인원이 보호될 수 있는 충분한 차단시설을 갖추고 있어야 하며, 자동조사중단 시설뿐만 아니라 모든 부위에서 계속적인 조사량 측정을 하여 자동제어되도록 해야 한다. 작업 인원에 대한 안전교육도 대단히 중요하다. 〈그림 11-15〉는 방사선 조사 시설의 안전시설을 보여 주는 단면도이다.

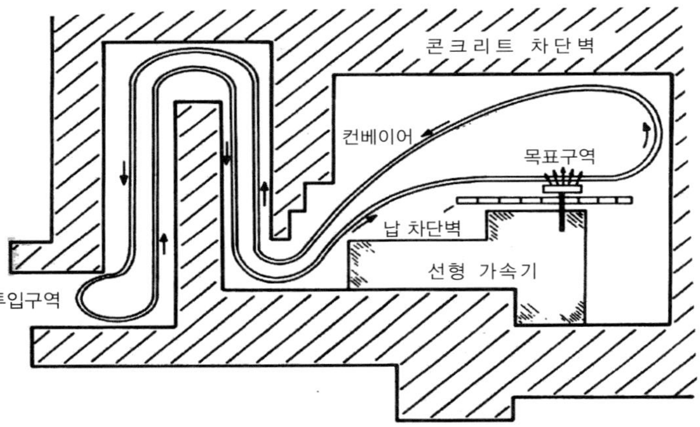

그림 11-15. 방사선 조사 시설의 안전시설

③ 변이 미생물의 위험

방사선 조사에 의한 부분살균pasteurization 과정에서 살아남은 미생물이 돌연변이를 일으켜 이제까지 알려지지 않은 새로운 생명체가 될 수 있는 위험은 항상 존재한다. 그러나 반세기 이상에 걸친 방사선 조사 식품 연구에서 그러한 가능성은 감지되지 않았다.

④ **영양가의 손실**

방사선 조사에 의하여 일어나는 여러 가지 연쇄반응은 식품의 영양소를 파괴할 수 있다. 특히 지용성 비타민과 일부 아미노산의 파괴가 일어난다. 그러나 열처리에 의한 영양 손실에 비교하면 대단히 적은 양이다. 방사선 조사과정에서 일어나는 영영 손실을 막기 위하여 냉동 상태에서의 조사, 불활성 기체 내에서의 조사 등 여러 가지 방법을 도입하고 있다.

⑤ **독성과 발암물질 생성**

방사선 조사식품의 안전성에 대한 연구에서 가장 많이 연구된 분야가 독성과 발암물질 생성에 관한 사항이다. 이제까지의 연구 결과를 종합하면 10kGy까지는 완전히 안전하며 그 이상의 고선량(50~70kGy)까지도 독성이나 발암성 물질의 생성 가능성은 희박하다고 본다.

11.5. 방사선 조사 식품의 이용 현황

지난 반세기 동안 핵에너지의 평화적 이용을 목적으로 한 연구가 전 세계적으로 수행되었으며 방사선 조사 식품의 안전성에 대하여 구미 선진국에서 집중적으로 연구되었다. 전 세계적으로 수행된 엄청난 양의 연구결과를 종합해 보면 방사선 에너지를 이용한 조사照射방법은 가장 깨끗하고 안전한 식품저장 방법임이 입증되고 있다. 유엔의 국제원자력기구IAEA, 식량농업기구FAO 그리고 세계보건기구WTO에서는 세계의 식량문제 해결과 위생보건 증진의 차원에서 이 기술의 이용을 적극 권장하고 교육하고 있다.

Codex 식품규격위원회가 채택한 방사선 조사 식품에 대한 일반규격 및 운영 규정은 〈표 11-5〉와 같다. 1980년 이후 여러 나라에서 식품의 방사선 조사를 공식적으로 허가하고 있으며, 이로 인해 식품의 저장 중 손실과 식품으로 야기되는 질병을 상당히 감소시키고 식품의 국제교역에도 커다란 도움이 되고 있다. 미국에서는 1990년대 초에 이미 시카고의 한 소매점에서 방사선 조사 딸기를 판매하여 성공을 거두었으며 하와이에서는 열대과일의 방사선 조사가 상업적으로 이용되고 있다. 1998년부터는 신선육의 표면 살균을 위해 방사선 조사가 허용되고 있다. 미국에서는 점차 소비자들이 방사선 조사 식품을 더 위생적이라고 생각하고 선호하는 경향이 나타나고 있다. 세계 각국에서 식품의 방사선 조사가 상업적으로 이용되기 시작한 기록은 부록 2에 정리되어 있다.

표 11-5. WHO/FAO/IAEA 및 Codex의 식품 방사선 조사 국제합의 규격

식품군	방사선 조사 목적	기술적 선량범위(kGy) (min)	(max)
식품군 1: 구근류, 근채류, 괴경식물	저장 중 발아억제	0.05	0.2
식품군 2: 생과일 및 신선야채류	a) 숙도 지연 b) 해충구제 c) 저장성 연장 d) 검역관리*	0.3 0.3 1.0 0.15	1.0 1.0 2.5 1.0
식품군 3: 곡류 및 그 분말류, 건과류, 유지종자, 두류, 건조과일	a) 해충구제 b) 미생물 감균 c) 발아억제(밤)	0.3 1.5 0.1	1.0 5.0 2.0
식품군 4: 어류, 해산물, 개구리다리, 민물 및 육상 무척추동물 (신선 및 냉동)	a) 병원성미생물 감균** b) 저장성 연장 c) 기생충 감염관리**	1.0 1.0 0.1	7.0 3.0 2.0
식품군 5: 가금육과 적색육 및 그 육제품 (신선 또는 냉동)	a) 병원성미생물 감균** b) 저장성 연장 c) 기생충 감염관리**	1.0 1.0 0.5	7.0 3.0 2.0
식품군 6: 건조채소류, 향신료, 양념류, 동물사료, 건약재 또는 약용차	a) 병원성미생물 감균** b) 해충구제	2.0 0.3	10.0 1.0
식품군 7: 동물 근원의 건조식품	a) 해충구제 b) 곰팡이 억제 c) 병원성미생물 감소	0.3 1.0 2.0	1.0 3.0 7.0
식품군 8: 전통식품과 기타식품 - 건강식품, 환자식용 전통식품, 아라비아 검 및 기타 증량제, 군 식량, 꿀, 우주식량, 특수향신료, 액상란(卵)	a) 미생물 감균 b) 멸균 c) 검역관리		*** *** ***

* 최소선량은 특정 해충이나 병원균에 대해 정해질 수 있음.
** 최소선량은 식품의 위생적 품질을 보장하기 위해 처리 목적을 고려하여 정함.
*** 특정 목적과 식품 원료에 대해 정해지는 최대 선량.

우리나라는 1986년부터 일부 식품의 방사선 조사가 허용되었으며 그 허용 품목 수를 점차 확대해 나가고 있다. 2011년 현재 우리나라에서 허용되고 있는 방사선 조사 식품목록은 〈표 11-6〉과 같다.

우리나라 식품공전에는 사용 방사선의 선원을 코발트60(60Co)으로 제한하고 있으며 일단 조사한 식품은 다시 조사하지 못하도록 되어 있다. 또한 조사 처리된 식품에는 〈그림 11-16〉과

같은 조사식품표시(Radura) 도안을 제품포장 또는 용기에 소비자가 알아볼 수 있도록 표시하여야 한다.

그림 11-16. 방사선 조사 식품의 Radura 표시

표 11-6. 우리나라에서 허용되고 있는 방사선 조사 식품목록

허가 일자	허가 품목	허가조사선량(kGy)	목적
1987.10.16	감자, 양파, 마늘	0.15	발아 억제
	밤	0.25	발아 억제
	생버섯 및 건조버섯	1	숙도 지연
1988. 9.13	건조향신료	10	살균 · 살충
1991.12.13	가공식품 제조원료용 건조식육 및 어패류 분말	7	살균 · 살충
	된장, 고추장, 간장분말	7	살균 · 살충
	조미식품 제조원료용 전분	5	살균 · 살충
1995.5.19	가공식품 제조원료용 건조채소류	7	살균 · 살충
	건조향신료 및 이들 조제품	10	살균 · 살충
	효모, 효소식품	7	살균 · 살충
	알로에 분말	7	살균 · 살충
	인삼(홍삼 포함) 제품류	7	살균 · 살충
	2차 살균이 필요한 환자식	10	살균
2004.5.24	난분	5	살균
	가공식품 제조원료용 곡류, 두류 및 그 분말	5	살균 · 살충
	조류식품	7	살균 · 살충
	복합조미식품	10	살균
	소스류	10	살균 · 살충
	분말차	10	살균 · 살충
	침출차	10	살균 · 살충

참고문헌

이철호; 조사식품의 안전성과 국제교역, 고려대학교 출판부, 서울 (1998).

이철호; 식품위생사건백서 II, 고려대학교출판부, 서울 (2005).

변명우; 식품조사기술의 국내연구현황, 식품과학과 산업, 31(2) 19-24 (1998).

권중호, 정형욱; Food irradiation의 과학적 근거와 연구과제, 식품과학과 산업, 31(2) 31-49 (1998).

International Consultative Group on Food Irradiation; Workshop on harmonization of procedures and regulations on food irradiation for Asia and the Pacific, ICGFI Document No. 26 (1998).

Karel, M,. Fennema, O.R. and Lund, D.B.; Physical Principles of Food Preservation, Marcel Dekker Inc., New York (1975).

Shafiur Rahman, M.; Irradiation preservation of foods, in Handbook of Food Preservation, p. 397-420, (ed) M. Shafiur Rahman, Marcel Dekker Inc., New York (1999).

제12장

식품저장의 신기술

식품의 보존성을 향상시키기 위하여 전통적으로 상용되어 온 가열처리법은 열에 의한 영양 성분의 파괴, 조직감 및 색의 변화, 향기 성분의 손실 등 품질 손실을 피할 수 없으며, 냉동이나 건조법은 오래 저장할 경우 품질의 손상 및 소비자들의 기호를 저하시키며, 화학 식품 보존제의 사용은 점차 감소되고 있는 추세이다. 최근 소비자들은 제품의 보존을 위해 전혀 열을 가하지 않거나 제한적 열처리를 통해 고품질의 제품을 생산할 수 있는 비가열 처리에 의한 식품저장 분야에 대한 관심이 높아지고 있다. 현재 사용되고 있거나 앞으로 사용될 가능성 있는 비가열처리에 의한 식품 저장방법은 다음과 같다.

- 방사선 조사irradiation
- 초고압처리high pressure processing
- 자외선 조사irrradiation with ultraviolet light
- 고전압처리application of high-intensity pulsed electric fields
- 진동자기장application of oscillating magnetic fields

상기의 공정들에 대한 기술개발은 각각 다르게 진행되고 있다. 이 중에서 방사선 조사 공정은 상당히 발전되었으며 상업적 방사선 조사 시설들이 많은 나라에 건설되었다. 또한 방사선 조사 식품들이 시중 마켓에서 판매되고 있어 이미 기술이 정착 응용되고 있어 제11장에서 자세히 다루었다. 그 외에 초고압처리를 제외한 다른 기술들이 상업적 응용 분야로 연구되고 있지만 아직도 마케팅, 경제성, 소비자 인식도 및 자체 기술 미보유 등의 사유로 상업화가 이루어지고 있지 않은 실정이다.

자외선 조사는 상대적으로 연구가 잘 이루어지고 있지만 응용에 한계가 있으며 초음파는 식품보존에 사용되기보다는 다른 산업적 목적에 사용되고 있다. 초고압은 현재 가장 많이 연구되고 실제에 적용되고 있는 기술 중의 하나이다. 초고압기술은 미생물에 치사적인 효과가 정량화되었고, 현재 산업적인 실험실적 규모와 일련의 작은 산업적 규모의 시설이 설치되어 있고, 몇 개의 제품들이 상품화되어 시중에 유통되고 있다. 고전압처리는 미생물의 살균력이 입증되었지만 살균효과의 동력학적kinetics 이론들이 정립되어 있지 않았고 가능한 가공공정 등이 개발 중에 있다. 진동자기장OMF는 식품저장에 사용될 수 있는 기술로 평가되지만 현재로서는 방법에 관한 연구가 진행되고 있다.

12.1. 초고압처리high pressure processing, HPP

(1) 원리

① 일반적 처리 방법

초고압처리HPP는 식품에 유체정역학적 압력을 적용하는 것을 의미한다. 여기에 사용되는 100에서 최대 800MPa 이상의 압력은 1,000~8,000기압과 동일한 압력에 해당한다. 초고압처리의 일반적 방법은 원리 면에서 간단하다. 연포장재로 포장된 식품은 압력이 가해진 상태로 압력용기에서 포장이 되는데, 내외부의 압력이 일정하므로 포장용기는 변형되지 않는다(그림 12-1). 밀폐된 압력관에는 압력 전달 유체가 채워져 있다. 현재 사용되는 압력 전달 유체의 대부분은 물이고, 압력을 높이면 물은 압축된다. 상온에서 최종 부피 변화는 100MPa에서 4%이고 600MPa에서는

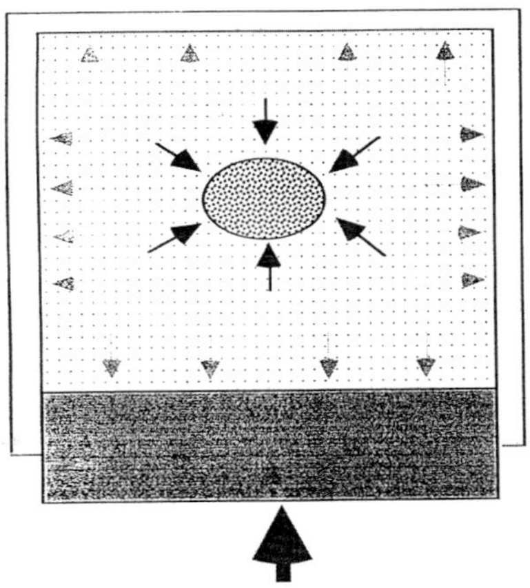

그림 12-1. 등압 처리의 원리

15% 정도가 압축된다. 식품을 일정 압력에서 특정 시간 동안 방치한 후, 밀폐된 압력용기의 압력을 해제하여 초고압 가공을 끝내고 다음 공정을 반복한다.

② 온도와 압력 효과의 상호 의존성

초고압처리와 방사선 조사와 구별되는 점은 미생물 살균효과가 초고압처리의 경우 온도 의존적인 점이다. 초고압처리에서 압력을 가하면 사용된 압력 전달 매체가 가열된다는 것이다. 온도의 상승은 100MPa당 약 3℃이라고 알려져 있으며 적용되는 제품에 따라 달라진다. 따라서 800MPa에서의 식품은 24℃ 상승한다. 반면, 일반적으로 높은 선량인 10kGy의 이온화 방사선 조사는 2.6℃의 온도를 높인다. 방사선 조사의 경우 광범위한 온도 범위 안에서 조사를 하는 동안 온도변화는 치사량에 영향을 많이 미치지 않지만, 초고압처리의 경우 작은 온도변화에도 치사량이 크게 변화한다. 예를 들어 *B. stearothermophilus* 포자에 60분 동안 20℃에서 8,000atm(800MPa)을 적용했을 때 치사효과는 없었으나, 같은 시간과 같은 압력 조건에서 온도가 60℃일 때는 미생물 수가 3-4로그 사이클이 감소한다.

(2) 압력의 물리화학적 영향

르샤틀리에Le Chatelier에 의하면 "평형상태의 계는 평형을 깰 수 있는 방해를 받으면 방해의 효과를 최소화하려는 방향으로 진행한다"는 것으로, 예를 들면 A와 B 두 분자들이 다음과 같이 평형을 이루고 있을 때 이 기체에 압력이 가해진다면,

$$A \leftrightarrow 2B$$

이 원리에 의하면 반응이 분자의 수를 줄임으로써 압력증가를 최소로 낮추도록 진행된다. 따라서 평형상태는 A가 증가하는 방향으로 진행된다. 즉 압력은 물체의 물리적 성질을 변화시키고, 반응속도에 영향을 미친다. 반응속도상수와 압력과의 상관관계는 온도와 관련된 Arrhenius식과 유사하게 표현될 수 있다.

$$-RT\left(\frac{d\ln k}{dP}\right)_T = \Delta V^{+} \qquad (1)$$

ΔV^{+}의 크기는 Arrhenius식의 활성화 에너지와 유사한 활성화 부피이다. 초고압 살균을 실시하는 압력의 범위에서 압력이 반응속도에 미치는 영향은 가공온도 범주에서 온도가 반응속도에 미치는 영향보다 적게 나타난다. 100MPa의 압력 상승에 의한 반응속도의 변화는 온도 10℃ 증가에

의한 반응속도와 동일하다. 르샤틀리에 원리는 압력의 증가로 인해 분자의 정렬도가 증가한다는 것을 의미하며, 이는 또한 압력 증가가 녹는점을 높인다는 점을 설명한다(이유는 한 고체의 특정 부피가 그 액체의 특정 부피보다 낮기 때문이다). 반면에 물의 경우 일반적 얼음상태(ICE I)의 녹는점이 압력에 따라 감소하기 때문에 상기의 법칙에 예외적인데, 이 현상은 ICE I이 녹음에 따라 생기는 비정상적인 부피 변화 때문이다. 물(액체)은 얼음(고체)보다 밀도가 높다. 고압에서(수백 MPa)에서 어는점은 압력에 따라 증가하지만 이렇게 생성된 얼음의 형태는 ICE I과는 다르다.

식품 성분에 미치는 압력의 영향은 특정 성분에 따라 변한다. 압력에 의해 단백질은 변성이 일어날 수 있고, 효소의 불활성화를 일으킨다. 막 구조는 단백질 구조(지질 단백질의 복합체)의 변화나 지질의 전이로 인해 크게 변화할 수 있다(그림 12-2). 또한 고압은 젤의 구조 변화를 일으킬 수 있지만, 이러한 변화는 잘 알려져 있지는 않다.

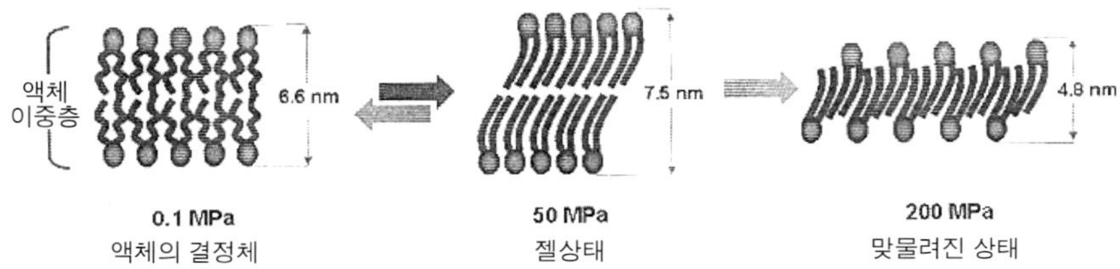

그림 12-2. 압력에 의한 인지질막의 영향

(3) 초고압이 생물체에 미치는 영향

초고압이 잠재적으로 미생물에 치명적인 영향을 미치며 압력으로 인한 미생물의 불활성화에 대한 기작은 첫째, 세포막에 끼치는 영향, 둘째, 세포 생화학적 및 생리적 영향, 셋째, 유전적 기작에 끼치는 영향이다. 이 중 세포막의 파괴가 주를 차지한다고 보고되고 있다. 식품저장의 물리적 원칙에 의거하여 다음 사항들과 같은 압력의 효과들을 고려하여야 한다. 즉 (a) 고압에 의한 미생물 사멸속도, (b) 고압 가공 중 미생물들의 압력에 대한 민감도 그리고 (c) 압력 민감성에 미치는 여러 요인의 영향 등이다.

① 미생물의 사멸속도

미생물들의 압력에 대한 민감도를 비교하고 가공의 효과를 평가하기 위해서는 공정의 내부 및 외부 변수와 치사 효과 간의 관계를 이해해야 한다. 초고압공정의 경우 내부 요소는 압력이고 외부 요소는 시간이다. 반면 열처리공정에서 온도와 시간은 서로 조화를 이루는 요소이다. 앞서 설명한 방사선 조사 공정에서는 내부 요소 즉 조사속도는 대략적으로 무시할 수 있으며, 미생물의 사멸속도도 조사량에 의존한다.

현재까지 압력에 의한 미생물 사멸속도에 관한 공식이 많지 않은 이유는, 기존의 연구로부터 속도 방정식을 만들기에 충분한 압력과 시간에 대한 데이터가 없기 때문이다. 일정한 온도와 압력에서 미생물의 불활성화는 다음과 같이 1차식에 따른다.

$$\ln \frac{N}{N_o} = -kt = -2.303 \frac{t}{D_{10}} \qquad (2)$$

여기서, k는 반응속도상수를, D_{10}은 미생물의 수가 1/10로 감소하는 데 걸리는 시간, N/N_0는 어떤 시간 t에서 생존 비율을 나타낸다.

효모yeast를 대상으로 한 모델에서는 압력에 따라 D_{10}이 다음의 식에 따라 변화한다는 가정하에 만들어졌다.

$$\log \frac{D_{10}}{D_{10R}} = \frac{P - P_R}{z(P)} \qquad (3)$$

R은 정해진 압력 조건을 말하고 z(P)는 D_{10}가 1 대수 주기(1 log cycle) 감소하기 위해 필요한 압력의 증가분을 말한다.

다른 하나의 모델식은 아래와 같다.

$$\ln \frac{k}{k_R} = -\frac{V'(P - P_R)}{RT} \qquad (4)$$

V'은 ln k 변화를 P에 대해 도시하였을 때 얻은 직선의 기울기에서 구한 활성 부피 상수이다.

② 미생물의 민감도

열저항성이 있는 비포자형성 박테리아는 대개 압력에 민감하다. *Campylobacter*, *Salmonella*, *Yersinia*, *Escherichia*, *Listeria*와 *Pseudomonas* 등은 D값이 300~7,000 MPa에서 대개 1~8분 사이이다. 압력 계수 z(P)는 한정된 자료로 인해 계산할 수는 없지만, 민감도는 비교 원리를 통해 알 수 있다. 병원성 영양 세포 중에 *E. coli* O157:H8이 가장 압력에 대한 저항성이 높은 것으로 알려져 있다. 중요한 것은 치사율 곡선의 비대수성이고, 다른 온도에서 압력에 대한 감수성이 크게 다른 것이다. *E. coli*에 대한 연구에 의하면, *E. coli*에 2,500Bar(250MPa)의 압력을 40℃에서 10분 또는 50℃에서 20분간 처리하면, 10^9/ml의 현탁액을 완전하게 불활성화시킬 수 있다. 그러나 25℃에서는 20분간 압력을 가하면 10^3/ml가 생존하고, 60분까지 계속 가하면 1 log cycle까지 더 감소된다. *S. carnosus*의 경우 20~25℃에서 500MPa에 노출된 영양배지에서 부분적으로 미생물의 생존을 위한 저항성이 증가하는 것을 보고되었는데, 3분 정도 처리한 경우 1 log cycle 정도 감소되었으나 그 이후 계속적으로 압력을 가하더라도 더 이상의 미생물 감소는 일어나지는 않았다. 이는 HPP에서 온도와 압력 간의 관계와 미생물 특성의 중요성에 대해 설명해 준다. 결국 적절한 열처리와 병행한 고압처리를 하면 미생물의 영양세포 개수를 줄이게 되어 식품의 유통기간shelf-life을 연장할 수 있게 된다.

효모(*S. cerevisiae*)에 대한 연구에서는 D값이 0.2~10 사이면 이 값은 온도, 압력, 배지에 의해 영향을 받는다, 이때 z(P)는 113~117MPa로 계산된다. 포자spores는 보다 고압처리에 저항성이 더 큰 것으로 보고되었다. *C. sporogenes*는 D값의 범위가 108℃, 800MPa에서 0.695분, 90℃, 600MPa에서 16.7분까지 나타난다. *C. botulinum* Type A-62의 경우 75℃에서의 D값은 *C. sporogenes*와 비슷하지만 1524 MPa에서 z(P)은 더 높았다. 포자가 압력에 의해 현저하게 불활성화가 일어나는 때는 포자의 발아가 시작되어 더욱 압력에 민감한 성장 형태로 변했을 때다. 바이러스의 압력에 관한 민감도는 형태에 따라 다양하기는 하지만 대부분의 바이러스는 쉽게 불활성화되지 않으며, 기생충에 대한 초고압처리 연구는 현재로서는 거의 없다.

(4) HPP의 기술적 측면

① HPP 가공 장치

HPP 가공을 위한 회분식 장치는 식품원료를 넣고 밀폐시킬 수 있는 압력용기로 구성되는데, 대개 물이나 소량의 기름, 윤활유와 같은 압축 유체를 채워 넣는다. 이 관은 적어도 수천의 공기압을 견뎌야 할 수 있어야 하고 폭발을 막을 수 있도록 안전성을 가져야 한다. 직접 압축Direct compression은 낮은 압력 펌프를 통해 피스톤으로 압력 보존액을 압축함으로써 이뤄지는데, 이 장치는 주로 작은 용기에 적합하다. 간접 압축Indirect compressioni은 증압기intensifier라는 고압 펌프를 사용하여 유체를 추가적으로 용기로 펌프한다. 등압성형을 위해 매우 고압과 대규모의 식품장치를 이용하는 대부분의 산업용 시스템은 이 방법을 사용한다. 열 압축은 압축 유체를 밀폐한 다음 열을 가하는 방법으로 고온-고압 과정에 적합하다.

물이나 식품에 노출된 표면은 스테인리스 스틸로 되어 있고, 압축 유체에 들어가는 첨가물(윤

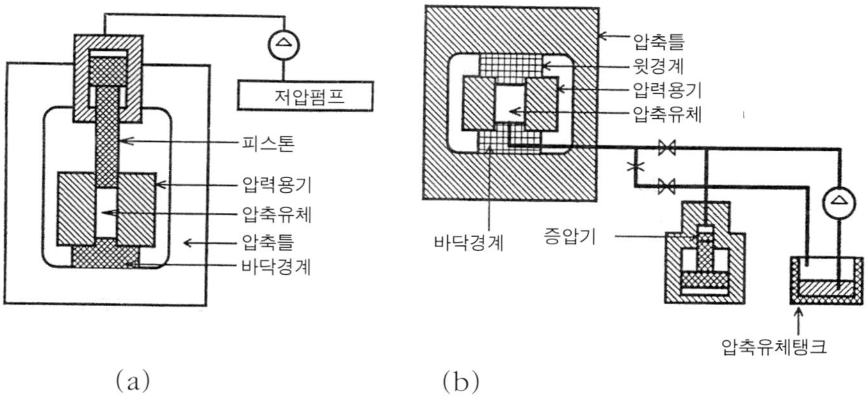

그림 12-3. 압력 전달 매체의 직접(a) 및 간접(b) 가압에 의한 압력의 생성

활유, 항부식제, 보존제)은 FDA의 승인을 받아야 한다. 회분식 초고압 장치는 실험실용으로 0.1~2 liter, 공장용으로는 10~25 liter를 사용한다. 공기를 압축하는 데 에너지가 소모되지 않도록 유체의 공기를 제거하여 사용한다.

물을 추가하는 것은 유체의 압축에 의한 부피 감소를 보충하기 위해 필요하다. 물의 압력에 의한 부분적인 부피 감소와 이에 필요한 물 첨가량은 〈그림 12-4〉를 통해 추정할 수 있다. 비용이 많이 드는 압력 장치는 효율성을 최대한으로 높여 가동하여야 한다. 따라서 회분식에서는 회전시간을 최소화하는 것이 매우 중요하다. 이러한 면에서 회분식 초고압공정은 가압처리 시간이 공정비용에 큰 영향을 미치지 않는다는 점에서 열처리공정과 시간의 비용의 측면에서 매우 다르다. 현재에는 회분식 초고압공정에서는 삽입, 밀폐, 압축, 감압, 빼내기에 10분 정도 소요되지만 향후에는 2분 정도에 이러한 모든 공정이 수행될 수 있을 것이다. 피스톤이 들어 있는 압력용기를 사용하는 액체 제품의 경우 반연속 작업이 가능하다. 먼저 용기에 피스톤이 차지하던 공간에 가공처리할 액체를 채우고, 밸브의 입구를 닫은 후 피스톤으로 관의 내용물을 압축한다. 압축은 피스톤의 뒤쪽에서 고압을 가하여 물로 펌프하는 원리를 이용한다. 일정 시간 후에 압력을 해제하고, 살균 처리된 유체는 무균 실린더 통로를 통해 무균 탱크로 배출하는 방식으로 한 사이클이 완성되고, 이 공정이 회분batch별로 반복된다. 여기에 살균 처리된 액체는 무균상태를 유지하면서, 적절한 용기에 채운다.

연속식의 경우 현재 산업적으로는 사용할 수는 없으며, 고압의 균질화 기기에의 적용 가능성이 제시되었으나, 아직 적절한 사용 방법은 없다.

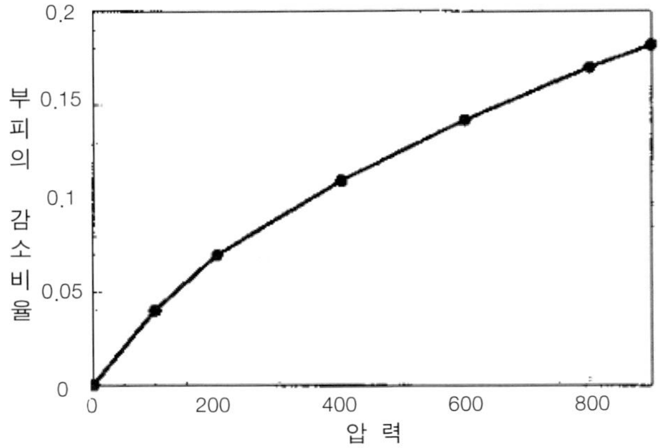

그림 12-4. 압력에 따른 물 첨가량의 증가

② 특정 식품 저장에의 초고압 공정의 적용

일본에서 초고압처리를 상업적으로 시작한 것은 잼의 효모를 불활성시키기 위해 300MPa에서 20분간 처리하는 방법이 개발되면서 부터이다. 초고압 공정 후에 냉장처리하면, 관능적 특성과 비타민 보존율이 높아진다. 오렌지 주스, 파인애플 조각, 그 외 다른 과일들의 효모에 의한 부패를 막기 위해 초고압처리를 하는데, 과실류는 pH가 낮아 병원균의 위험이 낮기 때문에 HPP를 사용할 수 있다. 블랜칭하거나 초고압처리 후 냉장상태로 보관하면 저장기간 중 관능적 품질이 유지할 수 있다. 하지만 양배추와 토마토에 이러한 처리를 했을 때, 그 결과는 만족스럽지 못한 것으로 알려져 있다.

초고압처리 방법으로 연어 페이스트, 다진 고기, 다진 고등어 등 다양한 식육과 생선의 저장방법에 대해 실험한 결과, 유통기간은 연장되었으나, 높은 관능 품질을 유지하는 데는 실패하였다. 시장성을 판단할 목적으로 미국, 유럽, 일본 및 캐나다 등에서는 초고압처리 제품을 개발하여 출시된 바 있는데, 그 제품은 다음과 같다.

a. 프랑스의 "Ultifruit" 이름의 오렌지 주스
b. 텍사스에 있는 Avomex사의 Acidified avocado puree와 Salsa
c. 스페인 Espuna의 Cooked sliced ham
d. 루이지애나 소재 Motivatt SeaFoods사의 Shellfish
e. 미국 Samantha사의 Fruit and Vegetable juices
f. 이탈리아 Ortogel SRL의 오렌지 주스
g. 우리나라 (주)동원 F&B 즉석밥 센쿡

영국 University of Belfast에 있는 영국고압학회(the UK High Pressure Club)의 온라인 게시판(http://www.highpressure.org.uk/CommercialPrecessing.htm)에는 초고압처리를 한 제품을 생산하는 다음과 같은 회사들(잼과 주스를 생산하는 4개의 일본 회사, 초고압처리 오렌지 주스를 생산하는 플로리다의 Minute Maid, 프랑스 Pampryl Corporation의 오렌지 주스)을 소개하고 있다.

한편, 초고압처리는 보존과 저장기간 연장뿐만 아니라 (a) 숙성의 필요성이 최소화되도록 쇠고기를 연하게 만들며, (b) 밥 짓는 시간을 단축시키도록 쌀 전분 및 단백질 구조를 변화시켜 조리시간을 단축시키며 (c) 단백질의 젤 형성력 부여하는 등 식품가공에 긍정적인 영향을 준다.

③ HPP 공정의 변형

균일한 살균처리나 저온살균을 하는 데 있어서 초고압처리의 효율성은 한계가 있어 공정의 변형을 꾀하게 되었다.

a. 고압을 펄스식으로 가한다. 규칙적이거나 가변하는 압력을 처리하는 것이 단일 파동이나 펄스를 계속해서 처리하는 것보다 효과적이다.
b. 고압을 처리한 후 신속한 감압 처리를 한다. 빠르게 감압을 처리하는 것이 세포 내 공동화를 유발시켜 미생물의 치사율을 높일 수 있다.
c. 초고압과 초음파, 방사선 및 화학적 처리를 동시에 하면 초고압처리의 효과를 높일 수 있다.

상기의 복합공정은 충분한 장점을 가지고 있지만, 복합공정으로 인해 얻을 효과들을 비용적인 측면과 함께 고려해야 한다. 각각의 처리로 인해 전체 효과에 추가적이거나 시너지효과를 낼 수 있는 'hurdle'공정을 설계함에 있어서, 각 공정별 가격대비 효과에 대한 검토를 하여야 한다. 고가의 초고압처리 공정이 주는 이득이 이러한 'hurdle'공정에 포함되는지도 검토가 필요할 것이다.

12.2. 고전압 펄스 전기장 high-intensity pulsed electric fields, PEF

(1) 원리

고전압 펄스 전기장 처리는 두 전극 사이에 물질(식품)을 놓고 고전압 펄스 전기장을 적용하는 방법이다. 전기장에 미생물을 노출시키면, 전기장이 세포막에 큰 변화를 일으킬 수 있으며 이러한 연구로부터 electroporation이라고 알려진 기술이 개발되었다. 세포막을 관통할 수 있는 펄스 전기장에 의해 electroporation이 일어나 세포막에 작은 구멍electropores을 만들고, 이 작은 구멍을 통해 이온이나, 물 분자들이 세포막 밖으로 이동하게 된다. 특정 조건에서는 electroporation 처리된 세포가 자발적으로 이 작은 구멍을 막아 치료가 되고, 세포 생장 및 유전자 발현 등도 일어날 수 있다. 1980년대에는 약은 물론, DNA와 같은 유전물질이나 기타 분자들을 세포에 넣을 수 있는 실용적인 방법으로 electroporation의 사용이 유행하였다. 적절한 조건에서 electrofusion이라고 알려진 두 인접한 세포를 융합시키는 것이 가능하다(그림 12-5).

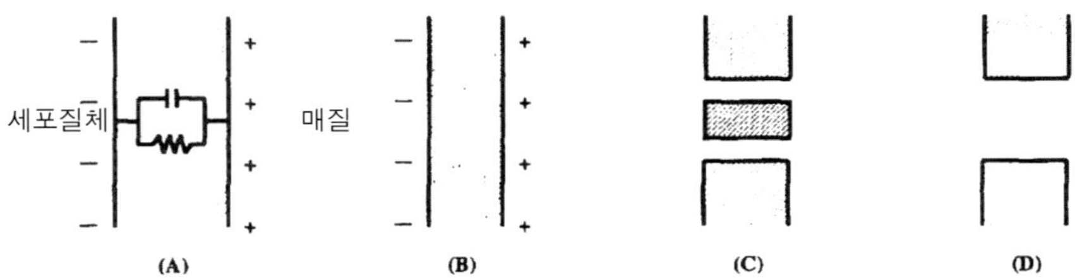

그림 12-5. 고전압 펄스 전기장에 노출된 세포막의 압착에 의한 전기천공법

(A) 세포막을 통해 생기는 전위의 축적, (B) 세포막의 압착, V〈1,
(C) 세포막의 역파괴(작은 기공 형태), V=1, (D) 세포막의 역파괴(큰 기공 형태), V〉1

전기장에서 미생물의 살균은 20kV 이상의 고전압 펄스 전기장에서 가능하며, 그 효과는 열 때문이 아닌 세포막의 파괴 때문이라고 밝혀졌다. 유체식품을 보존하기 위해 고전압 펄스 전기장을 이용한 방법에 대한 특허가 1987년 Maxwell Laboratories에서 출원되었고 계속적으로 이러한 방법론이 발전되어 왔고 독일의 Krupp Corporation과 Washington State University를 포함한 몇몇 학술 기관도 고전압 펄스 전기장의 공정을 연구해 왔다. 액체식품의 경우 고전압 펄스 전기장 처리를 하면 열처리공정에서 발생하는 관능적 변화 없이 유통기간을 연장시킬 수 있다. San Diego의 Maxwell Technologies는 짧은 강도의 전기 펄스를 생성하기 위한 장치를 개발하였다. 이 장치의 주요소는 고전압 펄스 전기장의 개발뿐 아니라 펄스 빛과 자기장 진동의 식품가공에도 사용되고 있다.

최근 시행되고 있는 고전압 펄스 전기장의 원리는 축전기가 공급받은 직류전력으로부터 다량의 에너지를 저장하였다가, 식품이 들어 있는 챔버에서 강한 전압의 형태로 에너지를 방출하는 것이다. 시간의 경과에 따른 펄스의 진행 형태는 대수적으로 변화하거나 사각의 형태를 지닌다.

〈그림 12-6〉은 대수적 전압 감쇠를 하는 고전압 펄스 전기장의 일반적 장치를 나타내며, 시간에 따른 전압 감쇠는 〈그림 12-7〉에 나타나 있다. 〈그림 12-8〉은 사각파square pulse 발생 고전압 펄스 전기장을 나타내며, 생성된 고전압 펄스가 시간에 따른 감쇠되는 과정은 〈그림 12-9〉에서 볼 수 있다. 이러한 시스템은 역전압을 빠른 시간 내에 충전할 수 있어 효율이 높은 즉흥적인 역전압instant-charge-reversal charge을 만들어 낼 수 있다. 〈그림 12-10〉은 연속적으로 액체를 처리 가공하는 연속공정을 나타낸다.

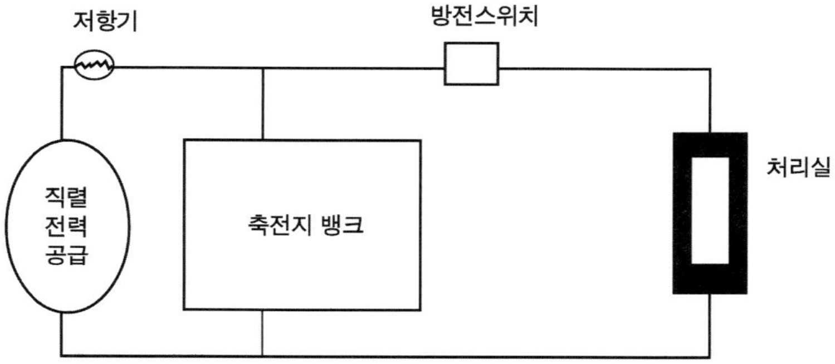

그림 12-6. 대수적 전압 감쇠를 하는 고전압 펄스 전기장의 일반적 장치

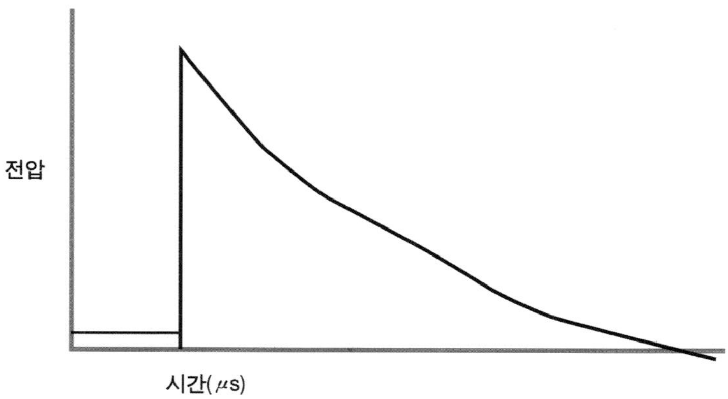

그림 12-7. 대수적 전압 감쇠

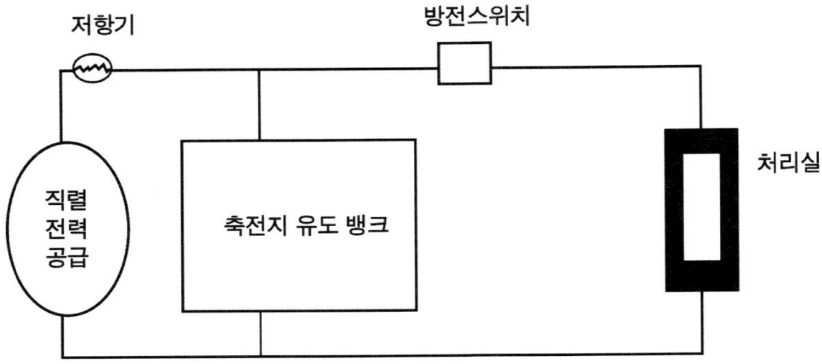

그림 12-8. 사각파 펄스를 생성하는 고전압 펄스 전기장의 일반적 장치

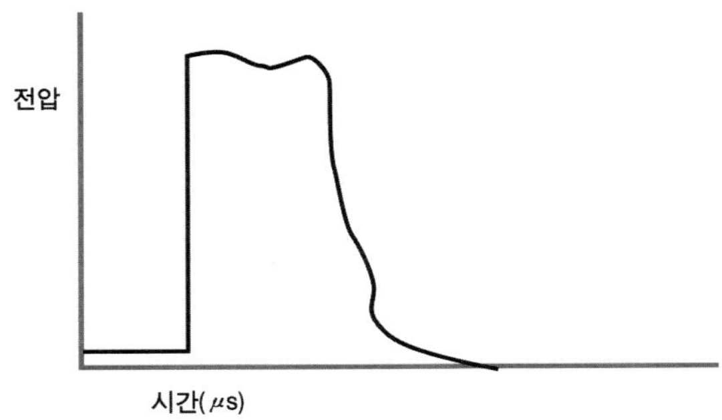

그림 12-9. 사각파 펄스 전압 감쇠

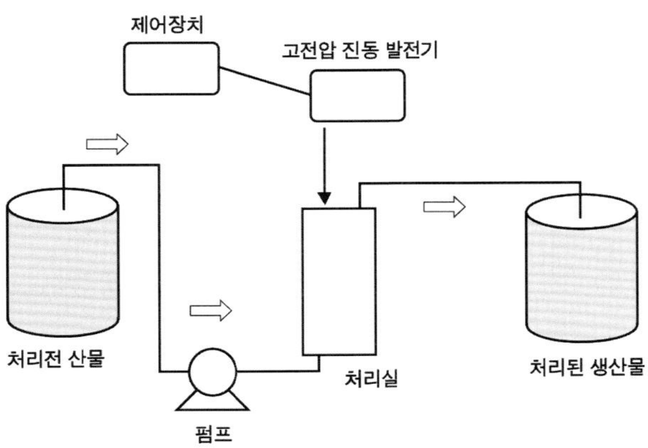

그림 12-10. PEF 공정에서 식품의 흐름

(2) 미생물의 치사 효과에 대한 고전압 펄스 전기장의 효과

고전압 펄스 전기장이 미생물에 대해 치사 효과를 나타내는 것은 미생물의 세포막의 손상 때문이다. 세포막의 손상 정도는 일정 시간 동안의 펄스 강도와 펄스 수에 따라 달라진다. 일반적으로 물리적 공정에서 미생물의 치사효과는 크기 요인과 세기 요인에 의해 결정된다. 열처리공정에서 세기요인은 온도이고 크기요인은 시간이다. 고전압 펄스 전기장에서 내부 요인은 전기장의 강도이고 외부 요인은 시간(파동의 수와 각 파동의 지속된 시간의 곱)이다. 그 외 다른 공정에서는 외부 요소는 펄스 폭(펄스당 시간)이 총 처리 시간에 영향을 미칠 수 있는지에 따라 복잡해질 수 있다.

고전압 펄스 전기장에 의해 미생물이 불활성화되는 기작에 대해서는 많은 연구자들에 의해 논의되어 왔으며, 그중 가장 널리 받아들여지는 이론은 유전 파괴dielectric breakdown현상에 의한 세포막의 파괴이다. 전기장에 의한 세포막의 파괴에는 1) 임계 세포막 전위차, 2) 세포막의 압축compression, 3) 세포막의 점탄성viscoelastic적 성질, 4) 세포막의 구조적 결함, 5) 삼투압에 의한 팽윤 등이 관여하는 것으로 알려져 있으며, 이 중 몇 가지를 살펴보면 다음과 같다. 세포가 강한 전기장에 노출되면 전기장 내의 전자의 흐름에 따라 이온이 이동되어 세포막의 phospholipid vesicle의 이중층이 극성화된다. 세포막의 지질이중층은 전기 부도체이기 때문에 극성화된 지질이중층의 표면에 이온이 축적되고 세포막 전위차를 유도하게 된다. 세포막의 전위차가 유도되어 임계값(약 1volt) 이상이 되면 세포막의 파괴가 일어나면서 막 내에 세공pores이 형성된다.

세포막의 압축compression은 고전압 전기장하에서 세포막이 압축되는 현상이다. 세포막은 낮은 유전상수dielectric constant를 갖는 유전체dielectric material, 즉 부도체로서 축전지와 비슷한 성질을 갖는다. 대개 세포막은 2 정도의 유전상수를 갖고, 세포내의 유전상수는 세포막보다는 큰 값을 갖는다. 세포가 현탁되어 있는 유전상수가 세포막의 유전상수보다 크게 되면 세포막 안과 바깥쪽에 자유전하가 축적되며, 외부에서 전기장이 가해지면 보다 많은 자유 전하가 축적되게 되고, 세포막 전위차가 증가하게 된다. 따라서 세포막 안과 밖에 축전된 반대 극성을 갖는 자유전하는 전기적 인력에 의해 세포막의 전기 압축electro-compression을 일으키게 된다. 전기 압축에 의한 힘이 세포막의 탄성력 이상이 되면 세포막에 세공이 형성되고, 계속되는 압축에 의해 형성된 세공이 커지면서 세포의 내부 물질의 유출 등에 의한 세포 기능의 상실로 인하여 사멸하게 된다.

세포막의 전기적 파괴electric breakdown에 대한 또 다른 기작으로는 세포막이 단백질과 지질로 구성되어 있어 유동막fluid-mosaic model으로 설명되기도 한다. 유동막 모델에서는 세포막의 지질 이중층 내에 단백질이 있어 전기장이 없을 경우 이 단백질은 세포막에서 고유의 기능을 유지하다가 세포가 전기장에 노출되게 되면 compression이 일어나고 단백질이 conducing channel을 형성하면서 세포막의 투과성을 증가시키게 되고, 역시 앞과 마찬가지로 대사활동 등 세포 고유 기능에 손상을 일으켜 사멸에 이르는 것으로 보고 있다.

이 외에도 고전압 펄스 전기장에 의한 미생물의 불활성화를 세포막 내에 친수성 또는 소수성 세공의 형성에 의한 세포막의 기능 손상 및 능동 수송의 기능 손실 등에 의한 것으로 설명하기도 한다.

고전압 펄스 전기장의 미생물 사멸속도론에 대해서는 두 개의 모델이 사용되고 있다. 첫 번째 모델은 Hulshegger의 연구에 기본을 두고 있고 다음과 같은 식으로 나타낼 수 있다.

$$\frac{N}{N_o} = \frac{t}{t_c}\exp\left(-\frac{(E-E_c)}{K}\right) \qquad (5)$$

여기서

$\frac{N}{N_o}$은 미생물의 생존율

t는 처리시간

E는 걸어 준 전기장의 세기로 아래첨자 c는 t와 E의 기준값이라는 의미

K는 속도상수

고전압 펄스 전기장에서 살균할 때 미생물 민감성의 증가에 따라 K값은 높아지고 E_c값은 낮아진다. pH 7.0의 완충용액에 현탁시킨 영양세포의 처리에 대해 분석하였는데 여기서 사용된 E값들은 4~20 kV/cm의 범위였을 때 계산된 값이고, E_c값이 0.7~13 kV/cm 사이의 값으로, K값은 2.2~8.1 kV/cm 범위인 것으로 나타났다. *S. aureus*와 *C. albicans*가 가장 큰 내성을 가지며 *E. coil*가 가장 민감한 것으로 나타났다.

두 번째 모델은 Peleg에 의해 제안된 식으로 아래와 같이 나타낼 수 있다.

$$\frac{N}{N_o} = \frac{1}{1+\exp\{[E-E(n)]/K(n)\}} \qquad (6)$$

E(n)과 K(n)은 진동수(n)나 처리시간의 대수 함수이다. 식은 E(n)과 K(n)의 함수에 E(50)과 K를 각각 대입하여 간략화할 수 있다. 식 (5)의 경우 K값이 높아지고 E(50)값이 낮아지는 것은 민감성이 증가한다는 것을 의미하며, 식 (6)을 사용할 때는 K 값을 1.2~3.1kV/cm 범위로, E(50)의 값은 6.7~21.2 kV/cm 범위로 계산되었다.

고전압 펄스 전기장에서 공정의 효율성이 전기장의 세기에 의존하는 정도는 열처리공정과 압력공정에서 사용한 식과 비슷하게 표현될 수 있다.

$$\log\frac{D_{10}}{D_R} = \frac{-(E-E_R)}{z(E)} \tag{7}$$

여기에서 D_{10}은 주어진 자기장의 세기 E에서의 D-value이고, D_R은 reference 세기인 E_R에서의 D-value, z(E)는 D_{10}를 1/10로 감소시키는 필요한 전기장 E의 증가분이다. 현재까지의 연구에 의하면 우리나라의 물김치, 버퍼buffer, 우유, 계란 및 수프 등과 같은 액체식품에 함유된 포자를 형성하지 않은 세균vegetative bacteria의 경우 그 양을 몇 로그 단위 정도씩 줄이기 위해 고전압 펄스 전기장을 사용할 수 있다.

(3) 식품에의 응용

고전압 펄스 전기장 방법을 식품에 사용하면 미생물의 수를 감소시켜 식품의 유통기한을 늘릴 수 있다. 장점은 관능 검사적 기호성에 나쁜 영향을 주지 않으면서 유통기한을 늘릴 수 있다는 점이다.

얼마나 유통기한이 연장되는지는 제품, 처리 매개변수, 저장 조건에 따라 달라진다. 냉장 오렌지 주스는 수개월 동안 안정하고, 사과 주스는 상온에서 한 달 남짓 안정하다. 원유는 PEF 처리 후 2주까지 안정하다.

현재의 PEF가 널리 이용되지 못하는 것은 다음의 내용들 때문에 일어난다.

① 표준화된 상업용 장비의 부족

② 살균 제품의 물리적 특성의 영향. 예에서처럼 공기방울의 존재가 공정에 좋지 않은 영향을 미친다고 보고되었다.

③ 최적의 결과는 낮은 전기 전도도를 가진 균일한 액체에서 얻어진다. 따라서 염을 포함한 제품은 PEF로 가공처리하기 어렵다. 액체 안에 입자가 존재하면 좋지 않은 영향을 미치며

커다란 입자를 포함하고 있는 경우 PEF공정 처리는 불가능하기도 하다.

④ 공정을 엄격하게 측정할 양적 방법론이 부재하다.

⑤ 살균 속도론을 표현할 적절한 모델이 부족하다.

12.3. 자외선 처리ultraviolet light, UV

(1) 생물체에서 자외선의 효과

자외선은 생물학적, 생화학적 효과를 가지고 있고 식품의 가공에서 다양하게 응용되고 있다. 자외선은 〈그림 12-11〉에 나타낸 전자기 스펙트럼의 한 부분이다. 자외선 양자의 에너지는 X선 에너지보다 아래 단계에 위치하며, 자외선의 생물학적 효과는 분자의 이온화에 의하기보다는 분자의 에너지 준위가 여기 상태로 전이하는 데 기인한다.

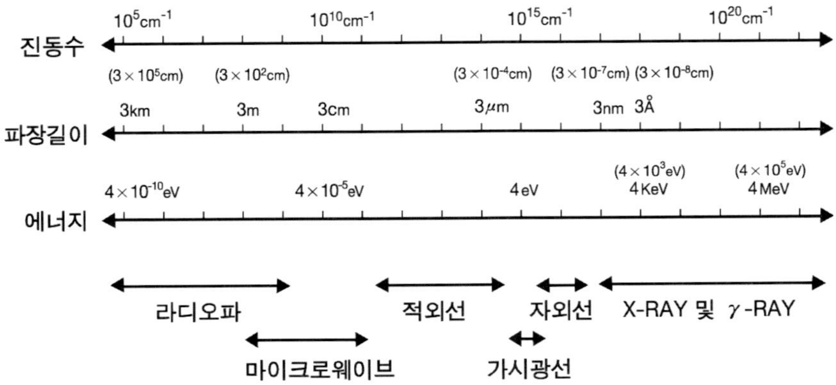

그림 12-11. 전자기 스펙트럼

가공공정에 사용될 수 있는 자외선은 다음과 같다.

UV-A 315~400nm (긴 파장은 인간의 피부를 태우는 데 영향을 준다)

UV-B 280~315nm (피부가 타며 피부암을 유발한다)

UV-C 200~280nm (세균에 대한 살균력 있는 스펙트럼이다)

짧은 파장의 자외선은 진공 자외선 영역으로 알려져 있는데 이러한 파장은 거의 대부분의 물질에 의해 흡수가 되며, 단지 전달되기 위해서는 진공상태가 필요하다. 자외선의 살균효과는 DNA분자가 양성자를 흡수하여 치사적인 돌연변이를 일으키기 때문으로 알려져 있다. DNA에 미치는 영향은 전체 에너지 흡수량에 의해 결정되며, 흡수된 에너지의 양이 일정 기준 이하가 되면 가역적 돌연변이를 발생시킨다. 특히 산화제와 광에 민감한 물질이 존재하면 다양한 광화학적 작용에 의해 미생물의 치사율이 증가하게 된다. 자외선처리는 식품 저장과 관련하여 급수나 식품 표면의 살균에 일차적으로 적용되고 있다. 최근에는 주스 가공에 자외선 살균을 응용하는 방법이 최근 FDA에 의해 승인되었다.

일정한 강도의 자외선에 노출된 미생물의 생존율은 노출시간이 경과함에 따라 S자형 곡선을 나타내며 감소한다. 자외선을 낮은 에너지 수준으로 조사한 경우 미생물은 사멸되지 않고 부분적 상해를 입게 되며, 점차 자외선 조사량을 증가시키면 미생물의 생균 수는 급속하게 감소한다. 자외선을 조사하다 보면 미생물이 사멸되지 않고 살균이 지체*tailing*되는 현상이 관찰되는데 그 이유는 저항성이 있는 미생물이 존재하거나, 용액 중에 부유한 현탁물질에 의해 자외선이 차단되어 발생하게 된다(그림 12-12).

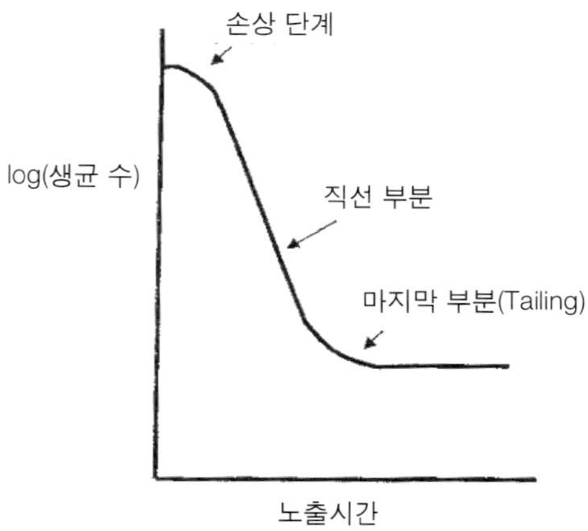

그림 12-12. UV광선에 노출된 미생물의 일반적인 사멸곡선

자외선과 미생물 사멸속도와 관련한 문헌은 거의 없으나, 사멸곡선상에서 대수적으로 직선의 관계에 있는 영역의 치사율은 단위면적을 통과하는 총 복사에너지 양과 관계가 있다. 총 복사에너지의 단위는 J/m^2이며, 이를 자외선 조사의 살균 효과를 표현하는 자외선 조사량(UV dose)이라 한다. 이 값은 자외선 조사속도(W/m^2)에 노출시간을 곱한 값과 동일하다.

E. coil ATCC 23958과 *Vibrio cholerae*는 생균 수를 4 대수 주기만큼 감소시키는 데 $50J/m^2$만큼의 자외선 조사가 필요하다. 그러나 박테리아는 자외선 조사에 대해 강한 내성을 가지고 있어, *E. coil*의 경우에는 방사선 조사의 경우와 같은 치사효과를 내기 위해서는 $200J/m^2$, 그리고 Vibrio종은 $210J/m^2$ 정도의 조사가 필요하다. 내성이 높은 미생물일수록 자외선 조사에 대한 내성의 증가 폭이 큰 것으로 알려지고 있다.

(2) 공정제어 및 타당성 검토에 고려해야 할 사항

물속에서 병원성 균을 10^{-4} 수준으로 감소시키기 위해서는 적어도 254nm파장으로 400J/m^2으로 조사를 하여야 한다. 자외선이 균일하게 조사되기 위해서 제품의 살균 진행속도(예를 들면, 라인에서 제품이 이동하는 속도)와 방사선 조사 영역의 균일성 및 용액의 조사 흡수 특성도 일정하도록 공정을 설계하는 것이 중요하다. 만약 기타 매개 변수들이 유의적으로 변하는 경우 적합한 안정성을 확보하기 위해 자외선 조사량을 크게 증가시켜야 한다.

물에 자외선 조사를 하는 것은 비용적인 측면을 고려해야 하지만, 식품에 자외선 조사량을 증가시키면 식품의 관능적 특성을 저하시킬 수 있다. 또한 미립자의 고형물질을 포함한 식품의 경우, UV만으로는 병원성 균을 불활성화시키기 어렵기 때문에 UV처리와 함께 수분활성을 낮추거나 pH를 조절하는 등의 미생물 성장 저해요인을 조절할 필요가 있다. FDA보고서에 의하면 UV 살균공정 분야에서 (a) 현탁 또는 용해된 고형물에서 조성물의 영향, (b) 가장 내성이 강한 병원성 균의 동정, (c) 공정의 검증법 개발, (d) 치사율의 속도론적 모델 개발과 평가, (e) 가공조건의 최적화 등의 연구에 대한 필요성이 언급되었다.

12.4. 광펄스 기술pulsed light technology

광펄스는 짧은 펄스 형식의 강력한 UV-C 광선을 사용하여 식품 표면의 미생물을 살균하는 기술로서, 미국 San Diego의 Pure Pulse of Maxwell Technologies사에 의해 개발되고 발전되어 왔다. 광펄스 기술은 매우 강하고 짧은 섬광의 충격을 이용하는 방법으로, 장치는 넓은 스펙트럼을 지닌 백색광의 섬광을 생산하는 flash lamp와 flash lamp로 전기에너지 파동을 방전하는 고전력의 전기에너지 콘덴서로 구성되어 있다(그림 12-13). 방출된 빛의 스펙트럼 영역은 200nm~1mm이며 이는 자외선에서 적외선까지를 포함한다.

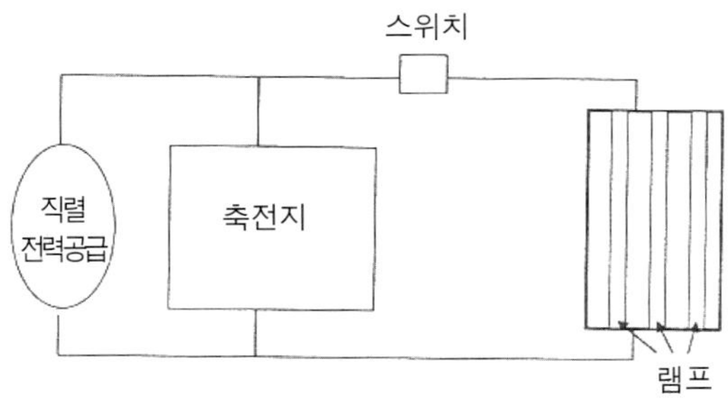

그림 12-13. 넓은 스펙트럼광선을 가진 광펄스 장치

광펄스 에너지의 45%는 가시광선이며 25%는 자외선, 30%는 적외선이다. 섬광flash lamps은 지구 표면의 일광 강도의 20,000배나 될 만큼 매우 강렬하나 그 존속시간이 1천분의 1초(1 millisecond) 미만으로 매우 짧다. 광펄스 에너지가 물질에 조사되었을 때 물질의 에너지 흡수도는 Beer-Lambert의 법칙에 따른다. 즉 입사된 에너지의 일부분은 물질의 표면에서 투과되지 않고 반사되며 물질의 표면을 투과한 에너지가 흡수된다. 흡수된 에너지는 일차적으로 열로 바뀌며 일부는 분자 에너지 준위의 여기를 위해 사용된다. 충분한 살균을 위해서는 섬광을 구성하는 빛의 영역 중에서 치사효과를 지닌 자외선이 특히 중요하다. 물이나 투명한 유체에서는 자외선이 0.25cm 깊이까지 투과할 수 있으나 대부분의 식품 물질은 불투명하므로 1mm 이하의 투과가 가능하다. 따라서 광펄스 기술은 매우 얇은 필름 안에서 빛에 노출되어 있는 투명한 유체(물, 희석된 액체)나 표면의 처리에 유용하다.

현재까지 여러 종류의 미생물의 불활성화에 대한 속도론적 자료는 거의 없는 실정이며, 대부분의 연구결과들은 식품과 포장재의 표면 살균 시 광펄스의 효율성 측면에서 행해졌다. 광펄스로 처리하였을 때 곰팡이 포자(*Aspergillus niger*)의 농도는 1J/m^2 강도로 수회의 섬광처리에 의해 7 대수 주기만큼 감소(10^{-7})되었으며, *E. coil*, *S. aureus*, *B. subtilis*, 그리고 *S. cerevisiae* 등의 미생물은 광펄스를 1~2J/m^{2}의 강도로 1~35회 사용하였을 때 불활성화되었다. 코티지cottage 치즈 커드에 16J/m^{2}의 에너지를 가진 섬광을 2회 처리하였을 때 *P. aeruginosa*의 농도를 1.5 대수 주기까지 감소시켰으며, 처리된 치즈의 표면의 온도는 5℃만 증가하였고 관능적인 품질은 손상되지 않은 것으로 보고되었다. 생선과 새우에 있어서도 광펄스 처리가 식품 표면이 있는 미생물 살균에 성공적이었으며, 달걀 껍질 표면과 포장재 표면의 미생물 오염의 제거에도 효과적인 것으로 보고되었다. 또한 자외선 광펄스를 사용하면 해충 방제에 효과가 있으며, 현재 칠레에서 미국으로 수출되는 포도의 표면을 살균하는데 247nm의 파장의 자외선펄스 기술이 상업적으로 사용되고 있다. 광펄스 기술의 개발은 아직 초기단계이며, 광펄스기술을 상업화를 하기 위해서는 (a) 중요 공정 요소 확인, (b) 고체형태나 불투명 액체 형태의 식품공정에 대한 적합성, (c) 독소나 불쾌한 맛을 내는 물질의 생성 가능성의 평가, (d) 미생물의 저항력이나 비활성 메커니즘에 대한 평가, (e) 기존 적외선 공정과 비교하여 공정상 장점에 대한 평가 등의 더 많은 연구가 필요하다.

12.5. 진동 자기장oscillating magnetic fields, OMF

광펄스기술과 고전압 펄스 전기장 장치를 고안한 샌디에이고에 위치한 Maxwell Technologies 사는 진동 자기장을 식품 저장에 사용하는 방법도 개발하였다. 〈그림 12-14〉에 도식적으로 나타낸 이 장치는 축전기의 방전 원리를 이용한 것으로, 전술한 두 가지의 기술에서 쓰이고 있다. 미생물에 미치는 자기장의 효과는 앞서 설명하였다.

자기장에는 정적인 자기장과 진동하는 자기장이 있으며, 이들은 단일장이거나 혹은 혼성장일 수 있다. 진동자기장 기술은 식품을 펄스지속시간이 1천분의 1초(millisecond, ms) 단위로 자기펄스를 처리하는 기술이다. 일반적으로 총 노출 시간 25~100ms 동안에 1~100개의 펄스가 전달된다. 식품저장을 위해서는 진동수 5~50kHz와 강도 5~50Tesla 영역의 자기펄스가 유용한 것으로 알려져 있다. 또한 진동 자기장에 의해 여러 가지 미생물들이 비활성화되었다는 연구결과들이 보고되었다. 중요한 점은 식품에 존재하는 미생물의 살균에 미치는 자기장의 영향은 자기장의 밀도와 펄스의 수, 진동수 및 식품의 특성에 따라 달라진다. 진동자기장에 의한 미생물 불활성화의 기본적인 메커니즘은 지금까지 명확하게 알려져 있지 않으며, 본 기술의 상용화를 위하여 (a) 강한 자기장에 대해 내성이 있는 주요 병원체 규명을 통한 지표병원균의 설정, (b) 미생물 비활성에 미치는 자기장의 효과 확립, (c) 미생물 사멸의 속도론적 설명, (d) 자기장의 작용기작 규명, (e) 주요 공정 요소 결정 및 (f) 지표 미생물이나 대리 지표 물질을 사용하는 공정의 유효성 증명 등의 추가적인 연구가 필요하다.

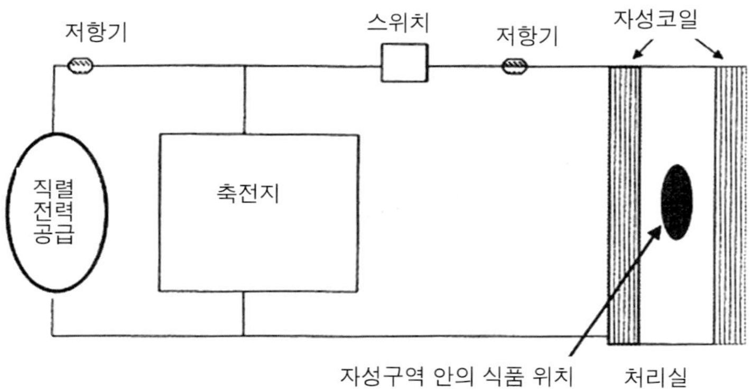

그림 12-14. 고강도 진동자기장 처리 장치

12.6. 초음파ultrasound

(1) 식품기술에서 초음파의 적용

초음파는 초당 20,000번 이상의 진동을 하는 음파로 만들어진 에너지다. 초음파 기술은 화학 및 생물학 연구는 물론 식품 및 의약품에서도 사용된다. 또한 초음파는 의학계에서 진단뿐만 아니라 치료 분야에도 적용이 되어 널리 이용되고 있으며 식품 공학 분야에도 광범위하게 사용되고 있다. 예를 들면, 초음파는 과일의 내부결점의 유무, 조직 및 성분 등 다양한 품질요소의 측정과 식품 가공공정에서 공정 모니터링에 널리 사용되고 있다. 그 외에 초음파는 표면 청소, 용액에 존재하는 가스 제거, 확산 촉진, 물 제거, 여과, 추출 및 다양한 열전달공정 등에 응용하고 있다. 초음파는 대부분의 연구실 등에서 세포를 파괴하고 효소를 추출하는 데 광범위하게 이용되어 왔다. 상기의 초음파처리 공정은 소량의 시료만 처리 가능하지만, 상대적으로 조작하기가 용이하고 특정한 조건하에서도 수행할 수 있는 장점이 있다.

초음파로 식품 내 미생물을 불활성화시키는 것은 매우 어렵다. 살모넬라균 액체배지에 초음파를 처리한 결과 4대수 주기만큼 감소되었으나, 초코우유에서는 세균의 농도가 거의 변화되지 않는 것으로 나타났다. 차가운 염소처리 용수가 채워진 수조에서 가금류의 표면을 초음파로 처리하였을 때 좋은 결과를 얻었다. 또한 열처리를 할 때 함께 초음파를 같이 사용하면 살균처리에 상승효과가 있으며, 열처리로 인한 바람직하지 않은 효과들도 줄일 수 있다.

(2) 초음파에 의한 미생물 불활성화의 메커니즘

초음파가 액체를 통과하면서 압축과 이완이 번갈아 가며 만든다. 파동의 고점에서는 공동화cavitation가 일어나, 기포bubbles와 공동cavaties이 생성된다. 작은 기포들을 가진 액체에는 안정화된 공동화(*stable cavitation*) 현상이 생긴다. 생성된 기포들은 그 크기가 커지고 그 기포들이 진동하면서 주변의 액체에 소용돌이eddies를 형성한다. 이러한 소용돌이 효과를 microstreaming라 하며 생성된 소용돌이는 기포를 파괴하지는 않지만 강한 전단력을 생성하여 미생물의 세포막을 파괴시켜 미생물에 치명적인 영향을 준다. 전이 공동화(*Transient cavitation*)의 경우 기포의 크기가 순식간에 변하면서 기포가 터지면서 압력이 순간적으로 100MPa에 이르는 높은 압력과 5,000K에 이르는 높은 온도를 생성한다. 이러한 현상들이 미생물의 세포벽을 파괴하여 미생물이 사멸하게 된다.

전이공동화와 같은 극한의 조건에서는 물의 음파분해(*sonolysis*)와 같은 중요한 화학적인 변화가 일어난다. 물이 음파분해 되면 방사선 조사에 의해 생산된 것과 유사한 이온들과 자유라디칼 free radicals이 형성된다. 생성된 이온들과 자유라디칼은 미생물의 DNA에 직접적인 영향을 주며, 특히 산소가 존재하면 바람직하지 않은 화학반응을 일으킬 수 있다. 초음파 효과의 특성과 강도는 적용하는 조건들(특히 온도, 초음파의 특징 및 기질의 점성 등)에 영향을 받는다. 또한 미생물의 개체 종류에 따라 민감도도 달라진다고 알려지고 있다. 다른 살균공정들과 마찬가지로 그람음성균보다 그람양성균에서 더 큰 살균효과를 가지며, 생균보다 포자가 더 큰 저항력을 가지게 된다.

(3) 열처리와 병행하는 방법으로서의 초음파의 응용

초음파 처리와 적절한 온도의 열처리를 병행하여 사용하면 상당한 장점을 얻을 수 있다. 초음파 처리한 미생물은 열처리에 취약하게 되며, 온도의 증가는 액체의 점도를 낮추어 초음파의 침투가 잘 되도록 한다. 〈표 12-1〉은 *Listeria monocytogenes* 살균에 있어서 허들 효과를 이용하여 살균처리를 두 가지 방법 이상 병행하여 처리하였을 때의 효과를 보여 준다.

병합 살균 처리는 상당한 잠재성을 가지고 있지만, 처리 결과는 복잡할 수 있고 이를 적용하는데 각각의 사례별로 처리를 하는 것이 장점이 있는지를 연구하고 평가하여야 한다. 끓는점 이상의 온도에서는 공동현상cavitation effect이 상실된다. 초음파, 열처리 및 초고압 사용을 조합하면 살균효율을 향상시킬 수 있다. 초음파 처리를 112°C와 300kPa의 열처리와 병행하였을 때 몇몇 Bacillus의 포자들이 비활성화된다고 보고된 바 있다.

표 12-1. *L. cytogenes*와 *Z. bailii*의 사멸에 미치는 초음파와 열의 영향[처리방법별 D0 값을 분(min)으로 나타냄]

Product	Heat only	Presonication		Simultaneous treatment	
		20KHz	800KHz	20KHz	800KHz
L. cytogenes at 60°C					
UHT milk	2.1	0.4	〉10	0.3	1.4
Rice pudding	2.4		0.3		4.5
Z. bailii at 55°C					
Orange juice	10.5	2.4	1.4	3.9	〉10
Ricepudding	11.0	2.3		1.0	〉10

12.7. 비열 식품저장 공정의 현황과 전망

본 장에서 언급한 비열처리기술들은 아직 식품저장을 목적으로 광범위하게 이용되고 있지는 않지만 자외선 조사는 식품 표면 살균에 매우 중요하고, 초음파는 식품가공공정 분야에 중요한 기술이다. 초고압살균법은 현재 연구기관들과 산업체에서 상당한 연구가 진행되었고 일부가 실용화된 기술이다. 초고압살균 장비의 가격이 아직 고가이지만 연속공정의 효과가 입증된다면 연속공정을 통해 비용을 상당히 절감할 수 있을 것이다. 자외선 조사는 화학적 살균처리의 기피성 때문에 식품 표면 살균 및 급수의 살균에 지속적으로 사용될 것이다. 넓은 파장의 스펙트럼을 가진 광펄스는 추가적인 이점이 있지만, 아직 검증되지는 않았다. 고전압 펄스 전기장과 진동자기장은 현재 저장법에 있어서 적용 가능성들이 있는 기술들로서 지속적인 연구가 진행되고 있으나 아직까지는 이 방법들이 널리 사용될 수 있을지 매우 불명확하다.

참고문헌

금준석, 조윤성; 식품산업에서 마이크로파를 이용한 살균방법, 식품과학과 산업, 33권 2호, p.12-18 (2000).

구송이, 차광현, 이동언; 식품·생물산업에서의 초고압기술 응용, 식품과학과 산업, 40권 3호, p.23-30 (2007).

김도언, 변유량; Ohmic heating에 의한 식품가공, 식품과학과 산업, 27권 4호, p.27-35 (2000).

신정균, 변유량; 고전압 펄스 전기장에 의한 식품의 살균, 식품과학과 산업, 33권 2호, p.27-35 (2000).

임성일; 마이크로파를 이용한 미생물의 살균, 식품과학과 산업, 32권 1호, p.19-34 (1999).

홍석인; 고압처리를 이용한 식품살균기술, 식품과학과 산업, 33권 2호, p.36-49 (2000).

Dunn JE, Clark W, and Ott T; Pulse light treatment of food and packaging, Food Technol, 49:95-98 (1995).

Hayakawa I, Kanno T, Tomita M, and Fujio Y; Application of high pressure for spore inactivaion and protein denaturation, J Food Sci, 59:159-163 (1994).

Heremans K; High pressure and biotechnology, La Grande Motte, France. London: John Libbey Eurotext, 1992, pp.37-44.

Hulshegger H, Potel J, and Niemann EG; Electric field effects on bacteria and yeast cells, Radiat Environ Biophys, 22:149-162 (1983).

Peleg M; A model of microbial survival after exposure to pulse electric fields, J Sci Food Agric, 67:93-99 (1995).

Qin BL, Pothakamury UR, Barbosa-Canovas GV, and Swanson BG; Nonthermal pasteurization of liquid foods using high-intensity pulsed electric fields, Crit Rev Food Sci Nutr, 36:603-627 (1996).

Rahman MS; Handbook of Food Preservation, Marcel Dekker Inc., NewYork (1999).

Tauscher B; Pasteurization of food by hydrostatic high pressure: chemical aspects, Lebensmittel-Untersuchung und-Forschung, 200:3-13 (1995).

Zook CD, Parish ME, Braddock RI, and Balaban MO; High pressure inactivation kinetics of *Saccharomyces cerevisiae* ascospore in orange and apple juice, J Food Sci, 64(3):533-635 (1999).

제13장

식품저장을 위한 포장기술

13.1. 포장의 주요 기능

(1) 포장의 기능

대부분의 식품은 생산 시점으로부터 떨어진 시간과 장소에서 소비된다. 따라서 식품포장은 식품의 저장과 유통에 필수적이다. 포장의 기능은 매우 다양하다.

포장은 필요한 식품의 단위량을 담는 식품용기로서 역할을 하고, 또한 여러 단위unit를 하나로 묶는 기능을 한다. 예를 들어, 몇몇 액체식품은 병/통에 담기고 이 병/통은 박스에 담기고 이 박스들은 취급이 용이하도록 하나의 펠렛pallet에 적재된다. 포장은 공정의 보조물로 사용되기도 한다. 예를 들어, 금속캔은 보호기능뿐 아니라 모양에 안정성을 부여하여 열처리 시 식품이 일정 모양을 지닐 수 있도록 하여 주며, 또한 열 침투의 특성을 알아내는 데도 사용된다.

포장은 소비자에게 편리한 아이템이다. 예를 들어 맥주 캔은 가공, 저장, 유통 중 용기 역할뿐 아니라 마실 수 있는 그릇의 역할까지 한다. 포장의 다양성은 소비자에게 식품을 다루거나 준비하거나 소비하는 데 도움을 준다. 불행히도 용기의 디자인이 잘못된 경우 오히려 용기는 식품을 효율적으로 활용하는 데 장애가 되는 경우도 종종 있다.

포장은 마케팅 도구이기도 하다. 포장을 통해 상품의 판매를 촉진하거나 제품을 소비자에게 인식시키는 방법 등은 식품회사들의 제품판매에 매우 중요하다. 많은 슈퍼마켓을 방문해 보면 글자 그대로 수천 가지의 다양한 마케팅을 겨냥한 포장을 찾을 수 있다. 즉 계속적인 모양의 유지와 용기의 일정한 라벨링 패턴을 통해 명확하게 자사의 제품을 소비자에게 인식하게 만든다.

그림 13-1. Campell soup 깡통과 코카콜라 병

가장 좋은 예가 Campell Soup 깡통이나 코카콜라 병이다(그림 13-1). 이에 반해서 다양한 광고지향적 모양도 사용된다. 예로서 섬세한 모래시계 모양의 병, 튼튼한 제품이 종종 사각이나 거칠거칠한 모양의 병으로 포장하는 경우이다. 이러한 포장은 소비자 보호를 목적으로 하며, 소비자를 현혹시키는 포장을 막기 위해 법의 도입을 주장하곤 한다.

포장은 알맞게 사용될 때 비용 절감의 효과를 누릴 수 있지만, 동시에 많은 요소들을 고려해야 하기 때문에 매우 복잡하다. 포장은 쏟아짐을 방지하거나, 운반의 용이, 오염의 방지, 노동비의 절감 등 명백히 경제적 이점들을 가지고 있다. 포장을 하기 위해서는 명확한 고정비용을 지출해야 하는데 예로서 포장재 그 자체, 포장 기계, 포장의 배송 무게 등이 그것이다. 포장은 현시점에 필요한 사회적 비용도 포함되어 있는데, 즉 처분비용, 폐기물의 축적으로 생태학적 피해를 피하기 위한 비용, 에너지 소비 패턴의 변화에 따른 것과 결합된 비용 등이다. 현대에서 포장 시스템은 에너지의 소비 최소화로 발전되는 추세이며, 포장은 포장에 사용된 비용에 대해 이익으로 보상을 주기도 하고 그렇지 않은 경우도 있다. 제품의 보호가 포장의 가장 중요한 역할이나 식품 제조사에 의해 제시되는 다른 기능이 무시되면 안 될 것이다.

(2) 보호기능의 포장

포장의 보호기능을 고려하는 데 있어서 식품의 어떠한 품질 특성이 보호돼야 하는지를 생각해야 할 것이다. 소비자에게 도달할 때의 포장의 품질은 식자재의 상태, 조립방법, 가공공정의 강도severity와 저장 상태에 의해 결정된다. 제품의 품질은 저장 기간이 경과함에 따라 떨어지는 것을 볼 수 있다(그림 13-2). 물론 외적으로 와인이나 쇠고기 숙성과 같은 예외적인 경우도 있다. 식품품질의 저하 속도와 정도는 식품이 저장돼 있는 주변과 같은 환경에 의해 결정된다(그림 13-3).

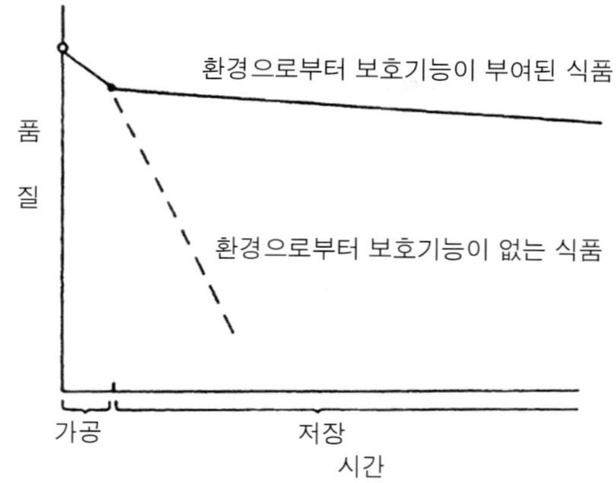

그림 13-2. 가공 및 저장 동안 제품 품질의 손실

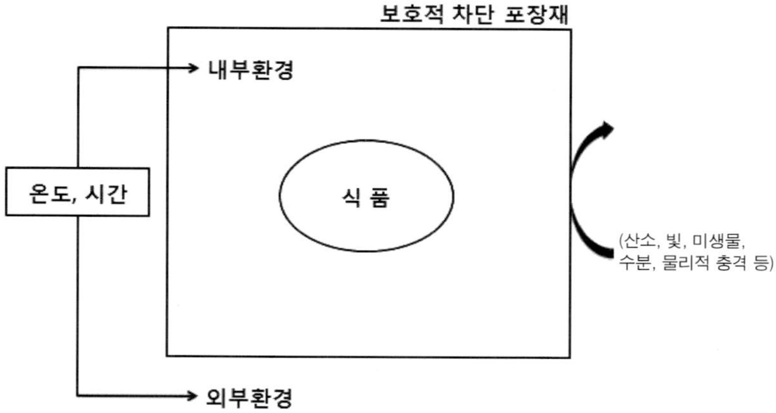

그림 13-3. 포장된 식품과 주변 환경 사이의 상호작용

식품 변패의 화학적, 물리적, 생물학적 메커니즘은 많은 환경 요소에 민감하고, 식품에 가장 적절한 차단성을 요구하는 포장재는 각 제품마다 다양하다. 몇 가지 환경적 요소와 적절한 포장 성질은 〈표 13-1〉에 나타나 있다.

표 13-1. 포장과 주변 환경 간의 상호작용

환경적 요소	해당되는 포장의 성질
기계적 쇼크	강도
산소, 수증기 등 압력	투과도
빛의 강도	빛 차단성
온도	열전도도
	다공성
	반사도
생물학적 요소	투과도

13.2. 포장재료의 종류와 특성

포장에 의한 보호는 포장 물질의 성질에 따라 결정되고 포장 구조에 따라 달라진다. 포장에 사용되는 다양한 물질은 〈표 13-2〉에 나와 있다.

표 13-2. 매년 미국에서 사용되는 포장 재료의 양

Material	Value (billions of dollars)
종이용기(종이백 포함)	40
알루미늄 캔	14
주석관	6
플라스틱 연포장 필름	10
플라스틱 용기	8
유리병	15

Source: Brody and Marsh (2001).

(1) 유리

유리 용기는 중요한 포장 재료로 수 세기 동안 사용되어 왔고 지금도 사용되고 있다. 물리적으로 유리는 매우 높은 점도를 가진 과냉각된 액체이다. 화학적으로는 다양한 구성의 무기 산화물의 혼합물이다. 대부분의 용기를 만드는 유리는 소다-라임-실리카 형태이다.

용기에 사용되는 유리는 대개 70~75%의 나트륨과 칼륨의 규산염, 6~12%의 칼슘과 마그네슘의 산화물, 적은 양의 알루미늄과 바륨 및 기타 금속 산화물로 이루어져 있다. 이러한 물질들을 부서진 유리로부터 나온 조각들인 파유리와 혼합하고, 이것들을 2,700°F가 넘는 온도의 가열로에 넣고 가열한다. 유리병은 두 가지 과정을 거쳐 제작된다. 정확한 양의 녹은 유리gob를 계량하여 몰드에 넣는데, 이때 최종 병보다는 적은 양을 넣어야 하며 압축공기나 기계적 플런저를 이용하여 몰드의 벽 쪽으로 압력을 가한다. 부분적으로 만들어진 유리병은 압축 공기를 이용해 최종 모양으로 불어질 두 번째 몰드로 옮겨진다. 용기의 입구는 불로 다듬어지고 병은 높은 온도에서 어닐링annealing한다. 모든 용기를 검사 하여 결함이 있는 용기는 제거하거나 파유리로 다시 사용한다.

포장재로서 유리의 가장 중요한 성질은 성형할 수 있으며 불활성이어서 반응성이 없고 투명하며 강도가 높고 유리질 상태에서는 상대적으로 변형이 적다는 점이다. 예를 들어 색은 크롬(녹색), 코발트(파란색), 철(갈색) 등의 다양한 금속 산화물을 소량 첨가하여 조절될 수 있고 반투명성은 불소 혼합물을 첨가하여 얻을 수 있다. 포장 디자인에서 유리가 가진 주 문제점은 그것의 기계적 성질에서부터 기인한다. 유리는 부서지기 쉽고 인장강도는 표면의 상태에 크게 영향을 받는다.

결과적으로 용기를 매우 두꺼운 유리로 만들어야 하며 그로 인해 무게는 상당히 무거워지게 된다. 최근 유리 포장에서의 발전은 유리의 광학적, 기계적, 열적 성질을 향상시키는 처리나 조성의 개발을 통해 이루어진다.

최근 발전은 플라스틱 외장재로 둘러싼 매우 얇은 유리의 사용이다. 이 유리병은 내부 표면의 불활성과 외부 표면에 의한 마모 저항성 두 가지를 다 갖는 이점이 있다. 용기의 성질은 또한 구조의 타입에 따라 달라진다. 용기의 타입은 대개 병, 항아리와 텀블러 등이 있다. 다양한 마개 형태가 가능하며, 소비자의 편의를 최대한 고려하는 최근의 추세에 따라 쉽게 열 수 있는 마개의 발전을 위한 노력으로 이어졌다. 편리함과 동시에 심미적인 면도 포장 디자인에서 주요하게 생각되고 있어, 디자인 엔지니어들이 이러한 요구를 만족시켜 주어야 할 것이다. 알맞은 타입의 마개를 가진 유리 용기는 열처리 시, 기체 포장, 용기의 밀봉을 요하는 기타 저장법 등 실용적으로 모든 종류의 포장에 이용할 수 있다.

(2) 금속

① 단단한 금속 용기

맥주와 탄산음료를 제외한 식품 포장에서 가장 일반적인 용기는 주석관이다. 주석관은 주로 가열 살균하는 제품에 사용되고 주석 판으로 만들어진다. 주석 판은 얇은 강판steel sheet에 주석을 침지법이나 주석을 전기적 공정으로 도금한 것이다. 도금하는 주석의 양은 캔의 종류와 공정의 종류에 따라 다르다. 전형적인 양철 판은 0.01in 두께이며 여기서 주석은 단지 0.00005in의 두께로 코팅한다. 캔을 특정 포장에 더 잘 활용되도록 만들기 위해서는 주석 판이나 크롬 강판(tin free steel판, TFS)에 에나멜을 내벽에 코팅한다. 내벽 코팅제의 구성은 사용하는 용도에 따라 달라진다. 내벽 코팅제는 플라스틱, 셀락, 레진, 유리와 무기 산화물 등이다.

세 가지 다른 종류의 기본 철판의 형태가 있다;

a. Type L: 부식에 대한 저항성이 매우 크고 산성 제품의 통조림에 가장 적합하다
b. Type MR: C, S, P, M, Si 함량 제한이 L보다는 덜하여 약하게 부식성 있는 제품에 적합하다
c. Type MC: 구성에 가장 제한이 없고 부식성이 없는 제품에 사용된다.
d. Type N: 예외적인 강도가 요구될 때 사용된다.

최근 매우 큰 변화가 제관 산업에 일어나 매우 다양한 캔들이 개발되고 있다. 특히, 이러한

개발은 맥주나 탄산음료의 캔 개발을 목표로 하고 있지만 다른 식품에 대한 추가적인 활용이 가능할 것이다. 크롬이 철판에 코팅된 TFS나 나일론 같은 열가소성의 얇은 소재도 강철판 코팅제로 사용되어 왔다. 캔의 사용에서 또 다른 혁신은 접합 부분을 납땜하기보다는 접착제를 사용하거나 용접하는 방식을 사용하는 점이다. 이러한 발전은 틴 프리 스틸의 사용과 관련되어 있으며 또한 납땜으로 인해 식품이 납에 오염될 수 있는 가능성을 배제하기 위해서이다.

캔의 코팅은 oleoresin, vinyl, epoxy, hydrocarbon, acrylic, wax 등을 사용하여 이루어진다. 산업에서 왁스류와 락카류, 에나멜류를 제외한 모든 것들이 쓰인다.

주석관은 다음과 같이 제조한다(그림 13-4). 에나멜 코팅이 있거나 또는 없는 주석판을 캔의 몸체(옆면)를 만들 수 있을 만한 충분한 크기의 조각으로 자른다. 각각의 조각, 또는 'body blank'의 끝부분에 금을 내고, 끝부분이 만나도록 뒤로 구부려 실린더를 만든다. 그리고 hook을 이용하여 하나로 한다. 옆 솔기는 위top와 아래bottom를 제외한 네 개의 주석판으로 구성되어 있다. 이 body blank의 두 교차점이 금이 내어지고 그로 인해 two-layer lap seam이 형성된다.

Lap seam은 끝끼리 붙여 형성할 때 부피가 작고, 쉽고 안전하게 구부러진다. 잘려져 나온 부분은 때때로 side seam 디자인으로 합쳐진다. 이 변경은 접합 부분의 표면 면적을 넓혀 캔이 강하게 연결되도록 해 준다.

다음으로 실린더 모양의 몸체의 가장자리는 바깥으로 살짝 벌어지면서 휘어져 있어 캔의 위아래를 붙일 수 있게 한다. 캔의 뚜껑은 양철판으로부터 금속 디스크를 찍어 내어 만들어진다. 캔을 튼튼히 하기 위한 다양한 윤곽이 이 공정 동안 형성된다. 캔 뚜껑의 가장자리는 구부러져 있고 고무 같은 접합 물질이 구부러진 부분에 발라져 개스킷이 형성되어 있다. 캔의 아래 뚜껑은 이중 권체에 의해 붙어 있다(그림 13-4). 이중 권체는 양철판과 개스킷 다섯 겹으로 구성되어 있다. 끝부분을 붙이기 위해서는 납땜이 사용되지 않는다.

캔은 결함이 없는지 공관검사를 실시한 후 캔 사용자에게 보내진다. 일반적으로 제관 공정에서의 불량률은 10,000개당 한 개 이하이다. 식품을 캔에 충진한 후 아래의 뚜껑을 다시 이중 권체를 이용해 막는다. 이중 권체 공정은 하나의 기계에서 분당 800개의 속도로 캔을 만든다.

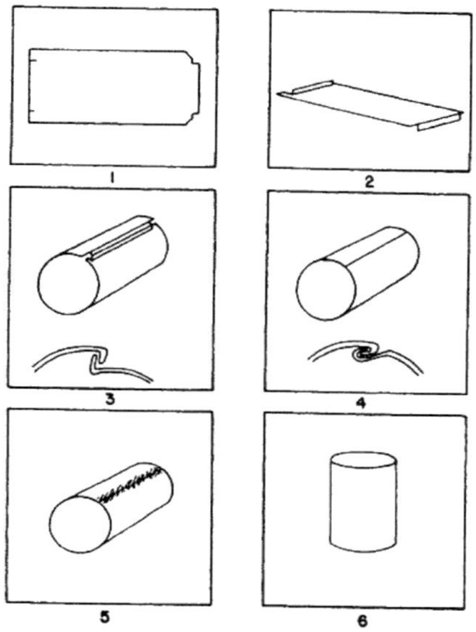

그림 13-4. 캔 형성 과정 (1) 끼워 맞출 수 있는 모양으로 몸체를 자름 (2)몸체에 연결할 수 있는 금을 냄 (3) 실린더 모양을 만듦 (4) 연결 부위를 평평하게 하여 연결을 고정함 (5) 이중 권체를 형성 (6) 완전한 실린더 모양의 몸체를 형성

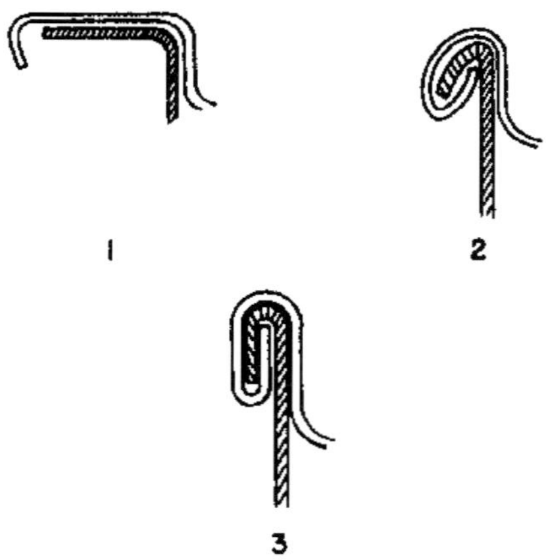

그림 13-5. 이중 권체 형성 순서

캔 산업에서 캔의 크기를 표준화하기 위해 다음과 같은 협약을 하였다. 즉 211×300,303×406,307×409가 일반적으로 지정된 숫자로서, 첫 세 자리 수는 캔의 직경을 의미하고 두 번째 세 자리 수는 캔의 높이를 나타낸다. 첫 자리의 수는 인치를 나타내고 뒤 두 자리는 1/16인치를 나타낸다. 예를 들어, 211×400의 경우에는 캔은 2와 11/16in의 직경에 4in 높이를 가진다. 표준관을 정의하는 데 있어서 위와 같이 캔의 크기로 캔을 구별할 수도 있으며, 특정 캔 크기에는

일련의 번호들이 주어지고 있다. 예를 들어 307×409 캔은 NO. 2 캔으로 알려져 있다.

알루미늄으로 만들어진 위생관은 최근에 상업적으로 중요한 위치에 있다. 비록 알루미늄캔이 주석캔보다 비싸지만 알루미늄은 가벼워 선적 시 비용이 절감되고, 다양한 기능적 이점이 있어 이러한 초기비용의 손해를 상쇄할 수 있다.

주석캔과 비교했을 때 알루미늄캔의 장점은 무게가 가볍고(적은 배송 비용), 폐품 이용이 용이하며 황화물로 인한 변색이 없으며, 특정 타입의 부식에 대한 저항성이 크고 캔을 열기가 편리하다는 점이다. 반면에 알루미늄캔은 주석캔에 비해 두 가지 큰 단점을 가진다. 덜 강하고 비용이 높다는 점이다. 순수한 알루미늄은 매우 약하다. 약간의 마그네슘을 첨가하면 좀더 강해질 수 있으나 이것은 부식에 대한 저항성에 좋지 않은 영향을 미친다. 심지어 마그네슘-알루미늄 합금은 같은 두께의 양철판보다 약하다. 결과적으로 알루미늄은 양철캔과 같은 항구성을 가지기 위해 더 두꺼운 알루미늄 판을 사용해야 한다.

알루미늄캔은 음료시장에서 소비자들이 상당히 선호하지만 열처리 살균하는 식품에서는 널리 사용되지 않고 있다. 그러나 알맞은 방법으로 코팅된 알루미늄캔을 사용하면 살균을 성공적으로 할 수 있어 만족스러운 저장수명을 얻을 수 있다.

② 금속 호일

식품 포장용 호일에서 가장 중요한 것은 알루미늄이다. 이는 4-150μm 범위 두께를 지니며, 이 중 얇은 두께의 호일은 현미경상에서 바늘구멍 같은 핀홀이 있고 그 핀홀을 통해서 기체나 증기의 확산이 가능하다. 두께가 0.0015in 이상인 호일은 핀홀이 전혀 없어 수분-증기 투과가 전혀 되지 않는다. 얇은 호일은 플라스틱에 코팅이나 라미네이트하여 물성을 향상시킬 수 있다. 알루미늄 외의 다른 금속으로 만들어진 호일은 거의 사용되지 않고 있다. 납, 주석 및 아연 호일은 역사적으로 관심의 대상이었고 최근에 개발된 철 호일의 경우 아직 주 사용처가 없는 실정이다.

(3) 종이

저장 중이거나 유통 중인 포장 식품의 상당량이 종이나 종이를 바탕으로 한 포장재로 포장되어 있다. 종이포장은 비용이 적고 바로 사용 가능하며 다양하게 사용이 가능하기 때문에 종이는 가장 많이 사용되는 포장재로 오랜 기간 동안 사용될 것이다.

종이의 포장 특성은 생산 공정 및 제조 후 처리 방법에 따라 매우 다양하다. 강도와 기계적 성질은 종이 섬유의 기계적 처리와 충전재 및 접착제binding materials에 따라 달라진다. 액체, 수증기, 기체 투과도와 같은 종이의 이화학적 성질은 첨가, 코팅, 라미네이션laminating방법으로 변형시킬 수 있다. 이 목적으로 사용하는 물질에는 왁스류, 플라스틱, 레진, 검류, 접착제류, 아스팔트 및 기타 물질들이 있다. 위와 같은 과정으로 만들어진 종이의 질은 매우 다양하다. 라미네이션시키거나, 왁스처리 혹은 코팅처리한 종이는 보호용 포장재로 사용하기 충분하다. 특정 등급의 변형된 종이는 빛과 기계적 손상에 대한 보호기능만을 제공한다. 종이는 연포장재로 사용하거나 또는 단단한 종이 용기를 만드는 데 사용될 수 있다. 연포장재로 활용한 예로는 봉투, 안감, 덮어씌우는 포장지 등이 있다. 더 중요한 종이의 종류는 크라프트지, 유산지, 글라신지와 왁스칠된 종이와 이들을 변형시킨 형태들이 있다.

단단한 종이 용기는 종류가 다양하고, 재료와 제작 방법이 다양하다. 실 예로 카톤carton, 박스boxes, 종이캔fibercan, 드럼drums, 방수컵liquid-tight cups, 사각포장tetrahedral pack 등이 있다. 단단한 종이 포장은 마분지나 라미네이트된 종이, 골판지와 다른 여러 특수 처리된 판이나 종이로 만들어진다. 대개 종이 용기들은 종이, 플라스틱, 금속호일로 된 보호용 안감이나 포장지로 구성된다.

(4) 플라스틱

플라스틱은 다양한 구조, 화학 구성, 물리적 성질을 가진 유기 고분자이다. 식품 포장에 사용되는 플라스틱 종류에 대해 간단히 설명하면 다음과 같다.

① 셀로판cellophanes

셀로판은 주요 성분이 셀룰로오스임에도 불구하고 이것은 자연 고분자보다는 합성 고분자로 분류된다. 게다가 모든 셀로판에는 글리세롤이나 에틸렌 글라이콜 같은 가소제(가소제는 휘발성이 낮은 저분자량의 물질로 플라스틱에 첨가하면 고분자 사슬 간의 결합력이 줄어들어 이 결과 플라스틱은 좀더 유연해진다)가 포함되어 있다. 가소제를 첨가한 셀룰로오스는 plain cellophane라 불리고 수분증기에 대한 차단성은 없다. 주로 셀로판은 보호제로 코팅을 하는데, 이때 사용되는 보호제로는 나이트로 셀룰로오스, 왁스, 레진이나 다른 합성 고분자 등이 사용된다. 셀로판의 포장 특성은 일차적으로 코팅된 물질의 성질에 따라 결정된다.

② 셀룰로오스 화합물cellulosics

셀로판은 셀룰로오스의 아세트산염, ethyl cellulose, cellulose nitrate 등을 만드는 데 기초물질로 사용된다. 셀룰로오스 화합물은 셀로판과 비슷한 성질을 가지지만 식품 포장에서는 활용이 적다.

③ 폴리올레핀polyolefins

폴리에틸렌poly ethylene은 현재 가장 중요한 포장재 중 하나이다. 이것은 화학식이 -(CH2-CH2)n- 인 탄화수소 고분자이다. 상업용 폴리에틸렌은 직쇄상 고분자에 다양한 수의 곁가지가 붙어 있는 형태로 제조된다. 고밀도 폴리에틸렌은 가장 가지가 적어 열 안정성이 가장 높고 투과도가 가장 낮다. 고밀도 폴리에틸렌은 우유병처럼 딱딱한 플라스틱 통의 형태로도 사용되고 필름의 형태로도 사용된다. 저밀도 폴리에틸렌은 유연성이 높고 가격이 저렴하여 식품 봉지나 포장재로 가장 널리 쓰인다. 폴리에틸렌은 또한 좋은 열 접착성을 필요로 하는 라이닝으로 라미네이션에도 널리 쓰인다. 폴리프로필렌poly propylene은 폴리에틸렌과 밀접히 관련되어 있고 그 특성과 사용은 비슷하다. 폴리부텐과 폴리메틸펜텐 또한 포장재로 쓰인다.

④ 비닐 유도체vinyl derivatives

비닐 유도체는 $-(CH_2-CXY)_n-$의 일반식을 가지며 X와 Y는 수소나 염소, 벤젠, 메틸이나 하이드록실기 같은 다른 치환기를 나타낸다. 비닐 고분자의 성질은 치환기의 성질, 분자량, 사슬 안에서의 공간적 배치, 특히 오리엔테이션과 결정성에 달려 있다.

다음에 이어지는 기능적 특성에 대한 고분자 구조의 영향에 대한 일반화는 포장에서 특히 중요하다.

a. 강도, 고온에 대한 저항성, 용매의 작용에 대한 저항성, 확산에 대한 저항성은 결정화 정도가 높아질수록 증가한다.

b. 극성기가 존재하면 극성 물질의 확산에 대한 저항성이 줄어든다.

c. 사슬의 선형성과 결정입자의 오리엔테이션은 강도와 차단 성질을 증가시킨다.

d. 가소제의 첨가는 투과도와 용해도를 증가시킨다.

비닐 고분자를 기초로 한 몇몇 중요한 식품 포장재와 그 화학식은 아래와 같다.

Saran, vinyl chloride $-(CH_2-CHCl)_n-$와

vinylidene chloride $-(CH_2-CCl_2)_n-$의 공중합체

Polyvinyl alcohol $-(CH_2-CHOH)_n-$

Polyvinyl acetate $-(CH_2-CHOCOCH_3)_n-$

Polystyrene $-(CH_2-CH-C_6H_5)_n-$

Polyvinyl chloride$-(CHCl-CH_2)_n-$

⑤ **폴리에스터polyesters, PET**

식품 포장에 있어서 가장 중요한 폴리에스터는 폴리에틸렌 텔레프탈레이트PET이다. 미국에서는 듀퐁사의 고유 이름인 Mylar로 더 잘 알려져 있는 이는 에틸렌 글리콜과 텔레프탈레익 산의 축합반응에 의해 만들어진다. Mylar는 높은 강도를 지닌 안정한 결정성 선형 고분자로 고차단성 식품 파우치용 라미네이트 필름의 외층에 사용되어 마모에 대한 저항성을 부여한다. 폴리에스터는 높은 인장강도, 낮은 신장율 elogation, 높은 녹는점 및 우수한 가스 및 유지 차단점이 있다. 열차단성이 뛰어나 마이크로웨이브나 오븐용 포장재로 많이 사용된다.

⑥ **폴리플루오로카본polylfuorocarbons**

탄소와 불소를 기본 구조로 하는 몇몇 고분자들이나, 수소와 염소 원자를 탄소나 불소에 첨가한 고분자들은 특이한 특성을 지닌 포장 필름이 된다. 이 물질들은 매우 고가이지만 특별한 성질을 가진다. 테플론과 그 외 폴리에틸렌 등의 수소가 불소로 치환된 불소화된 탄화수소는 매우 안정하며 산소에 대한 높은 투과성을 가진다. 반면에 trifluorochloroethylene은 모든 기체에 대해 아주 낮은 투과도를 갖고 특히 수증기 투과에 효과적이다. 폴리비닐 floride는 투과도 면에서는 중간이나 태양광에 대해서는 뛰어난 저항성을 보인다.

⑦ **폴리아마이드polyamides**

이염기산과 디아민의 축합반응으로 만들어진 고분자인 폴리아마이드는 시장에서 쉽게 구할 수 있고 널리 활용되고 있다. 이러한 고분자 중 하나인 나일론은 불활성이고 열저항이 높으며 훌륭한 기계적 성질을 가지고 있다. 이는 대개 코팅하거나 다른 재료들과 혼합하여 식품에 대해 불활성인 포장재가 만들어지고 낮은 투과성을 갖는다.

⑧ **폴리아크릴로나이트릴polyacrylonitriles**

폴리아크릴로나이트릴은 아크릴로나이트릴(CH_2=CH-CN)에서 유래된 고분자로서 포장에 널리 활용된다. 아아크릴로나이트릴과 스티렌의 공중합체는 특히 음료 포장에 유용하다. 공중합체로 만들어진 병은 불과 산소에 대하여 훌륭한 차단제로서의 성질을 가지고 있다. 독성 아크릴로나이트릴일 수 있는 잔류물의 용출에 대한 우려 때문에 많은 연구와 리뷰가 이루어졌는데, 최근 FDA에 의해 공중합체로 만들어진 병은 아크릴로나이트릴 잔류량이 0.1ppm 이하여야 한다는 조항이 정해졌다.

13.3. 환경인자와 보호 포장

포장은 제조공정, 저장 및 취급 과정과 관련하여 식품의 성분에 영향을 주는 요인들을 제어함으로써 식품의 품질에 영향을 미친다. 포장에 의해 조절될 수 있는 공정과 저장 요소에는 빛, 산소 농도, 수분 농도, 열전도, 오염과 미생물 등이 있다.

(1) 빛

식품은 장기간 빛에 노출됨으로 인해 부정적인 영향을 받는다. 빛에 의해 촉진되는 화학적 변화는 복잡하다. 예를 들어 빛은 식품에서 다음의 화학반응을 야기한다. 유지의 산화는 산화형 산패 oxidative rancidity라고 불리는 복잡한 변화를 일으키며, 우유의 산화는 휘발성이 있고 불쾌한 황화합물mercaptans을 형성하며, 연어와 새우의 분홍 색소인 astaxanthin과 식물 제품의 녹색, 황색, 붉은색 색소, 육류의 붉은 색소myoglobin 등 다양한 색소를 변화시킨다. 리보플라빈 Riboflavin은 특히 빛에 민감하여 태양광에 노출되면 비타민으로서의 가치를 잃고, 다른 성분들의 광분해를 촉진하거나 민감해지게 한다. 아스코르브산(ascorbic acid, Vitamin C) 또한 빛에 민감하고 빛에 노출되는 동안 다른 성분들과 반응한다.

빛의 촉매 효과는 가장 높은 양자 에너지(파장이 짧은 가시광선이나 자외선)를 지닌 빛에서 가장 크게 나타난다. 그러나 식품의 질의 하락과 같은 특정한 반응의 경우는 이를 일으키는 최적의 파장이 있을 것으로 생각된다. 특히 광감제sensitizer의 존재는 효과적인 스펙트럼을 상당히 이동시킨다. 식품에서 광감제는 리보플라빈, 베타카로틴, 비타민 A와 과산화된 지방산 등이 있다. 다양한 파장의 빛에 대한 주어진 식품군의 민감도는 제조방법에 따라 매우 다양하다. 신선한 육류가 자외선에 노출되었을 때에는 매우 빨리 탈색되지만 가시광선에는 강한 것으로 알려져 있다. 그러나 아질산염으로 보존된 육류는 가시광선과 자외선 두 가지 모두로 인해 탈색이 일어난다.

파장과 더불어 빛의 강도와 노출시간도 중요하다. 전리 방사선ionizing radiation의 경우, 식품으로의 빛의 침투는 다음의 지수 방정식을 따른다.

$$I_X = I_O\, e^{-\mu X} \qquad (1)$$

I_X는 식품에서 깊이 X에서의 빛의 강도, I_O는 식품 표면에서의 빛의 강도, μ는 주어진 식품 및 주어진 파장에서의 특정 상수(흡광도)를 나타낸다.

가장 침투력이 높은 빛의 양자는 양자 에너지당 가장 효과가 적은 파장을 가진 양자이다. 그러므로 자외선이 적색광보다 식품 안으로 덜 침투된다. 어떤 경우에는 이러한 상대적으로 얕은 침투가 식품 그 자체를 충분이 보호하기도 한다.

예를 들어, 빵의 리보플라빈의 손실 가능성을 생각해 보자. 빵 껍질이 잘 구워진 빵에서는 95%의 단파장이 빵의 바깥쪽부터 2mm까지 침투된다. 만약 우리가 빵은 모든 방향에서 빛에 노출되고 빛에 노출되면 빵 안의 광노출 부위의 모든 리보플라빈이 파괴될 것이라는 비현실적인 악조건을 가정했다면 빵 속에서 리보플라빈이 손실된 부분의 부피(V_i)는 빵 표면의 면적(A_i)에 2mm를 곱한 값과 같아질 것이다. 10cm×20cm의 벽돌 모양의 빵조각이 있다고 가정하자. A_i는 2(10×10)+4(10×10)=1,000㎠이고 V_i=1,000㎠×0.2㎝=200㎤이다. 이 빵 조각의 총 부피가 10×10×20㎤ =2,000㎤이므로 이 다소 과장된 상태에서 최대 손실은 단지 10%에 불과하다. 위와 비슷한 모양의 병에 담긴 우유가 빛에 노출되었을 경우 리보플라빈 손실은 간단히 해결할 문제가 아니다. 이것은 우유와 빵에 빛의 침투가 동일하더라도 우유에서 더 많은 양의 리보플라빈이 파괴되는데, 이는 빛이 병 깊이 있는 비타민에는 도달할 수는 없지만, 액체 상태에서는 확산 과정에 의해 병 내부와 우유 표면에 있는 리보플라빈과 내부의 리보플라빈 사이의 교환이 일어날 수 있기 때문이다. 이와 비슷하게 빛에 의해 우유 표면에서 생성된 자유 라디칼free radical이 안으로 이동할 수 있고, 이로 인해 내부의 비타민 분자의 파괴를 일으킬 수 있다. 확산이 잘 일어나지 않는 고체 식품에서도 표면에서 일어나는 반응들에 의해 종종 판매가 불가능해질 정도의 손상이 일어나기도 한다. 이러한 경우는 대부분 민감한 색이나 적은 양의 악취off flavor, 독성 물질이 생성된 경우이다.

(2) 산소

산화반응은 종종 식품에서 바람직하지 않은 변화를 일으키는데 그중 하나는 여러 식품에서 유지의 과산화에 기인한 산패oxidative rancidity이다. 또한 많은 비타민, 색소, 아미노산 및 단백질들이 산소에 민감하다. 포장을 통해 산소와 관련하여 두 가지 변수를 조절할 수 있는데, 이 변수들은 식품의 산화 속도에 서로 다른 효과를 가져다준다. 그 첫 번째 변수는 사용 가능한 산소의 총량이다. 예를 들어, 물질이 투과하지 못하는 포장재로 만들어진 컨테이너로 밀봉 포장된 경우, 식품과 반응할 수 있는 산소의 총량은 유한하다. 이러한 환경에서 반응속도가 아무리 빠르더라도, 그 반응 정도는 산소가 완전한 고갈되는 점을 초과하여 반응할 수는 없다. 만일 반응 정도가 식품의 품질 측면에서 중요하지 않다면, 반응속도는 저장수명과 관계가 없다.

반면, 밀봉된 컨테이너의 산소량이 식품의 품질 저하에 중요하게 관여하거나 용기가 약간의 산소투과를 허용하여 식품과 반응할 수 있는 산소의 양이 무한하다면 위와 같은 상황이 존재하지 않는다. 이러한 상황에서는 또 다른 변수인 식품의 산소농도가 중요하며 산소농도는 산소압에 의존한다.

많은 경우, 포장의 영향을 평가하는 목적으로 식품에서 산패에 기인한 품질 저하를 측정하고 있으며, 이는 식품에서 확산에 대한 우려 없이 식품 내 반응속도와 주위의 산소압력의 관계를 확립함으로써 측정할 수 있다. 식품 자체 내에서 산소의 확산이 잘 일어나지 않는 경우, 반응속도와 산소압력의 상호관계를 결정할 물질의 크기와 표면적이 명확히 규정되어 있지 않다면 이러한 상호관계는 소용이 없다. 식품의 가공, 취급, 포장 및 저장 등 산소확산이 일어날 수 있는 조건하에서 식품 내 산소확산이 (a) 산화가 급속히 일어날 때와 (b) 고밀도 제품의 경우 이렇게 두 가지 상황에서 산화속도에 영향을 주는 것으로 보고되었다(표 13-3). 산소확산은 또한 육류의 색에도 큰 영향을 미친다.

표 13-3. 공기 중에서의 식품 산화에 대한 산소 확산성의 영향

제품	온도(℃)	산소확산계수 (cm^2/s)	제품 두께 (cm)	확산저항에 의한 산화감소율(%)
감자칩	37	2×10^{-1}	100	0
어육	37	8×10^{-2}	10	0
어육	37	8×10^{-2}	100	50
버터	~5	1.6×10^{-8}	10	60

Source: Quast and Karel(1971)

산화속도와 산소압의 관계는 반응의 종류, 생성물의 종류, 온도에 따라 다양하다. 이들의 관계는 비선형적이며 어느 수준 이상에서는 산소압의 증감이 반응속도에 영향을 미치지 않는다. 이것은 표면적 대 부피의 비가 크고 내부 확산에 대한 저항이 적은 제품의 유지 산패에서 관찰되는 전형적인 형태이다. 만약 표면적대 부피의 비가 감소하면 유지산화는 산소압과 직선의 관계를 갖게 된다(그림 13-6).

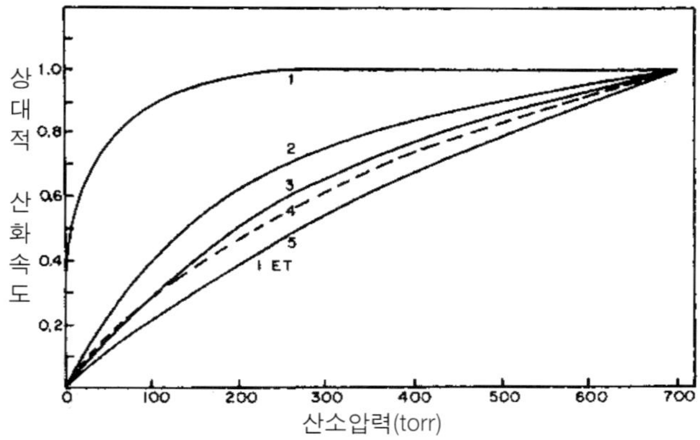

그림 13-6. 표면당 단위 부피에서 산소압력에 따른 지방의 산화 의존성

1-Ethyl Linoleate (교반시킨 샘플, 45℃)
2-Methyl Linoleate (표면적 12.6cm², 37℃)
3-Methyl Linoleate (표면적 12.6cm², 57℃)
4-Methyl Linoleate (표면적 3.2cm², 37℃)
5-Methyl Linoleate (표면적 0.515cm², 37℃)

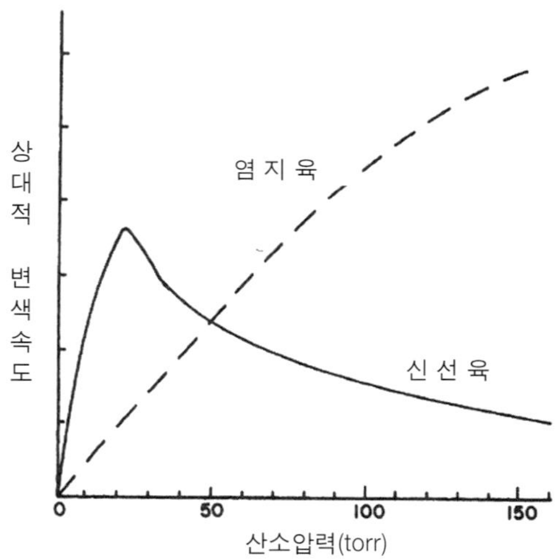

그림 13-7. 산소 압력 변화에 따른 육류의 변색 속도

육류 색소가 바람직하지 않은 갈색으로 되는 산화과정은 산소압에 대해 복잡하게 반응을 나타낸다. 신선한 고기의 변색 속도는 대기 중 산소의 2~3%에 해당하는 24torr 정도의 산소압에서 최대를 나타내지만 염지육의 탈색 정도는 거의 산소압과 정비례한다(**그림 13-7**). 물론 이러한 육류색소의 탈색 양상 차이가 신선육과 염지육을 포장하기 위해서는 서로 다른 특성을 지닌 포장재의 사용이 필요하다는 결론에 도달한다.

또한 신선한 과일이나 채소를 포장하는 데 있어서도 포장재의 산소투과 특성을 고려하여야 한다. 이러한 제품들은 수확 후에도 호흡이 계속되며 〈표 13-4〉에 나타낸 바와 같이 어떤 채소와 과일의 경우 산소 요구량이 매우 높고 호흡에 의해 같은 몰수의 이산화탄소를 생성한다.

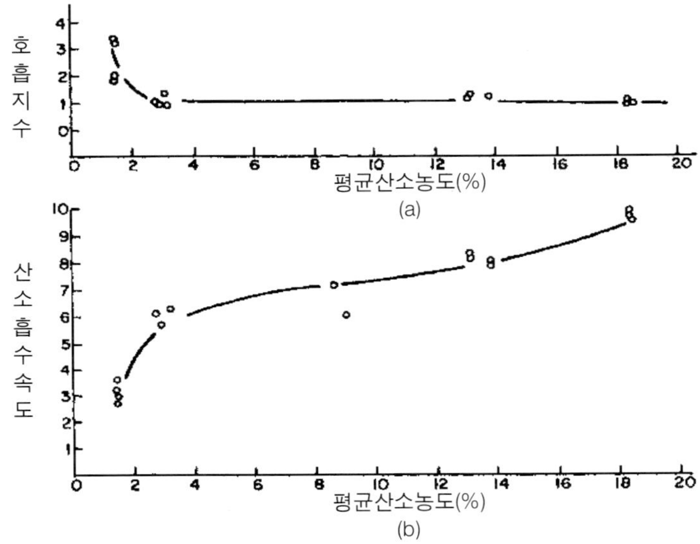

그림 13-8. 사과의 산소농도에 대한 호흡지수(a)와 호흡속도(b)

표 13-4. 과채류의 호흡률

과채류	이산화탄소 생성량 (mg / kg·h)		
	5°C	15°C	20°C
배	100	300	400
아스파라가스	50	200	300
바나나	–	60	120
토마토	20	30	40
자몽	5	10	15

〈그림 13-8〉에 나타낸 바와 같이 호흡률은 산소의 부분압을 낮춰 줌으로써 감소시킬 수 있다. 그러나 이 그림에서 보는 바와 같이 산소농도를 아주 낮은 수준까지 감소시키면, 따라서 호흡지수respiratory quotient는 가파르게 상승하게 된다. 호흡지수는 산소를 소비함에 따라 생성되는 이산화탄소의 비로 정의된다. 이는 신선제품의 종류와 온도에 따라 호기성 호흡의 소멸점extinction point of aerobic respiration이라 불리는 다양한 임계 산소값critical oxygen value이 존재하기 때문인 것으로, 이 값보다 아래에서는 식물 조직이 산소 흡수 없이 알코올과 이산화탄소를 생산하는 혐기적 호흡을 수행하게 된다. 만약 혐기성 호흡이 계속된다면 과일이나 채소는 급격히 품질이 저하된다. 비록 산소압을 낮춰 야채와 과일의 호기성 호흡률을 낮춘다고 해도, 산소농도

는 반드시 혐기성 호흡이 시작되는 임계값 이상으로 유지되어야 한다.

위의 예로부터 식품에 대한 산소의 반응은 다양하며, 이는 포장재의 선택이 이루어지기 전에 반드시 숙지하여야 한다는 것을 보여 준다.

(3) 수분

식품의 수분함량은 주위의 상대습도와 밀접한 관계가 있다. 식품과 수분과의 관계는 요구되는 포장재의 특성에 크게 영향을 미친다.

(4) 온도

온도가 식품의 생물학적, 화학적 및 물리적 반응속도에 영향을 미친다. 식품의 온도조절이 포장에 의해 어느 정도의 가능하긴 하지만 식품의 다른 방법을 이용하여 식품의 온도를 조절하는 것이 더 용이하다.

(5) 기계적 손상에 대한 민감도

포장의 기능 중 한 가지는 식품이 쏟아지거나 또는 물리적 힘에 의해 찌그러지거나, 찢겨지거나 부스러지는 등 여러 기계적 손상을 입지 않도록 보호해 주는 역할을 수행하는 것이다. 식품의 물리적 힘에 대한 민감도를 자세히 평가하고자 한다면 식품 유변학에 대한 심도 있는 논의가 필요하다. 식품의 유변학에 대한 실험실 데이터를 용기의 기계적 성질에 대한 필요 규격으로 전환시키는 것은 아직 초기적인 단계이다. 하지만 용기들의 기계적 손상에 대한 민감도와 관련하여, 대부분의 용기들은 식품을 외부환경으로부터 분리할 수 있는 내구성을 유지할 수 있도록 적절한 강도를 지녀야 한다.

(6) 생물학적 요인에 대한 취약성

모든 식품은 미생물이나 벌레, 설치류 등 생물학적 요인들의 침해를 받는다. 미생물과 바이러스에 대한 식품의 취약성은 환경적 조건에 따라 매우 다양하므로 이들 식품에 사용하는 보호 포장 역시 이에 상응하여 다양하다. 따라서 포장 직전 혹은 직후 미생물을 살균하는 식품(살균제품)들은 재오염이 되지 않도록 철저한 포장용기의 보호가 중요할 것이다. 반면에 화학물질을 첨가한 식품의 경우는 오염에 덜 민감하거나 오염에 다소의 저항성이 있다. 곤충의 침해의 경우에도 비록 그 정도는 약하지만 위와 비슷한 양상을 나타낸다. 설치류 같은 다른 생물학적 요인들은 각각의 제품을 보호하는 포장보다는 적절한 창고나 트럭의 위생 관리나 선적용 컨테이너를 알맞게 디자인하는 것으로 더 효율적으로 제어할 수 있다.

13.4. 보호 포장재의 특성

(1) 기체 및 수증기 투과도

① 정의

외부로부터 유입되는 기체나 수증기로부터 식품을 보호하는 것은 밀봉 부위와 마개를 포함하는 포장의 내구성과 포장재 자체의 투과도에 의해 영향을 받는다. 기체와 수증기는 포장재의 거대 혹은 미세공극 또는 핀홀pinholes을 통하여 포장재를 투과하거나 또는 능동확산activated diffusion으로 알려져 있는 분자적 메커니즘의 확산에 의해 포장재를 투과한다. 능동확산에서 기체는 포장재의 한 표면에 용해되고, 포장재 양쪽의 농도 차에 의해 포장재 내에서 확산되어 이동을 하며, 결국 포장재의 다른 면에서 다시 증발하여 기체가 포장재를 투과한다. 물질전달을 표현하는 평형식과 속도식 이론들은 건조 및 냉동건조 이론에 잘 적용되었으며 또한 이 여기에서도 잘 적용된다. 특히 외부에서 포장 내부의 한 방향으로 기체가 이동하는 경우에 이 확산법칙을 적용하면 다음과 같다.

$$J = -D \cdot A \frac{dC}{dX} \tag{2}$$

이때, J : 기체의 플럭스(예: mol/s)

A : 면적(cm^2)

D : 막에서 기체에 대한 확산 계수(cm^2/s)

C : 막에서의 기체 농도(mol/cm^3)

X : 흐름의 방향으로 측정한 membrane의 거리(cm)

만약 D가 일정하고 정상상태에서 〈그림 13-9〉에서 나타낸 바와 같이 상기의 식은 다음과 같이 된다.

$$J = D \cdot A \frac{C_1 - C_2}{\Delta X} \tag{3}$$

그러나 C_1과 C_2는 포장재 내에서 측정하기 어려우므로 이때, Henry's law ($C = SP$)를 적용한다. 이때, S는 용해도 (mol/cm^3/atm), p는 기체의 부분압(atm)이다. Henry's law를 (2)식에 결합하면 다음의 식을 얻는다.

$$J = D \cdot S \cdot A \cdot \frac{p_1 - p_2}{\Delta X} \quad (4)$$

DS값을 P라 하면 이는 투과계수로 알려져 있으며, 투과계수(P)는 다음과 같은 값들로서 정의될 수 있다.

$$P = \frac{\text{gas(g) or water vapor}\ (\ell) \times \text{thickness}\ (m^2)}{\text{area}(m^2) \times \text{time}\ (s) \times \text{pressure difference}\ (Pa)} \quad (5)$$

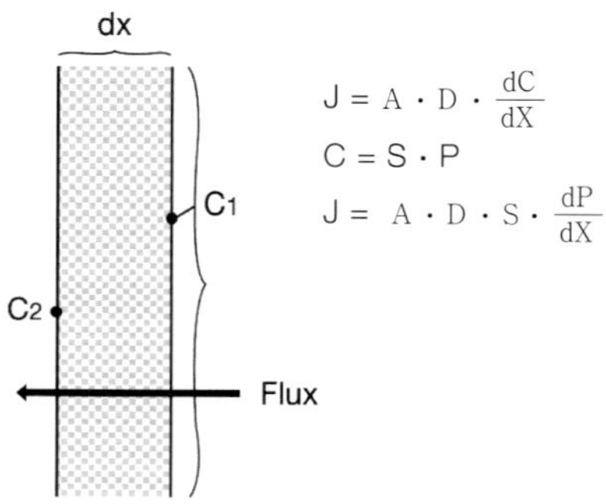

그림 13-9. 정상 상태(steady state)에서 포장필름을 통한 확산의 도식

투과도 계수에 사용되는 단위는 한 가지만이 아니며 문헌에서 실제 사용되고 있는 여러 투과도 단위들을 〈표 13-5〉에 나타내었다.

표 13-5. 투과도(permeability)에 사용되는 단위

가스량	두께	면적	시간	압력 차
cm(STP)	mm	cm^2	s	cm Hg
mol	cm	cm^2	s	cm Hg
cm^3(STP)	cm	cm^2	s	cm Hg
g	cm	cm^2	s	mm Hg
cm^3(STP)	mil	100 in^2	24 h	atm
g	cm	cm^2	24 h	0.21 atm
cm^3(STP)	mil	m^2	24 h	atm
cm^3(STP)	cm	cm^2	min	atm
cm^3(STP)	100 μm	100 cm^2	24 h	atm
g	mil	100 m^2	h	atm
cm^3(STP)	mil	100 in^2	100 h	atm

산업체에서는 위에서 정의된 투과도permeability 계수뿐만 아니라 두께의 단위를 보정하지 않은 permeance를 사용하고 있으며, 더군다나 수증기의 permeance는 종종 압력의 단위나 두께의 단위도 보정하지 않고 발표되기도 하는데 이러한 값에는 항상 두께, 습도 그리고 온도를 명시하여 발표하여야만 한다. 이러한 단위가 실제로 포장기술 산업에 광범위하게 사용되는 수증기 투과도(Water Vapor Permeability, WVP)로서, 이는 보통 특정 두께와 온도 그리고 포장재의 한 면의 상대습도는 약 0%이고 다른 면은 상대습도 95%일 때, 하루에 100 in^2의 포장재면적을 투과하는 수분의 양으로 정의된다.

② 투과도의 측정

투과도를 측정하기 위한 방법은 다양하여 여기서 다 설명하지는 못하지만, 두 가지의 주요 측정법(압력증가법과 농도증가법)의 개략적 모식도를 〈그림 13-10〉에 도시하였다.

(a) 압력증가법에서는 포장재를 투과도 측정 셀의 고압부과 저압부 사이에 장착하고 양쪽의 공기를 제거하여 포장재의 공기를 제거한다. 그 후, 이미 압력을 P_H로 알고 있는 시험가스를 고압부에 한꺼번에 주입시키고 압력을 P_H로 일정하게 유지시켜 주면서 저압부의 압력 P_L을 시간의 함수로 측정하면 투과도를 측정할 수 있다. 이때 P_H가 P_L보다 상당히 큰 상태로

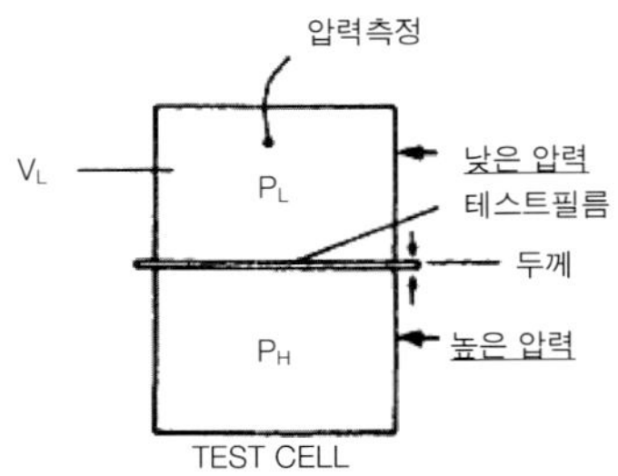

압력증가방법

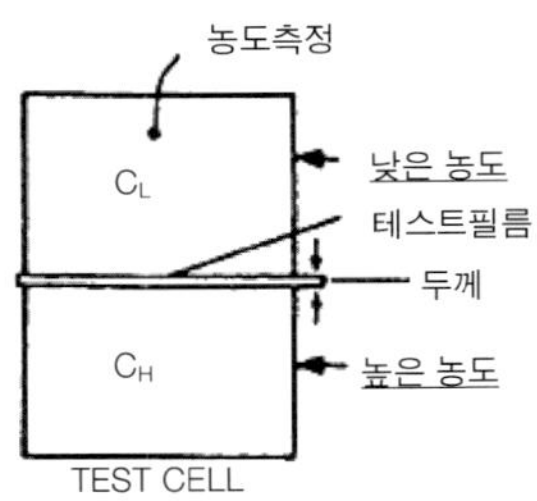

농도증가방법

그림 13-10. 투과도 측정의 두 가지 원리

지속된다면 Δp가 일정하다고 할 수 있으며, 이때의 투과계수는 〈그림 13-11〉에 나타낸 방법으로 계산할 수 있다.

(b) 농도증가법의 경우 양쪽 부위의 전체 압력은 서로 같지만 한쪽 면은 시험기체만을 지속적으로 흘려주는 데 반해 다른 한 면은 불활성기체를 지속적으로 흘려주어 포장재 양면에는 시험기체의 부분압의 차이가 발생하므로 시험기체가 확산에 의해 포장재를 투과한다. 〈그림 13-12〉에 가스 크로마토그래피를 이용한 농도증가법으로 산소나 이산화탄소의 기체투과도를 측정하기 위한 실험적 장치를 도시하였다. 근래의 기체투과도 측정 기기들에서는 산소 전극을 사용하여 산소 투과를 지속적으로 직접 계측하는 방식을 채택하고 있다.

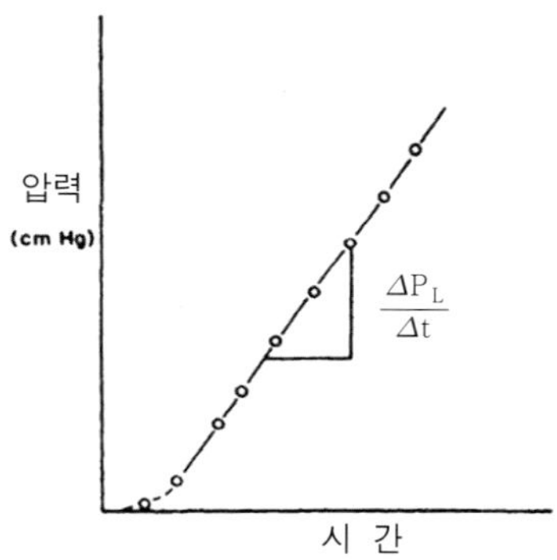

$$P = \frac{\Delta P_L}{\Delta t} \cdot \frac{V_L}{76} \cdot \frac{273}{T} \cdot \frac{\Delta X}{A}$$

그림 13-11. 압력 증가 곡선의 기울기로부터의 투과도 계산

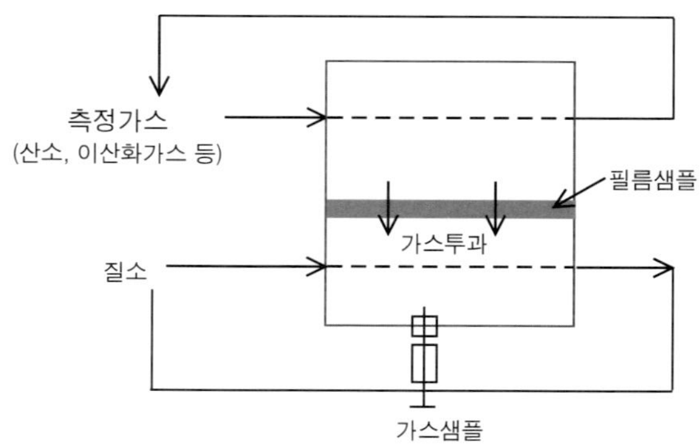

그림 13-12. 농도 증가 방법을 이용한 투과도 측정 시스템

수증기 투과도(water vapor permeability, WVP)는 일반적으로 중량법으로 측정한다. 낮은 수증기압을 유지시켜 주는 건조제를 〈그림 13-13〉과 같이 컵에 넣고 필름시료로 밀봉한다. 이 측정컵들을 항온항습기에 넣어 두면 측정컵 내부는 건조한 상태이므로 수증기가 수분투과도 측정컵의 필름을 통해 컵 내부로 투과하게 되며, 컵 내부의 건조제는 필름을 투과한 수증기와 결합하여 결국 컵의 무게가 증가하게 된다. 이때 증가하는 컵의 무게는 필름층을 통과한 수증기의 양과 동일하며, 이때 컵의 경시적 무게 변화를 측정하면 필름시료의 수분투과도를 계산할 수 있다.

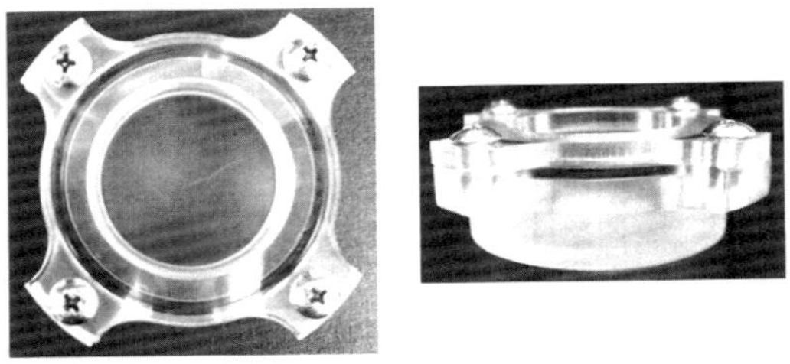

그림 13-13. 수증기 투과도 중 중량 분석에 이용되는 컵

건조제는 반드시 흡습이 일어나더라도 낮은 수증기 압력을 유지하는 것이어야 하며, 이를 위해서는 황산칼슘, 과염소산 마그네슘, 염화칼슘 등을 사용 할 수 있다. 실리카겔은 또한 비교시험을 위해서는 사용할 수 있지만 이는 수분을 흡습함에 따라 수분의 부분압이 증가한다. 때때로 컵보다 밀봉된 파우치에서 투과도 시험을 수행하는 것이 더 좋은 경우도 있다.

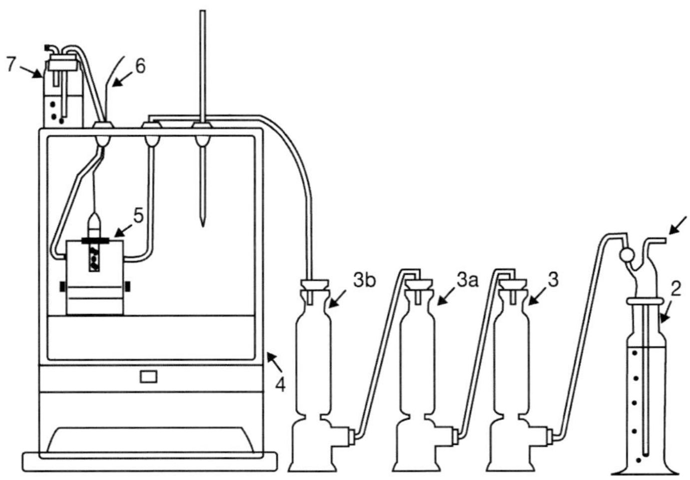

그림 13-14. 전자 습도계를 이용한 수증기 투과도 측정을 위한 시스템

(1) 압축된 공기와의 연결 (2) 기체 세척 병(3, 3a, 3b) 세 가지 기체 탑
(4) 항온상자 (5) 투과도 셀 (6) 전자 탐침계와의 연결 (7) 역압력 병

수증기 투과도를 측정하는 또 다른 방법은 필름시료에 의해 물의 급원과 분리된 구획의 상대습도를 측정하는 것이다. 이를 위해 고안된 전자 습도계가 장착된 간단한 장치를 〈그림 13-14〉에 나타내었다. 이와 같은 원리를 기초로 하여 제작된 정교하며 고가인 장비들이 시판 중이다.

연습문제

Cup method를 이용하여 필름의 수증기 투과도를 측정하고자 한다.

컵의 조건

두께	500μm
면적	$0.05m^2$
온도	30℃
상대습도(RH)	안쪽: 물(RH 100%) 바깥쪽: RH 30%

시간에 따른 컵에 무게 변화

Time	시간별 무게(g)
0r	107.383g
2hr	107.213g
4hr	107.084g
6hr	106.927g
8hr	106.783g
10hr	106.642g
12hr	106.500g

30℃의 경우,

① Slope : g/hr

hr	변화된 무게 (g)
0	0
2	0.17
4	0.299
6	0.456
8	0.6
10	0.741
12	0.883

이므로, Slope ≅ 0.0736 (g/hr)

② $WVTR = \frac{Slope(g/hr)}{Area(m^2)} = \frac{0.0736g/hr}{0.05m^2} = 1.472(g/hr \cdot m^2)$

$= 35.328g/day \cdot m^2$

③ 30℃에서 순수한 물의 수증기압은 31.8mmHg이며, 상대습도가 30%인 경우 수증기압은 31.8mmHg×0.3 = 9.54mmHg가 된다.

따라서 컵의 안쪽과 바깥쪽의 수증기 부분압력차(ΔP_a)는

31.8mmHg − 9.54mmHg = 22.26mmHg가 된다.

④ $$WVP = \frac{WVTR \times L}{\Delta P_a}$$

$$= \frac{35.328(g/day \cdot m^2) \times 0.0005m}{22.26mmHg} \times \frac{1day}{86400s} \times \frac{1mmHg}{133.322P_a}$$

$$= 6.889 \times 10^{-11} (g \cdot m/m^2 \cdot S \cdot P_a)$$

③ fixed gas에 대한 포장재의 투과도

낮은 끓는점을 가진 산소, 질소, 수소, 이산화탄소 등의 기체들은 fixed gas로 알려져 있는데 이들은 포장재를 통한 투과도와 관련하여서는 서로 비슷하게 이상적 거동을 하고 있다는 공통점이 있다. 상온에서 여러 포장재들의 N2, CO2, O2에 대한 투과도를 〈표 13-6〉에 나타내었다. 이러한 값들로부터 다음과 같은 것들을 설명할 수 있다. 첫째, 어떠한 기체에 대해서도 투과도가 크게 차이나는 포장재료들이 존재한다. Polyvinylidene chloride(PVDC, Saran)은 실리콘 고무보다 산소 투과도가 100,000배 낮다. 둘째, 같은 포장재질을 서로 다른 물질이 투과하는 데에는 규칙성이 존재한다. 일반적으로 이산화탄소는 산소보다 투과도가 4~6배 높으며 산소는 질소보

표 13-6. 대표적 플라스틱필름의 투과도(25℃)

Film	투과도*		
	질소	산소	이산화탄소
Low density polyethylene	180.3	696	2,435.9
High density polyethylene	43.2	185.4	579.1
PVDC	0.12-0.16	0.8-1.1	3.8-6.0
Nylon 6	0.9	2.6	10-12
PET	0.7-1.0	3.0-6.1	15.0-24.9
Cellulose acetate	30-40	117-150	860-1,000
Silicon rubber	44,998.6	49,999.9	299,999.4
Polypropylene	40-48	150-240	500-800
Polystylene	50-60	250-350	700-1,150
Ethylene Vinyl Alcohol copolymers	0.008	0.025 (at 20℃)	0.203

*Unit = cc·mil/100in^2·day·atm, 1 mil = 1/1,000 inch
Rosalind Juran (Ed.), *Modern Plastics Encyclopedia* (pp. 691–695). New York, NY: McGraw-Hill, Inc.

다 4~6배 투과가 잘 된다. N_2, CO_2, O_2의 세 가지 기체들 중에서 이산화탄소가 가장 큰 분자이므로 확산계수(D)가 가장 낮지만 고분자에서 CO_2의 용해도(S)는 다른 기체들보다 훨씬 더 크기 때문에 이산화탄소의 투과도(P)가 가장 높게 나타난다.

Fixed gas들은 다음과 같은 이상적인 거동을 보인다. (1) 투과도permeabilities는 농도의 영향을 받지 않으며 (2) 투과도는 온도에 따라 변화하며 이때 온도와 투과도의 관계는 다음과 같이 나타낼 수 있다.

$$B = B_0 e^{-E_a/RT} \tag{6}$$

이때, E_a는 투과를 위한 활성화 에너지(kcal/mol)이며 B_0는 상수이다.

일부 포장재들에서 산소와 이산화탄소가 투과되는 데 필요한 E_a의 값을 〈표 13-7〉에 보였으며, 절대온도의 역수가 변화함에 따라 투과도가 어떻게 변화하는지를 〈그림 13-15〉에 도시하였다. 일부 포장재들에서는 투과도-온도곡선에서 불연속적인 부분이 뚜렷하게 존재하는데, 임계온도(혹은 임계온도 범위) 이상의 온도에서 포장재는 훨씬 더 투과되기 쉬워진다. 이러한 현상은 온도 T_g에서 유리전이glass transition가 일어나기 때문에 일어난다. 예로서 PVA의 경우는 30℃ 부근에서, 그리고 PS의 경우는 80℃ 부근에서 유리전이 온도를 보이는데, 유리전이 온도(T_g) 아래에서 물질은 유리질glassy이 되며 유리전이 온도보다 높은 온도에서는 고무질rubbery이 된다.

표 13-7. 기체 투과의 활성화 에너지

Film	(E_a) for O_2 (kJ / mol)	(E_a) for CO_2 (kJ / mol)
LDPE[a]	30	33
HDPE[b]	35	35
PET[c]	27	25
Polyamide	41	38
Natural rubber	41	38
PVDC[d]	58	50
Perforated films	4	4

[a] LDPE = Low dendity polyethylene.
[b] HDPE = High-density polyethylene.
[c] PET = Polyethylene terephthalate (e.q., Mylar).
[d] PVDC = Polyvinylidene chloride (e.q., Saran).

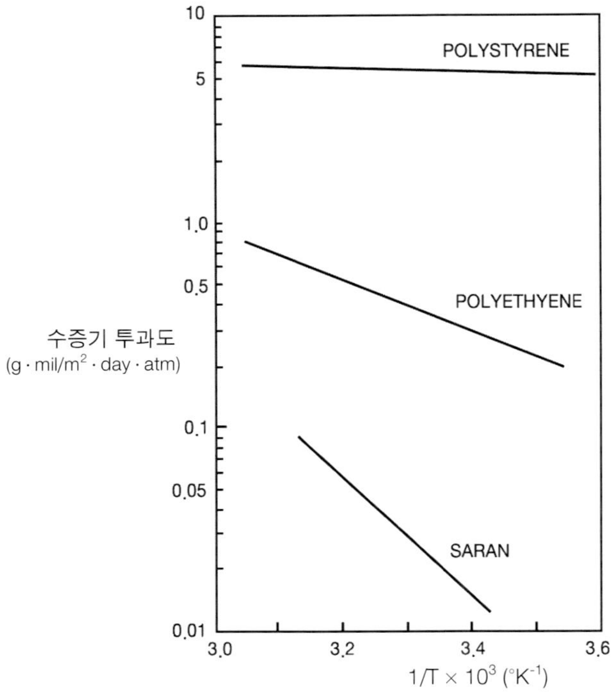

그림 13-15. 절대온도에 대한 투과도 의존성

여기서 고분자 포장재질의 구조와 형태에 대한 논의가 필요하다. 고체상의 고분자들은 결정성이거나 무정형 혹은 반결정성인 상태로 존재할 수 있으며, 포장재질은 반결정성이거나 무정형 상태로 존재한다. 반결정성 물질의 일부 영역에서는 고분자 사슬이 질서정연하게 응집되어 있는데, 이를 결정crystallite이라 하며 이러한 결정들에서는 기체나 수증기가 투과할 수 없다. 반결정성 물질의 나머지 영역에서는 고분자 사슬들이 무질서하게 배열되어 있는 무정형 영역을 이루고 있다. 무정형 고분자에서 고분자 사슬들은 완전히 무질서한 상태로만 존재하고 있다. 유리전이 온도(Tg)보다 낮은 온도에서는 무질서하게 배열된 고분자 사슬들의 움직임이 거의 없어서 고분자 사슬들 사이에 존재하는 구멍이나 공극 및 기타 빈 공간이 고정된 상태로 있다. 유리전이 온도 이상의 온도에서는 고분자 사슬들의 움직임이 훨씬 자유로워지고 그 사이의 빈 공간들은 끊임없이 모양이나 위치가 변하게 된다. 분명히 이러한 변화들은 특히 커다란 분자들이 포장재를 통하여 확산되는 능력에 중요한 영향을 미친다.

고분자 필름들의 기체를 투과시키는 능력의 차이는 고분자의 결정성의 차이에 일부 기인하기도 하며, 고분자 사슬의 종류에 따른 mobility의 차이와, 고분자사슬의 작용기가 기체나 수증기들이 고분자필름의 무정형 영역에 용해되는 정도에 미치는 영향 등에 의해 그 차이가 나타나는데, 이때 고분자의 결정성 영역에서는 흡수가 일어나지 않는다고 간주한다. 고분자의 결정성 부분의 함량은 투과도를 결정하는 데 있어서 가장 중요하다. 이론적으로 고분자의 투과도는 고분자에서 비결정성 영역이 차지하는 부피비율의 제곱에 비례하여 직선적으로 증가한다. 그러나 이러한 관계는 수소와 같은 작은 분자들에서만 잘 적용되며, sulfur hexaflouoride와 같은 큰 분자들에의 경우 상당한 편차를 보이고 있는데, 이는 결정성 영역이 존재하게 되면 이는 비결정성 영역의 고분자들의 이동성을 제한하는 영향을 주며, 특히 이는 커다란 분자들의 흐름을 방해하기 때문이다.

고분자들의 투과도는 또한 천연고무에 가교결합을 일으키는 경화처리vulcanizing처럼 고분자들 간의 가교 결합을 통해 변형시킬 수 있다. 가교 결합은 고분자들의 이동을 제한하고 투과도를 감소시키지만 고분자의 결정성을 손상시키지 않는다. 필름을 연신하여 고분자 사슬의 배향을 강화시키면 필름의 결정화가 증가하며 투과도가 감소된다. 필름은 (a) 수증기와 같은 극성인 기체가 친수성 고분자를 통해 확산될 때나, (b) 용매와 향기성분 등 낮은 끓는점을 가지는 유기화합물이 어떤 고분자를 통해 확산될 때 필름의 확산계수 D가 농도와 무관하며, log B는 1/T와 비례한다는 이상적인 거동을 하지 않는다. 기체 투과도에 있어서 물의 효과는 식품포장에 있어서 특히 중요하다.

④ 수증기 투과도

친수성 고분자에서의 수증기 투과도는 이상적인 투과 양상과 편차를 보였다. 투과도 계수는 온도뿐만 아니라 수분 농도에 따라 변화하며, 그리고 온도 의존성은 식 (6)과 같이 그리 간단하지만은 않다. 수분투과도 결과들은 대부분 온도 100°F이며 수증기압이 높은 쪽의 상대습도가 95%인 조건에서 측정하여 얻어졌는데 이들 결과의 일부를 〈표 13-8〉에 제시하였다.

필름의 수분 투과도는 대개 높은 상대습도 조건에서 급격하게 증가하는데 이는 필름이 수분을 흡수함에 따라 팽윤이 일어나기 때문이다. 〈그림 13-16〉는 나일론 필름을 통해 수분이 투과될 때, 필름의 수증기압이 높은 쪽의 수분활성도에 따라 필름의 수분 투과 속도가 어떻게 달라지는지를 보여 주고 있다. 또한 〈표 13-9〉에서는 수증기압이 높은 쪽의 상대습도는 100%로 일정하며 수증기압이 낮은 쪽의 상대습도가 변화할 때의 수분 투과도 변화를 보여 주고 있다.

나일론, 셀룰로오스, polyvinyl alcohol(PVOH), 그리고 생물고분자로부터 제조한 가식성 필름 등, 수분 투과도가 습도의 영향을 받는 포장재들의 수분 투과도를 계산하기 위해서는 적절한 수학식으로 수분 투과도와 상대습도의 관계를 규정하여야만 그 계산이 가능하다. 온도는 투과도에 영향을 주는 또 다른 요소이다. 극성고분자 필름을 통해 수분이 투과되는 경우, 식 (5)는 단지 좁은 온도 범위에서만 적용될 수 있다.

표 13-8. 플라스틱 필름의 수증기 투과율

Film	Range of WVTR[a] (at 38°C and 95 vs 0% RH)
Cellophane	8-40
Coated cellophanes	0.08-0.8
Low-density polyethylene	0.3-0.6
High-density polyethylene	0.1-0.2
Polyvinylidene chloride	0.04-0.2
Polyethylene terephthalate	0.01-0.1
Silicon rubber	>50
Polypropylene	0.08-0.16
Waxed papers	0.08-6
Coated papers	0.08-2
Polystyrene	2.8-4
Polyamide(Nylon 6)	6-9
EVAL[b]	5-6

[a] WVTR in $g \cdot mm \cdot m^{-2} d^{-1}$.
[b] EVAL = Ethylene vinyl alcohol copolymers.

표 13-9. 고압력 측면이 상대습도 100%이고 다른 측면이 다양한 상대습도일 때의 수증기에 대한 몇몇 필름의 투과도[a]

Material	RH		
	31%	56%	80%
Polyethylene	0.18	0.19	0.17
Polyvinyl alcohol	48.5	67	97
Cellulose acetate	39	48.5	73
Nylon	7.3	12.1	21

[a]수증기 투과도 = $g \cdot mil \cdot m^{-2}\ day^{-1}\ torr^{-1}$

⑤ 습윤기체의 투과도

높은 습도에 친수성 필름을 노출시키면 수분이 흡습되고, 팽윤되어 고분자 사슬의 이동성을 크게 증가시킨다. 물은 가소제나 비교적 휘발성이 낮은 용매와 비슷한 효과를 지녀 고분자 사슬의 유연성을 증진시키며 모든 기체에 대해 투과성을 증가시키는 경향이 있다. 특히 건조한 조건에서 기체 투과에 대한 뛰어난 차단성을 보이는 필름에서는 습윤공기에 의한 투과도의 증가 현상이 현저하게 나타난다. 셀로판, polyethylene, 그리고 cellophane과 polyethylene의 라미네이션 필름에 대한 투과성을 보여 주는 〈표 13-10〉에 이러한 상황이 잘 나타나 있다.

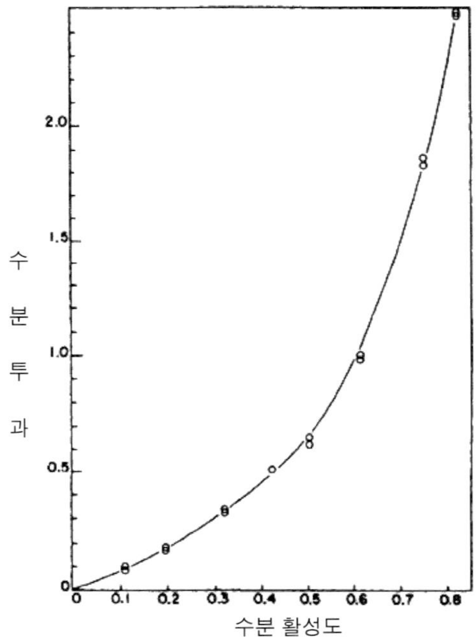

그림 13-16. 습도에 따른 나일론 필름의 수증기 이동속도 의존성

표 13-10. 폴리에틸렌과 셀로판의 이산화탄소 투과에 대한 상대습도의 영향

Material	Position	RH of high-humidity side (%)	CO_2 transmission barrers
C	-	0	0.004
C	-	100	1.0
P	-	0	20
P	-	100	20
C+P	P faces high RH	0	0.01
C+P	P faces high RH	100	0.01
C+P	P faces high RH	0	0.01
C+P	P faces high RH	100	1.2

P = 1mil polyethylene, C = 1 mil cellophane, 1mil = (1/1000)inch

Cellophane의 투과도는 습도에 의해 결정되며, 셀로판이 건조하게 유지되거나 또는 polyethylene층을 이용하여 높은 습도로부터 셀로판을 보호해 준다면 이는 이산화탄소의 투과에 대한 훌륭한 차단성을 지니게 될 것이다. 투과도가 포장재질의 수분함량의 영향을 받는다는 것은 투과도가 포장재 주위의 상대습도의 영향을 받는다는 것을 의미하며, 이와 같은 성질은 생분해성 필름 및 가식성 필름과 같은 친수성 생물고분자 필름에서 특히 중요하다. 예를 들어, 90% 상대습도에서 밀 글루텐 필름의 산소 투과도는 0% 상대습도에서보다 25배 더 높다. 비슷한 상대습도 조건에서 키토산필름의 산소 투과도는 500배 증가하며 이산화탄소 투과도는 150배 증가한다. 대부분의 가식성 고분자필름의 수증기 투과도도 이와 유사한 결과를 보이고 있다.

기체와 수증기 투과도가 증가하는 것은 물이 고분자들에 대해 가소제로 작용하였기 때문이다. 물이 가소제로 작용함에 따라 필름에서 일어나는 중요한 결과는 유리전이 온도(glass transition temperature:T_g)가 감소하는 것이다. 서로 다른 상대습도에서 평형시킨 쌀전분과 감자전분 필름의 경우, 필름들은 6~19% 범위의 수분함량을 나타내었는데 이러한 수분함량의 차이는 T_g에 상당한 영향을 미칠 수 있다. 감자전분의 경우 6.6%의 수분함량에서 T_g값이 410K이었는데, 수분함량이 15.6%로 높아짐에 따라 T_g값은 324K로, 수분함량이 19%로 높아짐에 따라 T_g값은 314K로 감소하였다. 이와 상응하는 쌀전분의 값은 6.5%의 수분함량에서 T_g값이 393K이었는데, 수분함량이 15.2%로 높아짐에 따라 T_g값은 327K로, 수분함량이 18.6%로 높아짐에 따라 T_g값은 308K로 감소하였다.

무정형 고분자에서 여러 기체의 확산계수들은 〈그림 13-17〉에서 보이는 것처럼 온도의 영향을 받으며 Arrhenius식을 따르지만, 확산과 관련한 활성화 에너지(E_D, KJ/mol)는 T_g값에 따라 다르다. 투과도계수가 확산계수(D)와 용해도(S)의 곱으로 표시되므로 투과에 대한 활성화 에너지(E_P, KJ/mol) 또한 T_g에서 불연속점을 갖는다. 쌀전분 필름의 질소와 산소 및 이산화탄소에 대한 E_D값은 T_g 이하의 온도에서는 각각 2.6, 2.3 및 2.8을 보이지만 T_g 이상의 온도에서 위의 값은 각각 3.8, 3.4, 3.9로 증가한다. E_p값도 유사한 모습을 보여 T_g 이하의 온도에서 E_p값은 2.8과 3.3 범위이었다가 온도가 T_g 이상으로 상승하면 E_p 값 또한 4.1과 5 사이의 범위로 증가하는 값을 갖는다. 카제인과 가용성 전분으로 제조한 가식성 필름에 대하여 유사한 연구를 한 결과, 질소에 대한 E_p 값은 T_g보다 낮은 온도에서는 18이었다가 T_g 이상의 온도에서는 43으로 증가하였다는 것을 관찰하였다. 또한 이때 산소에 대해 상응하는 값은 T_g 이하에서는 25였으며 T_g 이상에서는 46이었다.

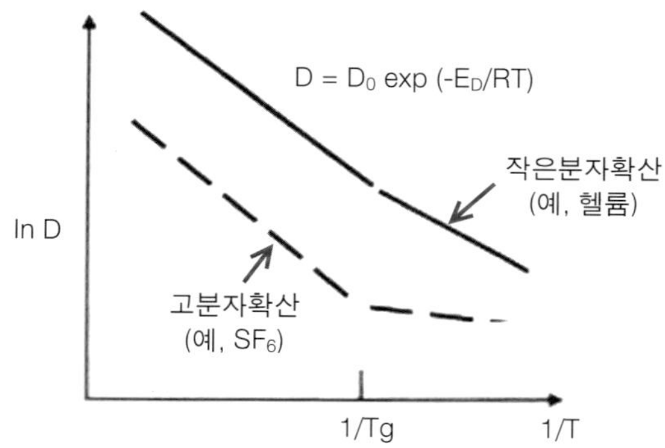

그림 13-17. 불규칙한 고분자에서 기체의 확산에 대한 온도의 영향

친수성 고분자 필름들과는 반대로 지질 필름은 높은 습도에서도 팽윤되지 않으며, 투과도가 외부의 상대습도에 의해 큰 영향을 받지 않는다. 초콜릿 코팅은 수증기 투과에 대한 매우 좋은 차단막이다. 지질 코팅의 차단성질을 특정 온도를 기준으로 급격한 변화를 보여 주는데 이는 녹는 것 때문이며 유리전이 때문은 아니다. 친수성과 소수성 물질로 만들어진 복합필름의 수분 투과도는 복잡하게 수분함량의 영향을 받으며 이 수분함량은 복합필름의 기하학적 구조에 따라 달라진다.

라미네이트 포장재를 사용한 연포장 파우치를 열처리하여 살균할 때에는 필름의 기하학적 구조와 수분에 대한 민감도가 복합적으로 작용하여 문제가 생긴다. 열처리 식품의 안정성에 필요한 주요 요인 중 하나는 식품을 대기 중 산소로부터 보호하는 것이다. 육류 통조림이나 유아식, 채소 통조림에서는 최대 산소유입량을 1~5ppm 수준으로 유지하는 산소차단포장을 하여야 한다고 보고하고 있으며, 이는 다른 건조식품(5~15ppm)이나 유지(50~200ppm)의 허용산소유입량 기준보다 더 엄격한 수준이다. 레토르트 공정에 적합한 가장 효과적인 산소차단재는 ethylene vinyl alcohol(EVOH)이다. 이를 사용하는 데 있어서 문제는 EVOH 필름이 친수성므로 높은 상대습도에서는 수분함량이 증가한다는 것인데, 예를 들어 25℃에서 10% 수준함량인 필름이 레토르트 살균에 사용되는 온도 범위인 120℃에서는 수분함량이 30%로 증가하게 된다. 포장재의 수분함량이 증가함에 따라 필름의 산소 투과도가 급격히 증가한다. 수분함량 5%인 필름의 수분 투과도는 건조한 필름의 10배이며, 10%의 수분함량에서는 100배로 증가하고 20% 또는 그 이상에서는 건조한 상태에서의 투과성보다 1000배로 증가한다. 스팀 살균하는 동안 포장재에 흡수된 물은 저장하는 포장재의 투과도를 증가시키게 되는데 이는 레토르트 기기에서 꺼낸 후 포장재에서의 탈습과 냉각이 늦기 때문이다. EVOH를 기반으로 한 다층 용기에 대해 연구한 결과, 115℃에서 스팀으로 살균하는 공정에서 산소 투과도는 25배 정도 증가하였다고 보고하였다. 더욱이 살균공정 이후 냉각하여 저장하는데, 주위 온도에서의 투과도는 레토르트 이전의 값보다 10배 더 큰 값을 보였다. 또한 일시적으로 높은 투과도를 지니는 단계 동안에 포장재로 유입된 산소는 산화에 취약한 식품 성분들을 산화시키고 또한 이어서 일어나는 일련의 산화작용을 유발하는 기폭제가 된다.

이러한 문제의 해결책은 다층구조를 만드는 것으로 산소차단 포장재EvOH층을 우수한 수분차단제 층 및 기계적 성질이 우수한 필름층과 다층필름을 만들어 보호한다. 이 같은 적층필름laminates의 두 가지 예를 제시하였다.

Polypropylene / EVOH / Polypropylene
Polypropylene / EVOH / Polycarbonate

위와 같은 두 개의 라미네이트 필름의 배열 중 polypropylene은 식품에 인접한 층이다.

⑥ 다층 포장재의 투과도

직렬로 배열된 여러 층의 포장재를 통한 기체나 수증기 플럭스flux에는 다음과 같은 관계가 성립된다(정상 상태라 가정함, 〈그림 13-18〉에서 나타내는 가상의 3개의 층으로 구성된 물질을 참조).

$$J_1 = J_2 = J_n \tag{7)}$$

$$J_1 = \frac{B_1A_1}{\Delta X_1}(p_1 - p_2) \tag{8a}$$

$$J_2 = \frac{B_2A_2}{\Delta X_2}(p_2 - p_3) \tag{8b}$$

$$J_3 = \frac{B_3A_3}{\Delta X_3}(p_3 - p_4) \tag{8c}$$

$$J_T = \frac{B_TA_T}{\Delta X_T}(p_1 - p_4) \tag{9}$$

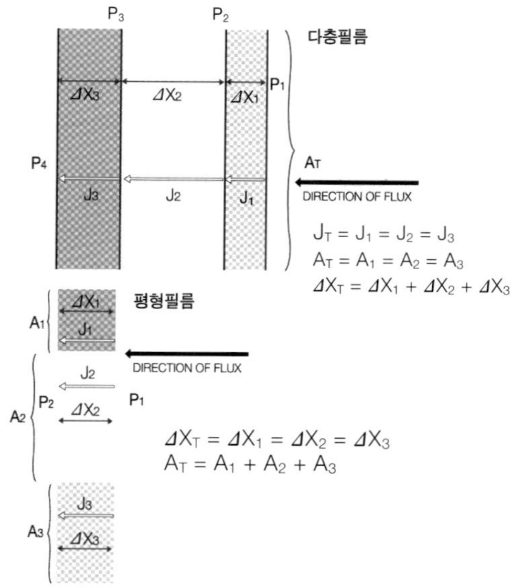

그림 13-18. 다층필름이 직렬과 병렬로 된 경우의 투과도

식 (14)가 되기 위해서는 다음의 조건들이 만족되어야 한다.

$$A_1 = A_2 = A_3 = A_T \tag{10}$$

$$\frac{\Delta X_T}{B_T} = \frac{\Delta X_1}{B_1} + \frac{\Delta X_2}{B_2} + \frac{\Delta X_3}{B_3} \tag{11}$$

$$B_T = \frac{\Delta X_T}{\Delta X_1/B_1 + \Delta X_2/B_2 + \Delta X_3/B_3} \tag{12}$$

만약 모든 투과도permeabilities가 농도의 영향을 받지 않는다면 식 (12)는 어떤 다층 물질의 투과도 계수를 계산하는 데 사용될 수 있다. 물론 각각의 두께와 투과도를 알고 있어야 한다. 친수성이 높은 필름들이 높은 상대습도에 노출되어 있는 경우에는 식 (12)가 쓸모가 없다. 필름이나 종이의 투과도가 높은 경우 종종 차단성을 개선할 목적으로 코팅을 하며, 이때 보통 코팅 물질의 투과도는 식 (12)를 사용하여 계산할 수는 없는데 이는 코팅의 투과도가 종종 코팅 두께의 함수로 나타나기 때문이다. 더 나아가 코팅된 물질은 투과도가 수증기의 농도에 따라 변하는 경우도 있다. 그러나 이러한 복합 물질을 통과하는 수증기의 투과도는 좀더 복잡한 수학적 기술을 사용하여 계산할 수 있다.

직렬로 배열된 필름들에 대한 위의 관계는 평평한 포장재에 대해서만 적용될 수 있다. 통과하는 포장재의 모양이 원통형, 구형이나 다른 모양일 경우에는 반드시 흐름에 대한 단면적의 변화를 고려하여야만 한다. 위의 조건하에서 투과가 일어나는 포장재의 형태별로 투과가 일어나는 단면적을 계산하거나 변화하는 단면적값의 평균값을 근사치(평균 이동 면적)를 구한다. 여러 개의 포장재들이 병렬로 배열되어 있는 경우 동일한 두께에서 다음의 식이 성립된다(그림13-18).

$$J_T = J_1 + J_2 + J_3 \tag{13}$$

$$B_T A_T = B_1 A_1 + B_2 A_2 + \cdots + B_n A_n \tag{14}$$

$$B_T = \frac{\sum B_1 A_1}{A_T} \tag{15}$$

필름의 투과도를 낮추고자 필름 내에 장해물obstacles을 넣은 경우 일어날 수 있는 투과경도를 개략적으로 그린 모식도로서 이러한 필름을 직렬로 배열한 다층필름과 비교하고 있다(그림 13-19). 미세한 운모판이나 나노클레이와 같은 충진제를 섞는 방법이 포장재의 차단성을 향상시키는 데 널리 이용되어 왔다. EVOH 필름 내부에 미세한 운모판을 사용하여 산소 투과에 대한 저항성을 3배나 증가시켰다고 발표하였는데 이는 〈그림 13-19b〉의 모식도에 해당하는 방법이다. 키토산필름에 나노클레이의 일종인 5% W/w 몬트모릴로나이트montmorillonite(MMT)를 첨가한 결과 인장강도, 산소/수증기 투과도가 감소하였다. 차단성이 우수한 필름을 제조하는 방법으로 친수성 고분자와 지질의 복합차단막을 제조하는 방법이 그 한 예이다. 이것은 두 가지의 성분을 함유하는 층을 만들거나 또는 〈그림 13-19a〉와 같이 지질이 복합필름 내에 액적droplet 혹은 변형된 액적으로 존재하는 에멀전을 만들어 이를 차단막으로 이용함으로써 차단재가 분산된 복합필름을 제조할 수 있다.

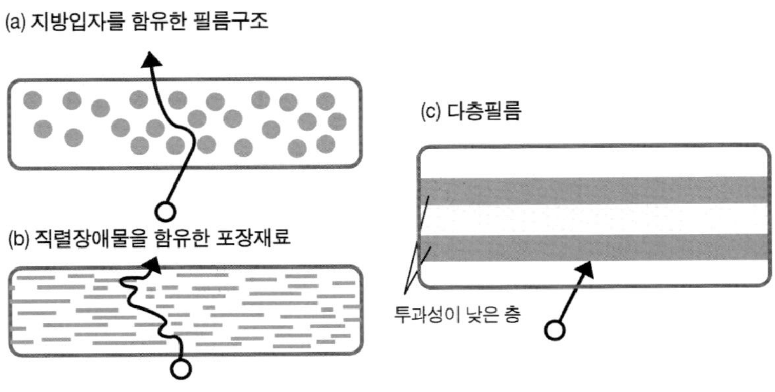

그림 13-19. 장애물이 존재하는 상태에서 투과 경로

방해물이 필름 내에 분산되어 있는 복합필름과 직렬의 다층필름을 투과하는 물질의 경로를 조사해 보면 직렬의 다층필름의 차단성질이 더 우수하다(그림 13-19c). 친수성 고분자와 왁스로부터 이중층필름과 에멀전 형성 필름을 만들고 이들의 수분차단막으로서의 효과에 대하여 연구한 결과, 왁스를 이중층 필름의 제조에 사용되었을 때, gluten 필름의 수분 투과도는 200배 감소되었지만 gluten-wax의 에멀전을 사용하여 차단성 필름을 제조한 경우는 투과도가 5배 만큼만 감소되었다. 이와 유사하게 methyl cellulose-wax 형태에서 이중층을 제조한 경우가 에멀전 필름을 제조한 경우보다 30배만큼 더 효과적이었다.

장해물이 있는 시스템의 투과도를 설명하기 위해 많은 수학적 모델들이 제시되었다. 투과도가 감소하는 것은 적어도 다음의 2가지 요인 때문이다. (a) 확산하는 분자의 이동경로 길이가 증가하기 때문이다. 이는 차단막 중 장해물이 차지하는 체적비나 또는 장해물의 모양의 함수로 나타나는 경로의 굴곡 정도의 영향을 받는다. (b) 장해물의 존재 때문에 고분자 연속상의 구조가 변화하기 때문이다. 이것은 특히 팽창할 수 있는 고분자에서 중요하며 이 경우 장해물은 고분자들이 팽창하여 투과도가 증가하는 것을 방해할 것이다.

Michaels와 Bixler가 제안한 반결정성 고분자에 대한 모델을 〈그림 13-20〉에 도시하였다. 이 모델에서 고분자의 결정성 영역은 장해물로서 확산계수 D값과 용해도 S값은 0이다. 확산계수는 경로의 굴곡정도(ξ)와 고분자의 고정화 계수 (β)에 반비례하며, 고분자 내 무정형 영역의 부피비에 비례한다. 두 개의 상으로 구성된 차단막 시스템에서는 이와 유사한 모델들이 적용 가능하다.

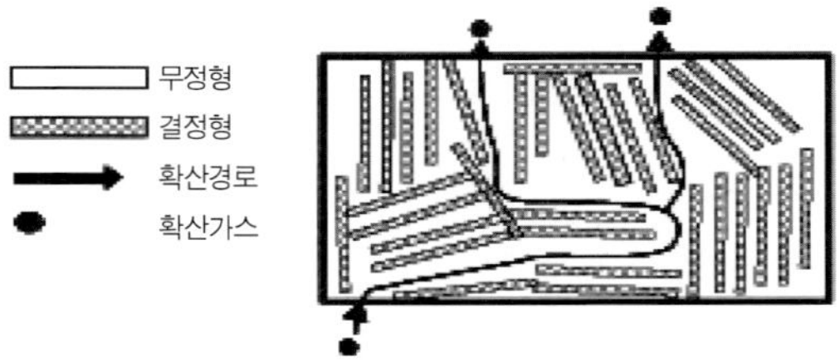

그림 13-20. 반결정형 고분자의 투과도(Michaels와 Bixier의 모델)

13.5. 유통기한 설정

(1) 일반적인 접근General approach

포장재와 제품의 상호작용과 관련된 요인들의 복잡성으로 인해, 어떤 제품에 적합한 포장 방법의 선택과 특정 포장시스템의 유효성 예측은 장시간의 저장시험이나 과학적인 예측시험법을 통해 수행하고 있다. 그러나 이러한 방법들은 경제적인 문제점과 방법 선택의 제한성 때문에 과대포장의 문제점이 발생되곤 하였다. 이것은 낭비일 뿐 아니라 최근 필요성이 대두되고 있는 환경오염 감소 문제와 관련한 신개념 포장재의 발전에도 방해가 되고 있다.

최근, 특정 식품/포장 조합의 저장수명을 예측하는 데 영양성분의 분해기작에 대한 지식을 적용하는 것이 가능해졌으며, 또한 반대로 저장수명 동안 식품의 품질을 유지하기 위한 보호 포장재의 필요사항을 결정하는 것이 가능해지기 시작했다. 이러한 기술은 식품 품질열화를 유발하는 반응의 속도론적 매개변수와 포장재의 물질전달 성질에 기초를 두고 있다. 예측 치들을 얻기 위한 분석값이나 계산값들을 구하는 데는 컴퓨터의 도움을 얻어 구할 수도 있고 또한 컴퓨터 없이도 계산할 수 있다.

저장수명을 포장이나 저장조건의 함수로서 예측하는 연구들이 2차 세계대전 이후 큰 규모로 시작되었다. 초기의 작업은 이 문제와 관련된 요인들의 복잡성으로 인해 어려움을 겪었으며, 이러한 복잡한 요인들 때문에 저장수명을 실험적으로 예측하는 것이 불가능하리라는 견해가 일반적이었다. 그러나 초기의 포장 문제에 대한 실험 평가를 통해 실패요인을 제거하고 성공 가능한 요인을 선별하여 저장수명을 예측하는 것을 상당 수준 단순화할 수 있었다. 이러한 평가를 통해 다음과 같은 질문에 대한 답을 제시할 수 있어야 한다. 첫째, 환경요인의 관점에서 특정 식품의 저장을 위한 최적의 조건은 무엇인가? 둘째, 포장재가 놓이게 될 외부 환경조건은 무엇인가? 셋째, 최적의 내부 환경을 유지하기 위해 필요한 차단 성질은 무엇인가?

Karel이 보고한 일련의 연구들을 보면 다음의 다섯 가지 가정들을 바탕으로 저장수명을 실험적으로 예측하고자 하고 있다.

첫째, 식품의 품질을 결정하는 요인은 식품의 최초 품질조건과 시간에 따라 품질을 변하게 하는 반응에 의해 결정되는 값이며, 이 반응은 포장의 내부 환경에 의해 달라진다. 저장수명에 영향을 미치는 식품의 품질열화 기작 및 이의 환경변수(산소압, 수분활성도, 온도)에 대한 의존도는 수학적으로 표현할 수 있다. 식 (16)에 식품의 품질이 위의 산소압, 수분활성도, 온도 등 3개의 변수들에 의존한다는 것을 예시하였다.

$$\frac{dQ}{dt} = f(RH, P_{O2}, T) \tag{16}$$

이때,

Q는 품질열화지수deteriorative index
t는 시간
RH는 평형상대습도
P_{O2}는 산소압
T는 온도이다.

둘째, 최대 수용 가능한 품질열화수준maximum acceptable deterioration level은 관능적 품질의 열화 및 독성학적 측면에서의 품질열화 등의 상관관계로부터 결정할 수 있다.

셋째, 식품의 내부 환경은 식품의 조건과 포장재의 성질 및 외부 환경에 따라 결정된다. 환경변수의 변화는 식품과 포장재의 특성과 관련이 있다고 가정한다.

예로서,

$$a = f(a_0,\ t,\ RH,\ k_1, \dots ,\ k_n,\ T,\ \dots) \tag{17}$$

이때, a는 시간 t에서의 식품의 수분활성도이며, a_0는 초기의 수분활성도, 그리고 $k_1, \cdots, k_n$은 상수로서 식품과 포장의 흡수 및 확산에 관여하는 값이다.

넷째, 포장재의 차단성질은 내·외부의 환경 요인과 관련되어 있다.

다섯째, 디지털 컴퓨터를 사용하여 식들을 서로 병합하거나 또는 방정식의 해를 구할 수 있다. 이때 해결된 값들은 주로 저장 수명의 예측 값이나 또는 어떠한 저장을 위해 필요한 포장재 성질의 예측 값이다.

(2) 수분에 민감한 식품의 유통기한 설정

식품의 품질열화를 야기하는 많은 반응들은 식품 중 수분함량에 의해 결정된다. 식품의 품질을 저하시키는 반응에는 (a) 반응이 일어나기 위한 임계수분함량이 존재하고 그 이하의 수분함량에서는 부패속도가 무시할 만한 반응 (b) 수분 존재하에서 반응이 일어나며 반응속도가 수분함량과 비례하는 반응의 두 가지가 있다. 첫 번째에 해당되는 것으로 반응이 일어나기 위한 임계수분함량을 구하는 경우 시스템을 단순화시키는 가정들을 함으로써 이를 쉽게 구할 수 있다.

① 단순화 조건에서의 수분 증가

예를 들어 어느 제품의 필요한 저장수명이 t_c이며 수분활성도는 절대로 0.7을 넘지 않아야 한다고 한다. 평균 저장조건이 상대습도 85%에서 온도 90°F이고, 식품의 등온흡습곡선이 식 (17)이 나타내는 것과 같이 직선상이라 가정하면

$$W = k \cdot a_W \tag{18}$$

이며 이때 W는 수분 함량(g H_2O/g solid), a_W는 수분활성도, 그리고, k는 상수이다.
$a_W = P/P°$($P°$는 90°F에서의 물의 포화수증기압)이므로

$$p = \frac{W}{k} P° \tag{19}$$

상대습도(RH) = ($P/P°$)100이며 평균 저장상대습도가 85%이므로 주위의 수증기압은

$$P_{outside} = 0.85P°$$

포장 내에서 식품의 수분함량(W)의 증가는 식품으로 확산되어 들어가는 수분의 양을 고형물의 무게(식품에서 확산에 대한 내부저항이 없다는 가정)로 나눈 값과 같으므로

$$\frac{dW}{dt} = \frac{P \cdot A}{\Delta X} \frac{1}{S} (0.85P° - p) \tag{20}$$

이때, t 는 시간(일)
P 는 투과도(g mil m^{-2} day^{-1} $torr^{-1}$)
ΔX 는 포장물질의 두께(mil)
A 는 포장면적(m^2)
S는 고체의 무게(g)
$0.85P°$는 포장 외부에서의 수분의 부분압 상수이다.

식 (19)와 식 (20)을 합하면

$$\frac{dW}{dt}=\frac{P\cdot A\cdot P°}{\Delta X\cdot S\cdot k}(W_e-W) \qquad (21)$$

이때, W_e는 바깥 상대습도와 평형일 때의 수분함량으로 85k/100이다. 이를 적분하면

$$\ln\frac{W_e-W_i}{W_e-W_c}=\frac{P\cdot A\cdot P°}{\Delta X\cdot S\cdot k}\ t_c \qquad (22)$$

여기서 W_i은 초기수분함량이며, W_c=0.7k일 때 필요한 투과도는 다음과 같이 나타낼 수 있다.

$$P=(\ln\frac{W_e-W_i}{W_e-W_c})\frac{\Delta X\cdot S\cdot k}{A\cdot P°\cdot t_c} \qquad (23)$$

② 포장 내에서 일어나는 건조 중 비타민 C의 손실

품질의 열화반응이 수분함량과 시간의 함수로만 나타나는 경우 필요한 포장특성을 결정하는 것은 비교적 용이하다. 이때 온도는 평균값으로서 일정한 값을 지닌다고 가정한다. 예를 들어 많은 경우 건조 분말에서 비타민 C의 손실은 대략적으로 다음과 같이 표현할 수 있으며

$$-\frac{dC}{dt}=K\cdot W \qquad (24)$$

이때, C는 비타민 C의 함량이고 K는 상수이다.

이 분말이 목적하는 수분함량으로 서서히 건조될 수 있도록 분말이 건조제가 들어 있는 밀봉된 깡통 안에 들어 있다고 가정해 보자. 이때 아마도 나올 법한 질문으로는 수분함량을 목적하는 수준으로 떨어지기 전에 비타민의 손실률을 5% 이하로 유지할 수 있는 건조제를 싸고 있는 내부포장의 최소 면적이 얼마인가라는 것이며, 이때 수분함량 W는 0.05,그리고 비타민 C 손실속도는 무시할 만하다고 가정한다. 만일 건조제 표면의 수증기압을 0에 가깝다고 가정한다면 W_e=0이 되고 식품으로부터의 수분손실은

$$-\frac{dW}{dt}=\frac{-A\cdot P\cdot P°}{k\cdot \Delta X\cdot S}W \qquad (25)$$

식 (24)와 식 (25)를 합하면

$$-\frac{dW}{dt}=\frac{-A \cdot P \cdot P^{\circ}}{k \cdot \Delta X \cdot S \cdot K}\frac{dC}{dt} \qquad (26)$$

따라서, 이 매우 간단한 예로부터 비타민의 손실은 수분손실과 비례하고 필요한 면적은

$$A=\frac{(W_i-0.05)(k \cdot \Delta X \cdot S \cdot K)}{P \cdot P^{\circ}(C_i-0.95C_i)} \qquad (27)$$

이며 이때, C_i는 비타민 C의 최초량이다.

(3) 가속 저장 안정성 시험

적절한 기간 동안 식품의 유통기한을 예측하는 데에는 가속 실험이 필요하다. 가속화는 대개 높은 온도에서 시험을 수행하고, 아레니우스 방정식이나 또는 이와 비슷한 온도관련 모델을 사용하여 결과데이터를 측정하고자 하는 조건으로 외삽하여 유통기한을 산출한다. 저장 안정성에 미치는 가장 큰 영향인자가 포장재의 산소나 수증기의 투과도이고 품질에 미치는 이들의 영향이 충분히 알려져 있는 경우 포장재의 투과도를 높여 가속화실험을 수행할 수 있다.

이러한 가혹조건들은 높은 저장온도뿐만 아니라 높은 상대습도와 높은 산소압력을 포함하는 조건을 의미한다. 또한 가속화실험은 저장조건을 일정하게 유지하는 정적static인 가속화실험법과 동적dynamic인 가속화실험법이 있다. 동적 가속화실험에서 온도는 대개 직선적이거나, 대수적 또는 사인함수의 모양처럼 일반적으로 예측할 수 있는 방식으로 증가하고, 얻어진 데이터를 적절한 수학적 모델로 분석한다.

식품의 저장안정성에 대한 문제에서는 대부분 식품의 품질이 단지 포장만의 성질로 인해 결정되는 것이 아니라 이전 페이지에 보아 온 예들처럼 저장안정성은 포장과 식품 둘 다의 함수로 나타난다. 여러 연구그룹들로부터 저장수명을 예측할 수 있는 가속화시험법들이 제안되어 왔으며 또한 수행되어 왔다. 따라서 일부 연구자들은 주어진 포장재와 습도의 조합에서 외삽을 가능하게 하여 준 등온저장 중 수분의 이동을 예측하는 연구를 수행하였으며, 그리고 이들은 높은 흡습속도 및 고온의 조건에서 이들 조건을 병합하여 가속시험을 수행하였다. 이러한 주제는 현재에도 많은 연구기관에서 계속적으로 연구가 이루어지고 있는 분야이다.

(4) 신선한 과일과 채소를 위한 포장 요건

신선한 과일 및 채소류를 저장하기 위해서는 포장재 내의 산소압을 낮춤으로써 과일과 채소의

호흡률을 낮추는 것이 필요하지만 이때 산소의 분압은 세포들의 호기성 호흡이 일어날 수 있는 충분한 수준으로 유지되어야 한다. 〈그림 13-8〉에서 호흡률과 산소압의 관계에 대하여 도시하였다. 곡선은 다음 함수식을 나타낸다.

$$-\frac{dO_2}{dt}=f(p) \qquad (28)$$

이때, p는 포장재 내부의 산소의 부분압이다. 음의 부호는 산소가 포장재 내의 공간에서 사과에 의해 제거되었다는 것을 의미한다. 그러나 동시에 포장재의 벽에서는 투과된 산소가 제공되며 이때의 산소공급 속도 역시 p의 함수로 표현된다.

$$\frac{dO_2}{dt}=\frac{A \cdot P}{\Delta X}(0.21-p) \qquad (29)$$

두 식을 같다고 놓는다면 우리는 공급과 소비가 정확히 균형을 이루는 산소압을 구할 수 있다(그림 13-21). 이 압력이 호기성 호흡이 일어나는 최저 임계 산소압보다 높고, 산소의 소비량은 이산화탄소 발생량과 같으며 정상상태에서의 이산화탄소 농도의 계산이 가능하다. 사과가 들어 있는 폴리에틸렌 봉지의 경우 이러한 정상상태의 농도에 빠르게 도달한다는 것을 〈그림 13-22〉에 나타내었다. 여러 종류의 포장재질을 병행하여 사용함으로써 상당한 기간 동안 포장재 내의 산소와 이산화탄소의 농도를 독립적으로 조절할 수 있다. 반투과성 포장을 사용한 기체 출입의 조절은 이론적 흥미뿐 아니라 실용적 가치도 있다.

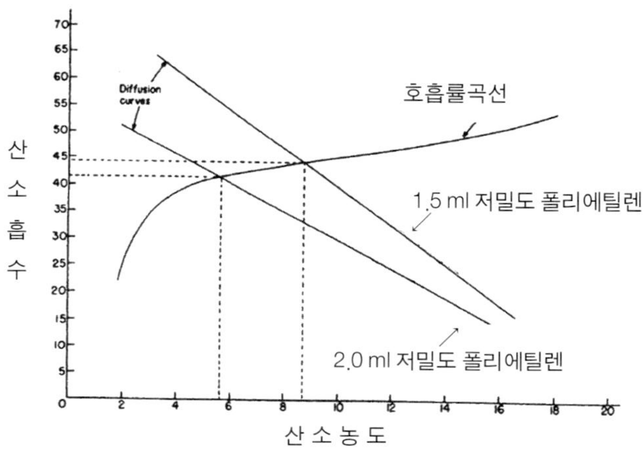

그림 13-21. 사과 포장의 정상상태에서 산소농도에 대한 도표적인 예측

위에서 본 과일 포장 내 공기조성의 예측에 대한 비교적 간단한 연구들이 1960년대에 Karel 등에 의해 발표되었다. 이러한 연구가 발표된 이래 호흡하는 식물체를 포장하고 이 포장용기 내 공기조성을 예측하는 연구를 통해 많은 논문이 출간되었다. Heing과 Gilbert 그리고 Hayakawa 등은 포장 내 공기조성이 변화하는 과도기적 과정을 예측하는 모델을 개발하였다. Kader와 그 동료들은 포장 내 공기조성을 조절하여 식물의 저장수명을 연장하는 이론적이면서도 실제적인 매우 광범위한 연구를 수행하였다. 포장 내 공기의 조성을 예측하는 모델식을 개발하는 데 중요한 선행조건은 온도, 산소, 및 이산화탄소의 농도에 따른 과일과 채소의 이론적 호흡속도에 대한 지식을 갖고 있는 것이다. 이러한 변수들은 호흡률에 상당한 영향을 미친다. 과일이나 채소들의 호흡 양상은 서로 매우 다양하다는 것이 잘 알려져 있다. 양파, 멜론, 양배추와 토마토는 20 이하의 호흡률(mg CO_2 $kg^{-1}h^{-1}$ at 10℃)을, 줄기상추와 시금치는 20과 100(mg CO_2 $kg^{-1}h^{-1}$ at 10℃) 사이; 그리고, 브로콜리, 옥수수와 콩은 100(mg CO_2 $kg^{-1}h^{-1}$ at 10℃) 이상의 상당히 큰 호흡률을 가진다.

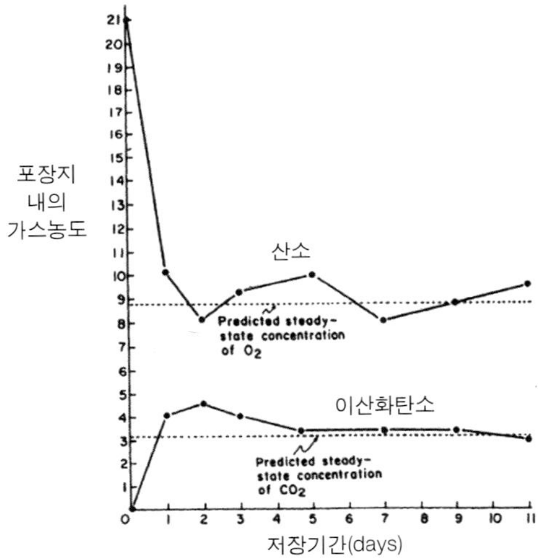

그림 13-22. 사과가 담긴 포장 내부의 기체 조성

낮은 호흡률의 과일은 감귤류, 중간 속도의 과일은 바나나이고 사과는 매우 높은 것으로 보고되었다. 일부 논문들은 산소농도에 따른 호흡률의 변화를 나타내는 모델식을 개발하는 데 큰 도움을 주고 있다. 대부분의 이 논문들은 효소 속도론으로 유명한 Michaelis-Menten 모델을 따르는 것으로 알려져 있다.

$$R_o = \frac{V_m \cdot p_o}{K_m + p_o} \tag{30}$$

이때, R_o = 호흡률

V_m = 최대호흡률

p_o = 산소의 부분압

K_m = Michaelis-Menten상수

위 식은 이산화탄소를 호흡의 저해제로 간주하여 호흡률에 대한 이산화탄소 농도의 영향을 설명할 수 있다는 장점을 가지고 있다. 식 (30)은 이산화탄소가 경쟁적, 비경쟁적, 또는 반경쟁적 저해제 중 어느 것으로 작용하느냐에 따라 식의 형태가 달라진다. 이들은 건조된 코우슬로 coleslaw 혼합물의 호흡을 연구한 결과 이는 비경쟁적 저해제의 모델에 적용하였을 때 가장 잘 맞는 것으로 나타났다.

$$R_o = \frac{V_m \cdot p_o}{K_m + p_o[1 + (p_c/K_i)]} \tag{31}$$

이때, p_c는 이산화탄소의 부분압, K_i는 억제 상수이다. 이들은 산소소비속도의 활성화 에너지를 75kJ/mol로 계산하였을 때 아레니우스 방정식을 이용하여 온도에 따른 호흡속도의 변화 모델을 개발하였다. 호흡하는 제품을 포장할 때 포장재 내의 과도한 공기조성 변화를 막기 위한 천공포장재가 실제 식품 포장에서 적용되어 사용되고 있다.

(5) 산소에 민감한 식품

포장에 있어서 또 하나의 문제는 불포화 지방산이 들어 있는 식품을 보호하기 위해서 산소를 제거하는 것이다. 이러한 식품들에서는 산화반응이 일어나게 되며 그 속도는 포장 내부의 산소농도에 따라 달라진다. 영양성분들 중에서 비타민의 일부, 모든 필수 지방산, 그리고 많은 아미노산 잔기들이 산소에 민감하다.

산화로 인해 품질이 저하되는 식품의 저장수명을 측정하는 이전의 방법들에서는 산소와 수분에 대한 투과도가 서로 다른 재질로 식품을 포장하고 여러 외부 조건에서 저장하면서 화학적 품질저하, 관능적 기호도, 그리고 영양가 등을 주기적으로 시험하여 저장수명을 측정하였다. 최근에는 컴퓨터와 수학적 모델을 이용함에 따라 이러한 시행착오법trial-and-error method을 개선할 수 있었다.

여태까지의 연구들 중 식품의 저장에 있어서 가장 복잡한 문제는 건조식품에서 수분의 흡착과 산화로 인해 품질이 저하되는 것과 관련한 것이다. 여기서 저장수명이란 최대 수분함량에 해당하는 임계습도 또는 임계산화도에 도달할 때까지 걸리는 시간으로 정의된다. 어떠한 포장식품을 저장할 때, 수분함량이나 산화도 중 한 가지가 다른 한 가지보다 먼저 한계치에 도달한다면 그 제품은 그 다른 한 가지에 대해서는 포장에 의해 과보호하는 것이 된다. 투과도가 매우 낮은 포장재질들은 비싸기 때문에 이러한 포장에 의한 과보호는 불필요한 비용의 지출을 초래하게 된다. 이에 최적의 투과도를 계산해 내는 컴퓨터 프로그램이 개발되어, 목적하는 저장수명의 마지막에 수분과 산소에 의한 품질저하가 임계점에 도달하도록 하였다.

최적 투과도의 중요성은 라미네이트 필름의 예에서 가장 잘 보여 준다. 만약 하나의 필름이 높은 산소 투과도와 낮은 수분 투과도를 가진다면 이 필름으로 산소 투과를 막기 위해서는 필름의 두께가 두꺼워져야만 할 것이다. 그러나 만일 이를 수분 투과도가 높고 산소 투과도가 낮은 다른 필름층으로 라미네이트시킨다면 전체 필름의 두께와 산소 투과도는 현저히 줄어들 것이며, 이를 통해 비용을 크게 줄일 수 있을 것이다.

포장된 감자칩의 저장 중 변화는 세 개의 방정식으로 된 시스템으로 표현할 수 있다. 이를 컴퓨터로 풀게 되면 이 방정식들은 시간에 따른 (a) 포장재 내부의 산소압, (b) 제품의 단위무게당 소비된 산소량으로 나타낸 산화의 정도, (c) 평형상대습도의 변화를 예측할 수 있다. 이러한 변수들은 산화속도가 포장재 내부의 산소압과 평형상대습도에 의존하므로 상호 연관되어 있다. 산소 민감식품의 포장 최적화는 (a) 포장재 내부의 초기 환경조건, (b) 제품의 무게, (c) 저장조건, (d) 필름 면적, 및 (e) 필름 두께와 같은 조건들의 특정 조합에 의해 계산해 낼 수 있다. 최적화를 하는 수학적 방법은 변수 간의 복잡한 상호 관련성 때문에 단순하지 않다. 그러나 컴퓨터를 이용한 시뮬레이션의 주요 장점은 이는 직접 저장실험을 수행하지는 않더라도 제품이나 포장조건의 변화에 영향을 주는 요인에 대한 신속한 평가를 가능하게 해 준다는 것이다.

식품 중의 수분을 포장재 내에서 제거할 수 있도록 포장재 내에 건조제를 넣는 방법의 가능성을 언급한 바 있다. 이 공정을 포장 내 건조in-package dessi-cation라 부른다. 이와 유사한 방법이 산소제거제oxygen scavenger를 포장 내에 넣어 포장재 내부의 산소를 제거하는 것이다. 그중 중요한 시스템의 예를 들면

a. 효소인 glucose oxydase를 기질인 포도당과 함께 사용하는 것이다. 이 효소의 촉매작용으로 일어나는 포도당의 산화반응에 의해 포장 내의 산소가 제거된다. 이 시스템은 상당량의

수분이 용기 내부로 투과될 수 있는 경우에만 적용될 수 있는데 이는 효소 활성을 위해서는 수분이 필요하기 때문이다.

b. 건조된 식품을 위한 더 알맞은 시스템은 물의 수소기체의 산화로 인해 촉진된다. 수소기체가 촉매에 의해 물로 산화되는 것이 건조식품에서 더 안정한 시스템이다. 산소를 제거하면서 생성되는 물의 양은 1기압, 100cm^{3}의 공기로부터 40mg의 수분이 생성되어 거의 무시할 만하다. 이러한 목적으로 사용하는 촉매제에는 팔라듐과 백금이 있다.

The American Can Company는 산소흡수제를 포장재 안에 넣어 식품과 촉매제가 직접 접촉하지 않도록 만든 산소흡수 포장재를 개발하였다. 이러한 시스템에서 산소흡수제가 포함된 층은 비교적 투과성이 좋은 폴리에틸렌층에 의해 포장재 내부로부터 분리된 라미네이트층에 존재한다. 이는 수소와 산소가 쉽게 촉매 시스템에 도달할 수 있도록 도와준다. 라미네이트 포장재의 바깥쪽으로는 산소 투과가 거의 되지 않는 여러 층이 있어 바깥쪽의 산소가 안으로 투과되지 못하도록 해 준다. 이러한 포장시스템은 산소에 매우 민감한 전유dry whole milk 등을 포장하는 데 유용하다.

참고문헌

Brody A and Marsh K, eds; The Wiley Encyclopedia of Packaging Technology, New York: Wiley (1987).

Han JH; Antimicrobial food packaging, Food Technol, 54(3):56-65 (2000).

Kader AA, Zagory D, and Kerbel EL; Modified atmosphere Packaging of fruits and vegetables, Crit Rev Food Sci Nutr, 28: 1-30 (1989).

Park H; Chapter 16. Edible coating for fruits, in Fruit and vegetable processing - Improving quality, CRC Press LLC (2002).

Park H. Rhim J, Weller C. Gennadios A. and Hanna M; Chapter 12. Films Coatings from Proteins of Limited Availability, in Protein-based films and coatings, CRC Press LLC (2002).

Park H; Development of advanced edible coatings for fruits, Trends in Food Science and Technology, 10(8): 254-260 (1999).

Park J, Testin R, Vergano P, Park H and Weller C; Application of laminated edible films to potato chip packaging, J. Food Sci, 61(4): 766-768, 777 (1996).

Park J, Testin R, Vergano P, Park H and Weller C; Fatty acid distribution and its effect on oxygen permeability in laminated edible films, J. Food Sci, 61(2): 401-406 (1996).

Park H and Chinnan M; Gas and water vapor barrier properties of edible films from proteins and cellulosic materials, J. of Food Engineering, 25:497-507 (1995).

Park H, Chinnan M, and Shewfelt R; Edible coating effects on storage life and quality of tomatoes,

J. of Food Science, 59(3): 568-570 (1994).

Park H, Weller C, Vergano P and Testin R; Permeability and Mechanical properties of cellulose-based edible films, J. of Food Science, 58(6): 1361-1364, 1370 (1993).

Pascat B; Study of factors affecting permeability, in Mathlouti M, ed. Food Packaging and Preservation: Theory and Practice, London and New York: Elsevier, pp.7-24 (1986).

Quast D and Karel M; Effects of oxygen diffusion on oxidation of some dry foods, J Food Technol, 6:95-106 (1971).

Rosalind J; Modern Plastic Encyclopedia, New York: Mc Graw-Hill, Inc. (1990).

Yam KL and Lee DS; Design of modified atmosphere packaging for fresh produce, in Rooney ML, ed. Active Food Packaging, London: Blackie Academic and Professional publ., pp. 55-72 (1995).

부록

1. 주요 식품의 변패현상과 저장방법
2. 세계 각국에서 방사선 조사 식품의
   상업활동이 시작된 시기와 장소
3. 냉매 R12의 몰리에르 도표
4. 암모니아 냉매의 몰리에르 도표
5. 식품의 엔탈피선도
6. Psychrometric chart

부록 1. 주요 식품의 변패현상과 저장방법

1-1. 신선식품

식품명	변패현상	주요환경인자	평균수명	저장 방법
밥	노화(staling) 수분손실 세균증식	온도, 습도	1~2일	건조 방지
식빵	노화(staling) 미생물 증식 산패	산소, 온도, 습도	2일	냉장하지 말것 건조 방지
우유pasteurized	세균 증식 산패취	산소, 온도	7일 (0~8℃)	냉장(냉동)
신선육 (소,돼지고기)	세균 증식 적색의 상실	산소, 온도, 광선	3~4일 (0~8℃)	냉장(냉동)
닭고기	세균증식 변패취	산소, 온도, 광선	2~7일 (0~8℃)	냉장(냉동)
생선	세균 증식 변패취	온도	3~14일 (얼음속)	냉장
생과채류	호흡, 성분변화 영양가 손실 시듦, 표면손상 미생물 증식	온도, 습도, 광선, 산소, 물리적 취급	---	냉장 냉해 주의

1-2. 발효, 냉동식품

식품명	변패현상	주요 환경인자	평균수명	저장방법
김치	산 생성 조직감 연화	온도, 식염농도	-1℃-1개월 5℃-1주일 20℃-2일	냉장 (냉동불가)
치즈	산패, 갈변 유당의 결정화 곰팡이 증식	온도, 습도	가공치즈(4~24개월) 자연치즈(4~12개월)	냉장
된장류	곰팡이 증식 변색, 갈변	온도, 식염농도	1~2년	상온 밀폐포장
아이스크림	결정화 조직감 변화	온도변화	1~4개월	냉동
냉동육	산패, 단백변성 변색, 조직감 경화	산소, 온도, 온도변화	생선 2~8개월 지육 4~12개월	냉동
냉동과채류	영양가 손실, 풍미, 색깔, 조직감 변화 포장 내 얼음 형성	산소, 온도, 온도변화	6 ~24개월	냉동
냉동 농축 주스	현탁균일성 상실 효모증식, 색조 풍미 변화 비타민 손실	산소, 온도 해동조건	18~30개월	냉동

1-3. 건조, 기타식품

식품명	변패현상	주요환경인자	평균수명	저장방법
유탕 스낵류	산패 누굴거림 깨짐	산소, 광선, 온도, 습도	3~12주	밀폐포장 건조 냉암소
건조 식품	갈변, 산패 영양가 손실 조직감 변화	습도, 온도, 광선, 산소	채소 3~15개월 육 1~6개월 과일 1~24개월	건조 냉암소
탈지 분유	풍미 변화 불용성화, 덩어리형성 영양가 손실	습도, 온도	8~12개월	건냉소
국수류	조직감 변화 파손	습도, 온도, 광선, 산소, 물리적 취급	1~2년	상온 건암소
과채류 통조림	풍미, 조직감 색조, 영양가 손실	온도	1~3년	상온
커피	산패, 풍미변화	산소, 온도, 광선, 습도	인스턴트 1.5~3년	밀봉 냉건조
차	풍미 상실, 이취흡착	산소, 온도, 광선, 습도	18개월	밀봉 냉건조

부록 2. 세계 각국에서 방사선 조사 식품의 상업활동이 시작된 시기와 장소

국가명	지역 (식품에 방사선 조사를 최초로 한 시기)	제품
아르헨티나	부에노스아이레스(1986)	향신료, 시금치, 코코아 분말
방글라데시	치타공(Chittagong)	감자, 양파, 말린 생선
벨기에	플루휘(Fleurus) (1981)	향신료, 건조야채, 냉동식품
브라질	상파울로(1985)	향신료, 건조야채, 과일, 야채, 곡류
캐나다	라발(laval) (1989)	향신료
칠레	산티에고(Santiago) (1983)	향신료, 건조야채, 양파, 감자, 가금류
중국	청두(Chengdu) (1978) 상하이(1986) 정저우(Zhengzhou) (1986) 난징(Nanjing) (1987) 베이징(1995)	향신료와 야채조미료, 중국소시지, 마늘 사과, 감자, 양파, 마늘, 건조야채류 마늘, 조미료, 소스류 토마토 쌀, 마늘, 향신료
크로아티아	자그레브(1985)	향신료, 식품원료, 쇠고기건조라면
체코	프라하(1993)	향신료, 건조식품재료
쿠바	아바나(1987)	감자, 양파, 콩
덴마크	리소*(1986)	향신료
핀란드	이로만치(1986)	향신료
프랑스	리옹(1982) 파리(1986) 니스(1986) 베니스*(1987) 마르세유(1989)	향신료, 야채 조미료 향신료/약용식물, 건조 과일, 가금류(뼈를 제거한 냉동 닭고기) 냉동개구리다리, 새우,
독일	뮌헨(1997)	향신료
헝가리	부다페스트(1982)	향신료, 양파, 포도주 코르크, 효소
인디아	봄베이, 바시, 뉴봄베이 나식	향신료 양파, 감자
인도네시아	빠사 쥐마(1988) 시비틩(1992)	향신료, 쌀
이란	테헤란(1991), 야드*(1997)	향신료, 건조과일, 땅콩
이스라엘	야브네(Yavne) (1986)	향신료, 조미료, 건조식품
이태리	베르가모*(Bergamo) (1996)	향신료
일본	시호로(1973)	감자
한국	서울(1986)	마늘분말, 향신료와 조미료
말레이시아	반지(1997) 페낭(1999)	향신료, 약용식물과 건조식품
멕시코	멕시코시티(1988)	향신료와 건조식품
네델란드	에드(Ede, 1981)	향신료, 냉동식품, 가금류, 건조야채, 달걀분말, 포장재

부록 2. 계속

국가명	지역 (식품에 방사선 조사를 최초로 한 시기)	제품
노르웨이	켈레(1982)	향신료
폴란드	블로키*(1991)	
페루	리마(1996)	향신료, 식품첨가제, 동물사료
남아프리카	다반(1989), 프레토리아(1968), 켐프턴파크(1982) 케이프타운(1986)	향신료 저장성있는 식품 과일, 향신료
태국	파툼타니(1989) 림 차방(1998)	양파, 발효돼지고기소시지, 효소, 향신료 식품 또는 비식품에 대한 방사선 조사기
영국	스윈던(Swindon)	향신료
미국	로코워에(1984), 위파니(1984), 튜스틴(1984) 아미스(1993),멀베리(1992) 샴버그, 힐로(1998)	향신료 향신료, 가금류 과일, 야채, 가금류, 향신료 향신료, 열대과일
베트남	호치민시(1999)	향신료, 건조약용식물
유고슬라비아	베오그라드(1986)	향신료

부록 3. 냉매 R12의 몰리에르 도표

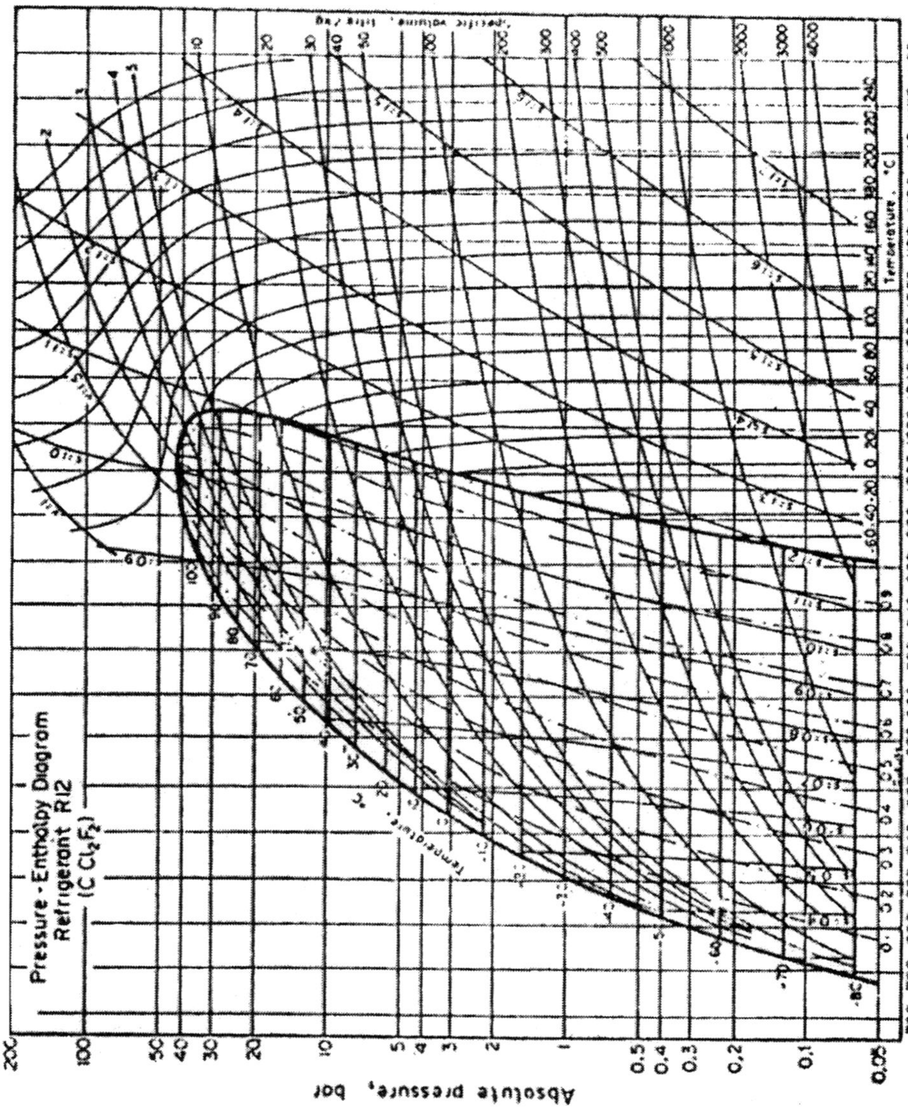

부록 4. 암모니아 냉매의 몰리에르 도표

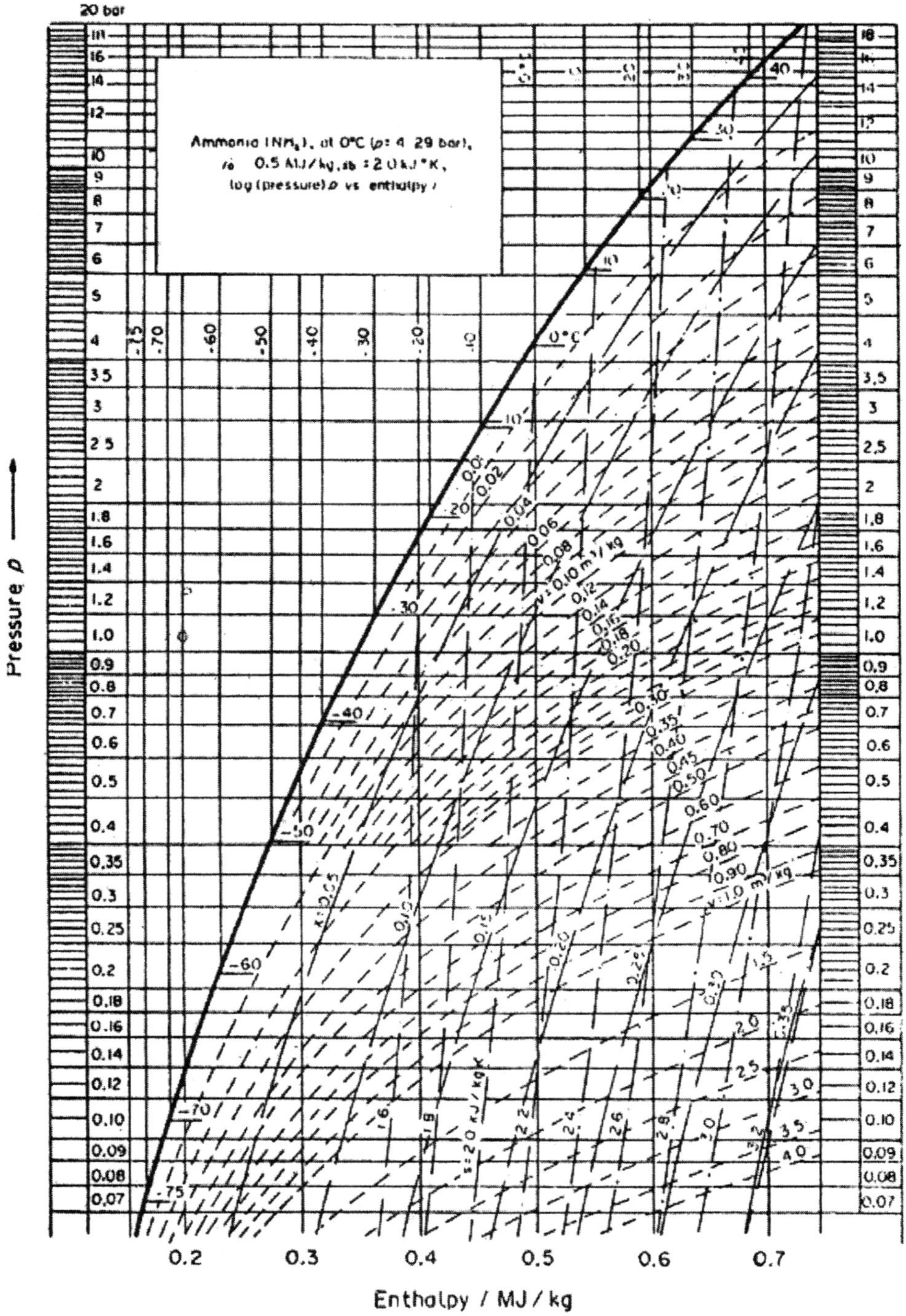

부록 4. 계속

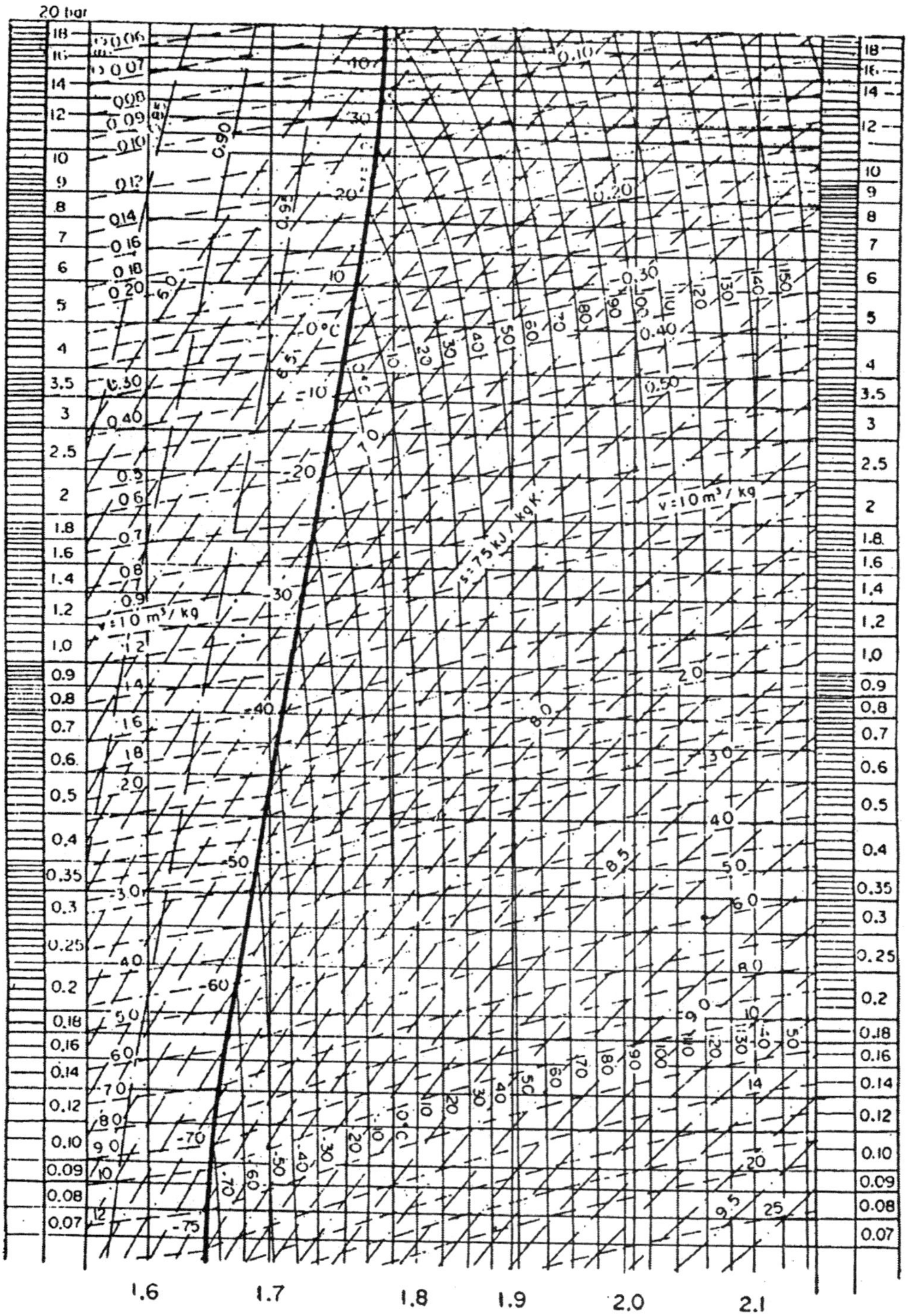

부록 5. **식품의 엔탈피선도**(-60℃**의 엔탈피 기준**)

D; 건조우유, C':농축우유(10% 지질), C: 농축우유(7.5% 지질), W: 우유

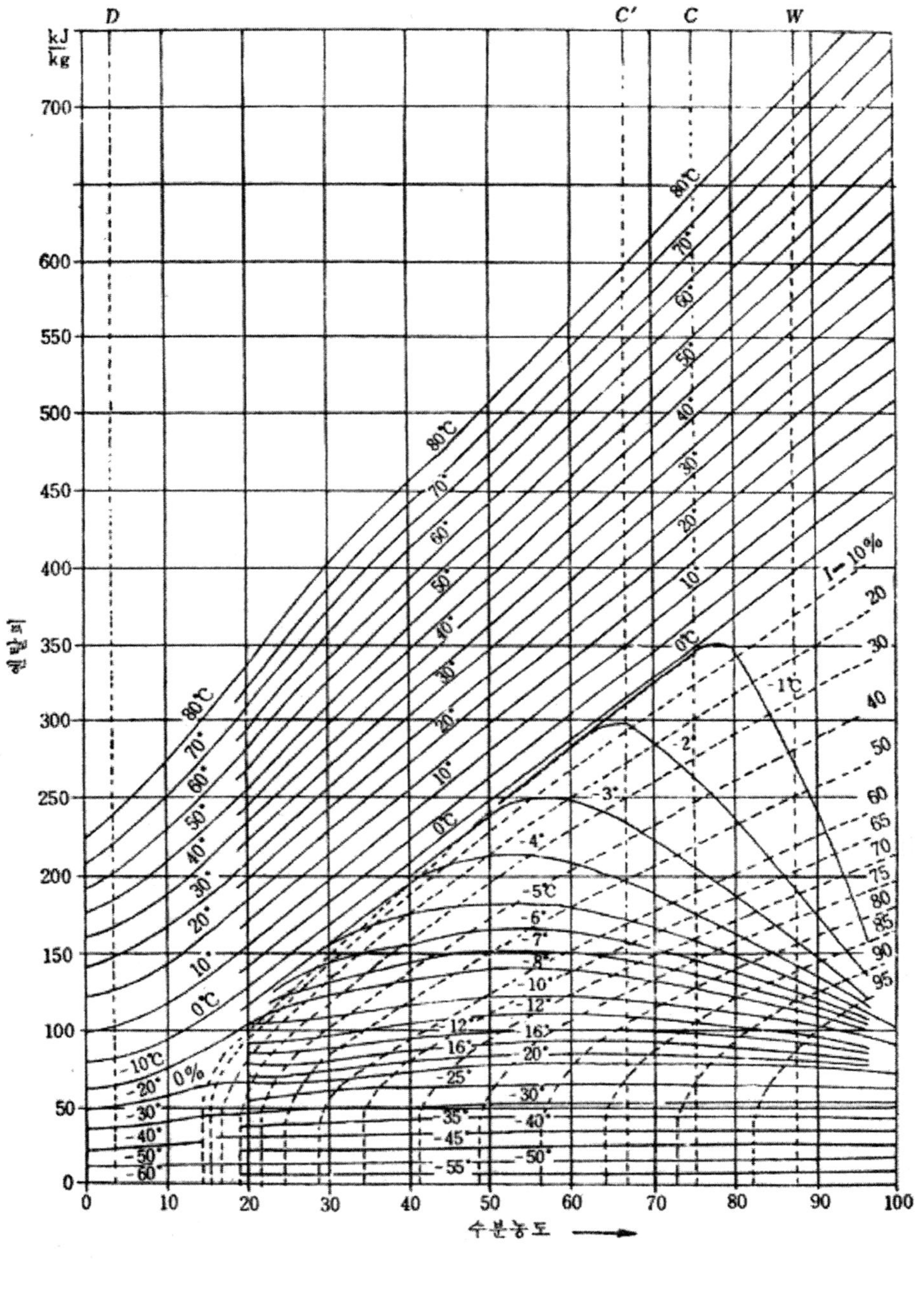

부록 6. Psychromeric chart

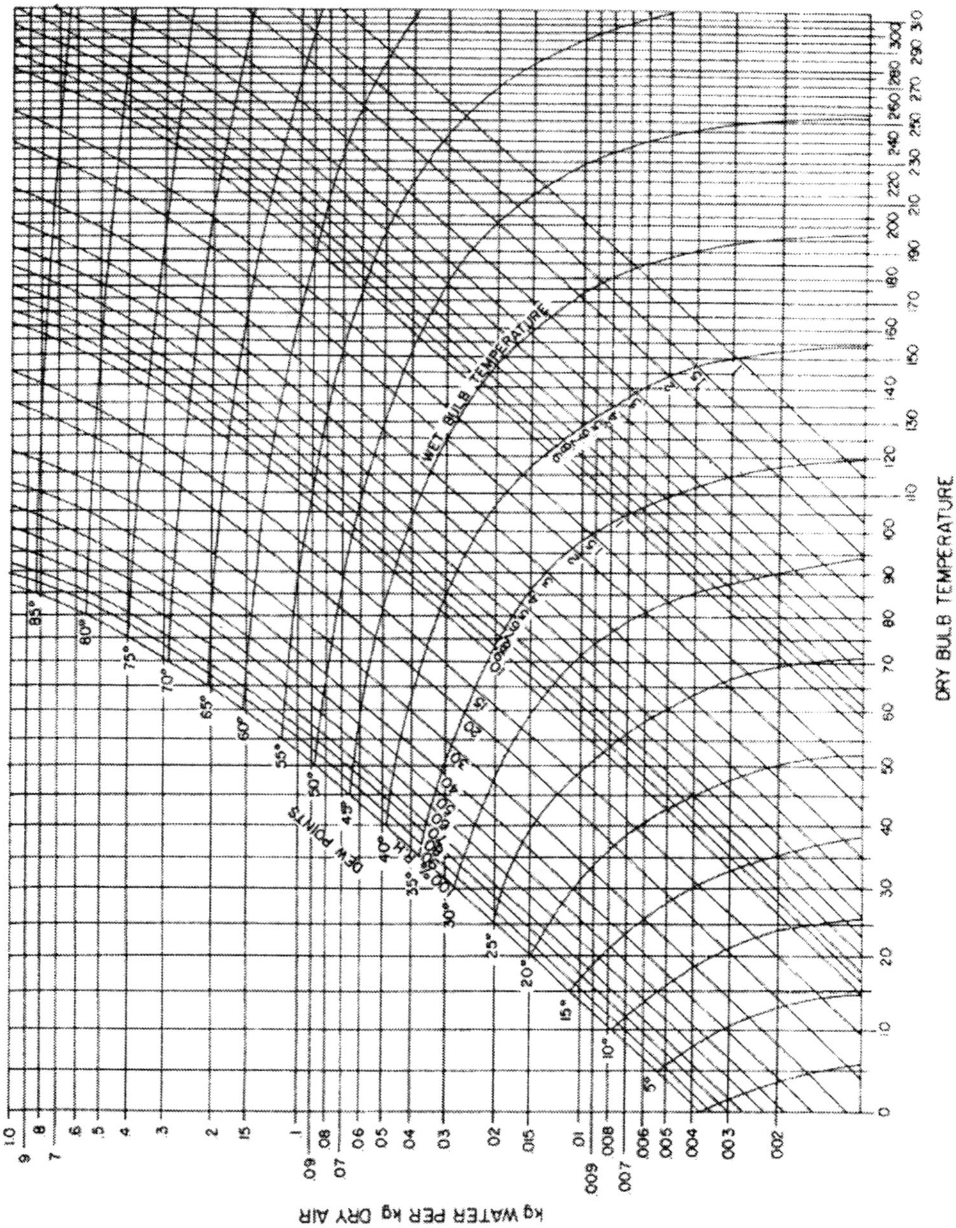

부록 6-1. Psychrometric chart

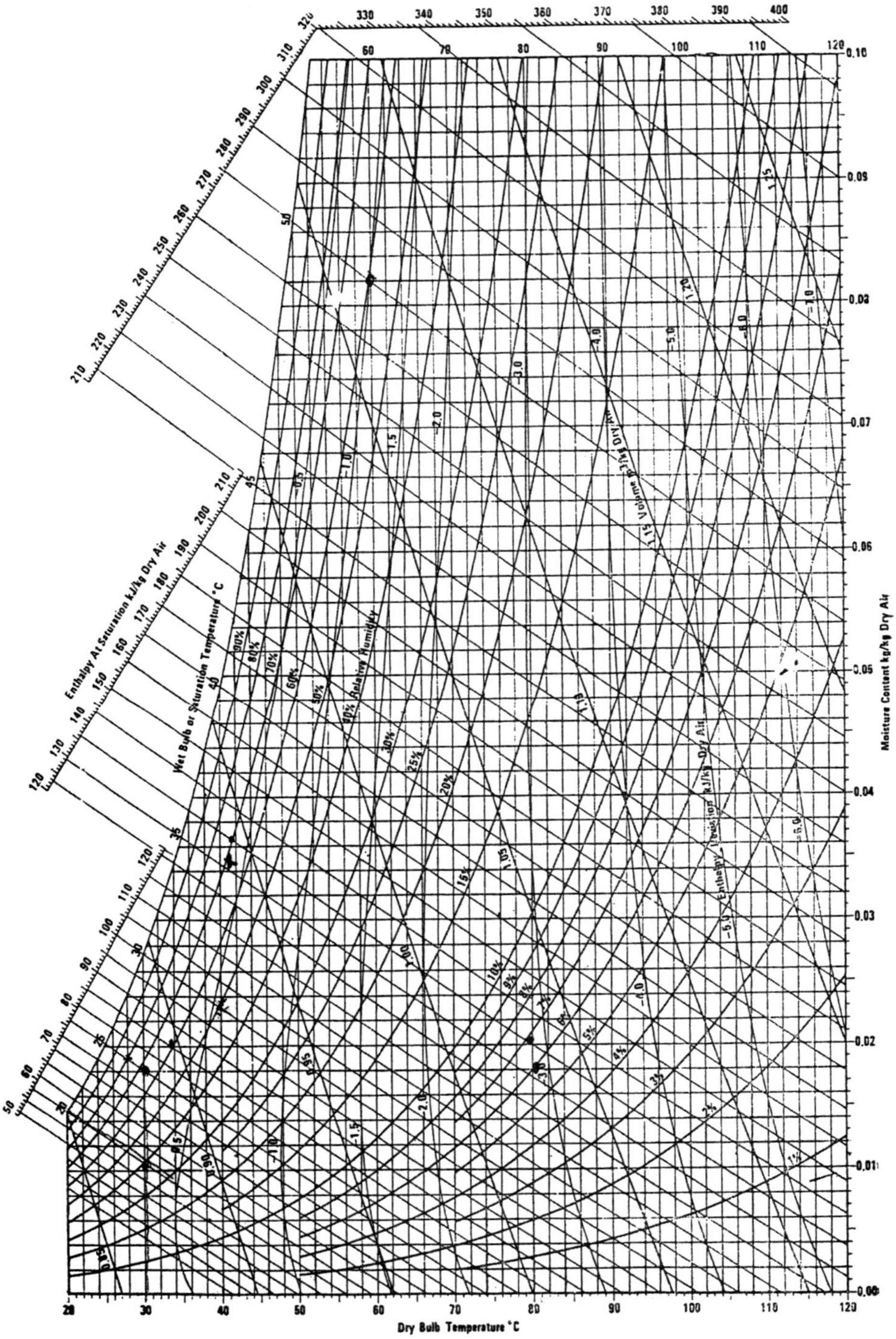

찾아보기

저자소개

박현진(朴賢鎭)

고려대학교 생명과학대학 교수
1958년 강원도 홍천 출생
E-mail: hjpark@korea.ac.kr

고려대학교 식품공학과(학사)
고려대학교 식품공학과(석사)
미국 조지아대학 박사(공학박사)

한국과학기술원(KAIST) 식품공학연구실 연구원
미국 클렘슨대학 생물공학과 연구원 겸 조교수
고려대학교 생명공학원 교수
한국식품과학회 간사장
ILSI Korea 건강기능식품분과위원장
(현) 미국 클렘슨대학 포장공학과 겸임교수
(현) 고려대학교 부설 건강기능식품연구센터 소장
(현) 식품의약품안전청 식품안전평가위원

이철호(李哲鎬)

고려대학교 명예교수
1945년 함경남도 함흥 출생
E-mail: chlee@korea.ac.kr

고려대학교 농화학과(농학사)
덴마크 Malling 농업학교(Diploma)
덴마크 왕립농과대학 대학원(농학박사)

ROTC 포병장교(예비역 중위)
미국 MIT 공과대학 연구원
고려대학교 식품공학과 교수
덴마크공과대학 생물공학과 객원교수
미국 Smithsonian Institutuion 객원연구원
일본 경도대학 식량과학연구소 객원교수
고려대학교 식품가공핵심기술연구센터 소장
보건복지부 식품위생심의위원
한국산업식품공학회 회장
한국미생물생명공학회장, 한국식품과학회장
한국국제생명과학회(ILSI Korea) 회장
Codex 제15차 아시아지역조정위원회(CCASIA) 의장
유엔식량농업기구(FAO) 고문관
(현) 한국과학기술한림원 정회원
(현) 국제식품과학기술한림원(IAFoST) 회원
(현) 식품의약품안전청 식품안전평가위원회 공동위원장
(현) 한국식량안보연구재단 이사장

저서:《음식오케스트라》,《식품위생사건백서》(I · II),
Fermentation Technology in Korea,《한국식품학입문》

변명우(邊明宇)

우송대학교 외식조리영양학부 교수
1954년 경상북도 예천 출생
E-mail: mwbyun21@hanmail.net

영남대학교 식품가공학과(학사)
고려대학교 식품가공학전공(석사)
일본 교토대학 식품공학전공(농학박사)
한국원자력연구원 방사선과학연구소 소장
보건복지부 식품위생심의위원회 위원
농진청 바이오그린21사업 심의위원회 위원
전라북도 과학기술위원회 위원
미국 항공우주국(NASA) 겸임교수
KBS 전주방송총국 뉴스해설 위원
한국방사선산업학회 회장
(현) 국무총리실 식품안전정책위원회 전문위원
(현) 식품의약품안전청 신소재과학전문가 자문위원
(현) 2013년도 한국식품영양과학회 회장
(현) 공주대학교 식품가공학과 객원교수

강일준(姜日晙)

한림대학교 식품영양학과 교수
1963년 서울 출생
E-mail: ijkang@hallym.ac.kr

고려대학교 식품공학과(학사)
고려대학교 식품공학과(석사)
일본 교토대학 대학원 식품공학과(박사)
한국 원자력연구소 선임연구원
한국식품영양과학회 간사장
한국식품영양과학회 국문지 편집위원장
보건복지부 건강기능식품심의위원회위원
보건복지부 식품위생심의위원회위원
(현) 한국건강기능식품협회 건강기능식품의 기능성표시/
광고 심의위원회 위원
(현) 한국연구재단 BK21 운영위원
(현) 강원도농업기술원 겸임연구관
(현) 한림대학교 의료관광인재양성센터장
(현) 식약청 식품안전평가위원회 전문위원
(현) 식약청 어린이기호식품 품질인증심사위원

김준태(金俊泰)

계명대학교 식품가공학과 전임강사
1973년 서울 출생
E-mail: jtkim92@kmu.ac.kr

고려대학교 식품생명공학(학사)
고려대학교 생명공학원, 식품생명공학(석사)
미국 럿거스대학, 식품과학(이학박사)
미국 코넬대학 연구원
KIST 생체재료연구단 연구원

한재준(韓在濬)

성균관대학교 생명공학대학 식품생명공학과 교수
1972년 서울 출생
E-mail: han2009@skku.edu

고려대학교 식품공학과(학사)
미국 텍사스 A&M대학(석사)
미국 텍사스 A&M대학(박사)
캐나다 INRS-Institut Armand-Frappier Research
Center 박사 후 연구원

김명곤(金明坤)

전북대학교 농생명과학대학 교수
1959년 전라북도 김제 출생
E-mail: kmyuko@jbnu.ac.kr

전북대학교 농화학과 식품가공학전공(학사)
전북대학교 대학원 식품가공학전공(석사)
전북대학교 대학원 식품가공학전공(박사)

(현) 전북대학교 환경생명신기술연구소 소장
(현) 전북대학교 바이오식품공학과 교수
(현) 전북과학기술정보 클러스터 자문교수
(현) 전라북도 약초특화사업단 겸임연구관
(현) 전주국제발효식품엑스포 학술위원
(현) 한국균학회 간사

학술연구총서 · 71

식품저장학

초　판 1쇄　2008년 9월 10일
개정판 1쇄　2012년 2월 29일
개정판 2쇄　2015년 9월 10일
지은이　**박현진 · 변명우 · 강일준 · 김준태 한재준 · 김명곤 · 이철호**
펴낸곳　**고려대학교출판문화원**
www.kupress.com
kupress@korea.ac.kr
02841 서울특별시 성북구 안암동 145
02-3290-4230, 4232
Fax 923-6311
찍은곳　한국컴퓨터인쇄정보

ISBN 978-89-7641-771-8 94570
ISBN 978-89-7641-352-9 (세트)

값 27,000원